Manutenção de transformadores em líquido isolante

Blucher

Eletrobras

Obra publicada com a colaboração do
Fundo de Desenvolvimento Tecnológico da
CENTRAIS ELÉTRICAS BRASILEIRAS S.A.
ELETROBRÁS

em convênio com a
ESCOLA FEDERAL DE ENGENHARIA DE ITAJUBÁ — EFEI

MILAN MILASCH

Engenheiro Eletricista-Mecânico
Escola Federal de Engenharia de Itajubá — EFEI

Manutenção de transformadores em líquido isolante

CENTRAIS ELÉTRICAS BRASILEIRAS S.A.

ESCOLA FEDERAL DE ENGENHARIA DE ITAJUBÁ

Manutenção de transformadores em líquido isolante
© 1984 Milan Milasch
1ª edição – 1984
13ª reimpressão – 2020
Editora Edgard Blücher Ltda.

Blucher

Rua Pedroso Alvarenga, 1245, 4º andar
04531-934 – São Paulo – SP – Brasil
Tel.: 55 11 3078-5366
contato@blucher.com.br
www.blucher.com.br

FICHA CATALOGRÁFICA

Milasch, Milan

M568m   Manutenção de transformadores em líquido
isolante / Milan Milasch. – São Paulo: Blucher;
[Itajubá, MG]: Escola de Engenharia, 1984.

Bibliografia
ISBN 978-85-212-0140-3 (impresso)
ISBN 978-85-212-1760-2 (eletrônico)

1. Transformadores elétricos – Manutenção
e reparos I. Título.

84-0305   CDD-621.314028

Índices para catálogo sistemático:
1. Manutenção: Transformadores: engenharia elétrica
621.314028
2. Transformadores: Manutenção: Engenharia elétrica
621.314028

PREFÁCIO

A manutenção de transformadores de transmissão é de vital importância para conservá-los em boas condições de serviço.

Não constitui boa prática deixar de realizar as inspeções e os testes periódicos no transformador, simplesmente pelo fato de ele não apresentar nenhuma irregularidade.

Os transformadores de transmissão são semelhantes entre si, porém seu comportamento quanto ao envelhecimento é diferente. Por isso a programação de sua manutenção pode variar de um para outro, e o engenheiro responsável necessita ter sempre à mão dados e informações que lhe permitam elaborá-la adequadamente.

Neste livro, foi reunida uma série de informações e dados de utilidade para engenheiros e técnicos responsáveis pela manutenção de transformadores.

Muitas vezes, a equipe de manutenção realiza trabalhos de recepção, montagem, desmontagem e preparação do transformador para o transporte, razão pela qual o assunto também foi abordado no livro.

Convém lembrar que é conveniente a participação da equipe de manutenção nesses trabalhos.

Notas sobre a realização de testes foram incluídas no texto, tendo em vista que são indispensáveis para a programação da manutenção.

Em sua parte final, poderão ser encontradas informações relacionadas com os instrumentos de teste comumente utilizadas nas empresas brasileiras de energia elétrica, informações estas obtidas em instruções dos respectivos fabricantes.

Florianópolis, março de 1983

DEDICATÓRIA

Dedico este livro à minha esposa Maria Alice
e aos meus filhos Amílcar, João Cândido e Rosarita.

Agradecimentos

No ano de 1976, a Centrais Elétricas Brasileiras S.A. (Eletrobrás), por intermédio de seu Departamento de Capacitação e Desenvolvimento de Pessoal, lançou o projeto Grupo de Intercâmbio Técnico 2/76, abreviadamente GIT 2/76, com a finalidade de "planejar a realização de um curso básico, visando a capacitar os técnicos de nível médio das empresas do setor de energia elétrica, principalmente da Região Nordeste, a desenvolverem atividades básicas na área de manutenção de equipamentos de subestações".

O planejamento do curso justificou-se devido à "carência de pessoal qualificado para os trabalhos de manutenção de subestações, sentida com maior intensidade na Região Nordeste do País e originada em grande parte pela transferência de subestações da Companhia Hidro Elétrica do São Francisco (CHESF) para as concessionárias da região". O planejamento do curso foi baseado "nas recomendações do GTM do Comitê Coordenador de Operação do Nordeste (CCON) e do Grupo Coordenador de Operação Interligada (GCOI)".

O curso teve por objetivo transmitir conhecimentos relativos aos trabalhos de manutenção de subestações que operem com tensões de até 138 kV, com exceção de proteção, medição e comunicação. Daí surgiu a idéia de ser preparada uma publicação sobre assuntos do curso e que o primeiro a ser tratado seria manutenção de transformadores para transmissão.

Como coordenador do projeto GIT 2/76 foi designado o engenheiro Sani Gutman (Eletrobrás), cabendo-me, então, a honra de ter sido escolhido para responsável técnico do mesmo.

Sempre muito estimulado pelo engenheiro Sani Gutman, que também me forneceu informações do GCOI, lancei-me aos trabalhos de preparação deste livro, os quais se desenvolveram paralelamente às minhas atividades na Centrais Elétricas de Santa Catarina S.A. (Celesc).

Ele é fruto não só de informações obtidas pela consulta à bibliografia sobre pesquisas realizadas por instituições de reconhecida idoneidade, como também a informações que me chegaram por meio de seminários, congressos, troca de idéias com colegas, livros, trabalhos técnico-científicos e vivência em trabalhos de manutenção de transformadores. Inúmeros colegas me transmitiram preciosas informações, quer em diálogos, quer por documentos, que muito contribuíram para enriquecer o texto deste livro.

Foi também de grande valia o apoio que me deu a administração do Centro de Formação e Aperfeiçoamento (CeFA) da Celesc.

As considerações e o apoio dados pelo professor Amadeu C. Caminha (Eletrobrás) foram muito importantes para que a publicação deste livro se tornasse uma realidade.

As sugestões do engenheiro Inácio Resende (Eletrobrás-GCOI) contribuíram para a formação do texto do livro.

Muito preciosa foi também a contribuição do engenheiro Amílcar A. Milasch (Furnas), que conseguiu valiosos documentos bibliográficos e ofereceu boas sugestões.

Os erros e as omissões que existam no texto são de minha responsabilidade, pois busquei uma solução sem jamais pretender atingir a perfeição.

A todos, o meu sincero e respeitoso

Muito Obrigado

Engenheiro Milan Milasch

Emprego das palavras *ensaio* e *teste*

Conforme autoridade universitária da língua portuguesa, emprega-se a palavra *ensaio*, no rigor do significado, quando se trata de assuntos científicos e técnicos, para designar o conjunto de medições e verificações que são feitas para se determinar as características de uma máquina, de um processo ou de um produto, por exemplo, quando estiver concluída sua preparação. O transformador é submetido, então, a ensaio na fábrica.

A palavra *teste*, segundo a mesma fonte, é empregada para designar toda verificação ou medição realizada após a fase de ensaio, ou seja, durante a fase de exploração ou uso.

No entanto, no trato diário de questões dessa natureza, é aceito o emprego das duas palavras com o mesmo significado.

Este livro tem como assunto a manutenção de transformadores e, por isso, preferiu-se usar a palavra *teste*, para designar as medições e verificações que são feitas quando a manutenção é realizada.

Assim, por exemplo, o óleo isolante será submetido a ensaio logo que sair da linha de fabricação da refinaria e a testes, após ter deixado a refinaria e ser utilizado em aparelhos elétricos.

Introdução

MANUTENÇÃO

Terminologia e definições aprovadas pelo Grupo Coordenador de Operação Interligada (GCOI):

MANUTENÇÃO é toda atividade que se realiza através de processos diretos ou indiretos nos equipamentos, obras ou instalações, com a finalidade de assegurar-lhes condições de cumprir com segurança e eficiência as funções para as quais foram fabricados ou construídos, levando-se em consideração as condições operativas e econômicas.

As atividades de manutenção dividem-se em dois grupos:

manutenção preventiva
manutenção corretiva

1. MANUTENÇÃO PREVENTIVA

É todo serviço programado de controle, conservação e restauração dos equipamentos, obras ou instalações executadas com a finalidade de mantê-las em condições satisfatórias de operação e de prevenir contra possíveis ocorrências que acarretam a sua indisponibilidade.

2. MANUTENÇÃO CORRETIVA

É todo serviço efetuado em equipamentos, obras e instalações com a finalidade de corrigir as causas e efeitos motivados por ocorrências constatadas que acarretam, ou possam acarretar, sua indisponibilidade em condições quase sempre não programadas.

A manutenção corretiva subdivide-se em:
manutenção corretiva de emergência;
manutenção corretiva de urgência;
manutenção corretiva programada.

2.1. Manutenção corretiva de emergência

"É todo serviço de manutenção corretiva executado com a finalidade de se proceder de imediato o restabelecimento das condições normais de utilização dos equipamentos, obras ou instalações.

2.2. Manutenção corretiva de urgência

É todo serviço de manutenção corretiva executado com a finalidade de se proceder, o mais breve possível, o restabelecimento das condições normais de utilização dos equipamentos, obras ou instalações.

2.3. Manutenção corretiva programada

É todo serviço de manutenção corretiva executado com a finalidade de se proceder, a qualquer tempo, o restabelecimento das condições normais de utilização dos equipamentos, obras ou instalações, aproveitando-se de um programa ou eventual conveniência.

A manutenção preventiva tem sido chamada também de manutenção programada. Sua realização obedece a um programa preestabelecido, no qual são discriminados os trabalhos que deverão ser feitos e sua periodicidade.

Os trabalhos de manutenção preventiva e sua periodicidade são estabelecidos conforme as recomendações dos fabricantes dos equipamentos, dos realizadores de instalações, do GCOI, do CCON e do comportamento do equipamento durante sua utilização.

Em geral, logo após a instalação, quando o equipamento entra em serviço, a manutenção preventiva é realizada a intervalos menores que os normalmente recomendados. O número de itens a observar pode também ser maior no início.

A medida que o tempo de operação se prolonga, o número de itens a ser controlado e os intervalos de manutenção podem sofrer alterações, conforme o comportamento do equipamento em serviço.

MANUTENÇÃO PREDITIVA

A manutenção preventiva de um equipamento se inicia com a realização dos testes para a verificação, das condições de funcionamento de seus componentes. No caso de manutenção preventiva, esses testes são, em geral, realizados com uma periodicidade de um ano.

Se os resultados dos testes indicarem a necessidade de uma repetição mais freqüente dos mesmos, porque eles já estão próximos dos limites admissíveis, a manutenção preventiva passa a ser substituída pela manutenção *preditiva*, isto é, os testes serão repetidos com maior freqüência (meses ou semanas).

PRECAUÇÕES A SEREM OBSERVADAS QUANDO A REALIZAÇÃO DE TRABALHOS EM TRANSFORMADORES DE TRANSMISSÃO

1. O tanque do transformador, o equipamento de tratamento de óleo e os reservatórios de óleo devem estar efetivamente aterrados.
2. O transformador deve estar desenergizado sempre que seja necessário interferir diretamente nas partes que estão sob tensão, quando ele está em serviço, para a realização de trabalhos de manutenção.
3. As buchas e os enrolamentos devem estar aterrados, exceto nos casos em que são realizados testes que exijam seu desaterramento.
4. As pessoas que tomarem parte nesses trabalhos devem usar vestimenta adequada e limpa, equipamento de segurança e não portar relógio, anéis, pulseira, corrente etc., e nem ter nos bolsos qualquer objeto que possa cair no interior do transformador e atingir a parte frágil do mesmo ou uma pessoa.
5. Ter à mão, para uso imediato, extintores de incêndio de gás inerte em quantidade suficiente para encher rapidamente o tanque do transformador em caso de incêndio. Os extintores de CO_2 ou nitrogênio devem ser colocados sobre a tampa do transformador ou bem próximos para que possam ser facilmente alcançados.
6. Prender as ferramentas com cadarço de algodão ou náilon limpos para que, em caso de caírem no interior do tanque, possam ser facilmente recolhidas.
7. Relacionar as ferramentas em uso para que não fiquem esquecidas em alguma parte do transformador.
8. O transformador só deve estar aberto quando sua temperatura (parte interna e tanque) estiver no mínimo 10 °C acima do ponto de orvalho do ar ambiente e a umidade relativa de ar for inferior a 70%.
9. Uma pessoa da equipe de manutenção deve exercer controle sobre as que estiverem participando dos trabalhos e também sobre os equipamentos e as ferramentas, com a finalidade de serem evitados acidentes e seja deixado qualquer objeto dentro ou sobre o transformador.
10. As ferramentas, os instrumentos e os equipamentos devem ser adequados aos trabalhos a serem realizados e cuidadosamente inspecionados antes de ser utilizados.
11. Ter sempre à mão um tipo de cobertura (lona, plástico) impermeável para proteger o transformador em caso de repentino mau tempo.
12. Nunca pisar na isolação. As pessoas só devem pisar nas partes que ofereçam resistência suficiente para suportar seu peso.
13. Exercer vigilância constante quando o transformador estiver em trabalhos de secagem, vácuo ou enchimento com óleo.
14. Não realizar trabalhos de vácuo ou óleo com tempo úmido ou chuvoso.
15. Não produzir vácuo mais forte que o valor indicado na placa ou pelo fabricante. As condições de vácuo devem ser observadas no tanque principal e nas divisões separadas do mesmo (comutador de derivações etc.).
16. Tomar todas as medidas tendentes a evitar acidentes.
17. Não provocar chama aberta ou fumar durante os trabalhos.
18. Para inspeção interna do transformador, utilizar lâmpada à prova de explosão.
19. Nunca entrar no tanque do transformador antes da substituição do gás ou vapor de óleo por ar fresco e seco. A percentagem de oxigênio no interior do tanque deve ser no mínimo de 19,5% em volume para poder uma pessoa entrar no mesmo. Do contrário, pode ocorrer a morte por asfixia.

20. Não realizar testes elétricos com tensão superior a 125 volts em transformador que estiver sob vácuo.
21. O pessoal que irá realizar os trabalhos de montagem ou manutenção no transformador, além de habilitado tecnicamente, deve obedecer rigorosamente às normas de segurança do trabalho.
22. Antes de remover qualquer tampa do tanque do transformador, assegurar-se de que a pressão do interior do tanque é igual à do exterior e que o nível do óleo está abaixo da abertura.
23. Curto-circuitar os terminais do secundário dos transformadores de corrente antes da realização de ensaios que os envolva.
24. Nunca se utilizar de extintor de incêndio de espuma ou pó químico para apagar fogo no interior do tanque do transformador.
25. Lembrar que podem ser originadas tensões mortais nos enrolamentos quando da realização de testes.
26. Demarcar, com bandeirolas coloridas (de preferência amarelas ou alaranjadas) bem visíveis, as áreas que devem ficar interditadas à entrada de qualquer pessoa por apresentarem possibilidade de contato com partes sob tensão.
27. Não usar manômetro de mercúrio e, sim, de par termelétrico ou aneróide.

CONTEÚDO

Capítulo 10 — Norma NBR-7070, de dezembro de 1981, da Associação Brasileira de Normas Técnicas (ABNT): — Guia para amostragem de gases e óleos em transformadores e análise dos gases livres dissolvidos.. 167

Capítulo 11 — Métodos de tratamento do óleo isolante 176

Capítulo 12 — Ascaréis 184

Capítulo 1 — Transporte, inspeções interna e externa do transformador. Unidade de pressão

1.1. — TRANSPORTE DOS TRANSFORMADORES

Quando as dimensões e o peso permitem, os transformadores são transportados com o núcleo e bobinas imersos em óleo.

Unidades grandes são, em geral, transportadas sem óleo e com gás inerte (nitrogênio) seco no tanque sob pressão de aproximadamente (0,15 daN/cm²) 15 kPa.

Em casos especiais de unidades com peso e dimensões muito grandes, o tanque é secionado e a parte superior retirada e fechada para o transporte à parte.

A parte inferior do tanque com o núcleo e as bobinas é fechada com uma tampa provisória e cheia com gás inerte seco sob pressão.

1.2. — REGISTRADOR DE IMPACTO

O registrador de impacto é o instrumento que registra os impactos recebidos pelo transformador durante o transporte, ocasionados por variações bruscas de sua velocidade, e que podem provocar deslocamentos de suas partes internas.

Há registradores de impacto com e sem registro gráfico.

No registrador sem registro gráfico, um ponteiro indica a intensidade do impacto, permanecendo na posição correspondente ao impacto mais intenso. Os registradores são fixados um em cada direção dos três eixos ortogonais X, Y e Z do transformador. (Figura 1.1)

Nos primeiros, os impactos são registrados em papel que possui uma escala de valores de impacto e uma escala de tempo, em hora, conforme a Fig. 1.2..

Os impactos que ultrapassarem a segunda zona (equivalem a três vezes a força da gravidade) são considerados prejudiciais e o transportador deverá tomar os devidos cuidados para esses valores não serem atingidos.

O registro do lado esquerdo do papel é uma indicação da qualidade do transporte. No exemplo da Fig. 1.2 podem ser observados picos de aproximadamente 8 mm.

É de toda conveniência que o registrador de impacto permaneça no transformador até que ele esteja sobre sua base.

1.3 — INSPEÇÃO EXTERNA

Ao chegar o transformador a seu destino, e antes mesmo de ser desembarcado, realizar uma inspeção externa para verificar se existem danos aparentes e sinais de possíveis danos ocultos.

Anotar nas folhas de registro de impacto os valores indicados nos registradores sem gráfico ou recolher o gráfico, se do tipo com gráfico, encaminhando esses dados de acordo com a orientação da empresa.

Verificar se há vazamento de óleo nos transformadores transportados com óleo. Nos transformadores transportados com gás, ler a pressão indicada no manômetro. Se o transformador não trouxer manômetro, medir a pressão com manômetro aneróide cuja escala seja de valores baixos. A pressão pode oscilar entre aproximadamente 7 e 35 kPa para temperaturas entre 10 °C e 50 °C.

1.4 — INSPEÇÃO INTERNA

a) *Transformador transportado com óleo no tanque*

Assim que o transformador estiver sobre sua base, aterrar o tanque.

Retirar amostras de óleo da parte superior e inferior do tanque para testes de rigidez dielétrica, fator de potência, quantidade de água (ppm), tensão interfacial e análise cromatográfica dos gases dissolvidos no óleo (ACG), gás cromatografia.

O espaço acima do nível do óleo pode conter gás sob pressão. Neste caso, determinar o ponto de orvalho do gás antes de reduzi-la a zero e retirar a tampa da abertura de entrada para inspeção *(ver determinação do teor de umidade da isolação. Cap. 6).*

O transformador não deve ser aberto quando a temperatura do tanque e das par-

---

PLANILHA PARA REGISTRADORES DE IMPACTO MITSUBISHI

☐ TRANSFORMADOR   ☐ AUTO TRANSFORMADOR   ☐ REATOR

FABRICANTE :	Nº DE SERIE:	CONTRATO:
TENSÃO : KV	POTÊNCIA: MVA	FREQÜÊNCIA : HZ
Nº de FASES :	PESO PARA TRANSPORTE KG	

DIMENSÕES PARA TRANSPORTE : COMPR. x LARG. x ALT ⎯   X   X   cm

MEIO DE TRANSPORTE - ☐ RODOVIÁRIO   ☐ FERROVIÁRIO   ☐ FLUVIAL/MARÍTIMO

MEDIDAS DAS ACELERAÇÕES (m/s²)

1 - DE :_____ PARA :_____

EIXO X DIR. ☐ ESQ. ☐   EIXO Y DIR. ☐ ESQ. ☐   EIXO Z DIR. ☐ ESQ. ☐

2 - DE :_____ PARA :_____

EIXO X DIR. ☐ ESQ. ☐   EIXO Y DIR. ☐ ESQ. ☐   EIXO Z DIR. ☐ ESQ. ☐

3 - DE :_____ PARA :_____

EIXO X DIR. ☐ ESQ. ☐   EIXO Y DIR. ☐ ESQ. ☐   EIXO Z DIR. ☐ ESQ. ☐

4 - DE :_____ PARA :_____

EIXO X DIR. ☐ ESQ. ☐   EIXO Y DIR. ☐ ESQ. ☐   EIXO Z DIR. ☐ ESQ. ☐

5 - DE :_____ PARA :_____

EIXO X DIR. ☐ ESQ. ☐   EIXO Y DIR. ☐ ESQ. ☐   EIXO Z DIR. ☐ ESQ. ☐

6 - DE :_____ PARA :_____

EIXO X DIR. ☐ ESQ. ☐   EIXO Y DIR. ☐ ESQ. ☐   EIXO Z DIR. ☐ ESQ. ☐

7 - DE :_____ PARA :_____

EIXO X DIR. ☐ ESQ. ☐   EIXO Y DIR. ☐ ESQ. ☐   EIXO Z DIR. ☐ ESQ. ☐

FIXAÇÃO DOS REGISTRADORES NO EQUIPAMENTO A TRANSPORTAR

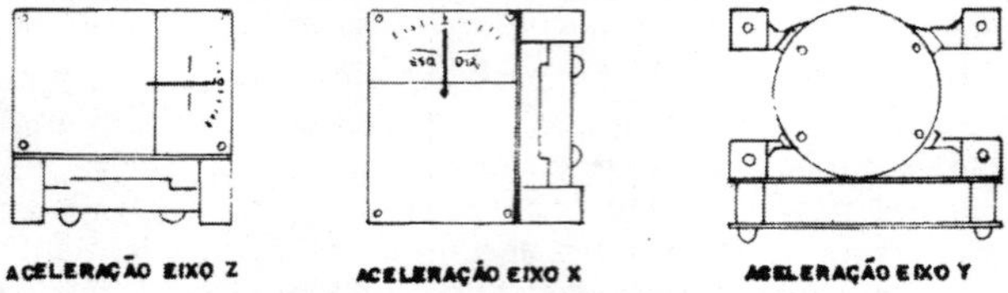

ACELERAÇÃO EIXO Z   ACELERAÇÃO EIXO X   ACELERAÇÃO EIXO Y

OBS : QUANDO ABRIR E FECHAR A TAMPA DA CAIXA DOS INSTRUMENTOS NÃO BATER

Figura 1.1

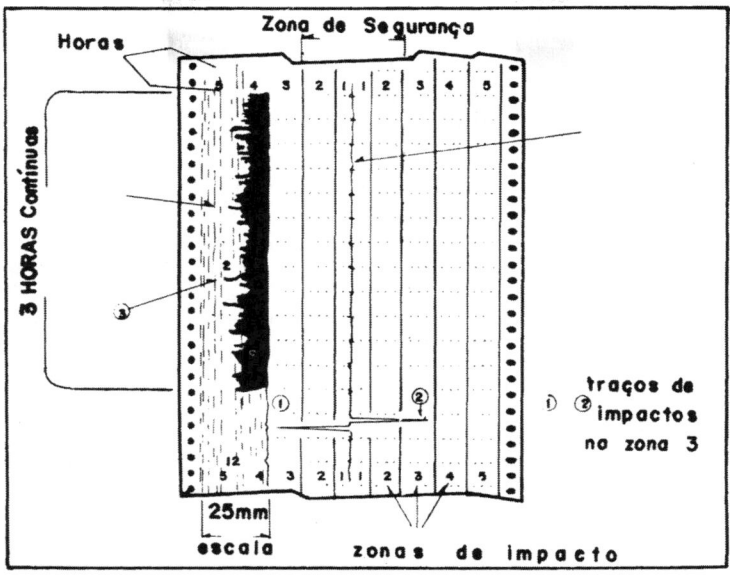

Figura 1.2

tes internas não for, no mínimo, 10 °C acima do ponto de orvalho do ar e sua umidade relativa superior a 70%.

Se for necessário, iluminar o interior do tanque para inspeção, utilizando uma lâmpada protegida por envoltório hermeticamente fechado, resistente a pancadas e à prova de explosão. A isolação do condutor de alimentação da lâmpada deve ser resistente à ação do óleo isolante. A lâmpada deve ser acesa depois que estiver mergulhada no óleo, para evitar choque térmico.

Havendo necessidade de retirar óleo do tanque para realizar a inspeção, evitar de expor o núcleo, as bobinas e as demais partes isoladas ao ambiente. Sendo possível, fazer o óleo passar para os radiadores e outros equipamentos de refrigeração para abaixar seu nível, deixando entrar ar ou nitrogênio secos no tanque à medida que o óleo sai. Não se esquecer de que, antes de proceder à inspeção, o tanque deve ser ventilado com ar quente e seco. O gás inerte e os vapores de óleo são sufocantes e podem causar a morte.

A inspeção deve ser orientada para verificar se existem condutores danificados ou rompidos; uniões mecânicas e elétricas parafusadas frouxas; as condições dos contatos; e do mecanismo do comutador, dos transformadores de corrente, das bobinas e do núcleo. Verificar cuidadosamente também a existência de umidade condensada nas paredes e outras partes internas do tanque, procurando localizar as vias de entrada para fechá-las. É recomendável comunicar ao fabricante as irregularidades encontradas.

Se, apesar de passar o óleo isolante do tanque para os radiadores e outros equipamentos de refrigeração, seu nível não baixar até o ponto desejado, fechar os registros inferiores dos radiadores e retirar óleo pelo registro de drenagem.

Não deixar o óleo e a isolação sólida do transformador entrar em contato com a umidade do ar ou de qualquer outra fonte.

b) *Transformador transportado com gás seco e sem óleo.*

Aterrar o tanque antes de iniciar a inspeção.

Medir a pressão do gás após a estabilização da temperatura do tanque. Para o transporte, a pressão do gás é, em geral, de aproximadamente 20 kPa (0,2 kgp/cm^2) a 25 °C. Uma pressão positiva ou negativa (vácuo) indica que, provavelmente, não houve vazamento.

Se a pressão for zero, é provável a existência de vias de vazamento do gás, havendo a possibilidade de entrada, pelas mesmas vias, de ar úmido durante o transporte. Neste caso, procede-se da seguinte maneira:

1. Colocar no tanque do transformador nitrogênio seco até ser atingida a pressão de 10 kPa (0,1 kgp/cm²), aproximadamente.
2. Procurar as vias de vazamento e vedá-las.
3. Manter a pressão do gás inerte (nitrogênio) seco entre 10 e 20 kPa (0,1 e 0,2 kgp/cm²) a 25 °C.
4. Deixar o transformador em repouso por, no mínimo, 48 horas com o gás sob pressão. Durante este tempo, será atingido o estado de equilíbrio de umidade entre o gás e a isolação.
5. Medir, em seguida, o ponto de orvalho do gás. Têm sido usados os seguintes aparelhos de medir o ponto de orvalho de gases e misturas gasosas: Alnor, tipo 7300, e Brown Boveri, tipo TPH3 (ver Capítulo 4).

Pode-se também medir a quantidade de vapor-d'água em ppm por metro cúbico de gás com o auxílio do higrômetro Panametrics, modelo 1000.

6. Com esses dados, determinar a porcentagem de umidade da isolação para saber se o transformador necessita ou não de secagem. Para a determinação do teor de umidade da isolação sólida, ver Capítulo 4.

É recomendável que o teor de umidade da isolação sólida do transformador novo não seja maior que 0,5% em peso, pois, quanto maior a quantidade de água na isolação, tanto maior a intensidade de sua deterioração, havendo em conseqüência uma redução acentuada de sua vida útil.

Se o teor de umidade da isolação for maior que 0,5%, a secagem do transformador deve ser realizada.

Segundo o GCOI, uma porcentagem de oxigênio menor que 1% e uma umidade relativa do gás também menor que 1%, é indicação segura de que a isolação não foi contaminada pela umidade.

Recomenda o GCOI seja feito o seguinte ensaio quando a pressão do gás for nula:

Coloca-se nitrogênio seco no tanque do transformador sob uma pressão de 20 kPa, (0,2 kgp/cm²) que não deve baixar além de 14 kPa após 1 hora a uma temperatura constante, se não houver vazamento.

Depois de verificadas as condições de umidade do gás, reduzir a pressão do tanque a zero para abrir a tampa da entrada.

Se o tanque for do tipo seccionado, injetar ar quente e seco em seu interior e retirar a tampa provisória. Colocar uma peça de lona ou plástico sobre o tanque para diminuir a saída de ar quente. Retirar a chapa que fecha a tampa definitiva, que deve estar completamente seca para poder ser instalada.

A colocação da tampa definitiva deve ser feita no menor espaço de tempo possível e sob contínua injeção de ar quente e seco.

O transformador não deve ficar aberto por mais de 2 horas. Se esse tempo for maior, fechar o tanque e fazer vácuo de 0,6 kPa, ou menor, por 2 horas, no mínimo. Em seguida, quebrar o vácuo deixando entrar gás seco até uma pressão de cerca de 20 kPa. Se o dispositivo de alívio de pressão estiver montado, observar a taxa de aumento de pressão recomendada pelo fabricante.

Realizar a inspeção, seguindo a mesma orientação da inspeção interna do transformador com óleo.

1.5 — UNIDADE DE PRESSÃO

O Decreto n.º 81621, de 3 de maio de 1978, aprova o Quadro Geral de Unidades de Medida, em substituição ao anexo do Decreto n.º 63233, de 12 de setembro de 1968.

De acordo com o aprovado, a unidade de pressão é o pascal, do Sistema Internacional de Unidades (SI), cujo símbolo é Pa.

O pascal é assim definido: "Pressão exercida por uma força de 1 newton, uniformemente distribuída sobre uma superfície plana de 1 metro quadrado de área, perpendicular à direção da força".

De conformidade com o Instituto Nacional de Pesos e Medidas (INPM) deve-se evitar o uso das unidades quilograma-força e milímetro de mercúrio, e substituí-las pelas unidades do SI correspondentes, isto é, o newton (N) e o pascal (Pa).

A conversão das unidades pode ser feita com o auxílio dos seguintes fatores:

quilograma-força $\times$ 9,80665 = newton $\cong$ 1 daN (decanewton)

Tomando-se 1 kgf = 10 N temos:

torr ou milímetro de mercúrio $\times$ 133,322 = pascal

quilograma força por centímetro quadrado $\times$ 10^5 = pascal

ou 1 kgf/cm^2 = 100 kPa

Capítulo 2 — Montagem e enchimento do transformador. Aterramento do núcleo

2.1 — ENCHIMENTO DE ÓLEO

2.1.1 — Enchimento preliminar de óleo — É realizado logo que o transformador chegar a seu destino, para cobrir completamente o núcleo e as partes isoladas com óleo.

2.1.2 — Enchimento final — É feito depois que a montagem estiver terminada, para completar o volume total de óleo do transformador.

2.1.3 — Testes do óleo — Antes de colocar óleo no transformador, verificar se os valores de sua rigidez dielétrica, fator de potência e teor de umidade estão dentro dos limites admissíveis e aprovados. Os valores-limites fixados pelo GCOI são os seguintes:

Rigidez dielétrica, 30 kV mínimo (método ABNT-MB 330)
Fator de potência, 0,5%
Quantidade de água, 35 ppm máximo (ASTM D-1533)
Tensão interfacial (40 dina/cm), 0,4 mN/cm a 25 °C (MB 320)

Nos transformadores transportados com óleo, o enchimento preliminar é feito na fábrica.

Nos transformadores transportados com gás e sem óleo, o enchimento preliminar pode deixar de ser feito, procedendo-se, se conveniente, só o enchimento final.

2.1.4 — Enchimento sem vácuo — Deve-se sempre dar preferência ao enchimento sob vácuo. Se não for possível encher o transformador de óleo sob vácuo, colocar o óleo pelo registro inferior de drenagem. Deixar uma pequena abertura na tampa para a saída do ar ou gás. Após o enchimento, deixar o transformador em repouso por 24 a 72 horas. Seguir as instruções do fabricante.

2.1.5 — Enchimento sob vácuo — Este enchimento deve ser sempre o preferido, pois o ar aprisionado nas bobinas e no núcleo constitui uma fonte de possível falha.

O tanque do transformador deve ser estanque. O vácuo deve ser feito até o limite especificado pelo fabricante e se estender a todos os compartimentos do tanque.

O vácuo deve ser mantido por, pelo menos 4 horas, após ter atingido o valor máximo suportável pela estrutura do tanque, e que é fornecido pelo fabricante antes do enchimento com óleo. (Ver quadro da Westinghouse, na página XX).

O óleo deve ser colocado pelo registro superior de acoplar à mangueira do filtro-prensa, e *sempre através deste último*.

2.2 — MONTAGEM DO TRANSFORMADOR

A montagem do transformador pode ser feita em duas etapas:

Montagem externa, que consiste na instalação dos acessórios que não exigem a abertura do tanque. Exemplo: radiadores, bombas, trocadores de calor, medidores de temperatura, ventiladores.

Montagem interna, que exige a abertura do tanque. Exemplo: instalação de buchas.

2.2.1 — Seqüência de montagem

Em geral, a seqüência de montagem é a seguinte:

a) Transformadores transportados com óleo no tanque
• Se a quantidade de óleo for só a suficiente para cobrir apenas as bobinas e o núcleo, é indiferente começar pela montagem externa ou interna.

• Se o volume de óleo for bem maior que o necessário para cobrir o núcleo e as bobinas, é conveniente começar pela montagem externa para poder passar óleo do tanque para os radiadores e outros equipamentos de refrigeração, com a finalidade de baixar seu nível e facilitar assim a inspeção e a montagem interna.

b) Transformadores transportados só com gás seco no tanque

• Se for feito enchimento preliminar de óleo, também é indiferente começar por qualquer uma das montagens, interna ou externa.

• Se não for necessário realizar o enchimento preliminar, é conveniente começar pela montagem externa, para manter o tanque fechado pelo maior espaço de tempo possível.

2.3 — ACESSÓRIOS

2.3.1 — Radiadores

As aberturas dos radiadores são fechadas com flange cego. Ao retirar os flanges, verificar se existe umidade em seu interior. A secagem dos radiadores pode ser feita fazendo-se passar ar seco e aquecido por eles ou lavando-os com óleo isolante seco. Os bujões das aberturas de drenagem e ventilação devem estar bem apertados e vedados.

2.3.2 — Buchas

A parte inferior das buchas, que tem material isolante exposto. é protegida com saco plástico ou tampa metálica para o transporte. No interior do saco coloca-se sílica-gel para absorver a umidade.

Uma inspeção cuidadosa poderá descobrir partes danificadas, umidade e vazamentos. O nível do óleo deve ser verificado.

As buchas devem ser armazenadas conforme as instruções do fabricante e, na falta delas, podem ser seguidas as recomendações citadas no capítulo específico das mesmas (Cap. 5).

Os testes de resistência de isolamento, fator de potência e capacitância indicarão se as buchas estão em condições de ser instaladas. É recomendável também realizar a análise cromatográfica dos gases de óleo das buchas.

2.3.3 — Gaxetas

As gaxetas devem ser de material recomendado pelo fabricante ou de borracha sintética não-atacável pelo óleo isolante.

As gaxetas, não instaladas em posição vertical, não necessitam de tratamento com adesivo, a não ser quando especificado pelo fabricante.

Tanto a gaxeta como o local em que será colocada devem estar livres de poeira, ferrugem, água, graxa, líquido isolante ou qualquer outra substância estranha, com exceção de pintura à prova de óleo. As superfícies que irão comprimir a gaxeta devem ser limpas com álcool desnaturado.

A forma e as dimensões da gaxeta devem ser perfeitamente adequadas aos locais onde serão instaladas. Os parafusos devem ser progressivamente apertados até que os batentes das peças que comprimem a gaxeta se toquem ou, quando não há batentes, sua espessura fique reduzida ao valor indicado pelo fabricante. Evitar comprimí-las demasiadamente, pois há o risco de serem danificadas.

Emenda chanfrada de gaxeta de borracha sintética

A emenda de uma gaxeta de borracha pode ser feita do seguinte modo:

• Colocando a tira de borracha no dispositivo de chanfrar, como mostra a Fig. 2.1.

Figura 2.1 — Dispositivo para o corte da gaxeta

- O chanfro deve ter uma inclinação de 14°.
- Cortando o excesso de borracha.

Figura 2.2 — Corte de gaxeta

- Lixando a borracha no sentido da parte superior para a parte inferior do chanfro.

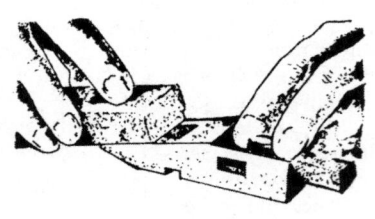

Figura 2.3.

- Limpando as superfícies chanfradas com um pano limpo embebido em acetona, álcool ou solvente de graxa.
- As superfícies limpas não devem entrar em contato com as mãos ou qualquer objeto que possa depositar nelas substâncias estranhas.
- Colocando o adesivo recomendado nas duas superfícies a serem unidas e deixar que evapore o excesso de solvente até que não adira a um objeto limpo e desengordurado quando por ele for tocado (5 a 15 minutos).
- Unindo as duas superfícies por pressão das mãos.

• Colocando, em seguida, a emenda numa prensa com aquecimento, conforme a Fig. 2.4.

Figura 2.4.

• A pressão deve ser a suficiente só para proporcionar um bom contato. Não pressionar demasiadamente.
• Deixando na prensa a 130 °C por 35 minutos ou a 150 °C, por 20 min. Esses valores são apenas indicativos. Devem ser obedecidos os recomendados pelo fabricante.
• Retirando a gaxeta da prensa e esfriá-la em água, podendo ser, em seguida, instalada.

2.3.4 — Ventiladores

Verificar a existência de peça soltas, partidas ou deformadas. Testar seu funcionamento e verificar a lubrificação.

2.3.5 — Tanque de expansão

Verificar a existência de umidade em seu interior. A secagem pode ser feita do mesmo modo que a dos radiadores (item 2.3.1).

2.3.6 — Indicador de nível de óleo

Verificar se não sofreu danos e se sua indicação é correta.

2.3.7 — Bombas, tubulações e trocadores de calor de óleo

Devem estar limpos e secos para ser montados.

2.3.8 — Dispositivos de alívio de sobrepressão e indicadores de temperatura

Seguir as instruções do fabricante.

2.3.9 — Relé de gás (Buchholz)

O relé Buchholz deve ser inspecionado e instalado, como se indica no Cap. 18.

2.4. — TANQUE

2.4.1 — Teste de vazamento

É muito importante que não haja vazamento no transformador, pois as vias de vazamentos podem também ser as de entrada de umidade. Os seguintes métodos são recomendados:
a) Encher completamente o tanque com óleo e aplicar a pressão especificada na placa do transformador. Antes de aplicar a pressão, proteger os acessórios que possam ser danificados. Manter a pressão por algumas horas. É conveniente fazer as verificações logo no início e diversas vezes durante o tempo em que for mantida a pressão.
b) No tanque sem óleo introduzir nitrogênio seco a uma pressão de 10 kPa abaixo da pressão máxima especificada pelo fabricante. Os vazamentos podem ser detecta-

dos com espuma de sabão ou pelo ruído de escapamento do gás. É conveniente marcar os locais de vazamentos com tinta diferente da do tanque, para facilitar sua correção.

Antes de pressionar o tanque, tomar as seguintes providências:

• Colocar flange cego de aço nas aberturas do dispositivo mecânico de alívio de pressão ou do diafragma de sobrepressão.

• Fechar hermeticamente as aberturas de respiração e as de ligação com equipamentos de gás.

2.5 — PINTURA

O tanque e os radiadores são feitos de aço e, portanto, estão sujeitos à ferrugem quando a pintura é danificada e o metal ficar exposto.

As partes enferrujadas devem ser cuidadosamente limpas até que o aço fique aparente e, em seguida, pintadas com tinta de fundo, a qual, após estar seca, será coberta com a tinta de acabamento. As tintas devem ser de qualidade comprovada e, de preferência, as mesmas utilizadas pelo fabricante (Cap. 14).

2.6 — VAZAMENTOS DO TANQUE EM LOCAIS DE SOLDA

É recomendado o seguinte procedimento para reparar locais de solda que apresentarem vazamento:

a) O transformador deve estar desenergizado.

b) O nível do óleo deve estar, no mínimo, 10 cm acima do local a ser reparado quando o transformador estiver com óleo.

c) Se o nível do óleo estiver abaixo do local a ser reparado, ou se o transformador estiver sem óleo no tanque, encher o espaço vazio com nitrogênio seco.

d) Caso a quantidade de óleo que vazar venha a dificultar ou mesmo a impedir a realização do reparo, fechar hermeticamente todas as aberturas do tanque e fazer vácuo suficiente para suster o vazamento, porém sem ultrapassar o valor especificado na placa do transformador. Pode-se conseguir vácuo com uma bomba de vácuo ou retirando certa quantidade de óleo. Vazamentos muito pequenos não exigem tratamento com vácuo.

e) Bater a solda com martelo de bola.

f) Retirar completamente a tinta da área a ser soldada.

g) Soldar com corrente contínua ou alternada e eletrodo adequado, limpando antes com um pano o óleo vazado.

h) Limpar a área soldada e fazer teste de vazamento, pintando-a, em seguida, com tinta de fundo e depois de seca com tinta de acabamento.

Caso haja necessidade de colocar um remendo no tanque, é recomendado o seguinte procedimento:

a) soldar inicialmente as extremidades verticais do remendo; b) em seguida a extremidade superior e, finalmente, a extremidade inferior.

Pretende-se com esta seqüência evitar, o quanto for possível, a interferência do óleo na solda.

2.7 — REPARO DE VAZAMENTO DE RADIADORES

Radiadores constituídos de uma série de elementos em forma de asa de avião podem apresentar vazamento na quilha dos mesmos ou no tubo que os une.

O procedimento recomendado para reparar o vazamento é o seguinte:

a) Fechar os registros do radiador.

b) Retirar todo o líquido isolante do mesmo.

c) Retirar o radiador do transformador.

d) Se o vazamento for no tubo comum, a solda pode ser elétrica.

e) Se o vazamento é na quilha do elemento em forma de asa ou em sua união com o tubo comum, é preferível a solda oxiacetilênica.

f) Para soldar a quilha do elemento asa, aquecê-la em todo o seu comprimento com a chama oxiacetilênica para eliminar todo o óleo existente.

g) Fazer um sulco com uma serra, ou lima, ou pedra de esmerilar, no local a ser soldado.

h) Soldar o sulco com solda oxiacetilênica.
i) Limpar a área soldada a testar para vazamento.
j) Pintar a área soldada e reinstalar o radiador.

2.8 — ATERRAMENTO DO NÚCLEO DO TRANSFORMADOR

Os enrolamentos, o núcleo e a isolação do transformador formam capacitores que se distribuem entre os enrolamentos de alta e baixa tensão, de alta tensão e núcleo, e de baixa tensão e núcleo.

As lâminas de ferrossilício que formam o núcleo do transformador têm a sua superfície recoberta por uma camada fina de isolação obtida por tratamento químico.

A resistência de isolamento da isolação das lâminas é de só alguns ohms, mas adequada para evitar a circulação das correntes induzidas e também suficientemente baixa para permitir que o núcleo seja efetivamente aterrado em um único ponto, isto é, por uma única lâmina.

O núcleo deve também ficar eletricamente isolado dos membros da estrutura do transformador que o mantém em sua posição.

O núcleo é normalmente isolado da massa por papelão isolante (*press-board*), cuja isolação deve resistir a uma tensão alternada de 2000 V no mínimo.

Durante o transporte, essa isolação pode ser danificada e, por isso, deve ser testada logo que o transformador esteja sobre sua base. Por outro lado, pode haver uma ligação precária e acidental do núcleo à terra.

A tomada de ligação do núcleo à terra está, em geral, situada na parte superior interna do transformador, próxima a uma janela de inspeção. Há fabricantes que a situam na parte externa do tanque do transformador. Neste caso, uma bucha de baixa tensão isola do tanque o condutor de ligação do núcleo à terra.

Há também fabricantes de transformadores que não aterram solidamente o núcleo mas, sim, por meio de um resistor de 200 a 1 000 ohm (Ω) de resistência.

A resistência de isolamento da isolação do núcleo, medida entre a tomada de aterramento e sua estrutura-suporte com um Megger de 1 000 V é, em geral, de 200 megohm ou maior.

Quando o teste com o Megger acusar uma resistência de isolamento muito baixa, que indica o núcleo poder estar em contato com a massa, deve-se medir com um ohmímetro a resistência entre a tomada de aterramento do núcleo e sua estrutura-suporte. Se o valor encontrado for 1 ou 2 Ω o núcleo será considerado solidamente aterrado e o transformador deverá ser reparado.

Se esse valor for de 200 a 400 Ω, o contato acidental do núcleo com a massa deverá, provavelmente, ser precário e poder-se-á tentar removê-lo do seguinte modo: aplicar 110 V, 60 Hz entre a tomada de aterramento do núcleo e sua estrutura-suporte, com o auxílio de um transformador de 5 kVA ou maior e condutores e fusíveis de 30 A. O condutor aterrado da fonte de alimentação deverá ser ligado ao tanque do transformador.

Se os fusíveis não queimarem, aumentar a tensão aplicada de 110 para 220 V.

Neste caso, colocar um transformador de isolamento entre a fonte de alimentação e o transformador em teste. O lado de 220 V do transformador auxiliar deve estar aterrado. O circuito de 220 V deve ter uma chave de faca e fusíveis com capacidade para 60 A.

Durante o teste, o operador deverá estar atento para observar se há formação de arco no interior do transformador e procurar localizá-lo.

Realizar nova medição com o ohmímetro. Se a resistência aumentou aproximadamente 1 000 Ω, testar novamente com o Megger de 1 000 V.

Se o aumento do valor da resistência for confirmado, aplicar 1 000 V monofásicos, 60 Hz entre a tomada de ligação à terra do núcleo e sua estrutura-suporte. O condutor aterrado da fonte deve ficar ligado à estrutura do núcleo e ao tanque do transformador. O circuito de teste deve ter uma chave de faca e fusíveis de 60 A. A tensão de 1 000 V deve ser aplicada durante 1 min.

Verificar, com um amperímetro de gancho ou um voltímetro de alta tensão, se há uma corrente constante no circuito de teste (fonte-tomada) de aterramento do núcleo). Se a ligação acidental do núcleo à terra tiver desaparecido, não haverá corrente alguma.

Este último teste com 1 000 V monofásicos é normalmente feito na fábrica.

Repetir o teste de resistência de isolamento com o Megger e anotar o resultado para futuras referências.

Também pode ser utilizado um gerador de corrente contínua, do tipo para solda elétrica, para se tentar desfazer ligações indesejáveis do núcleo à terra. Os seguintes métodos podem ser tentados:

a) Ligar o pólo negativo do gerador na estrutura suporte do núcleo e o pólo positivo, no condutor de ligação à terra. Procurar fazer circular uma corrente de 40 A, aproximadamente, medida com um amperímetro.

A corrente diminuirá paulatinamente e a tensão aplicada se elevará na medida em que a ligação indesejável à terra for-se desfazendo.

Pode ser necessário variar a corrente de 20 a 40 A e repetir a variação. Testar cada vez com um ohmímetro ou Megger para se certificar de que a operação está sendo conduzida no sentido certo.

b) Se a resistência de isolamento aumentou, proceder conforme o método de corrente alternada para verificar se o terra acidental foi desfeito.

Se a isolação do núcleo para terra resistir à tensão aplicada de 1 000 V durante 1 min., suas condições podem ser consideradas boas e a ligação à terra do núcleo poderá ser feita pela tomada própria para essa finalidade.

Caso seja difícil desfazer uma ligação indesejável à terra do núcleo, a instalação de um resistor de 250 a 1 000 Ω de resistência em série com o condutor de ligação à terra do núcleo pode ser uma boa solução.

A resistência de isolamento do núcleo para terra e a temperatura do topo do óleo devem ser medidas regularmente. O registro dos resultados dará uma idéia de seu comportamento.

Com a finalidade de eliminar as tensões eletrostáticas, às quais o enrolamento de baixa tensão do transformador fica submetido, usava-se instalar entre os enrolamentos uma blindagem aterrada.

Essa prática apresenta as seguintes desvantagens:

1. A isolação entre os enrolamentos fica maior e, como conseqüência, as espiras terão maior comprimento, redundando em aumento das perdas no cobre.

2. A intensidade dos esforços eletrostáticos na isolação entre os enrolamentos de alta e baixa tensão nas proximidades das bordas da blindagem fica muito aumentada, o que é indesejável.

3. O custo da blindagem é maior que os dispositivos de aterramento do núcleo.

4. As blindagens aterradas podem-se deslocar da posição na qual foram colocadas e torna-se muito difícil determinar se não foram avariadas.

5. As blindagens não oferecem proteção quando há uma falha nos condutores de saída dos enrolamentos.

6. Pode haver o rompimento do condutor de ligação à terra da blindagem, causado por vibração ou movimentação das bobinas, ficando prejudicada sua finalidade.

7. Em caso de ruptura da isolação entre um dos enrolamentos e a blindagem, o outro enrolamento também pode ser danificado. Se a falha for no enrolamento de alta tensão, como geralmente acontece, o dano poderá ser bem maior caso a blindagem exista.

8. Na ocasião de uma falha, a blindagem pode ser parcialmente destruída e o enrolamento de alta tensão entrará, provavelmente, em contato com o de baixa tensão. Se este último não estiver aterrado, ficará submetido a tensões elevadas em relação à terra.

Estas são as razões que têm sido consideradas e que levaram a que este tipo de blindagem fosse substituído por dispositivos de aterramento do núcleo.

Capítulo 3 — Secagem de transformadores. Métodos. Recomendações do GCOI

É bastante difícil retirar completamente a umidade de uma isolação.

Há fabricantes que consideram estar a isolação de seus transformadores seca quando o teor de umidade é de 0,5% em peso no máximo. Outros fabricantes admitem o limite máximo de 1,0% de umidade para dar a isolação como seca.

Nos transformadores transportados com gás inerte seco no tanque, a isolação conserva-se seca desde que não ocorra a entrada de ar úmido devido à falha na vedação ou do equipamento de gás que os acompanha.

Se, ao chegar a seu destino, o transformador apresentar uma pressão do tanque positiva ou negativa, provavelmente não houve penetração de ar úmido no mesmo. Uma pressão zero, isto é, a pressão do tanque igual à atmosférica, indica que pode ter havido falha da vedação ou do equipamento de gás com a conseqüente entrada de ar úmido.

A verificação do teor de umidade da isolação é sempre necessária. Ela pode ser feita medindo-se o ponto de orvalho do gás. (ver Cap. 4).

3.1 — MÉTODOS DE SECAGEM

A secagem de transformadores pode ser feita com o emprego dos seguintes métodos:

de secagem com simples vácuo e congelamento da água ou criogênica
de secagem com ar quente
de secagem por aquecimento com corrente elétrica nos enrolamentos
de secagem com óleo aquecido
de secagem com aquecimentos e vácuo

Transformadores novos, cuja isolação apresente um teor de umidade acima do especificado, podem ter sua isolação umidificada superficialmente durante o transporte, e a aplicação do método de secagem por simples vácuo é, em geral, suficiente para secá-la.

Transformadores, cuja isolação tenha sido umidificada mais profundamente, são secados com aplicação de calor e vácuo. Nestes casos, o método de secagem com aquecimento e vácuo deve ser, sempre que possível, o preferido.

Para retirar a água da isolação dois fatores têm grande influência: o aquecimento da isolação a uma temperatura máxima de 80° C; e a diminuição da pressão do vapor d'água no tanque do transformador, isto é, fazer vácuo no mesmo.

No transformador sem óleo e com gás (ar, nitrogênio) no tanque há um intercâmbio da umidade entre a isolação sólida e o gás, até ser atingida uma situação de equilíbrio.

A umidade fluirá para a parte que tiver uma pressão parcial de vapor mais baixa.

Uma diminuição da pressão interna do gás no tanque equivale a uma diminuição da tensão do vapor d'água do gás, tendo como conseqüências o rompimento do equilíbrio e a transferência da umidade da isolação para o gás.

Por outro lado, com o aquecimento da isolação, há o aumento da tensão do vapor d'água da mesma e o equilíbrio existente será desfeito, havendo a passagem da umidade da isolação sólida para o gás.

No transformador com óleo, o mesmo fenômeno é verificado, isto é, o fluxo de umidade poderá ser no sentido isolação sólida-óleo isolante ou vice-versa, até ser atingida a situação de equilíbrio.

Quando se faz vácuo no tanque do transformador, a umidade da isolação é transferida para o exterior dele pela bomba de vácuo.

Ela também pode ser levada para o exterior do tanque por um agente transportador (ar, óleo isolante), que, circulando pelo tanque do mesmo, a transportará para fora, onde é retirado do agente transportador.

No caso do ar aquecido, este é lançado simplesmente no meio ambiente e, quando o agente de transporte for o óleo, a água será retirada dele por aquecimento e vácuo.

3.1.1 — Método de vácuo e congelamento da água ou secagem criogênica

Este método consiste em submeter o tanque do transformador a vácuo a um valor que não ultrapasse o especificado na placa de identificação, ou pelo fabricante, estando o tanque sem óleo e com gás nitrogênio seco, porém o mais alto possível, e congelar a água extraída da isolação no congelador instalado entre o tanque e a bomba de vácuo.

Para realizá-lo, retira-se todo o óleo do transformador ao mesmo tempo que o tanque é cheio com gás nitrogênio seco.

Fecham-se todas as aberturas do tanque.

Instalam-se a bomba de vácuo, o congelador de vapor d'água e o vacuômetro, como, esquematicamente, se ilustra na Fig. 3.1.

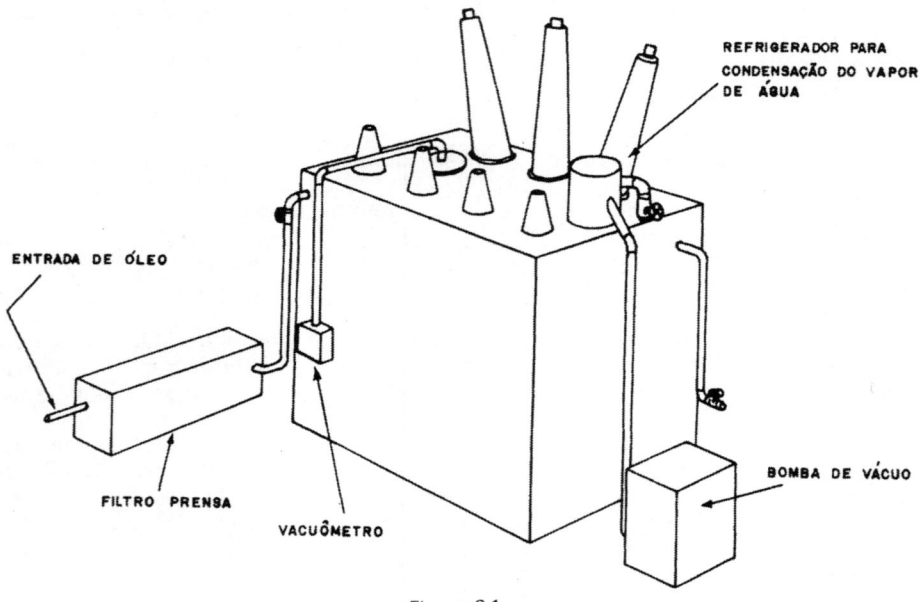

REFRIGERADOR PARA CONDENSAÇÃO DO VAPOR DE ÁGUA

ENTRADA DE ÓLEO

FILTRO PRENSA

VACUÔMETRO

BOMBA DE VÁCUO

Figura 3.1.

A duração do vácuo depende do teor de umidade da isolação.

Uma duração de 24 a 48 horas é recomendável.

Em seguida, é desfeito o vácuo com a injeção de nitrogênio seco até uma pressão positiva de 10 kPa (0,1 kgf/cm^2).

Deixar o transformador em repouso por 48 horas, determinar a umidade da isolação pelo método do ponto de orvalho e medir o fator de potência e a resistência de isolamento (Cap. 4 e 20).

O ciclo de vácuo será repetido tantas vezes quanto for necessário para o teor de umidade poder atingir o valor desejado.

A refrigeração do dispositivo refrigerador de gás pode ser feita com gelo seco ou com o auxílio de uma unidade de refrigeração mecânica, que oferece a possibili-

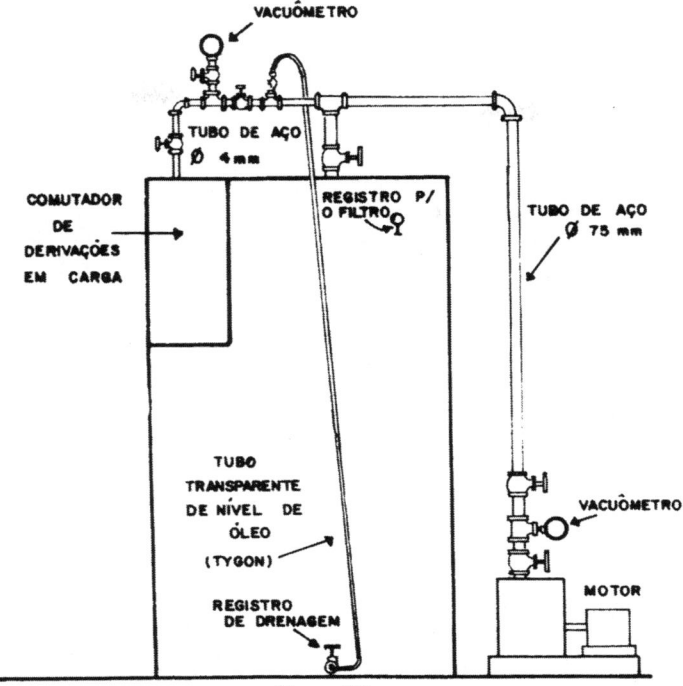

Figura 3.2.

dade de descongelamento da água do congelador, tendo-se com isso maior facilidade para avaliar a quantidade de água extraída da isolação.

Certos fabricantes recomendam que o processo de secagem deve continuar até que seja atingido o limite de 35 g de água extraída num período de 6 horas.

Transformadores de EAT podem exigir aquecimento da isolação.

Este método é considerado eficaz e de secagem relativamente rápida.

As Figs. 3.3, 3.4 e 3.5 mostram detalhes da câmara criogênica, com capacidade para 70 kg de gelo seco, utilizada pela CESP para a secagem de transformadores.

3.1.2 — Instalação de vácuo

Os níveis de vácuo para transformadores são obtidos só com bomba de capacidade adequada.

Para transformadores de pequeno porte, uma bomba de vácuo com capacidade de 3 m³/min é suficiente. Transformadores de grande porte exigem bomba de 4 m³/min, no mínimo.

As bombas devem poder alcançar um vácuo de 3 Pa (0,02 mmHg) ou mais baixo.

A ligação da bomba de vácuo com transformador deve ser feita com tubos de aço de diâmetro nunca menor que 50 mm, de preferência maior, e com o menor comprimento possível (Figs. 3.2 e 3.6).

A tubulação de vácuo não deve ter partes sobre as quais possa haver acúmulo de óleo.

A medição de pressão de vácuo deve ser feita na parte superior do tanque, acima do nível de óleo e não em outro local.

Usar vacuômetro do tipo aneróide ou de par termoelétrico. O vacuômetro de mercúrio só deve ser utilizado quando possuir dispositivo que impeça a eventual entrada de mercúrio no tanque.

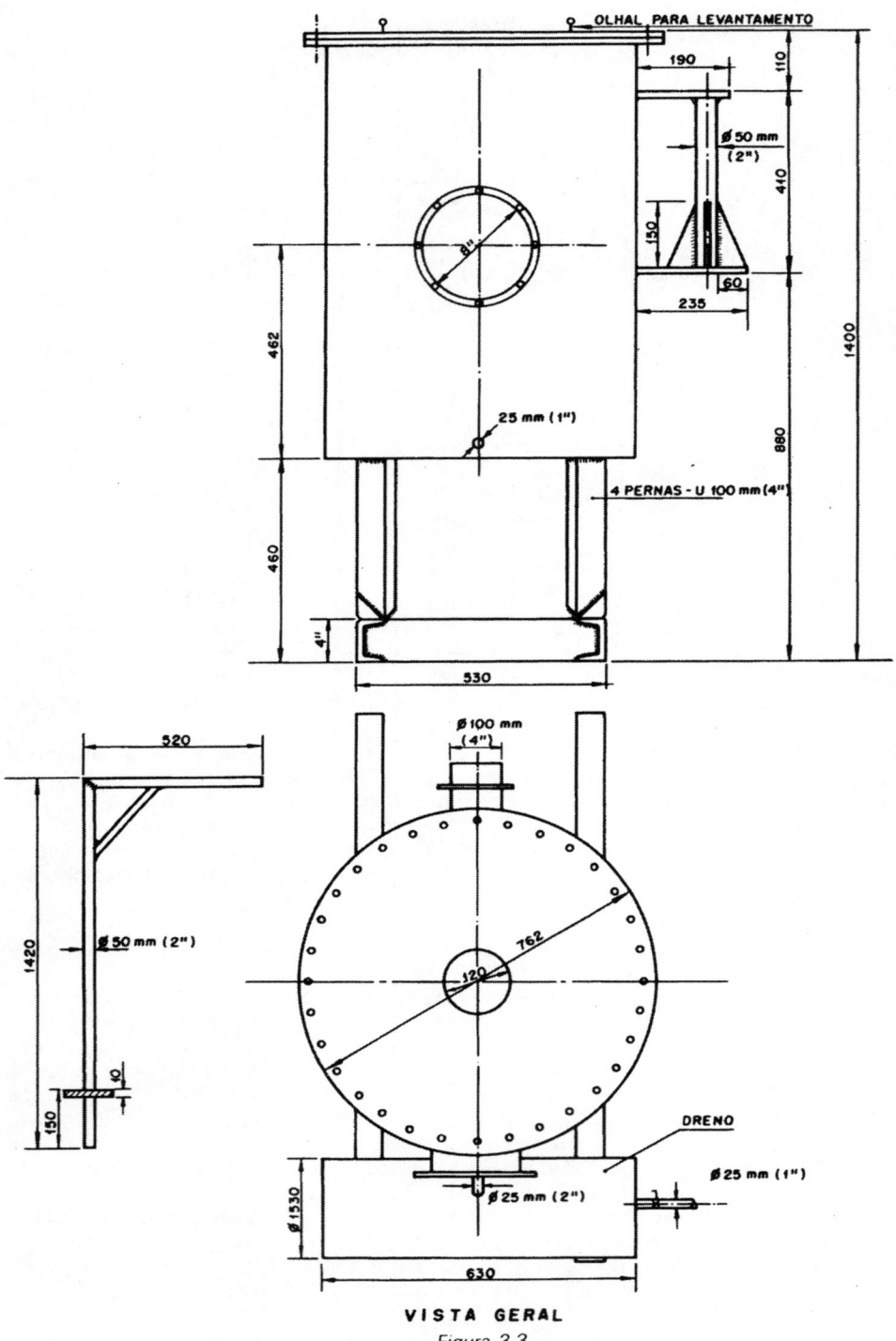

VISTA GERAL

Figura 3.3

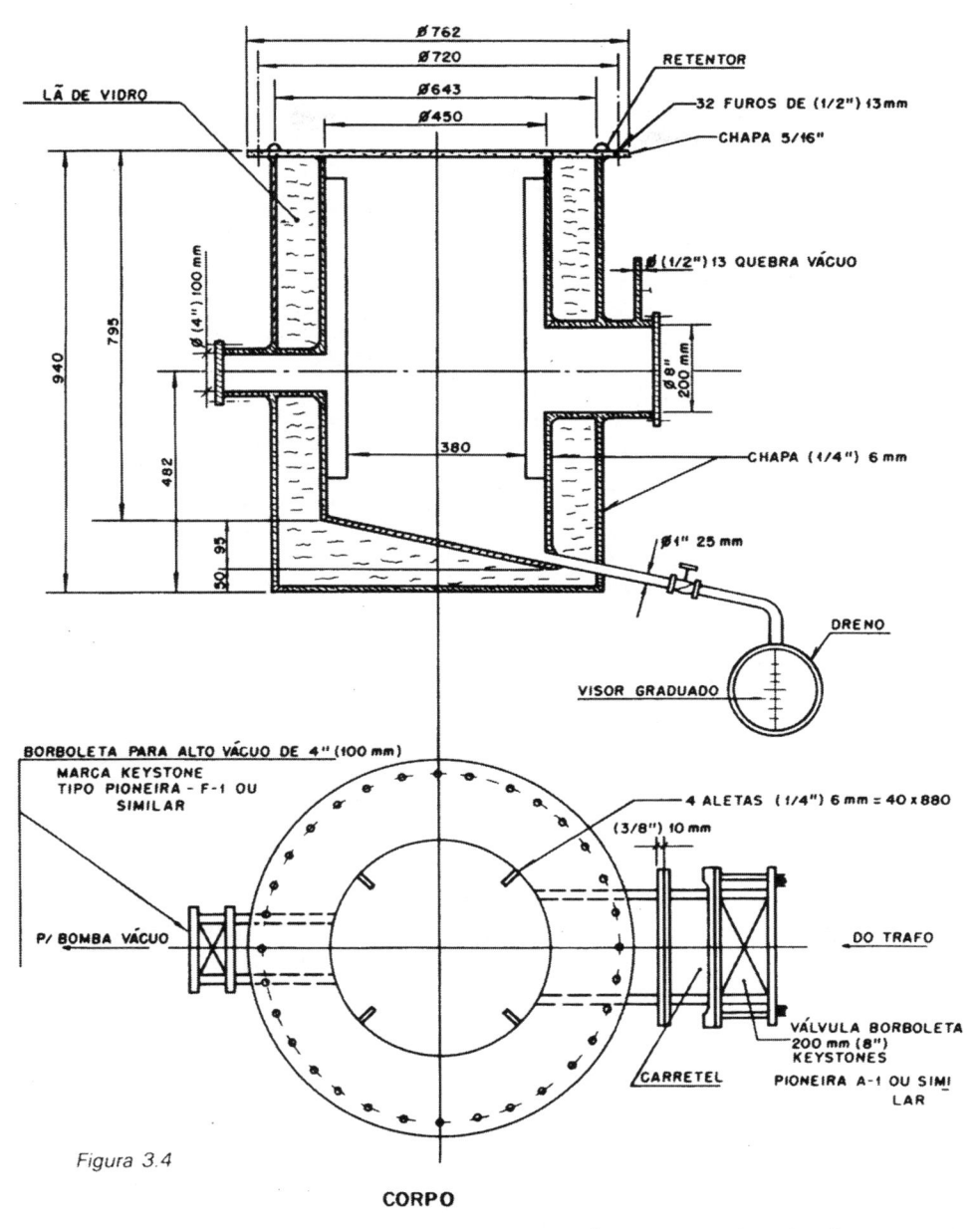

Figura 3.4

CORPO

Não deve haver penetração de óleo de transformador na bomba de vácuo, do contrário ela pode ser danificada.

O sistema de vácuo não deve ter vazamentos, pois a penetração de ar úmido na tubulação prejudica a operação e não permite que seja atingido o vácuo desejado.

Vigiar o óleo lubrificante da bomba. Se ele apresentar aspecto leitoso ou tiver sido contaminado com óleo isolante, deve ser substituído.

O vácuo não pode ultrapassar o valor-limite dado pelo fabricante do transformador.

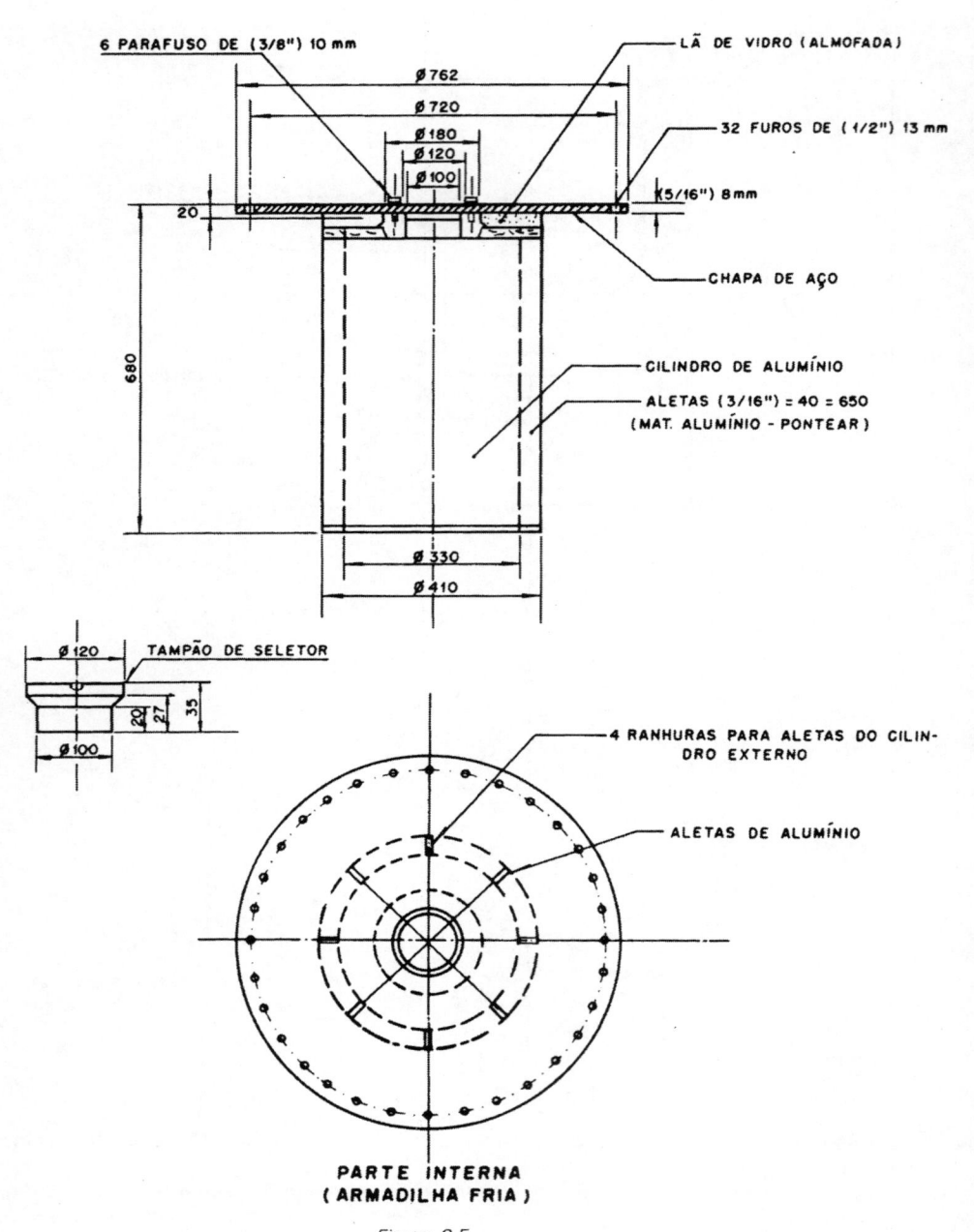

Figura 3.5

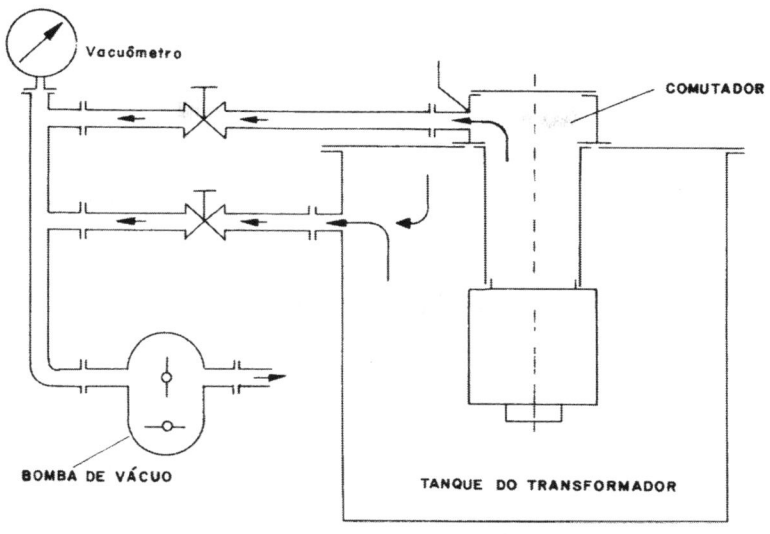

Figura 3.6

Figura 3.7 Equipamento STOKES para secagem de transformadores

Os registros da tubulação de interconexão dos compartimentos do tanque devem ser abertos para serem evitadas diferenças de pressão entre eles além dos limites admissíveis (Fig. 3.6)

Substituir as válvulas de sobrepressão e as aberturas das buchas e de comunicação com os radiadores por flanges cegos.

3.1.3 — Gás seco

3.1.3.1 — Nitrogênio

O gás nitrogênio pode ser obtido em garrafas de aço sob alta pressão.

A temperatura de seu ponto de orvalho não deve ser maior que $-50\ °C$.

O máximo admissível de impurezas é de 0,1% em volume.

Ele também pode ser obtido no estado líquido, em recipientes de baixa pressão.

Em geral, o nitrogênio líquido tem um ponto de orvalho mais baixo que no estado gasoso e, ao passar de líquido para gás, entra em ebulição.

3.1.3.2. — Ar seco

O ponto de orvalho do ar seco para ser utilizado em transformadores deverá ser de −50 °C ou mais baixo.

Pode também ser obtido em garrafas de aço sob pressão.

Para secar o ar, podem ser utilizados dispositivos dessecadores nos quais o ar passa por uma substância que absorve a umidade.

Não é recomendável que as garrafas de nitrogênio e de ar sejam usadas até o completo esgotamento. Devem ser substituídas quando sua pressão for de 180 kPa (1,8 kgp/cm^2) aproximadamente.

Usar válvula de redução de pressão para introduzir o gás no tanque do transformador.

3.1.4 — Secagem com aquecimento

Na secagem com aquecimento, três condições devem ser sempre observadas:
• A temperatura da isolação não deve ultrapassar 90 °C. Em temperaturas mais elevadas, a isolação celulósica sofre decomposição e é danificada. É recomendável mantê-la ao redor de 80 °C, ficando 10 °C como margem de segurança.
• Estando o transformador sem óleo, o aquecimento não deve ser feito com corrente elétrica no enrolamento, pois fica difícil controlar sua temperatura, que pode, neste caso, exceder facilmente os 90 °C.
• A temperatura do enrolamento deve ser sempre medida pelo método da resistência (ver Cap. 20).

3.1.5 — Método de secagem com ar quente

Este médoto consiste em injetar ar quente no tanque do transformador, após a retirada de todo o óleo isolante. Por vezes utilizado para secagem de transformadores de pequeno porte.

O ar quente é obtido com o auxílio de um soprador e de um aquecedor.

A capacidade do soprador é de aproximadamente 28 litros por 10 kVA do transformador e por minuto.

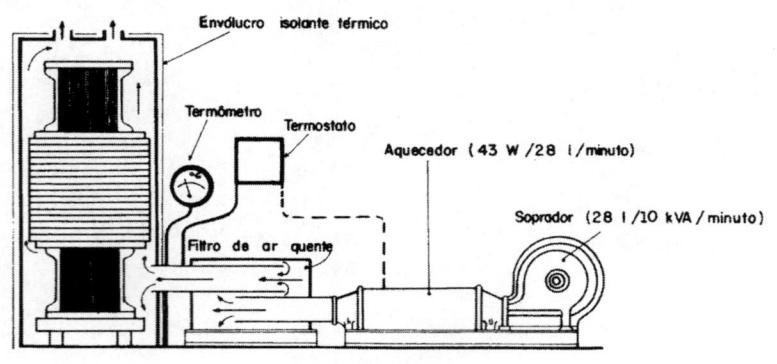

Figura. 3.8

A área total das aberturas de entrada do ar quente deve ser de 130 cm^2 para cada 28 m^3 de ar quente por minuto, no mínimo.

A área da abertura de inspeção da tampa do transformador é, em geral, de tamanho suficiente para a saída do ar. A soma das áreas das aberturas de saída de ar quente não pode ser menor que o total das áreas de entrada.

A potência do aquecedor deve estar em torno de 43W por 28 litros de ar soprado e por minuto.

O aquecedor pode ser do tipo elétrico, ou do tipo de trocador de calor, quando forem utilizados gases de combustão ou vapor-d'água para aquecer o ar. Neste caso, os gases quentes de combustão e o vapor-d'água não podem entrar em contato com o ar, que é soprado para o interior do tanque. Aquecedor que solte partículas, que serão arrastadas para o interior do transformador, deve ser evitado.

O ar quente, após passar pelo filtro, entra no tanque por diversas aberturas de sua parte inferior para haver uma melhor distribuição do calor.

É necessário que o tanque tenha aberturas cuja área total seja suficiente para deixar passar o volume de ar quente exigido para a secagem (   ).

Exemplo:
Transformador de 25 MVA
capacidade mínima do soprador =

$$\frac{25\ 000}{10} \times 0,028 = 70\ m^3/min.$$

área total mínima das aberturas de entrada do ar quente

$$\frac{70}{28} \times 130 = 325\ cm^2$$

As aberturas de saída devem ter uma área no mínimo igual, mas é preferível que a área seja maior.

A temperatura máxima do ar de secagem é de 90 °C sendo, por isso, necessário seu controle na saída do aquecedor usando termômetro e termostato.

Todas as precauções devem ser tomadas para evitar incêndio durante a secagem. Ter à mão extintores de gás inerte (CO_2, nitrogênio), e em número suficiente, para encher de gás o tanque do transformador em caso de incêndio. Nunca usar extintor de pó químico, espuma ou tetracloreto de carbono.

3.1.6 — Método de secagem por aquecimento com corrente elétrica nos enrolamentos

Por este método a secagem é lenta e seu uso só é recomendado quando não há possibilidade de utilizar um dos demais métodos.

O transformador deve estar cheio de óleo.

Curto-circuitar o enrolamento de baixa tensão e aplicar ao de alta tensão uma tensão que faça por ele circular uma corrente de cerca de 20% de sua corrente nominal.

Cobrir o tanque do transformador com isolante térmico (lona, placas de isopor, folhas de papelão).

Colocar o comutador na posição correspondente à derivação que permita com que a corrente passe por todo o enrolamento.

Medir a temperatura do enrolamento pelo método da resistência (Cap. 20).

A temperatura do enrolamento deve ficar em torno de 80 °C. A umidade pode ser retirada do óleo por filtragem em filtro-prensa ou por vácuo.

3.1.7 — Método de secagem com óleo aquecido

O óleo é circulado pelo transformador e por um aquecedor de óleo com o auxílio de uma bomba.

A capacidade da bomba deve ser tal que todo o óleo do tanque circule em uma hora.

O óleo será retirado do fundo do tanque do transformador pela bomba, passado pelo aquecedor e lançado na parte superior do tanque.

O aquecedor deverá ter uma capacidade de aquecimento de cerca de 0,16 W/cm^2 de superfície externa do tanque do transformador (paredes e tampa).

O aquecedor deve ser projetado de tal forma a não permitir que a temperatura do óleo, na superfície em que entra em contato com a fonte de calor, seja maior que 80 °C, sob pena de ele sofrer deterioração, o que deverá ser evitado.

A secagem será mais rápida filtrando-se o óleo com filtro-prensa ou com câmara de vácuo. O sistema de filtragem do óleo deve ser separado do sitema de aquecimento pois o filtro-prensa não tem capacidade suficiente para permitir uma circulação adequada ao óleo.

A filtragem pode ser substituída por vácuo, a ser feito no espaço gasoso sobre a superfície do óleo, tendo que ser a instalação adequada para este tipo de tratamento.

O circuito elétrico de alimentação da bomba e do aquecedor deve permitir o desligamento de ambos em caso de falta de energia ou defeito.

3.1.8 — Método de secagem por aquecimento e vácuo

Este método deve ser sempre o preferido.

O transformador fica com óleo até o nível de vácuo.

O aquecimento pode ser feito internamente, como foi descrito no método de secagem por aquecimento com corrente elétrica nos enrolamentos, ou externamente, da maneira descrita no método de secagem com óleo aquecido.

A temperatura de 80 °C a 90 °C deverá ser mantida por, no mínimo, 24 horas para que haja possibilidade de aquecimento total do transformador.

Quando a temperatura estiver estabilizada, o óleo será totalmente retirado do transformador e o tanque, hermeticamente fechado.

Aplicar, em seguida, vácuo pela parte superior do tanque sem exceder o valor registrado na placa do transformador, porém tão alto quanto possível.

Quando o tanque for de alto vácuo, a bomba deverá ter uma capacidade de produzir 66 Pa, no mínimo, de vácuo.

O vácuo deve ser mantido continuamente até que a temperatura do enrolamento caia para 40 °C medida pelo método da resistência (Cap. 20) Em seguida, deixar o óleo entrar no tanque sem quebra do vácuo até que seu nível atinja o nível de vácuo.

Cuidar para que não entre óleo na bomba de vácuo para não danificá-la.

Repetir o ciclo de secagem quantas vezes forem necessárias. Entre cada ciclo medir a resistência de isolamento.

3.1.9 — Fim de secagem

A secagem só deve ser interrompida depois que, no mínimo, quatro medições consecutivas da resistência de isolamento apresentarem valores mais ou menos constantes em intervalos de 4 horas e cujos valores estiverem de conformidade com a norma ABNT-NB 108/1978. A medição do fator de potência da isolação e da umidade da isolação (Cap. 4) também deve ser feita.

3.1.10 — Medidas de segurança

Durante a secagem do transformador, há a formação de mistura gasosa inflamável e explosiva, com grande risco de explosão e incêndio.

O transformador, e todo o equipamento de secagem, deve estar muito bem aterrado.

Não permitir fumar e provocar chama ou faíscas na área de secagem.

Ter à mão extintores de incêndio de gás inerte (CO_2, nitrogênio) com capacidade para encher rapidamente o tanque do transformador com o gás.

Não usar extintores de tetracloreto de carbono, pó ou espuma para apagar fogo no interior do tanque do transformador, sob pena de danificar a isolação.

É absolutamente necessário que os participantes dos trabalhos de secagem estejam familiarizados com o modo de utilizar os extintores e saibam como proceder, e agir rapidamente, quando necessário.

A instalação elétrica de alimentação dos equipamentos de secagem (aquecedor, soprador, bombas etc.) deve ser feita com material e mão-de-obra de boa qualidade e de conformidade com as normas da Associação Brasileira de Normas Técnicas (ABNT).

A secagem do transformador deve ser constantemente vigiada por mais de uma pessoa, que devem observar a marcha da secagem e medir a temperatura e a resistência de isolamento.

TRATAMENTO A VÁCUO E ENCHIMENTO DE ÓLEO DE TRANSFORMADORES DE TENSÃO 230 kV E INFERIORES — Weslinghouse Eletric Corporation

TANQUE CONSTRUÍDO PARA / TRATAMENTOS / PROCEDIMENTOS

Procedimentos	1 Normal prelim.	2 Normal final	3 Opcional prelim.	4 Opcional final	5 Parte/totalid. núcleo e bob.	6 Cabos ou isol. fora do óleo	7 Isol. sem ficar fora do óleo	8 Normal prelim.	9 Normal final	10 Opcional prelim.	11 Opcional final	12 Parte/totalid. núcleo e bob.	13 Cabos ou isol. fora do óleo	14 Isol. sem ficar fora do óleo
	ENCHIMENTO INICIAL (VÁCUO TOTAL)				REENCHIM. APÓS REPAROS (VÁCUO TOTAL)			ENCHIM. INICIAL (VÁCUO PARCIAL)				REENCHIM. APÓS REPAROS (VÁCUO PARCIAL)		
PREPARAÇÃO														
Instalar a tampa definitiva em caso de tanque secionado	x		x											
Remover as conexões externas das buchas	x		x		x	x		x		x		x	x	
Preparar a tomada para vácuo do comutador de derivação sob carga	x		x		x	x	x	x		x		x	x	x
Completar montagem														
Completar os reparos					x	x		x		x		x	x	
Aumentar a temperatura do núcleo e bobinas para acima de 0°C	x		x		x	x	x	x		x		x	x	x
Retirar todo óleo	x		x		x	x	x	x		x		x	x	x
Fechar o registro do equipamento de gás	x		x		x	x	x	x		x		x	x	x
Abrir todos os registros dos radiadores	x		x		x	x	x	x		x		x	x	x
Abrir todos os registros das bombas de óleo	x		x		x	x	x	x		x		x	x	x
VÁCUO														
Vácuo — pressão absoluta máxima em Torr (mm Hg)	0,7	0,7	0,7	0,7	0,7	0,666	0,7							
Até um mês após o embarque: tanque normal — mínimo de horas	6			8+T/8				12			16+T/4			
tanque em seções — mínimo de horas	12			12+T/8				24			28+T/4			
1 a 3 meses após o embarque: tanque normal — mínimo de horas	10			12+T/8				20			24+T/4			
tanque em seções — mínimo de horas	16			18+T/8							36+T/4			
Reenchimento após reparos — mínimo de horas					Nota A	O	O		O	O		Nota A	O	O
Temperatura do óleo mínima em °C (nota C)	Nota B	10	10	10	10	10	10	Nota B	10	10	10	10	10	10
máxima em °C	75	75	75	75	75	75	75	75	75	75	75	75	75	75
ENCHIMENTO														
Bombeamento do óleo com o equipamento de filtragem	x/R		x/R	x/R	x/R	x/R	x/R	x/R	x/R	x/R	x/R	x/R	x/R	x/R
Bombeamento do óleo com o equipamento de desgaseificação	30/20		30/20	30/20	30/20	30/20	30/20	30/20	30/20	30/20	30/20	30/20	30/20	30/20
Rigidez dielétrica do óleo — kV mínimo (ABNT — ASTM)	x		x	x	x	x	x	x	x	x	x	x	x	x
Conteúdo de água do óleo — ppm máximo														
Entrada do óleo pelo registro superior de ligação com filtro	x		x	x	x	x	x	x	x	x	x	x	x	x
Entrada do óleo horizontalmente debaixo da sua superfície	x													
Vácuo durante o enchimento — torr — máximo	0,8		0,7	0,7	0,7	0,8	sem vácuo	lim.tanque	lim.tanque	lim.tanque	lim.tanque	lim.tanque	lim.tanque	sem vácuo
Velocidade do enchimento — Vazão do óleo — litros por minuto	151		151	151	151	151	151	151	151	151	151	151	151	151
Número mínimo de horas para o enchimento	4	Nota D	4	4	4	4 Nota D	Nota D	4	Nota D	4	4	4	Nota D	Nota D
Nível do óleo após o enchimento acima do núcleo e bobinas	x		x		x	x	x	x		x		x	x	x
normal pelo indicador de nível	x													
Aumentar a pressão no tanque para 0,3 ou 0,5kgf/cm² com ar seco	x		x											
ABSORÇÃO														
Unidades com bombas de óleo / Número de horas de funcionamento das bombas	2 / 8		2 / 16		2 / 16	2 / 8	2 / 8	2 / 8		2 / 16		2 / 16	2 / 8	2 / 8
Unidades sem bombas de óleo / Número mínimo de horas de repouso	10		20		20	10	10	10		20		20	10	10

X ou Valor = procedimento exigido — R = procedimento recomendado — T = Tempo durante o qual o transformador ficou aberto (procedimento normal: entre enchimento preliminar e final; procedimento opcional: entre embarque e enchimento final; reenchimento: entre o abaixamento do óleo e o reenchimento; se o tempo total do procedimento for maior de que 16 horas, consultar o fabricante).

Atenção: sempre que o núcleo e as bobinas forem expostas à umidade, proceder conforme indicado nos métodos de secagem.

Notas: A—se núcleo e bobina ficaram fora do óleo por 16 horas ou menos, o tempo de vácuo é ZERO. Para tempo maior fora do óleo, considerar a data do abaixamento do nível do óleo como data de embarque e escolher o tempo de vácuo nas colunas 4 ou 11. — B — 10°C se o tanque for aberto imediatamente após o enchimento de óleo, devendo o temperatura do óleo ser, no mínimo, 10°C acima do ponto de orvalho do ar ambiente. — C—colocar um aquecedor na tubulação de óleo entre o filtro e o transformador, se necessário, para obter a temperatura mínima do óleo. — D—mínimo de horas para o enchimento =

O — distância entre a superfície do óleo e a linha de centro do indicador de nível

≅ 4 x distância entre o óleo e a linha de centro do indicador de nível

distância entre o fundo do tanque e a linha de centro do indicador de nível

Fonte: Westinghouse Electric Corporation IL 48—069—43B Set.197°.— SHARON — PA — EUA

3.2. — RECOMENDAÇÕES DO GCOI-SCM PARA TRATAMENTO DO ÓLEO ISOLANTE E SECAGEM DE TRANSFORMADORES

3.2.1 — "Secagem de transformadores no campo

3.2.1.1 — Tipos de processos de secagem

São os seguintes os processos de secagem atualmente em uso pelas empresas:

3.2.1.2 — Circulação de óleo

A Fig. 3.2.1 mostra o circuito utilizado para a secagem de transformadores por este processo. As principais recomendações para a realização do processo são:

a) A temperatura recomendada para aquecimento do óleo é de 60 °C para níveis de vácuo, na câmara de desgaseificação da máquina de tratamento de óleo, inferiores a 666 Pa (5 mmHg); e para os casos em que os níveis de vácuo forem superiores a 666 Pa (5 mmHg) a temperatura pode ser elevada até o limite máximo de 80 °C, evitando-se o fracionamento e a oxidação de óleo isolante.

b) É utilizado o próprio óleo do transformador.

c) É realizado com o transformador a pleno volume de óleo e a pressão atmosférica.

d) A circulação é realizada com a entrada de óleo na parte superior e a retirada pela válvula inferior.

e) O processo é controlado pelas medições de perdas dielétricas, resistência do isolamento e conteúdo de água no óleo."

3.2.1.3 — "Aplicação de vácuo

As Figs. 3.2.2 e 3.2.3 mostram o circuito utilizado para a secagem de transformadores por este processo.

As principais recomendações para realizar o processo são:

a) O transformador deve ser resistente e estanque ao pleno vácuo.

b) A mangueira de vácuo é conectada na parte superior da tampa do transformador.

c) O valor de vácuo é inferior a 133 Pa (1 mmHg).

d) O tempo médio de aplicação do vácuo tem variado de 48 a 72 horas.

e) O processo é realizado à temperatura ambiente.

f) O processo é controlado pelas medições de ponto de orvalho, pela quebra do vácuo com nitrogênio ou ar seco.

A pressão final do tanque deverá ser de 20 kPa(0,2 kgp/cm²), realizando-se a medida após um período mínimo de 24 horas.

g) O conservador e os acessórios, não sendo resistentes ao vácuo, deverão ser isolados."

3.2.1.4 — "Circulação de óleo quente com o tanque sob vácuo

A Fig. 3.2.4 mostra o circuito utilizado para a secagem por este processo.

As principais recomendações para a realização do processo são:

a) O transformador deve ser resistente e estanque ao pleno vácuo.

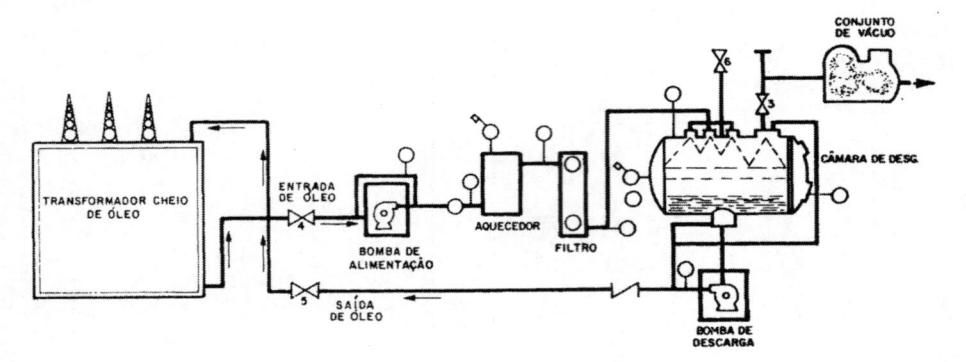

Figura 3.2.1 — Secagem de transformadores: circuito de circulação de óleo no transformador

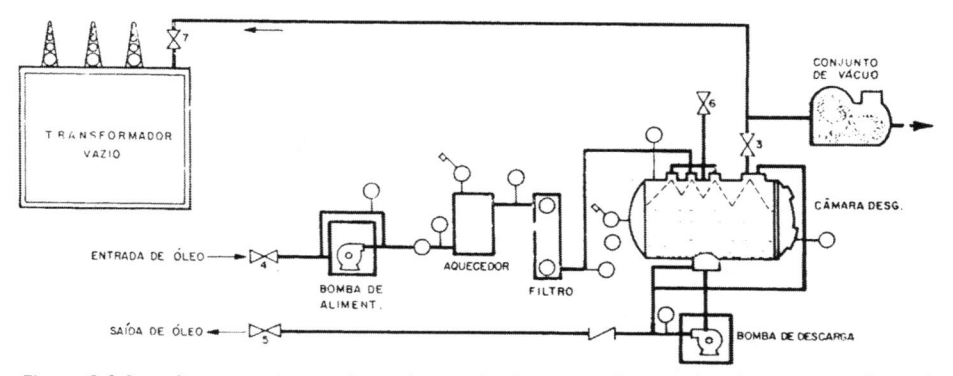

Figura 3.2.2 — Secagem de transformadores: circuito para aplicação de vácuo no transformador

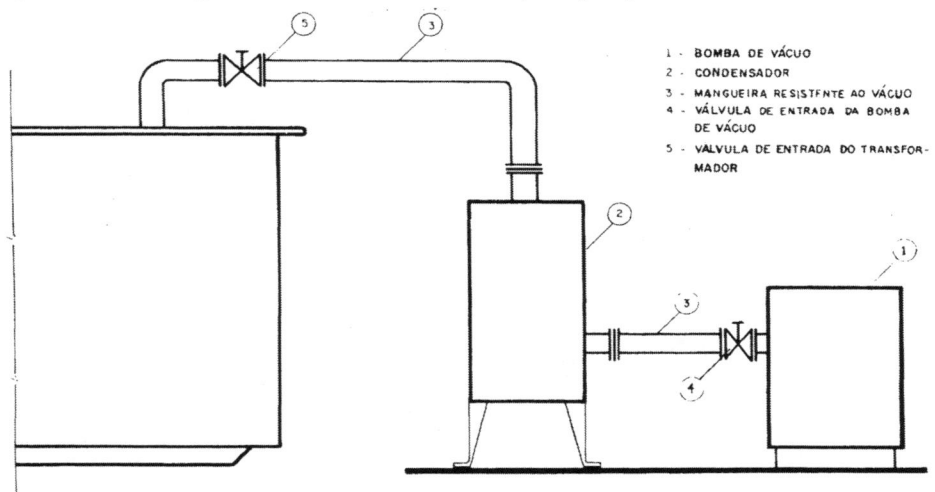

1 - BOMBA DE VÁCUO
2 - CONDENSADOR
3 - MANGUEIRA RESISTENTE AO VÁCUO
4 - VÁLVULA DE ENTRADA DA BOMBA DE VÁCUO
5 - VÁLVULA DE ENTRADA DO TRANSFORMADOR

Figura 3.2.3 — Secagem de transformadores

b) A circulação de óleo é realizada com o transformador a um volume parcial de óleo capaz de cobrir a parte ativa.

c) A bomba de vácuo é conectada à parte superior do transformador de modo a não trabalhar afogada.

d) A temperatura recomendada para aquecimento do óleo é de 60 °C para níveis de vácuo na câmara de desgaseificação da máquina de tratamento de óleo e na superfície do óleo do transformador inferiores a 666 Pa (5 mmHg); e para os casos em que os níveis de vácuo forem superiores a 666 Pa (5 mmHg) a temperatura pode ser elevada no limite máximo de 80 °C, evitando-se o fracionamento do óleo.

e) É utilizado o próprio óleo do transformador.

f) A circulação é realizada com a entrada de óleo conectada à válvula superior e a retirada, pela válvula inferior.

g) O controle é realizado pelas medições de perdas dielétricas e de resistência de isolamento efetuadas em intervalos de 48 horas. (Cap. 20)

h) O conservador e os acessórios, não sendo resistentes ao vácuo, deverão ser isolados. As válvulas dos radiadores deverão permanecer fechadas para evitar a circulação de óleo."

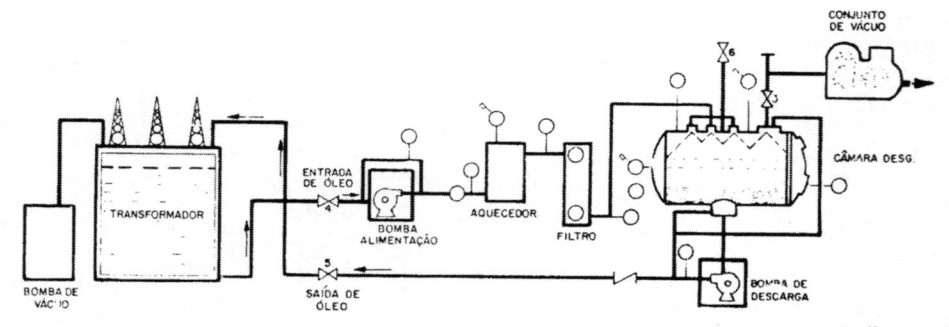

Figura. 3.2.4 — Secagem de transformadores: circuito para o processo de circulação de óleo quente com vácuo.

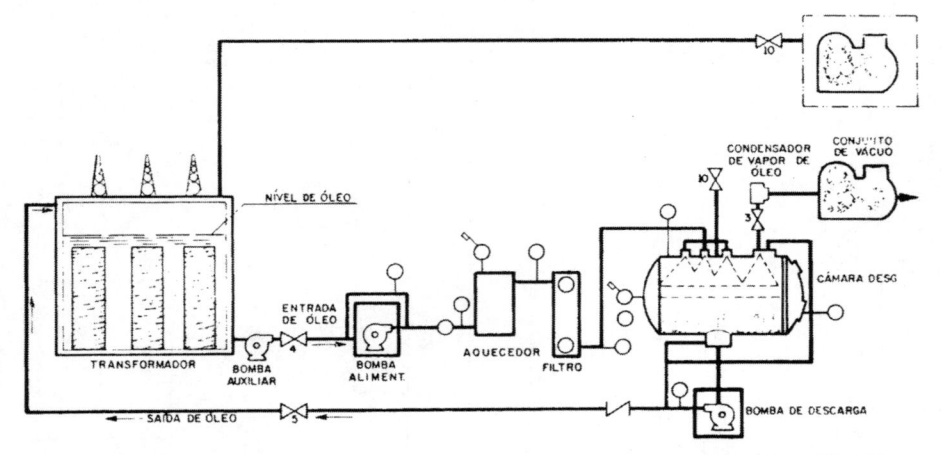

Figura 3.2.5. — Secagem de transformadores: circuito p/processo com ciclos de óleo quente e vácuo

3.2.1.5 — "Ciclos de óleo quente e vácuo

A Fig. 3.2.5 mostra o circuito utilizado para secagem de transformadores por este processo. As principais recomendações para a realização do processo são:

a) O transformador deve ser resistente e estanque ao vácuo pleno.

b) A mangueira de vácuo é conectada à parte superior da tampa do transformador.

c) O valor de vácuo é inferior a 133 Pa (1 mmHg) e realizado durante 24 horas.

d) O óleo do transformador é tratado previamente em reservatórios a uma temperatura máxima de 60 °C.

e) Colocar o óleo pela válvula inferior até um nível tal que cubra a parte ativa e não afogue a bomba de vácuo.

f) A mangueira de saída de óleo da máquina de tratamento é conectada à válvula superior e a mangueira de entrada, à válvula inferior.

g) É controlada a temperatura dos enrolamentos e a circulação é mantida até a estabilização da temperatura dos mesmos.

h) Retirar o óleo com a injeção de nitrogênio, quando então o processo pode ser avaliado pela medição do ponto de orvalho e resistência de isolamento.

i) O controle do processo é realizado pela medida de perdas dielétricas e resistência de isolamento, e deverá ser repetido o ciclo em função dos valores obtidos."

3.2.1.6 — "Aspersão de óleo quente com tanque sob vácuo (hot spray)

A Fig. 3.2.6 mostra o circuito utilizado para a secagem de transformadores por

este processo. As principais recomendações para a realização do processo são:
a) O transformador deve ser resistente e estanque ao pleno vácuo.
b) O processo é realizado com volume reduzido de óleo (aproximadamente de 10% 15% do volume total do transformador). Sempre que possível, o nível do óleo não deverá ultrapassar o isolamento da parte inferior dos enrolamentos.
c) O óleo serve como meio de aquecimento e absorção de umidade.
d) A temperatura do óleo é de 80 °C ajustado no aquecedor do equipamento de tratamento.
e) O valor de vácuo no tanque do transformador é inferior a 133 Pa (1 mmHg) e estabelecido na parte superior do transformador.

Devido às condições de temperatura e vácuo a que o óleo é submetido durante este processo de tratamento, é recomendada sua não utilização no enchimento final, porém, para o caso de reutilização do mesmo, a temperatura não poderá ultrapassar os 60 °C durante a circulação. É conveniente lembrar que a eficiência do processo ficará bastante reduzida com este abaixamento da temperatura.

f) Na parte interna do tanque são dispostos aspersores adequados de modo a atomizar o óleo quente em toda superfície dos enrolamentos.
g) Os radiadores, o conservador e os acessórios são isolados do circuito de vácuo.
h) O controle de temperatura da parte ativa é realizado através de termoelementos ou da medida de resistência ôhmica do enrolamento (Cap. 20).
i) Para evitar perdas de calor, o transformador é revestido com mantas de lã de vidro e, externamente, com lonas à prova de água.
j) Atualmente, estão sendo utilizadas máquinas de tratamento de óleo, que necessitam de uma bomba auxiliar, adaptada em série, para possibilitar a circulação de óleo devido ao vácuo estabelecido no tanque do transformador.
l) A avaliação do processo de secagem é realizada pela medição do ponto de orvalho, perdas dielétricas, análise do conteúdo de umidade no óleo de circulação e volume de água condensada na descarga da bomba de vácuo."

3.2.1.7 — "Observações gerais

Antes de ser iniciado um processo de secagem a vácuo, é conveniente a realização dos ensaios de estanqueidade com pressões positiva e negativa, de modo a assegurar o bom desempenho dos processos de secagem.

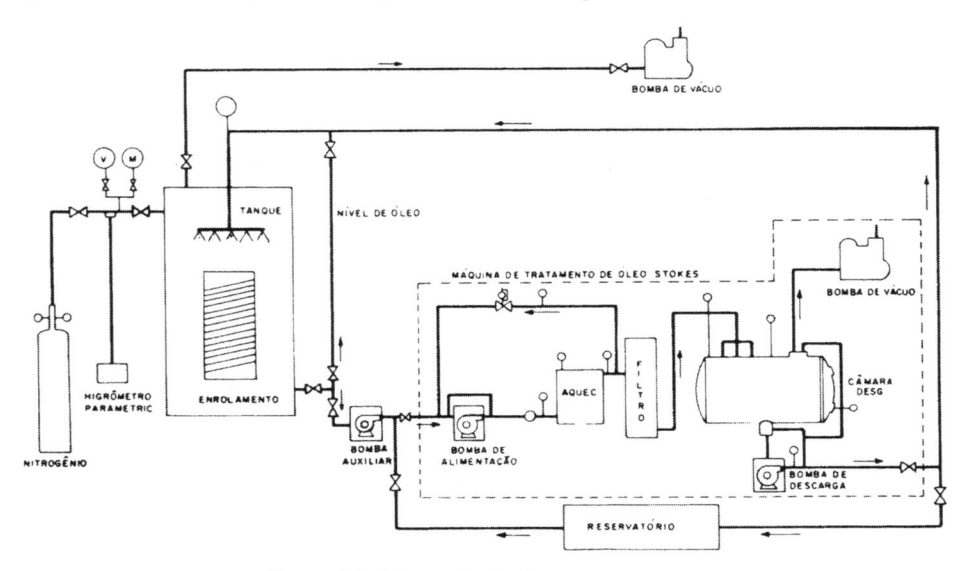

Fig. — 3.2.6 Aspersão de óleo quente sob vácuo

O transformador não deve ser submetido a ensaios dielétricos enquanto o mesmo estiver sendo submetido a vácuo (ver diagrama da Lei de Paschen. Fig. 3.2.8).

Para a medição do ponto de orvalho, o nitrogênio deverá permanecer no mínimo 24 horas no interior do transformador para o completo equilíbrio com a umidade relativa da superfície do isolamento (URSI). A medição deve ser realizada em um período de pouca variação da temperatura ambiente (por exemplo, entre 5 e 7 horas)."

3.2.2 — "Aplicação

3.2.2.1 — Equipamentos novos (recepção)

Para transformadores novos, nos quais não foram constatadas avarias de transporte prejudiciais ao sistema de pressurização do mesmo, é utilizado um dos processos descritos nos itens 3.2.1.2 e 3.2.1.3.

Em caso de avarias do sistema de pressurização, deve ser empregado um dos processos descritos nos itens 3.2.1.4, 3.2.1.5 e 3.2.1.6.

A escolha do processo será função de avaliação das condições de contaminação pelas medições do ponto de orvalho e resistência de isolamento."

3.2.2.2 — "Equipamentos com óleo isolante contaminado

Para transformadores que apresentem o óleo contaminado com umidade, pode ser utilizado qualquer um dos processos descritos, dependendo do grau de contaminação.

Os processos mais indicados são os que envolvem o estabelecimento de vácuo no interior do transformador, por se terem demonstrado mais eficientes."

3.2.2.3 — "Equipamentos com a parte ativa contaminada

a) Transformadores cujo isolamento apresentam umidade relativa superficial superior a 2%.

Recomenda-se para estes casos de preferência o método descrito no item 3.2.1.6, por ter o mesmo já comprovado sua eficiência nas experiências realizadas.

b) Transformadores com a parte ativa contaminada por borra (Cap. 16)."

3.2.2.4 — "Transformadores que tiveram sua parte ativa reparada no campo

Para os casos em que a parte ativa foi exposta por um longo período de tempo ao ar livre, recomenda-se a aplicação do processo de secagem descrito no item 3.2.1.6.

Supõe-se que, nestes casos, a umidade absorvida pela isolação atinja níveis superiores a 2% de umidade relativa superficial (URSI)."

3.2.3 — "Tratamento de óleo isolante no campo

O óleo isolante deverá ser submetido a recondicionamento no campo sempre que:

For transportado para enchimento de transformador, independente do meio de transporte utilizado (carro-tanque, tanque auxiliar ou tambores).

Sempre que apresentar em uso degeneração em suas características físico e química ou quando os gases dissolvidos excederem a valores limites acessíveis.

3.2.3.1 — Tipos de processo de tratamento

São os seguintes os tipos de processo de tratamento de óleo isolante no campo:

a) Recondiconamento do óleo por processo termovácuo:

Com transformador desenergizado

Com tranformador energizado

b) Regeneração do óleo isolante

3.2.3.1.1 — Recondicionamento do óleo por processo termovácuo

O processo termovácuo consiste na circulação do óleo isolante por meio de uma máquina purificadora que possua dispositivos de filtragem, aquecimento e uma câmara de desgaseificação, onde é feito alto vácuo:

a) Com transformador desenergizado.

As principais recomendações para realização do processo são:

1 — As condições de vácuo e temperatura deverão obedecer aos seguintes valores:

Para pressão: < 666 Pa (5 mmHg) $\leqslant$ Temp. 60 °C
$\qquad\qquad\quad > 666$ Pa $\leqslant$ Temp. 80 °C

2 — Óleos isolantes, que após transporte em carro-tanque apresentarem conteúdo de água entre 20 e 30 ppm, poderão ser tratados no próprio tanque do transformador, transferidos através do equipamento termovácuo.

3 — Óleos isolantes que durante o transporte apresentarem alto conteúdo de água e características dielétricas baixas. Recomenda-se que os mesmos sejam tratados em tanques auxiliares ou no próprio carro-tanque antes de ser colocado no transformador. Normalmente, para se evitar perda de calor, os equipamentos em aquecimento são isolados termicamente por meio de mantas térmicas e lonas.

4 — É usual que durante o processo de tratamento do óleo se faça a secagem do transformador pela circulação do óleo.

Neste caso, recomenda-se utilizar o processo conforme o descrito no item 3.2.1.2 deste informe técnico.

5 — O processo é normalmente controlado por medições de perdas dielétricas, rigidez dielétrica e conteúdo de água.

6 — O processo de tratamento, quando for o caso de óleos novos (óleos que ainda não mantiveram contato com o equipamento), deverá prosseguir até que se atinjam os seguintes valores:

ENSAIO	VALORES	MÉTODO
Rigidez dielétrica (kV)	50 70	MB-330 ASTM-1816D (0,08")
Fator de potência a 20 °C (%)	0,01	ASTM-D-924
Fator de potência a 100 °C (%)	0,07	ASTM-D-924
Conteúdo de água V ⩽ 138 kV	20 ppm	K. Fischer
Conteúdo de água V ⩾ 230 kV	10 ppm	K. Fischer
Conteúdo de gás V ⩽ 138 kV	2% V/V	
Conteúdo de gás V ⩾ 230 kV	0,5% V/V	

7 — Para o caso de óleos isolantes usados, em operação, os parâmetros geralmente utilizados como indicativo da necessidade de recondicionamento e valores limites recomendáveis são:

ENSAIO	VALORES		MÉTODO
	< 230 kV	⩾ 230 kV	
Rigidez dielétrica (kV)	25	35	MB-330
	30	40	ASTM-D-1816 (0,08")
Conteúdo de água (ppm)	25	20	K. Fischer
Gases dissolvidos, total (%)	10	10	
Combustíveis (ppm)	2 000	2 000	
Fator de potência a 20 °C (%)	0,5-1,5		ASTM-D-924
Sedimentos	A determinar		

8 — Após o tratamento, os óleos usados deverão apresentar os seguintes valores-limites:

ENSAIO	VALORES		MÉTODO
	< 230 kV	≥ 230 kV	
Rigidez dielétrica (kV)	35	40	MB-330
	50	60	ASTM-D-1816 0,08")
Conteúdo de água (ppm)	20	15	ASTM-D-1816 (0,08")
Gases dissolvidos (%)		0,5	
Fator de potência (%)	0,3 - 1,0		

b) Com o transformador energizado

Decorrentes dos longos tempos envolvidos em um tratamento de óleo, o tratamento com transformadores energizados tem sido utilizado como uma solução técnico-econômica para recondicionamento de óleo isolante em equipamentos até 138 kV, com a conseqüente vantagem de não interromper o fornecimento de energia.

O processo normalmente empregado é o termovácuo com filtragem, utilizando-se um equipamento convencional com baixa vazão.

As principais recomendações e cuidados para a realização do processo são:

1 — As condições de temperatura e pressão na câmara de desgaseificação da máquina são as mesmas já citadas anteriormente.

Considerando que o trafo está energizado normalmente, a temperatura do óleo já se encontra próxima da de tratamento, necessitando eventuais entradas do sistema de aquecimento.

2 — A vazão da máquina de tratamento deve ser em torno de 600 GPH (galões por hora), ou 2.300 litros/h., a fim de se evitar o turbilhamento de fluxo de óleo dentro do equipamento com conseqüente formação de bolhas de ar e aquecimento.

3 — As posições dos registros de entrada e saída de óleo isolante no transformador devem ser diametralmente opostas, sendo respectivamente, na parte superior e inferior do tanque.

Quando o equipamento não dispõe dessas facilidades, as mesmas deverão ser adaptadas a fim de permitir a execução dos procedimentos recomendados.

4 — O equipamento de tratamento deve ser colocado o mais próximo possível do transformador, a fim de permitir que o conjunto máquina-equipamento possa ser mantido sob observação constante para uma ação rápida em caso de anomalias.

5 — As Figs. 3.2.7 e 3.2.8 mostram os circuitos empregados para o tratamento do óleo com o trafo energizado. É importante observar que são feitas duas passagens paralelas (by-pass), uma interna, do circuito de entrada e saída de máquina, e outra externa, na entrada e saída do transformador.

Essa passagem paralela (by-pass) externa é feita com uma mangueira plástica transparente, que permitirá observar a existência de bolhas de ar no circuito. Essas passagens paralelas (by-pass) permitem a drenagem das bolhas de ar no início do processo, sendo eliminados posteriormente.

6 — Durante o processo não há necessidade de desativação do relé de gás do tanque, entretanto é recomendável que o mesmo seja drenado e que dele sejam retirados eventuais depósitos de gases existentes. Caso haja alarme deste relé, o equipamento de tratamento deve ser desligado para observações.

7 — Durante o tratamento deverá ser cuidada a elevação da temperatura do óleo em relação à carga e ao ambiente, a fim de que o transformador trabalhe dentro de limites estabelecidos de temperatura.

Também deve ser observado o nível de óleo tanto na câmara de vácuo como no tanque de expansão do trafo, devendo-se mantê-lo dentro dos limites permissíveis de tratamento.

8 — Esse processo apresenta uma grande vantagem de poder ser suspenso a qualquer momento, permitindo que durante a noite ou fins de semana o tratamento seja

parado, reiniciando no outro dia ou na semana seguinte. Entretanto, sempre que houver uma paralisação de um dia para outro, recomenda-se que sejam repetidos os procedimentos iniciais, com o circuito de passagem paralela (*by-pass*).

9 — O tratamento é controlado pela análise das amostras periodicamente retiradas na entrada da máquina antes de passar pelo filtro e câmara de vácuo.

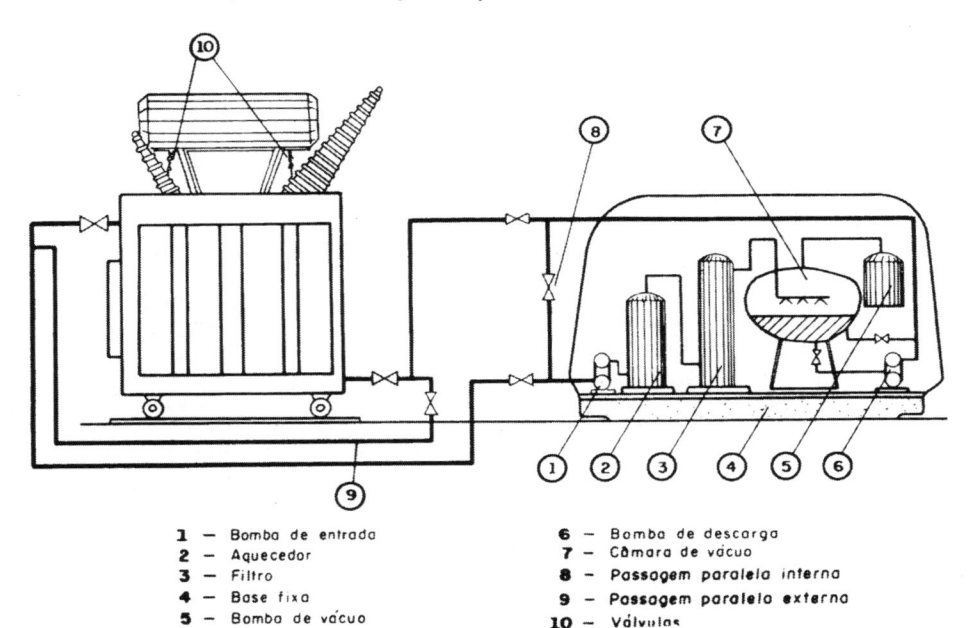

1 — Bomba de entrada	6 — Bomba de descarga
2 — Aquecedor	7 — Câmara de vácuo
3 — Filtro	8 — Passagem paralela interna
4 — Base fixa	9 — Passagem paralela externa
5 — Bomba de vácuo	10 — Válvulas

Figura 3.2.7 — Tratamento do óleo com transformador energizado.

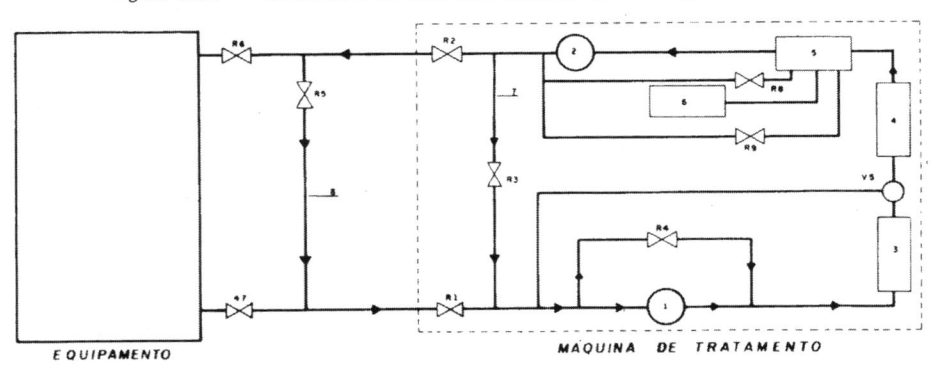

1- BOMBA DE ALIMENTAÇÃO DA MÁQUINA	R1 - REGISTRO DE ENTRADA DA MÁQUINA
2. BOMBA DE DESCARGA DA MÁQUINA	R2 - REGISTRO DE SAÍDA DA MÁQUINA
3- AQUECEDOR	R3 - REGISTRO DO BYPASS INTERNO
4- FILTRO	R4 - REGISTRO DO ALÍVIO DA BOMBA DE ALIMENTAÇÃO
5- CÂMARA DE VÁCUO	R5 - REGISTRO DO BYPASS INTERNO
6- BOMBA DE VÁCUO	R6 - REGISTRO DE ENTRADA DO EQUIPAMENTO
7- BY PASS INTERNO	R7 - REGISTRO DE SAÍDA DO EQUIPAMENTO
8- BY PASS EXTERNO	R8 - REGISTRO DE RETORNO
	R9 - REGISTRO AUTOMÁTICO DE REPOSIÇÃO DE NÍVEL DE ÓLEO

Fig. 3.2.8 — Diagrama de circuito de tratamento de transformador energizado

As variáveis de controle são as já anteriormente referidas (ver folha de controle de tratamento).

Os procedimentos detalhados para o tratamento de óleo em transformadores energizados podem ser obtidos em trabalho da CESP (ver Bibliografia).

3.2.3.1.2 — Regeneração de óleo isolante

A regeneração consiste em um tratamento químico do óleo isolante uma vez que, pelos processos físicos anteriormente descritos, não é possível o restabelecimento de determinadas características do óleo.

Existem dois processos de regeneração de óleo isolante em uso:
a) Por percolação por pressão
b) Por contato

Ambos os processos empregam a terra fúler mas, nas granulometrias 60/80 e 200 mesh, respectivamente.

Existem empresas que utilizam no processo de regeneração o metassilicato de sódio e terra fúler em tanque separados.

O processo de regeneração consiste na circulação de óleo isolante quente, por meio de uma unidade de tratamento termovácuo, através de equipamento de regeneração.

As principais recomendações para realização do processo são:

1 — Recomenda-se que um equipamento deva ser submetido a esse tratamento sempre que os parâmetros de controle apresentarem os seguintes valores limites.

Acidez .... > 0,3 mgKOH/g óleo (MB-494)
T. interfacial .... < 20 dinas/cm (MB-320)
F. potência.. > 1,5% a 20 °C (ASTM-924)

2 — As condições de pressão e temperatura empregada no processo deverão atender ao já exposto para o tratamento termovácuo, considerando que a temperatura normalmente utilizada varia entre 70 e 80 °C.

3 — Deve-se manter um controle constante na unidade de regeneração, a fim de estabelecer a substituição de terra fúler saturada, periodicamente.

4 — O óleo deve ser circulado no sistema até que sejam obtidos valores dos parâmetros de controle conforme limites abaixo:

Acidez ....0,05 mgKOH/g óleo (MB-494)
T. interfacial ....35 dinas/cm (MB-320)
F. potência ....0,1% a 20 °C (ASTM-924)"

3.2.4 — "Recomendações finais

3.2.4.1 — É conveniente salientar que todos os processos apresentados encontram-se em desenvolvimento, servindo o presente encontro para auxiliar na reformulação da tecnologia adotada pelas empresas.

3.2.4.2 — Devido à não existência de equipamento específico para a aplicação do processo de aspersão, as empresas que se valem do mesmo têm utilizado máquinas de tratamento de óleo convencionais adaptadas.

Uma das adaptações é o emprego de bomba de duplo selo, instalada em série com a bomba de alimentação de máquina.

3.2.4.3 — Associando a necessidade de adaptação do equipamento de tratamento de óleo às deficiências de acessórios de supervisão e controle, tais como inexistência de condensadores no circuito de vácuo e confiabilidade dos sensores para medição do ponto de orvalho, foi consenso geral que os fabricantes devam atuar no sentido de eliminar as deficiências apontadas.

3.2.4.4 — O acondicionamento e transporte do óleo isolante para o campo deverá, dentro das possibilidades de cada empresa, ser feito de preferência em tanques ou carros-tanques especiais, considerando que os tambores têm apresentado grandes problemas de contaminação e baixa durabilidade.

3.2.4.5 — Visando a maior facilidade e segurança no manuseio de tanques e tambores contendo óleo isolante, os mesmos deverão ser perfeitamente identificados por etiquetas ou cores diferentes, conforme sugestão a seguir:

Contém óleo novo
Contém óleo recondicionado
Contém óleo regenerado
Contém óleo a recondicionar
Contém óleo a regenerar

3.2.4.6 — Deverá ser dada atenção especial à especificação do sistema de controle da temperatura do óleo nos equipamentos de tratamento de óleo.

Determinados fabricantes utilizam sistema de aquecimento direto implicando o risco de haver aquecimento do óleo a temperatura acima da considerada limite de segurança, o que acarretará envelhecimento do mesmo. O controle dessa temperatura de contato normalmente é dificultado pelo projeto adotado por diversos fabricantes na localização de sonda e no dimensionamento da área de contato entre o óleo e o elemento aquecido."

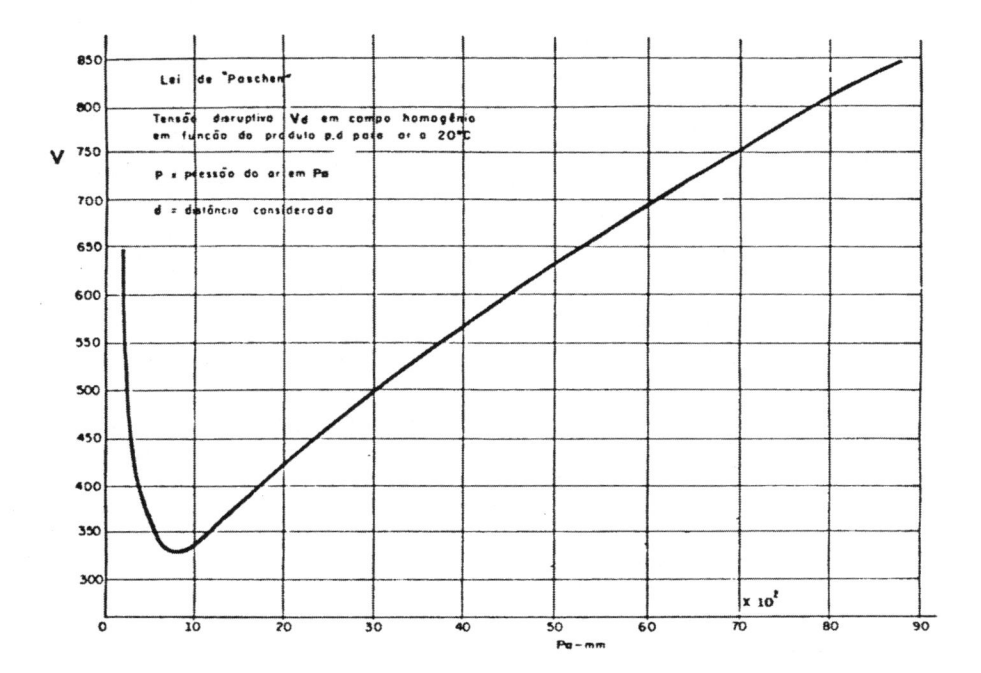

Capítulo 4 — Determinação do teor de umidade da isolação sólida de transformadores

4.1 — GRÁFICO DE JOHN D. PIPER

Quando uma isolação sólida está em contato com um gás, como, por exemplo, no caso de transformador cheio de gás para transporte, há a transferência de umidade da isolação para o gás, ou vice-versa, até ser atingido um estado de equilíbrio, isto é, a tensão do vapor d'água da isolação ser do mesmo valor que a do gás. O gás deve permanecer em contato com a isolação por, no mínimo, 24 horas para o equilíbrio poder ser atingido.

O mesmo fenômeno ocorre quando o gás está em contato com a isolação líquida (óleo mineral isolante).

O pesquisador John D. Piper, do Departamento de Pesquisa da empresa Detroit Edison Company, Detroit, Michigan, realizou pesquisa sobre o assunto, cujos resultados foram publicados pelo AIEE (atual IEEE), no Paper 46-160 (outubro de 1946), com o título "Moisture Equilibrium Between Gas Space and Fibrous Materials in Enclosed Electric Equipment".

Nesta publicação encontra-se o gráfico da Fig. 4.1, pelo qual se pode determinar o teor da umidade da isolação, medindo o ponto de orvalho do gás que esteja em contato com a mesma, após ser atingido o estado de equilíbrio.

Essa determinação é imprescindível, principalmente na ocasião do recebimento de transformadores nos locais onde serão instalados. Em geral, os transformadores são despachados da fábrica com um teor de umidade admissível (de 0,5% a 1,0% em peso) da isolação sólida.

Durante o transporte do transformador, pode haver penetração de umidade no tanque por falha de vedação ou mau funcionamento do equipamento de pressurização, daí a necessidade da verificação do teor de umidade na ocasião de seu recebimento.

Para se utilizar o gráfico de Piper, determina-se o ponto de orvalho do gás do transformador e, com esse valor, verifica-se em uma tabela ou ábaco o valor correspondente da pressão do vapor saturado de água do gás.

Com os valores da pressão do vapor e da temperatura da isolação, obtém-se a porcentagem de umidade da isolação sólida.

Com efeito, a pressão do vapor-d'água correspondente à temperatura do ponto de orvalho é a mesma que a do gás do transformador em sua temperatura, considerando-se uma transformação isóbara.

Exemplo: um transformador foi transportado com gás e sem óleo. O ponto de orvalho do gás era +5 °C quando o transformador chegou a seu destino. Qual o teor aproximado de água da isolação sólida fibrosa sendo sua temperatura +30 °C?

Resposta: Um ponto de orvalho de +5 °C corresponde a uma pressão de vapor de 6,54 mmHg (tabela 4.6). Conforme o gráfico de Piper (Fig. 4.1), uma pressão de vapor d'água de 6,54 mmHg a 30 °C corresponde a um teor de umidade da isolação sólida de 4,7% em peso, aproximadamente, nas condições de equilíbrio.

O gráfico de Piper também pode ser utilizado para determinar o teor de umidade da isolação fibrosa de um transformador com óleo e colchão de gás.

O fluxo da umidade se dará do meio em que a pressão parcial do vapor for mais elevada para o meio em que ela for menos elevada. A pressão parcial do vapor é proporcional à quantidade unitária de água do meio. Portanto o meio com uma pressão de vapor mais elevada terá uma quantidade unitária maior de água e o fluxo de água se dará do meio com maior quantidade unitária de água para o meio com menor quantidade unitária.

No caso do transformador com óleo e colchão de gás, as três fases (sólida, líquida e gasosa) estão presentes. O óleo, fase líquida, servirá simplesmente de veículo de transporte da água entre o colchão de gás e a isolação sólida. Ele reduz a taxa de transferência da água de um meio para outro e o equilíbrio final será atingido com maior demora do que se o gás estivesse diretamente em contato com a isolação celulósica.

A condição de equilíbrio se estabelece quando a pressão do vapor d'água for a mesma nos dois meios. E, nesta condição, o teor de umidade da isolação sólida

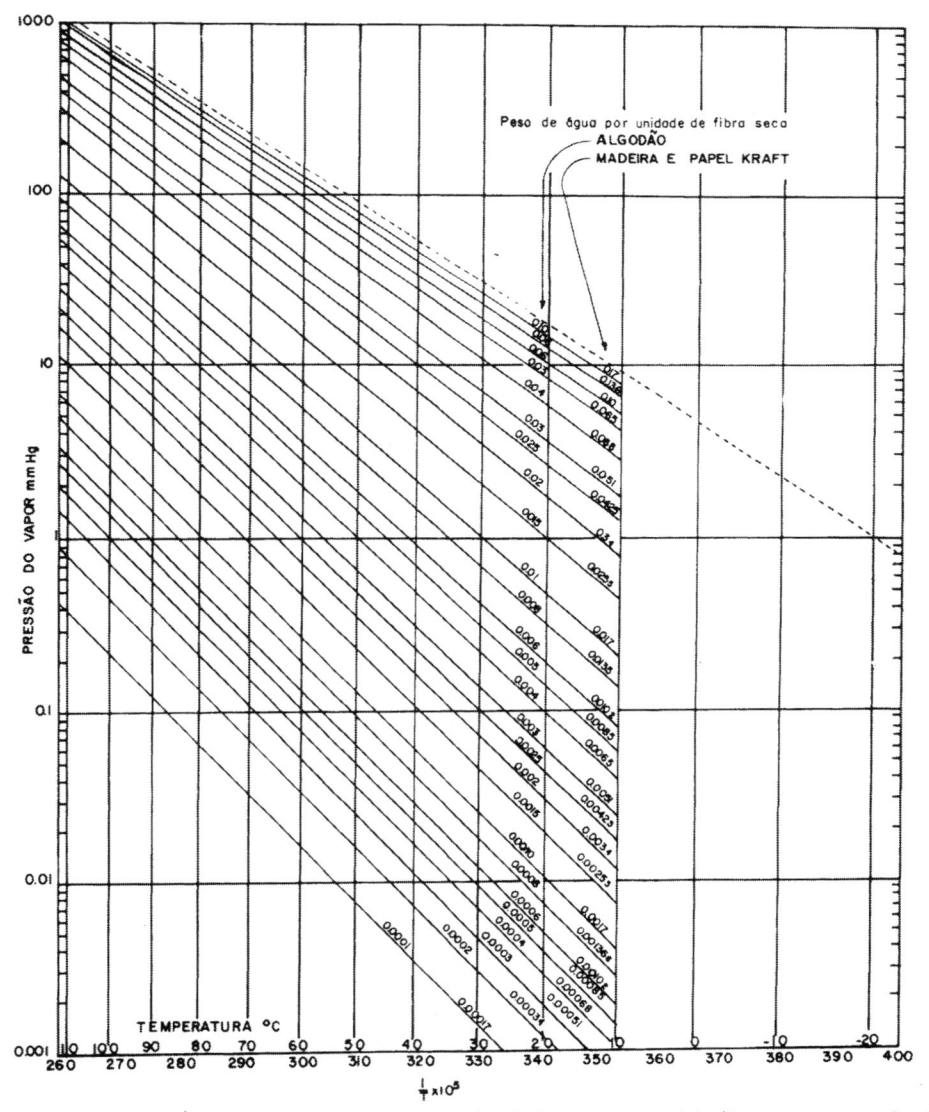

Figura 4.1 — *Gráfico relacionando a concentração de água em materiais fibrosos e a pressão do vapor no espaço gasoso, nas condições de equilíbrio de 10 °C a 110 °C (John D. Piper)*

pode ser determinado, aproximadamente, medindo-se o ponto de orvalho do gás e aplicando-se o gráfico de Piper.

Exemplo: em um transformador de 10 MVA, que tem 1.600 kg (peso) de papel, do tipo selado, com colchão de gás e em operação, o ponto de orvalho do gás era +15 °C e a temperatura do óleo, 45 °C. A temperatura ambiente era de +30 °C. Qual devera ser o ponto de orvalho do gás para que o teor de umidade da isolação celulósica seja de 1%, sendo a temperatura do óleo 60 °C? Que quantidade de água, em kg/peso, deve ser retirada da isolação?

Resposta: com um ponto de orvalho de +15 °C do gás, a tensão do vapor d'água é 12,76 mmHg, que a 45 °C corresponde a um teor aproximado de água da isolação de papel de 4,2%, conforme o gráfico de Piper.

Ainda de conformidade com o gráfico de Piper, a tensão de vapor correspondente ao teor de umidade de 1% da isolação a uma temperatura de 60 °C é de, aproximadamente, 3,6 mmHg em relação a um ponto de orvalho de −3,0 °C.

A quantidade de água a ser retirada da isolação será (4,2% −1,0%)1600 = 51kg (peso).

O gráfico de Piper pode também ser utilizado para indicar as condições a serem observadas quando da secagem de transformadores, com ar quente, tendo em vista a temperatura e a umidade relativa do ar ambiente.

Exemplo: Qual deverá ser a temperatura do ar quente para reduzir o teor de umidade de um transformador, de 5,40% para 1,02%, sendo a umidade relativa do ar 50% e a temperatura do ar ambiente, +30 °C? A +30 °C e 50% de umidade relativa, a pressão do vapor-dágua no ar é de 16 mmHg (tabela 4.6). Por segurança, a temperatura da isolação não deve passar de +80 °C.

Ao passar a temperatura do ar de +30 °C para +80 °C, a tensão do vapor-d'água praticamente não varia, tendo em vista seu aumento de volume.

Com efeito, por se tratar de vapor não-saturado, pode-se aplicar a seguinte equação:

$$\frac{pv}{1 + \alpha t} = \frac{p_1 \, v_1}{1 + \alpha t_1}$$

na qual:

p = pressão do vapor na temperatura t e volume v

$$\alpha = \frac{1}{273}$$

p_1 = pressão do vapor na temperatura t_1 e volume v_1

Para

p = 2,1 kPa t = +30 °C   e t_1 = +80 °C

p_1 = 2,1 kPa (16 mmHg)

Com uma tensão de vapor de 16 mm e +80 °C de temperatura, o gráfico de Piper nos dá 1,3% de umidade na isolação sólida, quando for atingido o estado de equilíbrio.

Para chegarmos a 1,02%, será necessário elevar a temperatura do ar para +86 °C, aproximadamente, como indica o gráfico de Piper.

É necessário, portanto, que durante a secagem o ar quente seja sempre renovado.

Com o auxílio do gráfico de Piper, pode-se determinar o valor do vácuo a ser aplicado ao transformador para se obter a desidratação desejada da isolação.

Por exemplo, para se ter um teor de umidade de 0,5% na isolação, dever-se-á, de acordo com o gráfico de Piper, aplicar ao transformador um vácuo abaixo de 40 Pa, (0,3 mmHg) sendo a temperatura da isolação +40 °C.

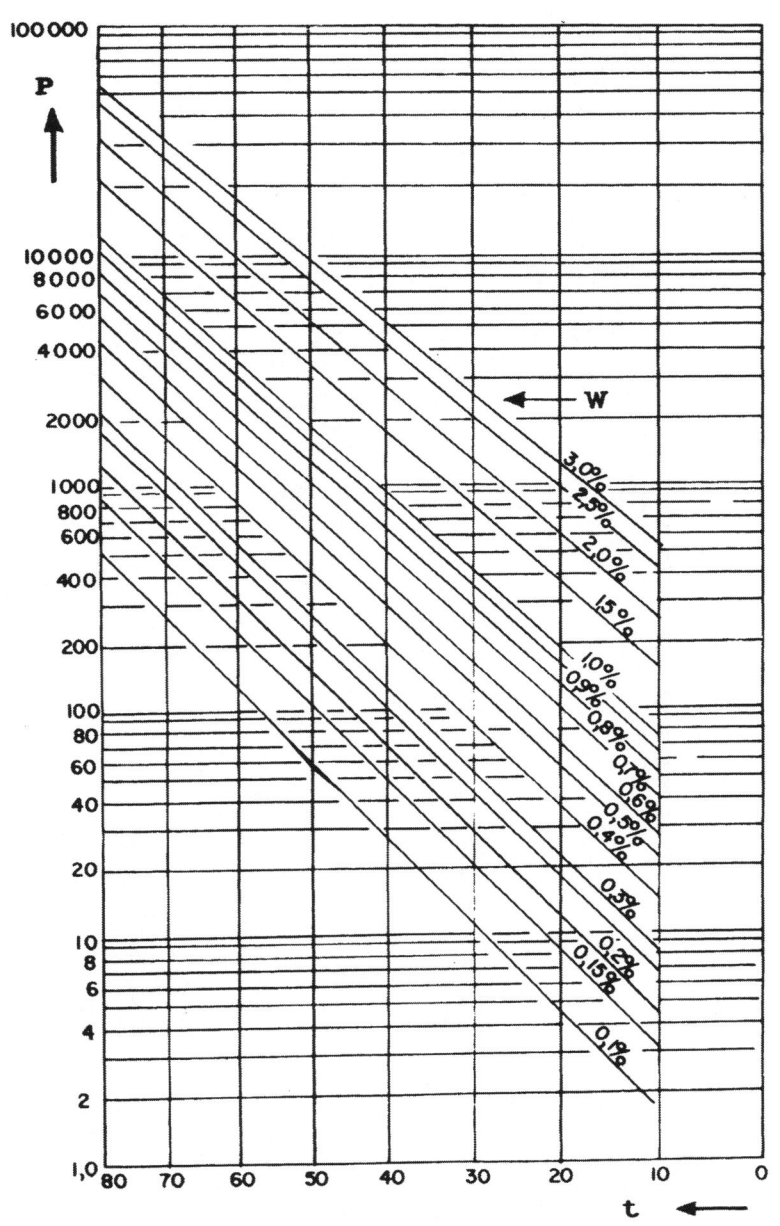

Figura 4.2 — Diagrama de equilíbrio de umidade: t = temperatura da isolação (°C); p = pressão de vapor (militorr); w = conteúdo de umidade (% do peso da isolação)

A BBC-Indústria Brown Boveri recomenda o mesmo método para a verificação do teor de umidade na isolação dos transformadores de sua fabricação.

Para a determinação do valor da tensão do vapor-dágua para entrar com ele no gráfico de Piper, recomenda a BBC, além do método do ponto de orvalho, o método da quantidade de água em ppm em peso no gás.

1 — MÉTODO DO PONTO DE ORVALHO

Exemplo: Ponto de orvalho do gás do transformador, − 25 °C, e temperatura da isolação do transformador +10 °C.

No gráfico da Fig. 4.3, tem-se para − 25 °C uma tensão de vapor saturado de 58 Pa (430 mtorr). Entrando-se com esses valores no gráfico de Piper (Fig. 4.1), ou da Fig. 4.2, obtém-se o valor 2,4% para o teor de umidade da isolação (máximo admitido pela BBC, 0,5%).

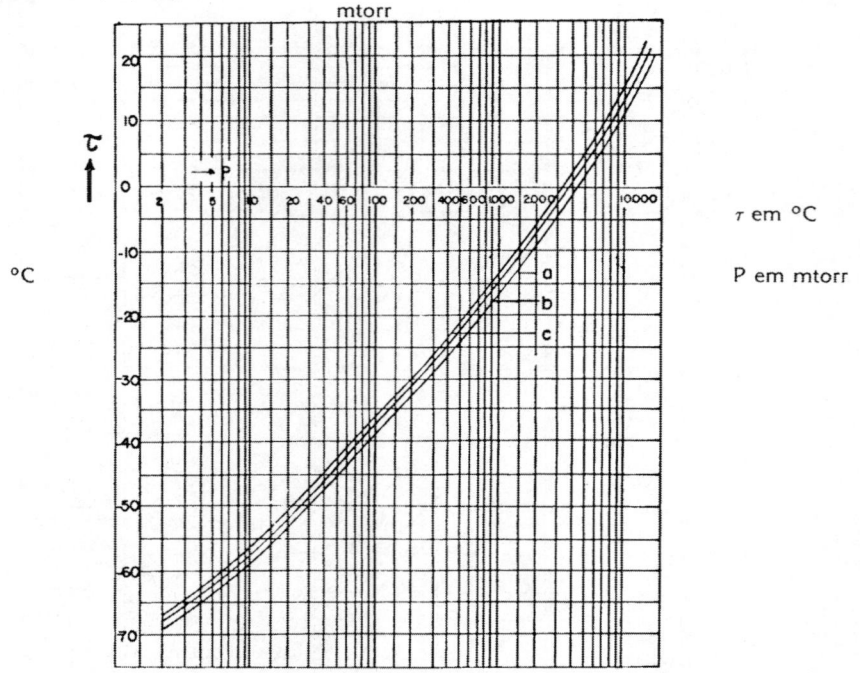

Figura 4.3 — Gráfico de temperatura do ponto de orvalho e pressão do vapor-d'água do ar

2 — MÉTODO DA QUANTIDADE DE UMIDADE NO GÁS EM ppm

Exemplo: Quantidade de umidade medida no gás de transformador, 20 ppm em peso, e temperatura da isolação, +10 °C.

Do gráfico da Fig. 4.4, tem-se que 20 ppm de umidade correspondam a uma tensão de vapor de (22 mtorr) 3 Pa.

Com os valores (22 mtorr) 3Pa e +10 °C, obtém-se do gráfico de Piper (Fig. 4.1) ou da Fig. 4.2, um teor de umidade de 0,5% para a isolação (seca).

A massa gasosa do colchão de gás pode ter uma pressão absoluta maior que aquela em que é determinado o ponto de orvalho. Neste caso, determina-se o valor da pressão do vapor-dágua correspondente à pressão e à temperatura do colchão de gás a partir dos valores do ponto de orvalho e respectiva pressão.

A determinação é feita com o auxílio da seguinte equação:

$$Q = q \times \frac{P}{p} \times \frac{t}{T}$$

Q = mg/l do vapor-d'água na temperatura T e pressão P da mistura gasosa.

q = mg/l do vapor saturado na temperatura t e pressão p do ponto de orvalho.

As pressões e as temperaturas são em valores absolutos.

Exemplo: Ponto de orvalho do gás do colchão de gás de um transformador – 10 °C, na pressão absoluta de 101 kPa; pressão absoluta do colchão de gás, 111 kPa = P; temperatura da isolação, +60 °C; e temperatura do gás do colchão de gás, 50 °C, ou 273 + 50 = 323 °K. Qual o teor de umidade da isolação de papel kraft do transformador?

Solução:

$$P = 111 \text{ kPa}$$

$$T = 273 + 50 = 323 \text{ °K}$$

$$p = 101 \text{ kPa}$$

$$t = 273 - 10 = 263 \text{ °K}$$

Da tabela 4.6, obtém-se o valor de 2,14 mg de água por litro de ar saturado a uma pressão de 101 kPa e 263 °K. A quantidade de água por litro na temperatura de 323 °K e 111 Pa será:

$$Q = 2,14 \times \frac{111}{101} \times \frac{273 - 10}{273 + 50} = 1,9 \text{ mg/litro}$$

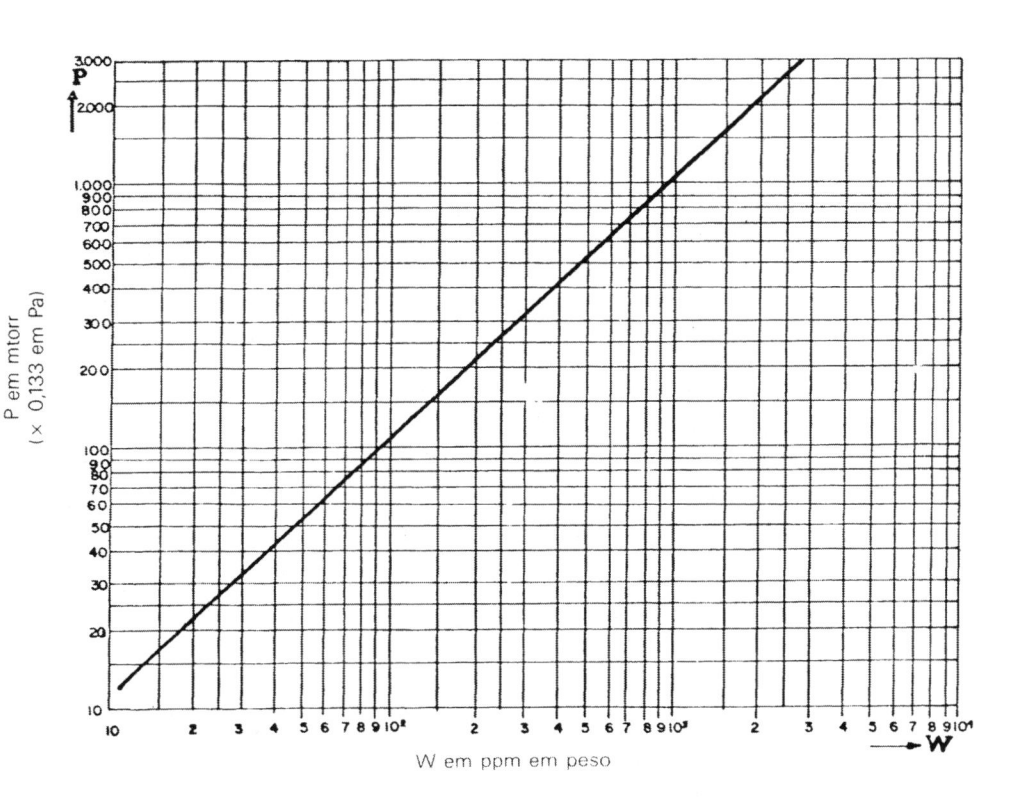

Figura 4.4 — *Gráfico de pressão do vapor e umidade do ar*

Um litro de ar pesa 1 293 mg a 273 °K e 101 kPa (760 mmHg).
A +50 °C e 111 kPa pesará:

$$1\ 293 \times \frac{111}{101} \times \frac{273}{323} = 1\ 201 \text{ mg/litro}$$

e em partes por milhão

$$W = \frac{1,9}{1\ 201} \times 10^6 = 1\ 582 \text{ ppm de umidade em peso na massa gasosa}$$

Com o auxílio do gráfico da Fig. 4.4, obtemos o valor aproximado de 0,226 kPa (1,7 mmHg) para a tensão de vapor que, conforme a Fig. 4.2 ou Fig. 4.1, de Piper, corresponde a um teor de umidade de 0,6%, aproximadamente.

4.2. — GRÁFICO DE PRESSÃO TEÓRICA DO EQUILÍBRIO DO VAPOR PARA CELULOSE, ÓLEO E AR

Este gráfico possui em sua parte superior, uma escala de pontos de orvalho do vapor-d'água a temperaturas abaixo de zero Celsius e, na abscissa, os valores correspondentes da pressão do vapor (Fig. 4.5).

Os valores de ppm de água no óleo são obtidos da seguinte forma: seja um teor de água no óleo de 0,5 ppm a 20 °C. Um óleo típico estará saturado nesta temperatura com 40 ppm. A umidade relativa será 0,5/40 × 100 = 1,25%. A tensão do vapor saturado nesta temperatura é de 17 mmHg, aproximadamente, que corresponde a uma tensão de vapor de 17 × 0,0125 = 0,21 mmHg para 0,5 ppm de água no óleo e 20 °C de temperatura.

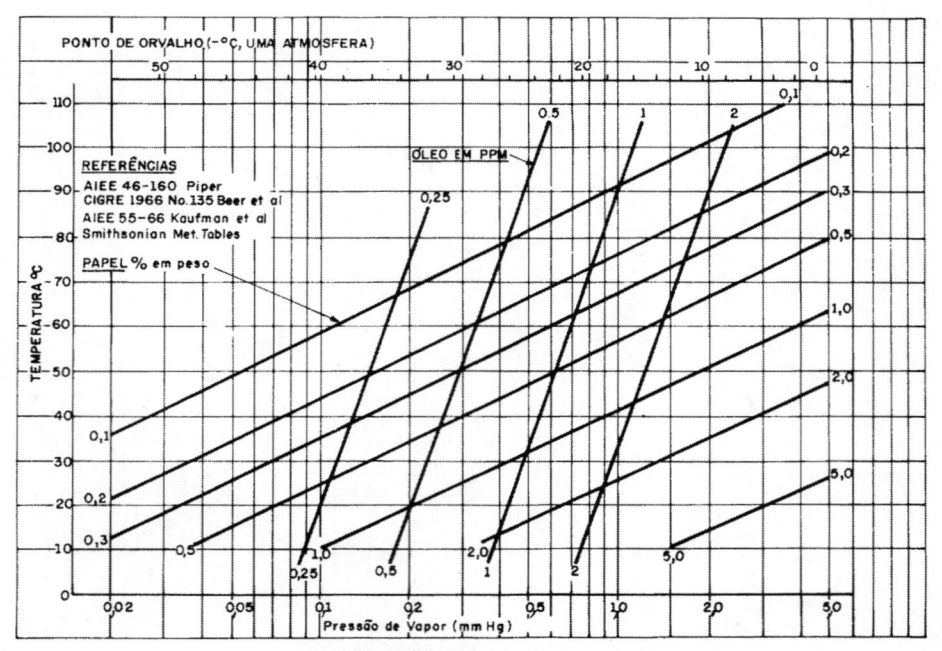

PRESSÃO TEÓRICA DO EQUILÍBRIO DO VAPOR PARA
CELULOSE, ÓLEO E AR

Figura 4.5 — Gráfico da pressão teórica do equilíbrio do vapor para celulose, óleo e ar

Em condições de equilíbrio, a tensão de vapor de 0,21 mmHg corresponde, conforme o gráfico de Piper, a 1% de água no papel isolante em peso.

Exemplos de aplicação

1. Seja uma isolação sólida exposta ao ar por tempo prolongado numa oficina de reparos ou em tanque aberto de transformador. A temperatura ambiente é 25 °C e a umidade relativa do ar, 22%. Ponto de orvalho do ar 1 °C. Qual o teor de umidade da isolação sólida? A que temperatura deveria ser aquecida para reduzir a umidade para 0,5% nas condições de ambiente da oficina?

O ponto de orvalho de 1 °C ocorre sob uma pressão de vapor de 5 mmHg e, segundo o gráfico, corresponde a uma umidade do papel da isolação de 5% em peso. Para que a umidade seja reduzida para 0,5, será necessário aquecer a isolação a 80 °C, conforme o gráfico, pois a tensão do vapor do ar permanece constante, uma vez que se admita que a massa gasosa seja um depósito infinito de água.

Da mesma forma, se tivéssemos um ponto de orvalho do ar igual a − 18 °C, teríamos uma pressão aproximada de vapor de 0,9 mmHg, que daria aproximadamente 2% para o teor de umidade do papel a 25 °C, a qual para ser reduzida a 0,5% teria que ser aquecida a 55 °C.

2. A temperatura da isolação de um transformador selado e com colchão de gás é 30 °C. O ponto de orvalho medido do gás do colchão é − 30 °C, que corresponde a uma pressão de vapor de 0,29 mmHg e um teor aproximado de água na isolação igual a 0,7%. O óleo terá um teor aproximado de umidade de 0,6 ppm.

Aquecendo-se o sistema até 70 °C e considerando-se a isolação como sendo um depósito infinito de água, o ponto de orvalho da massa gasosa mudará para 1 °C e a concentração do óleo passará para um valor maior de que 3 ppm. A pressão do vapor-d'água variará de 0,28 mmHg para 5,0 mmHg.

Para reduzir a quantidade de água da isolação de 0,7% para 0,5% seria necessário retirar água do óleo diminuindo sua concentração para um valor um pouco abaixo de 3 ppm, mantendo-se a temperatura do sistema em 70 °C.

4.3 — UMIDADE RELATIVA

C.P. Burns, no artigo "New approaches to testing insulating oils ' (1976), informa sobre a medição da umidade relativa do óleo isolante como meio para se saber o conteúdo de água da isolação sólida.

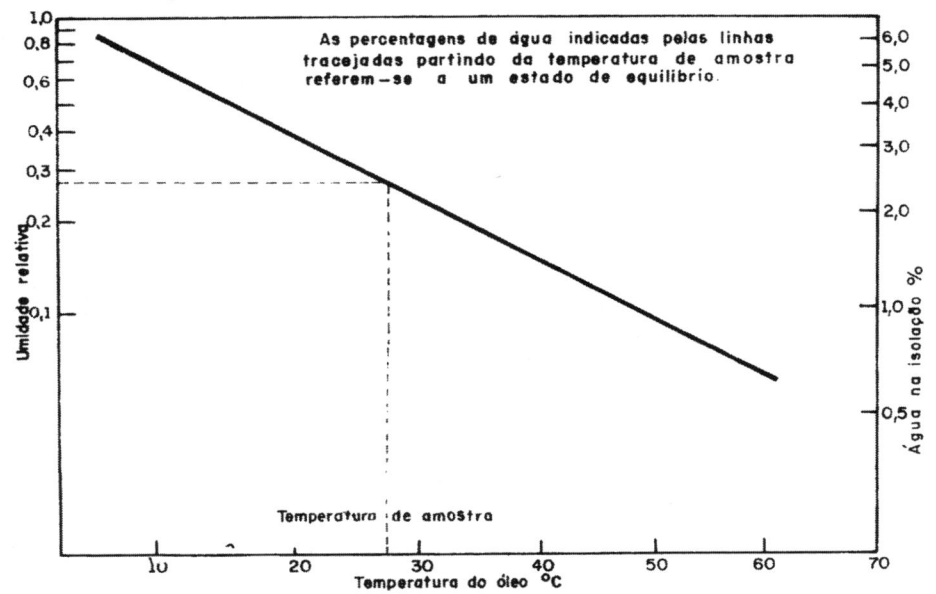

Figura 4.8 — Curva típica da umidade relativa em função da temperatura de transformador 132 kV

Diz o artigo: *Importantes parâmetros da isolação celulósica são função da sua umidade relativa (UR), tais como, resistência de isolamento, conteúdo percentual de água e estabilidade térmica. A umidade relativa da isolação com uma quantidade fixa de água é praticamente independente da variação de sua temperatura. Nos transformadores com óleo, este adquire uma umidade relativa igual à da isolação sólida.*

A medição da umidade relativa pode ser realizada em campo e em laboratório, com aparelhagem especialmente construída para essa finalidade. (Figuras 4.9 e 4.10)

Dois valores são suficientes para traçar a reta do gráfico, podendo-se, então, obter o valor da umidade relativa na temperatura desejada. (Figura 4.8)

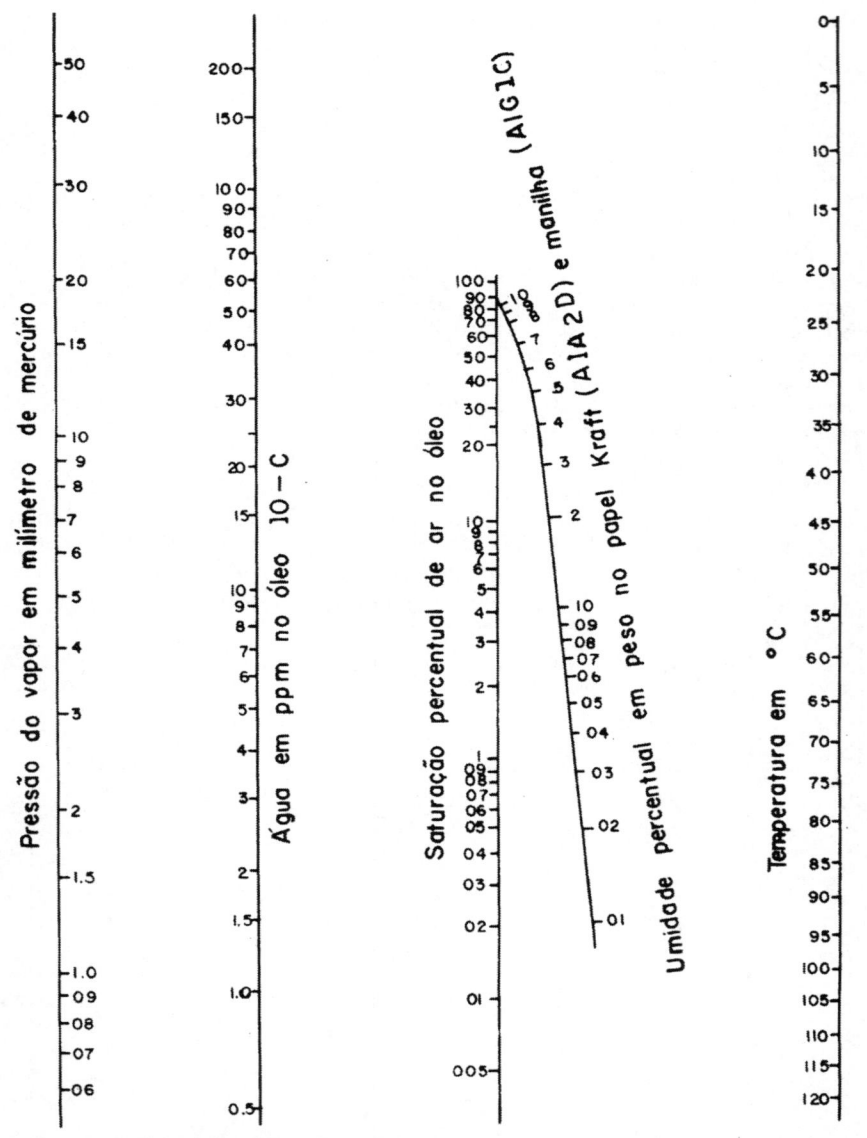

Figura 4.7 — Gráfico dos estados de equilíbrio da umidade no ar, no óleo novo 10C e no papel isolante (A1A2D e A1G1C) (Westinghouse Electric Co.)

Ao ser retirada a amostra de óleo, é necessário medir as temperaturas do óleo do topo e do fundo do tanque. O valor médio dessas temperaturas será o correspondente ao da UR do óleo do transformador.

4.4 — NÍVEL ACEITÁVEL DE UMIDADE RELATIVA EM TRANSFORMADOR

Esse assunto ainda é polêmico. Têm sido recomendados os seguintes limites máximos para transformadores com tensão nominal de 132 KV ou menor, limite máximo de UR de 40%; e com tensão nominal maior que 132 KV, limite máximo de 20% (menor é aconselhável).

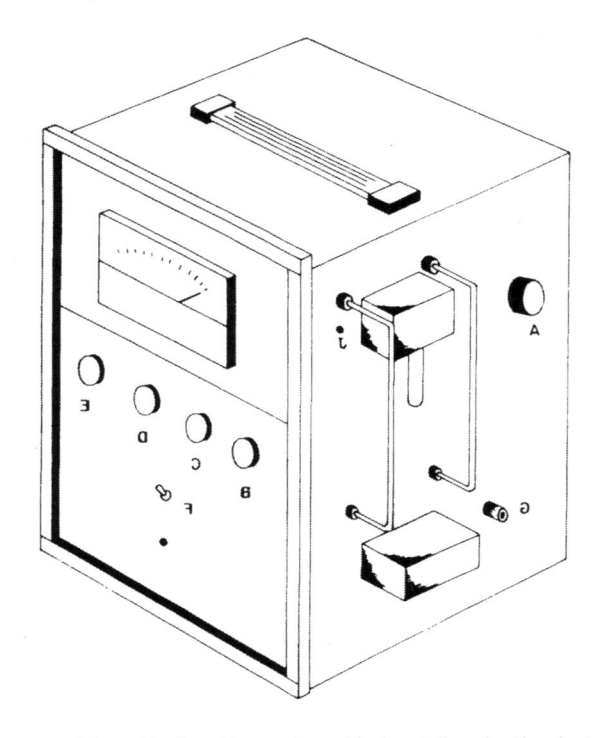

Figura 4.9 — Medidor Foster de umidade relativa do óleo isolante

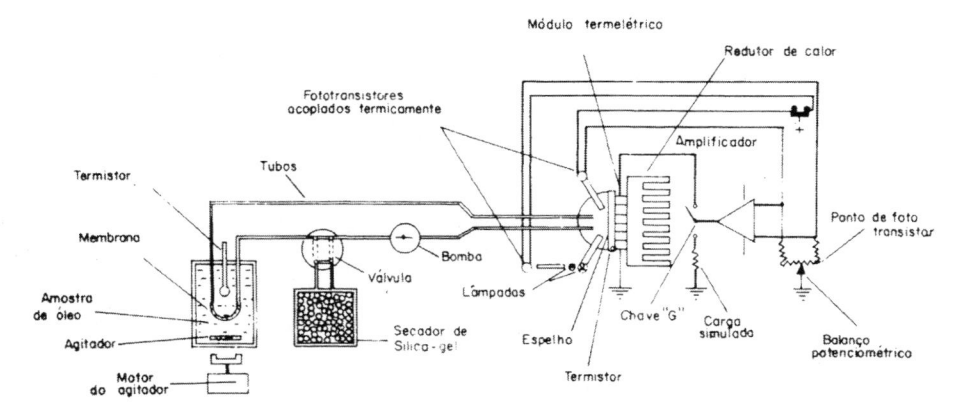

Figura 4.10 — Diagrama esquemático do medidor Foster

4.5 — GRÁFICO WESTINGHOUSE ELECTRIC CORPORATION (EUA)

Este gráfico recomenda o uso da curva-limite do ponto de orvalho, pela qual pode ser determinado o ponto de orvalho máximo aceitável do gás em contato com a isolação, após ter atingido o estado de equilíbrio, para os transformadores de sua fabricação. (Figura 4.6).

O exemplo ilustra a aplicação do gráfico.

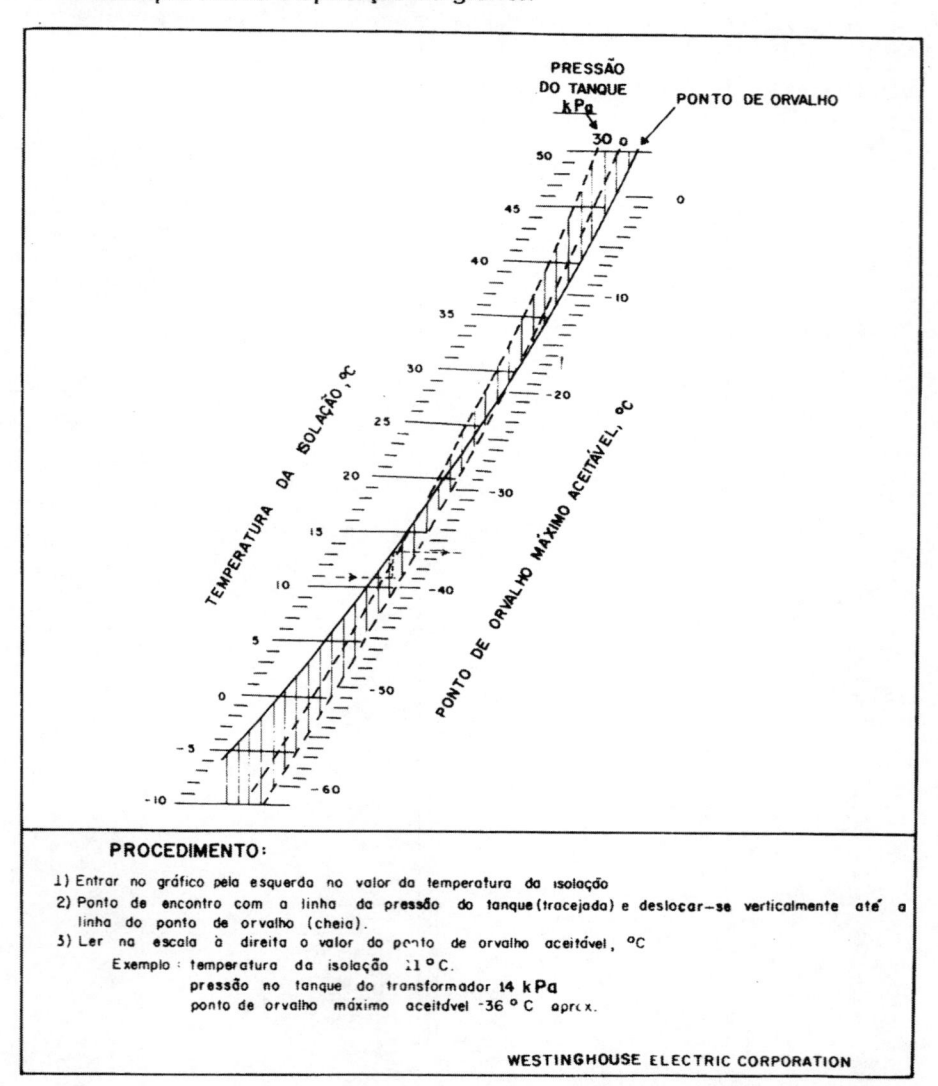

PROCEDIMENTO:

1) Entrar no gráfico pela esquerda no valor da temperatura da isolação
2) Ponto de encontro com a linha da pressão do tanque (tracejada) e deslocar-se verticalmente até a linha do ponto de orvalho (cheia).
3) Ler na escala à direita o valor do ponto de orvalho aceitável, °C

Exemplo : temperatura da isolação 11 °C.
pressão no tanque do transformador 14 kPa
ponto de orvalho máximo aceitável -36 °C aprox.

WESTINGHOUSE ELECTRIC CORPORATION

Figura 4.6 — Curva-limite de ponto de orvalho

4.6 — TABELA DE RELAÇÃO ENTRE O PONTO DE ORVALHO E O TEOR DE UMIDADE DOS GASES NA PRESSÃO DE 101.324,72 PA (760 mmHg)

Preparada com dados da tabela publicada por ASTM D 2029 64 T (reapproved 1978)

Ponto de orvalho (°C)	Umidade mg por litro	Umidade Porcentagem em volume	Pressão do vapor mmHg	Pressão do vapor Pa
50	82,7	12,2	92,7	13 354,94
49	78,9	11,6	88,16	11 753,66
48	75,1	11,0	83,6	11 145,72
47	71,9	10,5	79,8	10 639,09
46	68,4	9,95	75,6	10 079,14
45	65,00	9,45	71,82	9 675,18
44	62,1	8,99	68,32	9 108,55
43	59,1	8,52	64,75	8 632,59
42	56,4	8,10	61,56	8 207,30
41	53,5	7,67	58,29	7 771,33
40	50,9	7,27	55,25	7 366,04
39	48,4	6,89	52,36	6 980,74
38	46,0	6,54	49,70	6 626,10
37	43,8	6,20	47,12	6 282,13
36	41,6	5,87	44,61	5 947,49
35	39,4	5,55	42,18	6 623,52
34	37,4	5,25	39,9	5 319,54
33	35,6	4,96	37,69	5 024,90
32	33,8	4,70	35,72	4 762,26
31	32,0	4,44	33,74	4 498,28
30	30,3	4,19	31,84	4 244,97
29	29,2	4,01	30,47	4 062,32
28	27,1	3,72	28,27	3 769,01
27	25,7	3,52	26,75	3 566,36
26	24,4	3,33	25,30	3 373,04
25	23,0	3,12	23,71	3 161,06
24	21,7	2,94	22,34	2 978,41
23	20,6	2,78	21,12	2 815,76
22	19,4	2,61	19,83	2 643,77
21	18,3	2,46	18,69	2 491,75
20	17,3	2,31	17,55	2 339,80
19	16,3	2,17	16,49	2 198,47
18	15,4	2,04	15,50	2 066,49
17	14,4	1,91	14,51	1 934,50
16	13,7	1,80	13,66	1 821,17
15	12,8	1,68	12,76	1 701,18
14	12,0	1,57	11,93	1 590,53
13	11,3	1,48	11,24	1 498,53
12	10,7	1,39	10,56	1 407,88
11	9,94	1,29	9,80	1 306,55
10	9,37	1,21	9,19	1 225,22
9	8,76	1,13	8,58	1 143,90
8	8,27	1,06	8,05	1 073,24
7	7,73	0,988	7,50	999,91
6	7,25	0,924	7,02	935,92
5	6,79	0,861	6,54	871,92
4	6,36	0,804	6,11	814,59
3	5,94	0,748	5,68	757,26
2	5,55	0,696	5,29	705,27
1	5,18	0,649	4,93	657,27
0	4,84	0,602	4,57	609,28
−1	4,49	0,556	4,22	562,62
−2	4,14	0,511	3,88	517,29
−3	3,81	0,470	3,57	475,96
−4	3,52	0,431	3,27	435,96
−5	3,24	0,396	3,00	399,96
−6	2,98	0,364	2,76	367,97
−7	2,74	0,333	2,53	337,30
−8	2,53	0,306	2,32	309,30
−9	2,32	0,280	2,12	286,64
−10	2,14	0,257	1,95	259,97
−11	1,96	0,235	1,78	237,31
−12	1,81	0,215	1,63	217,31
−13	1,65	0,196	1,489	198,51
−14	1,52	0,179	1,360	181,31
−15	1,38	0,163	1,238	165,05
−16	1,27	0,149	1,132	150,92
−17	1,16	0,136	1,033	137,72
−18	1,06	0,123	0,93	123,98
−19	0,965	0,112	0,851	113,45
−20	0,882	0,102	0,775	103,32
−21	0,809	0,093	0,706	94,12
−22	0,733	0,084	0,638	85,06
−23	0,666	0,076	0,577	76,92
−24	0,608	0,069	0,524	69,86
−25	0,556	0,063	0,478	63,72
−26	0,506	0,057	0,433	57,73
−27	0,454	0,051	0,387	51,59
−28	0,411	0,046	0,349	46,53
−29	0,377	0,042	0,319	42,53
−30	0,343	0,038	0,288	38,39
−31	0,307	0,034	0,258	34,39
−32	0,273	0,030	0,228	30,39
−33	0,246	0,027	0,205	27,33
−34	0,229	0,025	0,190	25,33
−35	0,202	0,022	0,167	22,26
−36	0,185	0,020	0,152	20,26
−37	0,167	0,018	0,136	18,13
−38	0,149	0,016	0,121	16,13
−39	0,131	0,014	0,106	14,13
−40	0,119	0,0127	0,096	12,79
−41	0,107	0,0113	0,085	11,33
−42	0,096	0,0102	0,077	10,26
−43	0,086	0,0090	0,0684	9,12
−44	0,076	0,0080	0,0608	8,10
−45	0,068	0,0071	0,0539	7,18
−46	0,061	0,0063	0,0478	6,372
−47	0,054	0,0056	0,0425	5,666
−48	0,049	0,0050	0,0380	5,066

Continuação
da tabela 4.6

Ponto de orvalho (°C)	Umidade		Pressão do vapor	
	mg por litro	Porcentagem em volume	mmHg	Pa
-49	0,043	0,0044	0,0334	4,452
-50	0,038	0,0039	0,0296	3,946
-51	0,034	0,0034	0,0258	3,439
-52	0,030	0,0030	0,0228	3,039
-53	0,027	0,0027	0,0205	2,733
-54	0,023	0,0023	0,0174	2,319
-55	0,021	0,0021	0,0159	2,119
-56	0,018	0,0018	0,0136	1,813
-57	0,016	0,0016	0,0121	1,613
-58	0,014	0,0014	0,0106	1,413
-59	0,012	0,0012	0,00912	1,215
-60	0,011	0,0011	0,00836	1,114
-61	0,0095	0,00092	0,00699	0,932
-62	0,0083	0,00080	0,00608	0,810
-63	0,0073	0,00070	0,00532	0,709
-64	0,0064	0,00061	0,00463	0,617
-65	0,0056	0,00053	0,00402	0,535
-66	0,0048	0,00045	0,00342	0,4559
-67	0,0043	0,00040	0,00304	0,40529
-68	0,0036	0,00034	0,00258	0,343
-69	0,0031	0,00029	0,00220	0,293
-70	0,0027	0,00025	0,00190	0,253

NOTAS:

1 — Os valores da coluna *Pressão do vapor* são obtidos dividindo-se os valores da coluna *Porcentagem em volume* por 100 e multiplicando-se o resultado por 760, em mmHg.

2 — As unidades de medida adotadas oficialmente no Brasil estão alinhadas no "Quadro Geral de Unidades de Medida", aprovado pelo Decreto n.º 81 621, de 3 de maio de 1981, em substituição ao anexo do Decreto n.º 62 233, de 12 de setembro de 1968. A unidade de pressão do "Quadro Geral" aprovado é o *pascal*, cujo símbolo é *Pa*. O Instituto Nacional de Pesos e Medidas (INPM), recomenda seja evitado o uso da unidade *mmHg*, e que ela seja substituída pela unidade pascal do Sistema Internacional de Medidas (SI), que está no "Quadro Geral" aprovado.

Aparelhagem de medição oferecida comercialmente:
Medição do ponto de orvalho
Higrômetro Brown Boveri, tipo TPH 3
Alnor Dewpointer, type 7300
Higrômetro Panametrics, Inc., Modelo 2000
Medição do conteúdo de água no óleo
Karl Fischer Tritrator, Photovolt Aquatest 700
Karl Fischer Digital Analyses, Micanite and Insulators Co.
Manchester, Inglaterra.
Higrômetro Panametrics, Modelo 1000
Medição da umidade relativa do óleo isolante
Foster Oil Dryness Test Set, Londres, Inglaterra.

4.7 — CONVERSÃO DE GRANDEZAS DE UMIDADE

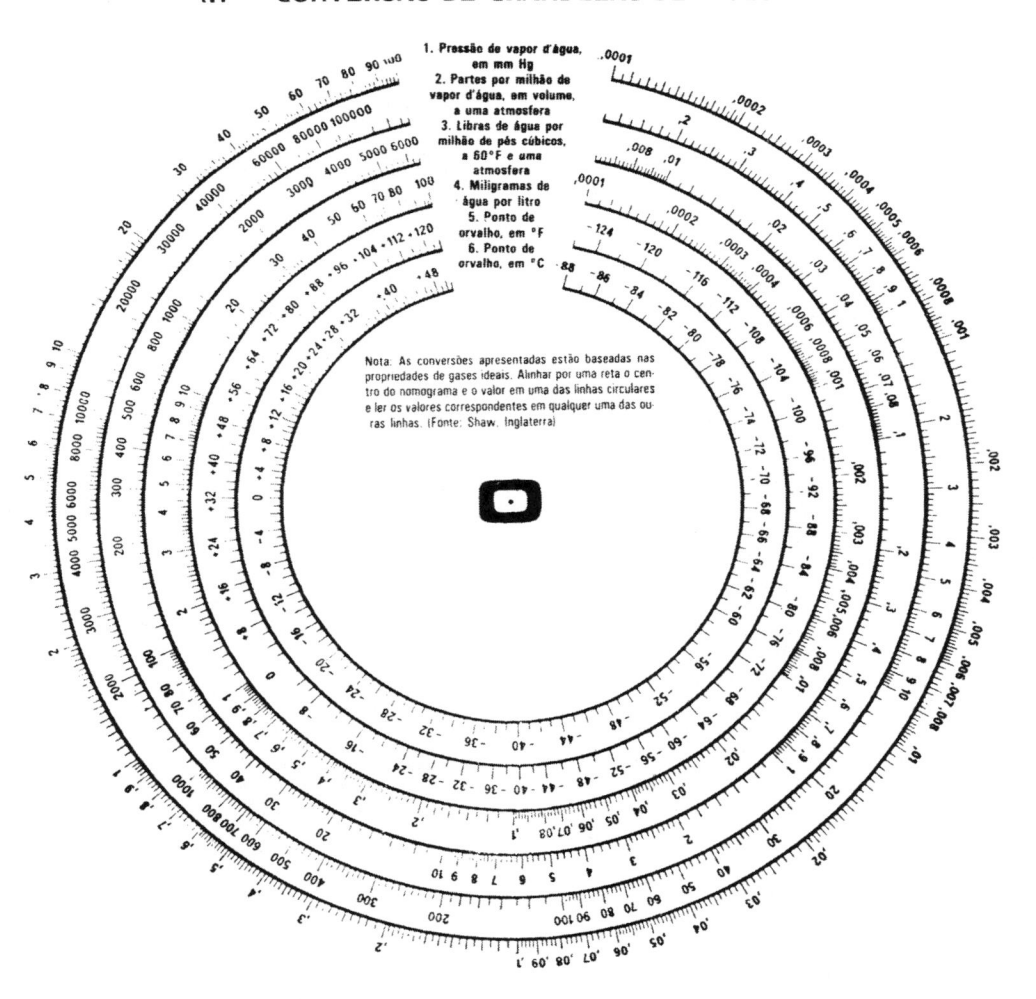

4.8 — SISTEMAS DE PRESERVAÇÃO DO ÓLEO ISOLANTE DE TRANSFORMADORES

Para que a ação do ar atmosférico sobre o óleo isolante seja reduzida, ou mesmo eliminada, os transformadores são equipados com dispositivos de preservação.

Se a respiração do transformador se realizar livremente, isto é, sem que o ar atmosférico passe por qualquer sistema que elimine as substâncias que prejudicam o óleo, dois de seus grandes inimigos, o oxigênio e a umidade, estarão presentes e contribuirão para sua deterioração.

Em geral, os sistemas de preservação utilizados são:

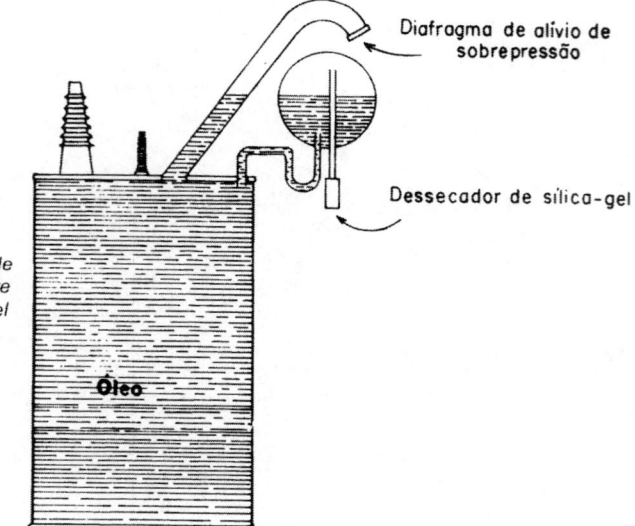

Diafragma de alívio de sobrepressão

Dessecador de sílica-gel

Figura 4.11 — Sistema de preservação do óleo isolante com dessecador de sílica-gel

Óleo

4.8.1 — Desidratador

O desidratador consiste em um recipiente com sílica-gel (uma substância sólida desidratante), através da qual passa o ar atmosférico aspirado pelo transformador, ficando nela retida sua umidade.

O grau de umidificação de sílica-gel pode ser avaliado pela mudança de cor do sal de cobalto que é misturado com a mesma. Quando completamente seco, exibirá uma cor azul que passa para rosa, quando estiver úmido.

A carga de sílica-gel que tiver sido umidificada deve ser trocada por outra seca.

A carga umidificada pode ser secada em um forno a 105 °C e reaproveitada.

Uma temperatura acima de 105 °C inutiliza a sílica-gel.

O desidratador é ligado por um tubo ao conservador ou tanque de expansão do transformador.

4.8.2 — Selagem com gás e óleo

Neste tipo de selagem, o gás do colchão de gás do tanque do transformador está em contato com o gás de um reservatório parcialmente cheio de óleo.

O óleo deste reservatório comunica-se com o óleo do reservatório situado em sua parte superior, ficando sua superfície em contato com a atmosfera, conforme se vê na Fig. 4.12.

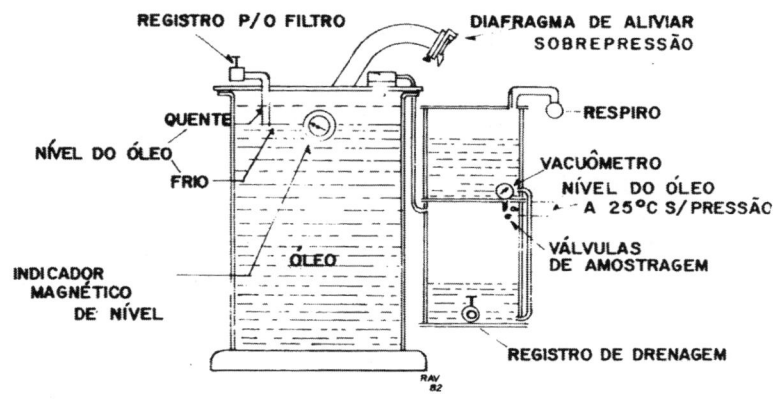

Figura 4.12 — Representação esquemática de selagem gás-óleo de transformador

4.8.3 — Sistema de selagem com gás inerte de pressão controlada automaticamente

Neste sistema, a pressão do gás inerte, em geral nitrogênio, do colchão de gás do transformador é mantida mais elevada que a atmosférica pelo gás de mesma natureza fornecido por uma garrafa instalada no exterior do tanque. O controle de pressão é feito por um dispositivo automático. (Fig. 4.13)

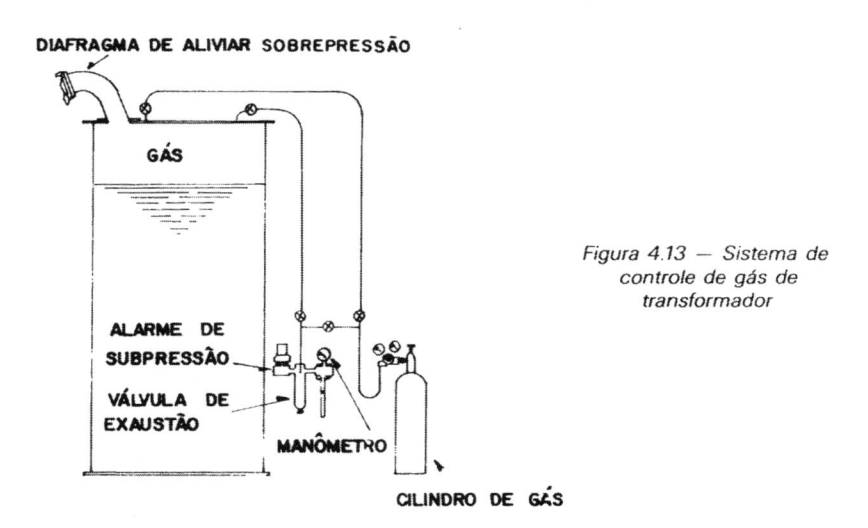

Figura 4.13 — Sistema de controle de gás de transformador

4.8.4 — Sistema de selagem com bolsa ou célula de ar

Neste sistema, a selagem é feita com uma bolsa de borracha cheia de ar, situada na parte superior interna do conservador.

O ar do interior da bolsa está em comunicação com o ar atmosférico e, por isso, pode livremente aumentar ou diminuir de volume, acompanhando as variações correspondentes do volume do óleo do transformador.

Verificou-se experimentalmente que, quando o gás da superfície do óleo do transformador está sob pressão constante, não há praticamente a formação de bolhas de gás no interior da massa de óleo saturada de gás quando o transformador é submetido a sobretensões.

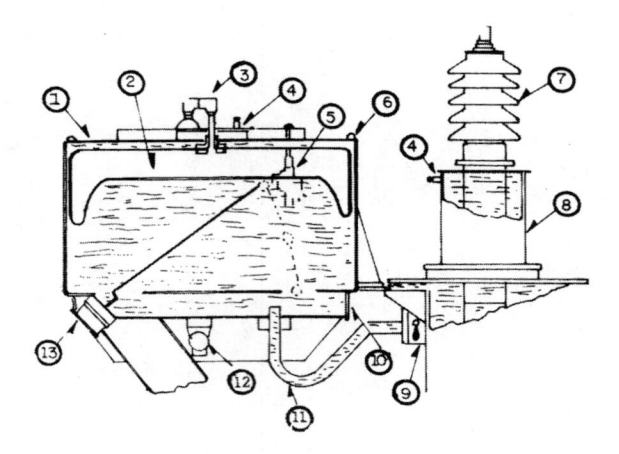

Figura 4.14 — Sistema de selagem com célula ou bolsa de ar: 1 — reservatório de óleo; 2 — célula de ar; 3 — respiradouro da célula de ar; 4 — válvulas de ventilação; 5 — válvula automática de pressão e vácuo; 6 — elo de suspensão; 7 — bucha do transformador; 8 — adaptador da bucha; 9 — válvula de fechamento; 10 — câmara; 11 — tubo de ligação; 12 — válvula esférica; 13 — indicador de nível de óleo

4.9 — INDICADORES DE TEMPERATURA DE TRANSFORMADORES

A temperatura T da parte mais quente do enrolamento de um transformador é considerada igual a sua temperatura média, medida pelo método da resistência, acrescida de 10 °C, e é dada pela soma das seguintes parcelas:

T = (temperatura ambiente T_a) + (elevação de temperatura da parte superior do líquido isolante sobre a temperatura ambiente $T_o - T_a$) + (elevação da temperatura da parte mais quente do condutor sobre a temperatura da parte superior do líquido isolante $T - T_o$). Portanto:

$$T = T_a + (T_o - T_a) + (T - T_o) \; °C$$

T = temperatura da parte mais quente do enrolamento
T_o = temperatura da parte superior do líquido isolante
T_a = temperatura ambiente

4.9.1 — Constituição dos indicadores de temperatura

Os indicadores de temperatura devem ser sensíveis às três parcelas da equação acima. As principais partes dos indicadores geralmente utilizados são:

a) Medidor da temperatura da parte superior do líquido isolante sensível às parcelas T_a e $(T_o - T_a)$.

Em geral, esse medidor é de dois tipos:
• O tipo constituído de uma ampola ou bulbo, ligado por um tubo ao instrumento indicador. Enche-se o conjunto com um líquido e as variações de seu volume com a temperatura são transmitidas ao ponteiro do instrumento indicador, que se desloca sobre uma escala em grau centígrado. O bulbo é colocado numa câmara estanque com óleo isolante, soldada à tampa do tanque do transformador. A indicação é local. (Figura 4.15)
• O tipo formado por um resistor sensor, também imerso no óleo da câmara estanque da tampa do tanque do transformador, e que constitui um ramo de uma ponte de Wheatstone, cujo galvanômetro é graduado em grau centígrado. (Figura 4.16)

Há fabricantes que utilizam um instrumento de bobinas cruzadas para a indicação das temperaturas. (Figura 4.19)

b) O tipo resistor imagem térmica. Um resistor que tenha uma constante de tempo igual à de um transformador é chamado de imagem térmica desse transformador.

Constante de tempo, de acordo com ABNT PNB-110, artigo 6.8.4, é *o intervalo de tempo necessário para se obter uma percentagem especificada de variação de temperatura entre o valor inicial e o valor final, ou é o tempo necessário para a temperatura do líquido isolante passar do valor inicial ao valor final, quando permanecer constante a taxa inicial de variação da temperatura.*

O resistor imagem térmica deve ser sensível ao valor da parcela $T - T_o$, isto é, a elevação da temperatura da parte mais quente do condutor sobre a temperatura da parte superior do líquido isolante. O resistor é, em geral, feito de cobre e tem a forma de uma bobina. Ele é colocado junto ao resistor sensor ou bulbo no óleo da câmara estanque da tampa do tanque do transformador.

A corrente que percorre o resistor imagem térmica é proporcional à corrente do enrolamento do transformador e provém de um transformador de corrente (TC) tipo bucha. Para se poder ajustar a corrente do resistor imagem térmica, é colocado um transformador de corrente ou um resistor variável no secundário do TC tipo bucha. (Fig. 4.17 e 4.18).

Há um tipo de indicador de temperatura no qual o resistor imagem térmica é colocado dentro da caixa do instrumento indicador junto da câmara deformável do mesmo. (Fig. 4.20).

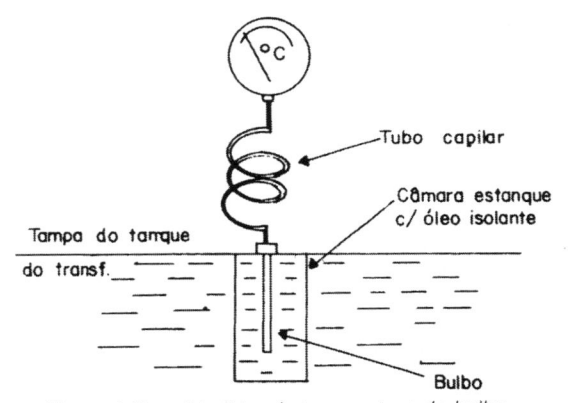

Figura 4.15 — Medidor de temperatura de bulbo

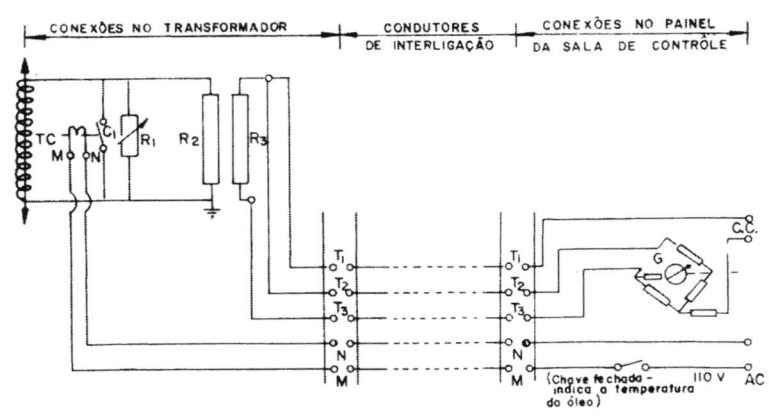

Figura 4.16 — Dispositivo de imagem térmica com resistor sensor: G — indicador a distância (galvanômetro); R_3 — resistor sensor; TC — transformador de corrente; R_1 — resistor do ajuste; R_2 — imagem térmica; MN — bobina da chave de curto-circuito; C_1 — chave de curto-circuito

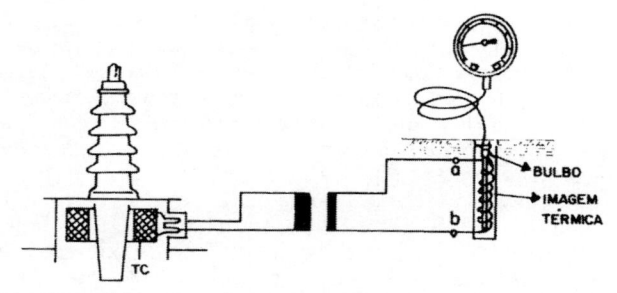

Fig. 4.17 — Dispositivo de imagem térmica com bulbo metálico e transformador de corrente de ajuste

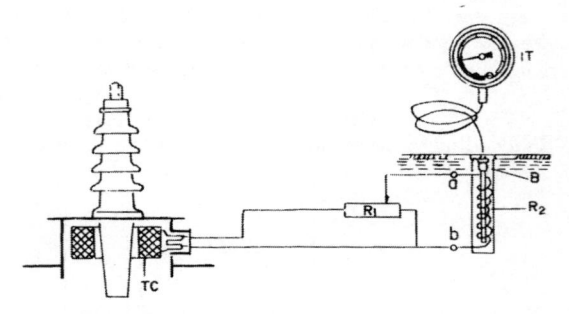

Figura 4.18 — Dispositivo de imagem térmica com bulbo metálico e resistor de ajuste

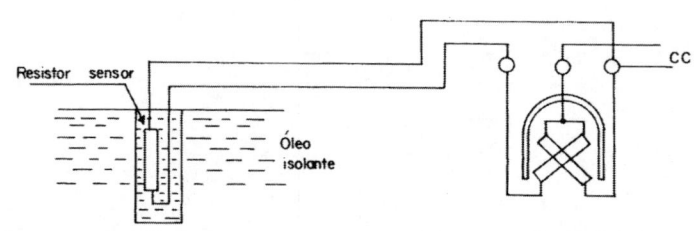

Figura 4.19 — Indicador de temperatura do óleo do transformador à distância com instrumento de bobinas cruzadas

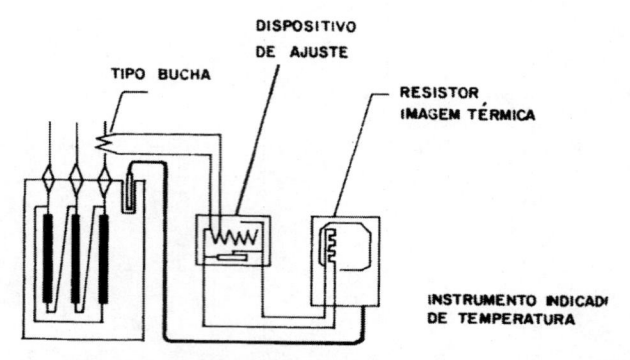

Figura 4.20 — Indicador de temperatura do óleo de transformador com resistor imagem térmica no instrumento indicador

4.9.2 — Aferição

A aferição do medidor de temperatura de um transformador será necessária quando for substituída sua imagem térmica, e/ou o resistor sensor; quando suas indicações forem duvidosas; ou, ainda, quando ele for montado no transformador já instalado na subestação.

A aferição pode ser feita tanto com o dispositivo montado no transformador, como fora dele. Sua finalidade é verificar se as indicações de temperatura do instrumento são iguais às obtidas com o ensaio de aquecimento realizado na fábrica.

4.9.3 — Aferição com o dispositivo montado no transformador

Neste caso, é necessário que a temperatura do óleo do transformador fique constante durante a aferição.

Procedimento:

• Curto-circuitar o secundário do transformador principal, fechando a chave própria.

• Colocar um amperímetro, com escala 0 a 2 A ou 0 a 5 A, no circuito secundário do transformador de corrente principal, se não houver transformador de ajuste; se houver, no secundário deste.

• Abrir a chave de curto-circuitar e aguardar 30 min.

• Anotar as correntes I_2 do secundário de TC de ajuste, I de carga do transformador e a temperatura indicada no instrumento indicador.

• Fechar a chave de curto-circuitar, aguardar 15 min no mínimo, e anotar a temperatura indicada, que é a T_o do óleo, da parte superior do transformador.

• Calcular a diferença entre as temperaturas lidas.

• Entrar com esse valor no gráfico fornecido pelo fabricante e, tomando como referência a curva correspondente ao valor de T_o encontrado, achar o valor da corrente I_2, que deve ser igual ou muito próximo do valor medido.

Se o erro encontrado não for admissível, isto é, maior que ±2 °C em relação ao valor máximo da escala em grau centígrado, substituir o instrumento indicador por outro de indicação correta.

Indicações iguais ou muito próximas dos instrumentos indicadores eliminam a causa de erro do instrumento, sendo, portanto, provável que o valor da corrente I_2 não é o correto.

Verificar na tabela fornecida pelo fabricante o valor da temperatura média do enrolamento T correspondente à corrente I que o percorre, medido pelo método da resistência. Com I e a relação do TC principal obtém-se I_1. Com o valor de T e o da temperatura do óleo da parte superior do tanque, T_o, determina-se $\Delta t = T - T_o$. Conhecido Δt, obtém-se do gráfico (figura 4.23) o valor de I_2 correspondente à temperatura T_o do óleo. Escolhe-se, então, a relação I_1/I_2 do transformador auxiliar (TA) TA2. Em seguida, repete-se o procedimento de aferição para uma verificação final.

4.9.4 — Aferição com o dispositivo retirado do transformador

1. Tipo imagem térmica com bulbo.

a) *Aferir em primeiro lugar só o instrumento com bulbo (Fig. 4.21)*
    Procedimento :

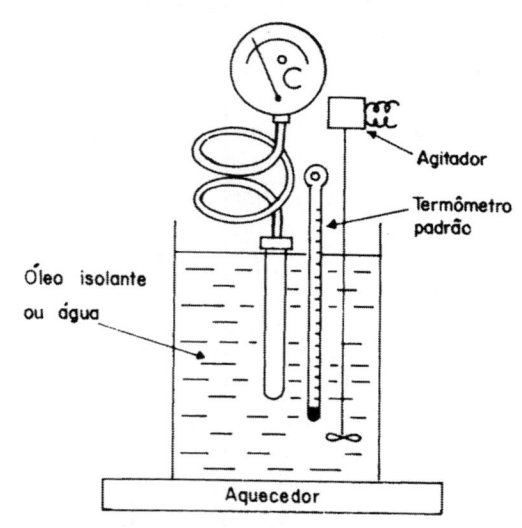

Figura 4.21 — Esquema de aferição de indicador de temperatura de bulbo

• Colocar o bulbo em um recipiente com água ou óleo, de tal forma que fique totalmente mergulhado e, juntamente com um termômetro-padrão de mercúrio, álcool ou par termoelétrico. O volume do líquido deve ser tal que sua temperatura fique constante, isto é, não sofra a influência das variações da temperatura do ambiente. Aquecer o líquido, agitando-o ao mesmo tempo, para haver uma distribuição uniforme da temperatura.

• É conveniente que a temperatura do líquido seja controlada por termostato.

• Quando a temperatura do termômetro-padrão se estabilizar, aguardar até que a temperatura do instrumento em teste também se estabilize (15 minutos no mínimo) para fazer as leituras.

• Variar a temperatura do líquido e fazer leituras ao longo da escala do instrumento em teste e do termômetro-padrão.

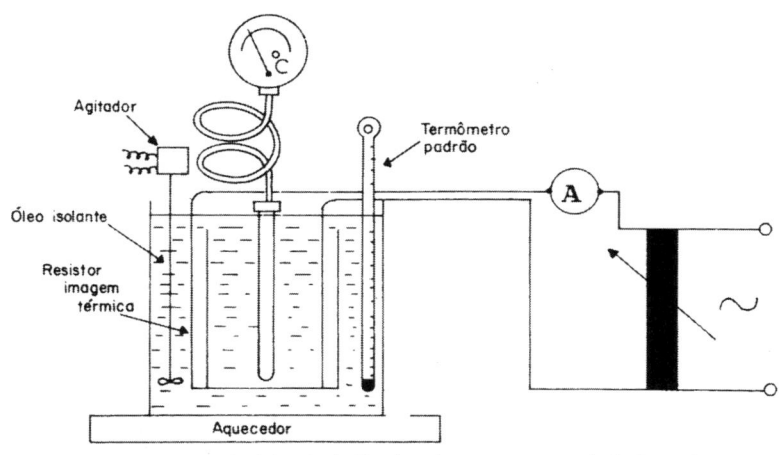

Figura 4.22 — Esquema de aferição de indicador de temperatura de bulbo e imagem térmica

• O erro máximo admissível é de ±2 °C em relação ao maior valor da escala. Se o erro for maior que esse valor, substituir o instrumento por outro em boas condições e encaminhá-lo ao laboratório para reparos.
• Se o instrumento em teste tiver interruptores, é conveniente, também, testá-los.
• Por medida de segurança, é indispensável que o aquecimento seja feito por aquecedor elétrico controlado por termostato quando o líquido do recipiente for óleo isolante.

b) *Aferição do conjunto imagem térmica e bulbo*
   Procedimento ;
• Dispor e ligar os componentes, como se indicado na Figura 4.22.
• Com corrente zero no resistor de imagem térmica, ler as temperaturas indicadas no instrumento indicador e no termômetro-padrão.
• Fazer circular pelo resistor imagem térmica uma corrente de valor escolhido entre os indicados nos dados fornecidos pelo fabricante.
• Agitar continuamente o óleo.
• Manter a corrente constante e aguardar até que a temperatura se estabilize (15 min no mínimo).
• Ler e anotar a nova temperatura.
• A diferença entre as duas temperaturas é o valor de Δt, elevação de temperatura correspondente à corrente aplicada ao resistor imagem térmica.
• O valor Δt encontrado deve ser igual ou muito próximo do obtido na fábrica durante o ensaio de aquecimento correspondente à corrente da aferição e à temperatura do óleo medido no teste do conjunto.
• Se os valores forem diferentes, variar a corrente de aferição até obter um Δt igual ao escolhido.
• Anotar o novo valor da corrente e com ele determinar a relação do TC auxiliar, da seguinte maneira: os dados fornecidos pelo fabricante indicam que, para 5 A no secundário do transformador de corrente principal, deve haver I_2 A no secundário do TC auxiliar para determinado Δt e determinada relação de transformação. À corrente I_2 do ensaio de aferição corresponderá uma corrente I_C do primário do TC auxiliar, em relação ao mesmo Δt acima referido. Com esses dados, pode ser calculada a relação de transformação do TC auxiliar.
   Exemplo: Resultados do teste; temperatura do óleo, 50 °C; corrente I_2 de aferição, 0,60 A; Δt medido, 20 °C; e dados obtidos do gráfico do fabricante.
   $\Delta t = 20$ °C corresponde a uma corrente $I_2 = 0,63$ A que, por sua vez, corresponderá a uma corrente de $0,63 \times 5 = 3,15$ A no primário do TC auxiliar, ou se-

cundário do principal, pois a uma corrente de 5 A equivale a corrente nominal do transformador.

Vale dizer que, com uma corrente 0,63 A no secundário do TC auxiliar, tivemos uma corrente de 0,63 × 5 em seu primário relacionada com uma corrente de carga do transformador de transmissão, que produziu a elevação de temperatura $\Delta t = 20\ °C$, com o óleo na temperatura de 50 °C, pelo gráfico (ensaio da fábrica). Portanto o TC auxiliar deve ser colocado na relação de transformação 3,15/0,63 = 5,00. Pela tabela, a mais próxima desse valor é a relacionada com os terminais 9-1 ou 9-2 (ver tabela seguinte).

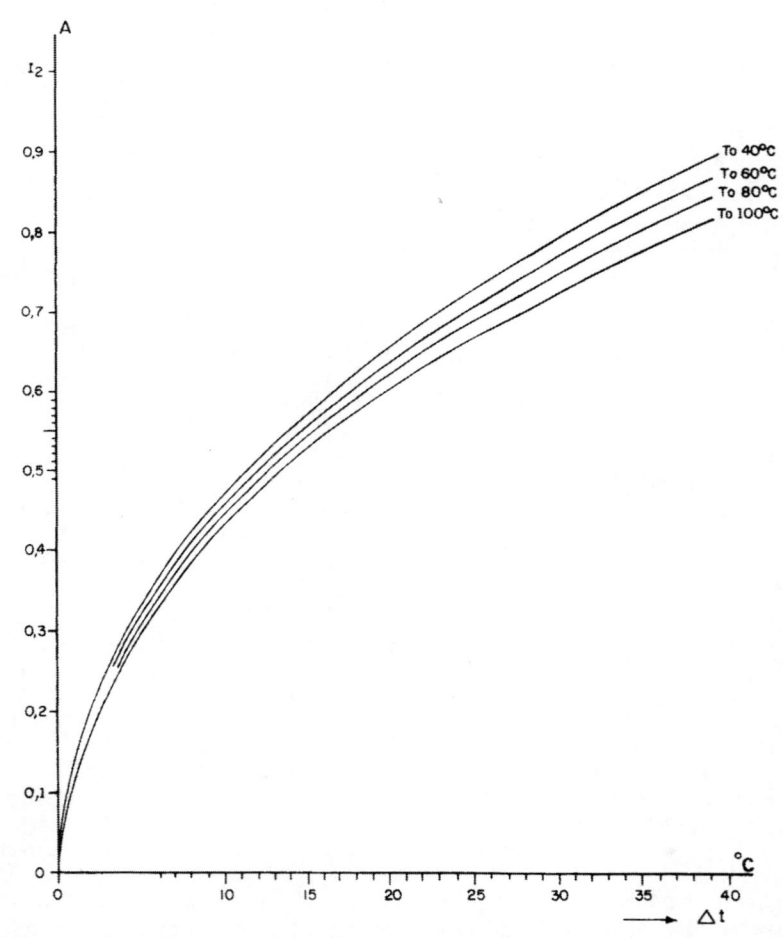

Figura 4.23 — Corrente I_2 no resistor em função da sobrelevação da temperatura em relação à temperatura T_0 do óleo

$\Delta T(^{\circ}C)$	Derivações	I_2 (A)	I_1/I_2	VA
70,2	9-4	1,09	4,58	15
64,5	9-3	1,05	4,76	13,6
59,5	9-2	1,01	4,95	12,6
54,5	9-1	0,98	5,10	11,5
50,0	8-5	0,94	5,32	10,6
45,7	8-4	0,91	5,49	9,7
41,6	8-3	0,87	5,75	8,8
37,9	8-2	0,84	5,95	8,0
34,2	8-1	0,80	6,25	7,2
31,1	7-5	0,77	6,49	6,6
28,1	7-4	0,73	6,85	5,9
25,1	7-3	0,70	7,14	5,3
22,3	7-2	0,66	7,57	4,8
19,8	7-1	0,62	8,06	4,2
17,6	6-5	0,59	8,47	3,8
15,4	6-4	0,56	8,92	3,3
13,6	6-3	0,52	9,61	2,6
10,4	6-2	0,48	10,41	2,2
9,8	6-1	0,45	11,11	2,1

NOTAS: Tabela válida para uma corrente $I_1 = 5$ A, e uma temperatura do óleo igual a 60 °C, e o borne R' do TA2 conectado ao borne 12. Quando a corrente no primário do transformador for diferente de 5 A, procurar-se-á na tabela o valor da corrente I_2 correspondente à elevação ΔT desejada. Calcula-se I_2 do seguinte modo:

$$I_2 = \frac{5}{I_1} \cdot I_2$$

Exemplos

1. Suponhamos que a temperatura do enrolamento do transformador é 90 °C, medida pelo método da resistência, com corrente nominal. Qual deverá ser a ligação das derivações do transformador auxiliar TA2, se a temperatura do óleo for 60 °C?

$$\Delta t = 90 - 60 = 30 \ ^{\circ}C$$

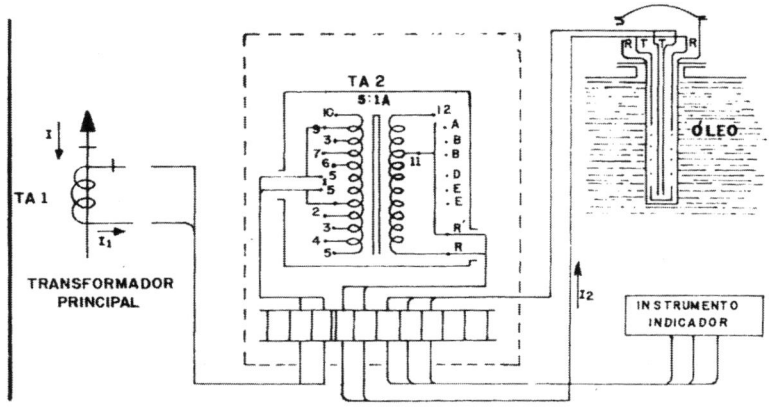

Figura 4.24 — Diagrama do circuito de medição de temperatura do transformador: R—R — resistor (imagem térmica, 10 ohms a 60 °C); T—T — resistor termométrico; TA_1 — TC de bucha; TA_2 — TC auxiliar

Com corrente nominal no primário, a corrente no secundário do transformador principal é 5 A. Da tabela, obtemos:

$$\Delta t = 31,1 \text{ °C} \quad I_2 = 0,77 \text{ A} \quad \text{para} \quad T_o = 60 \text{ °C}$$

O TC auxiliar deverá ser ligado nas derivações 7-5.

2. Sendo a corrente do enrolamento do transformador igual a 0,5 vez a nominal, qual deveria ser a temperatura indicada no instrumento indicador se T_o, a temperatura do óleo na parte superior do transformador, é 50 °C e o TA2 está ligado nas derivações 9-1?

Da tabela, obtemos:

$$I_2 = 0,49 \text{ A} \quad \text{para} \quad I_1 = 0,5 \times 5 \text{ A} = 2,5 \text{ A} \quad \text{e} \quad T_o = 60 \text{ °C}.$$

Do gráfico (Fig. 4.23), obtemos, interpolando para $I_2 = 0,49$ e $T_o = 50$ °C;

$$\Delta t = 11,1 \text{ °C}$$

$$T = T_o + \Delta t = 50 + 11,1 = 61,1 \text{ °C}.$$

(temperatura da parte mais quente)

Capítulo 5 — Buchas de transformadores: tipos, testes, transporte, manuseio, armazenamento, instalação, contaminação e limpeza

5.1 — TIPOS DE BUCHAS

As buchas utilizadas em transformadores de subestações são de diversos tipos.

5.1.1 — Buchas do tipo não-capacitivo

a) Buchas cuja isolação é constituída só de porcelana. São fabricadas para tensões de 15 a 25 kV.

b) Buchas com isolante sólido do tipo herkolite ou similar, que envolve o condutor central e fica situado no interior do isolador de porcelana com óleo isolante. A parte da bucha que fica dentro do tanque do transformador não possui porcelana. Este tipo de bucha é fabricado para tensões de 25 a 69 kV.

5.1.2 — Buchas do tipo capacitivo

As buchas do tipo capacitivo são fabricadas para tensões de 25 kV a 765 kV.

As buchas capacitivas têm em sua formação as seguintes partes principais: condutor central, que pode ser maciço ou em forma de tubo; capacitor com isolação de papel impregnado com óleo ou massa isolante; isolador de porcelana em duas partes (superior e inferior), óleo ou massa isolante; conjunto de molas e indicador de nível de óleo; derivação capacitiva ou de teste de fator de potência (FDP); e terminal (superior e inferior).

O capacitor é colocado dentro do isolador de porcelana com óleo mineral ou massa isolante. As peças de porcelana são comprimidas contra as gaxetas pela ação do conjunto de molas situado na cabeça de bucha, a qual tem também um indicador de nível de óleo, a câmara de expansão, o gancho de suspensão e o terminal de conexão.

A bucha é hermeticamente selada e as junções sem gaxeta são soldadas.

5.1.3 — Testes de fator de potência de buchas

As publicações GET-2525 e GET-908C da General Eletric Co. contém a seguinte informação:

O teste de fator de potência é, provavelmente, o indicador mais confiável de umidade das buchas.

O fator de potência das buchas seladas é inicialmente baixo e permanece baixo em serviço desde que a bucha esteja em boas condições.

Um aumento de fator de potência evidencia uma mudança das características do dielétrico e uma tendência contínua para valores sempre maiores de fator de potência evidencia uma condição potencial de falha em evolução.

Valores continuamente estáveis de fator de potência indicam que as partes internas das buchas estão em boas condições.

Segundo a Doble Engineering Co., a isolação das buchas pode ser classificada conforme os resultados dos seguintes testes:

1. **Fator de potência medido por:**

   a) testes padronizados do total da bucha isoladamente;

   b) testes de espécimes não-aterrados (UST) em buchas que tenham derivações de capacitância ou derivações de teste de fator de potência;

   c) testes com guard energizado em buchas que tenham condutor passante ou cabeça isolada;

   d) testes padronizados da isolação da derivação de capacitância das buchas que as possuem.

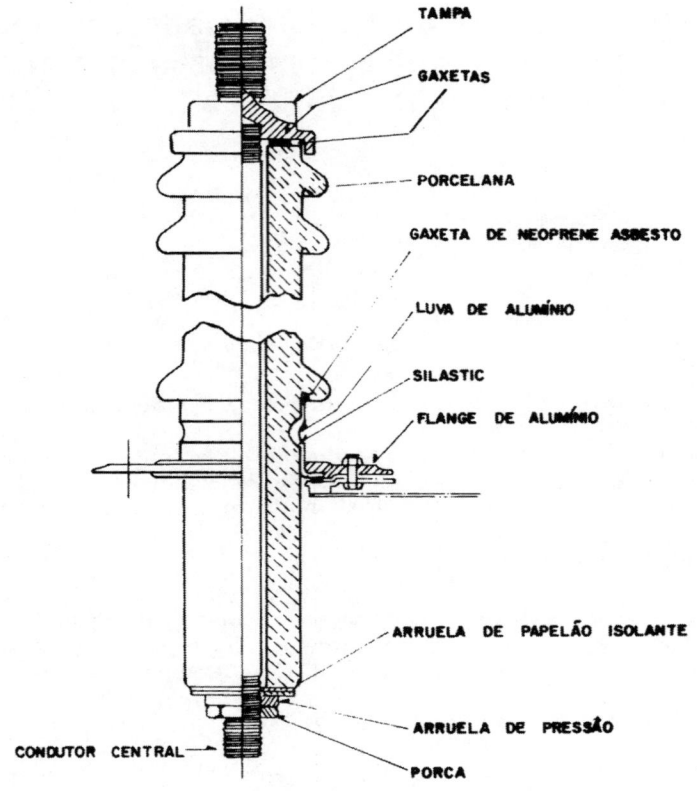

Figura 5.1 — Bucha Westinghouse, tipo RJ, 15 kV

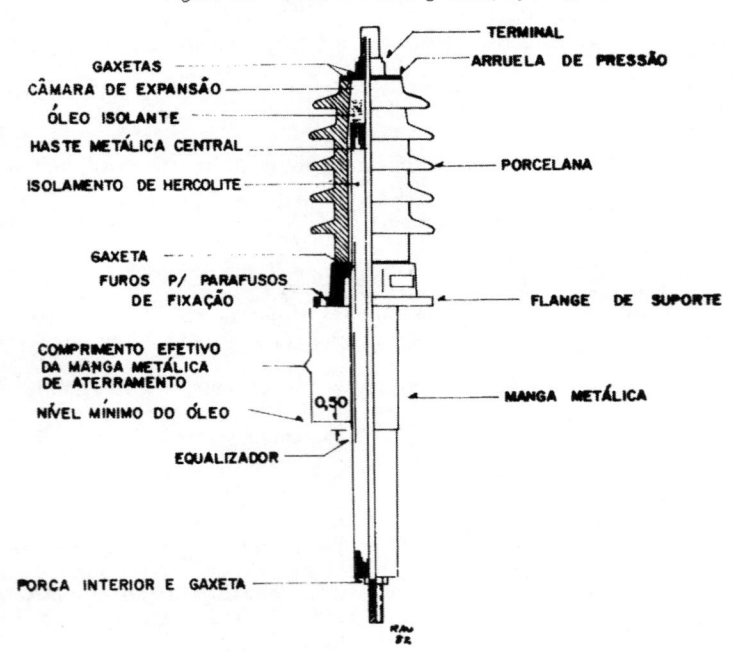

Figura 5.2 — Bucha GE, tipo LC-1200A, de 15 a 69 kV

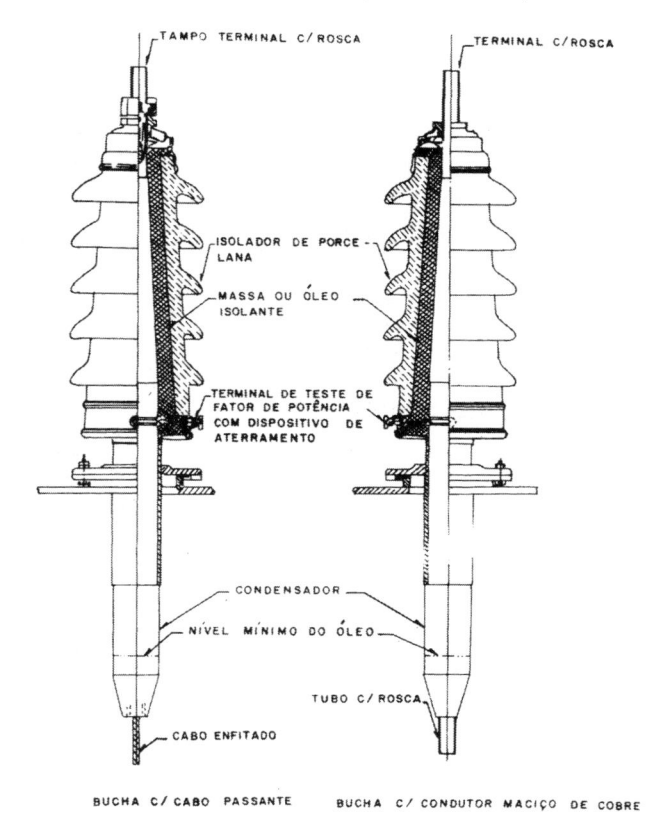

Figura 5.3 — Buchas capacitivas Westinghouse

2. Capacitância de buchas capacitivas

Há um aumento da capacitância e da corrente de carga da bucha quando existir curto-circuito entre camadas ou seções do capacitor.

Circuitos abertos, como no caso de ruptura do condutor de ligação da luva de aterramento com o flange de bucha, resultam em diminuição da capacitância e da corrente de carga.

3. Nos testes de colar, um aumento das perdas é uma indicação de contaminação da isolação; uma diminuição da corrente de carga indica lacunas ou nível baixo da massa isolante ou do óleo.

Até que seja obtido um histórico de testes das buchas que mostre especificamente a taxa de aumento do fator de potência, é sugerido que seja utilizada a tabela dos limites de fator de potência dos fabricantes para classificar as buchas do seguinte modo:

Boa

Quando os fatores de potência forem baixos e substancialmente de valor igual ao limite especificado pelo fabricante para buchas novas; o teste de colar não indicar perdas anormais; a corrente de carga for normal; e a inspeção visual não revelar vazamento de massa isolante ou óleo, ou fissuras no isolador de porcelana.

Deteriorada

a) Se o valor do fator de potência do total da bucha estiver no meio entre os limites da bucha nova e o duvidoso especificados pelo fabricante, e/ou se o teste de colar der valores correspondentes à faixa de valores da condição deteriorada.

b) Anotar na folha de registro de teste se a inspeção visual constatou vazamento de massa isolante em local de gaxeta. Um vazamento de massa isolante ou óleo nesse ponto indica rompimento da gaxeta, por onde pode haver entrada de umidade, embora o fator de potência da bucha seja normal na ocasião do teste.

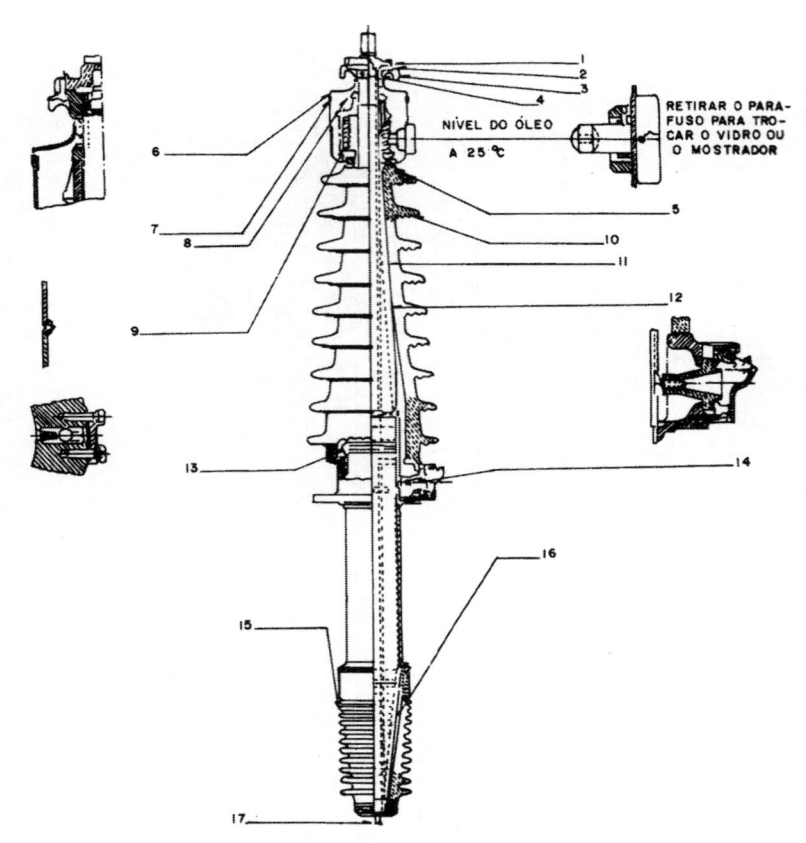

Figura 5.4 — Vista em corte da bucha Westinghouse, tipo Q: 1 — tampa terminal; 2 — gaxeta; 3 — gancho de suspensão; 4 — solda a estanho; 5 — indicador magnético de nível; 6 — diafragma de cobre; 7 — câmara de expansão; 8 — espaço com gás; 9 — conjunto de molas; 10 — isolador superior de porcelana; 11 — parte superior da câmara de óleo isolante; 12 — condensador de papel impregnado com óleo; 13 — cabo de ligação à terra; 14 — receptáculo da tomada de tensão; 15 — isolador inferior de porcelana; 16 — parte inferior da câmara de óleo; 17 — terminal inferior

Investigar (para o caso de não ser viável uma investigação na bucha na ocasião do teste)
a) quando o fator de potência for maior que o limite duvidoso especificado pelo fabricante, ou quando a diferença numérica for 2% maior que o limite de fábrica para buchas novas;
b) quando os testes de colar derem resultados anormais;
c) quando a corrente de carga (capacitância) for anormal.

Má
a) quando o fator de potência total da bucha, que tenha sido completamente isolada e limpa, for maior que o limite duvidoso dado pelo fabricante;
b) quando o teste de colar der resultados anormais;
c) quando a corrente de carga for anormal (um aumento de 10% a 15% do fator de potência indica camadas ou seções do capacitor curto-circuitadas);
d) quando a parte cilíndrica do isolador de porcelana estiver fissurada (fissuras nas bordas das saias do isolador da bucha geralmente não são muito sérias).

5.1.4 — Valores-limites de fatores de potência (FDP) de buchas a 20 °C

Buchas General Electric

Tipo	Descrição	FDP limite de fábrica (%)	Situação duvidosa, quando FDP for maior que (%)
A	Porcelana	6,0	8,0
B	Cabo flexível e massa isolante	10,0	12,0
F	Selada, com óleo	1,5	3,0
L	Selada, parte superior com óleo	3,0	4,0
LC	Selada, parte superior com óleo	2,5	3,5
OF	Com óleo e câmara de expansão	2,0	6,0
S	Formas C e CG, núcleo rígido com massa isolante	3,5	6,0
U	Selada, com óleo	1,0	2,0

Notas

1. Exceto quando se indica abaixo, os valores de fator de potência foram obtidos das publicações GET-2525 e GET-908C da General Electric.
2. Os limites de fábrica das buchas obsoletas tipo S, formas C e CG, foram obtidos de outras fontes.
3. Tipo S, formas F, DF, EF (cabo flexível) reprojetadas como tipo B, BD e BE, respectivamente.
4. Tipo S sem especificação de forma, reprojetada como tipo A.

Buchas Westinghouse

	Situação duvidosa, quando FDP for maior que (%)
Tipo semicapacitivo	
a) Todas as buchas tipo D para transformadores	6,0
Tipo capacitivo	
a) Disjuntores e transformadores para instrumentos 69 kV e abaixo	3,5
b) Disjuntores e transformadores de instrumentos de 92 a 138 kV (exceto tipo O)	2,8
c) Transformadores de transmissão e distribuição de qualquer capacidade, disjuntores e transformadores de instrumentos, de 161 a 288 kV (exceto tipo O)	2,0
d) Todas as buchas tipo O com óleo, de 92 a 288 kV	1,4

Notas

1. Os dados acima são do Manual of Westinghouse Outdoor Bushings, Technical Data 33-156, junho 1947, p.77.
2. Fator de potência normal para todas as buchas tipo capacitivo (exceto do tipo semicapacitivo), de 0,5% a 1,0% por teste de campo.
3. Um aumento de 15% da capacitância (10% para o tipo O) indica seções do capacitor curto-circuitadas.

Buchas Ohio Brass
Com óleo Odof, classe G e classe L

	FDP inicial (bucha nova)	Valor da situação perigosa
a) Fabricadas antes de 1926 e após 1928	De 1% a 10%	FDP inicial + + 22% FDP
b) Fabricada de 1926 a 1928, inclusive	De 2% a 4%	FDP inicial + + 16% FDP
Classe GK — Tipo C, de 69 a 169 kV, núcleo do capacitor impregnado com óleo	Ver nota 5 abaixo	
Classe LK — Tipo A, de 23 a 69 kV, núcleo do capacitor com papel-resina com óleo	Ver nota 5 abaixo	

Notas
1. Os valores iniciais de fator de potência de buchas novas foram obtidos de 1944-Doble Client Conference Minutes, Sec. 4-603 e 4-604.
2. Valores de situação perigosa de fator de potência de buchas em serviço obtidos de 1946-Doble Client Conference Minutes, Sec. 4-303.
3. Referir-se a Ohio Brass Co. para recomendações de recondicionamento de buchas antes de os valores de FDP indicarem situação perigosa.
4. A partir de aproximadamente 1940, as placas de identificação das buchas Ohio Brass têm os valores de FDP total e de perdas em watts sob 10 kV medidos na fábrica e no ar. As buchas testadas em óleo de boa qualidade têm geralmente fatores de potência mais baixos.
5. Até o presente existem muito poucos dados publicados sobre buchas Ohio Brass do tipo capacitivo; no entanto, atualmente, é sugerido que o FDP de 0,5% a 1,0% a 20 °C pode ser considerado normal (Ver Ohio Brass Publication n.º 1354 - H).
6. As razões das diferenças entre os valores de FDP medidos pelos métodos padrão e espécime não-aterrado (UST) de certas buchas OB são discutidas no documento 1954-Doble Client Conference Minutes, Sec. 4-501.

Buchas Lapp

Tipo POC (tipo capacitivo com papel e óleo, totalmente fechada), de 23 a 69 kV.
O boletim Lapp 508, p.9, indica que o FDP normal desse tipo de bucha é de, aproximadamente, 0,5% na faixa de 9 °C a 75 °C de temperatura.

5.1.5 — Valores de fator de potência de buchas conforme o GCOI

São considerados normais pelo GCOI os seguintes valores de fator de potência para buchas: no máximo igual a 2,5% para buchas de tensão nominal de até 170 kV; e no máximo igual a 1,5% para buchas de tensão nominal igual ou maior que 245 kV.

5.1.6 — Teste de colar

Segundo o GCOI, são consideradas em boas condições as buchas que no teste de colar têm perdas menores que 50 mW sob 10 kV, ou 3,0 mW sob 2,5 kV, valores tomados a 20 °C.
O teste de colar energizado de buchas pode ser feito pelos métodos espécime não aterrado (UST) e espécime aterrado (GST).
No método UST, a corrente originada por interferência eletrostática pouco intensa fluirá para terra pelo enrolamento do transformador de teste e o instrumento indicador não sofrerá, praticamente, sua influência.

Mas, se a interferência eletrostática for muito intensa, uma parte da corrente por ela provocada escoará para a terra pelo instrumento indicador introduzindo erro na medição (Fig. 5.5B).

A permanência de longa extensão de barramento ligado à bucha pode concorrer para isso.

Nos casos de forte interferência eletrostática, é preferível o método GTS pois as correntes de origem eletrostática são desviadas para a terra e não passam pelo instrumento indicador (Fig. 5.5A).

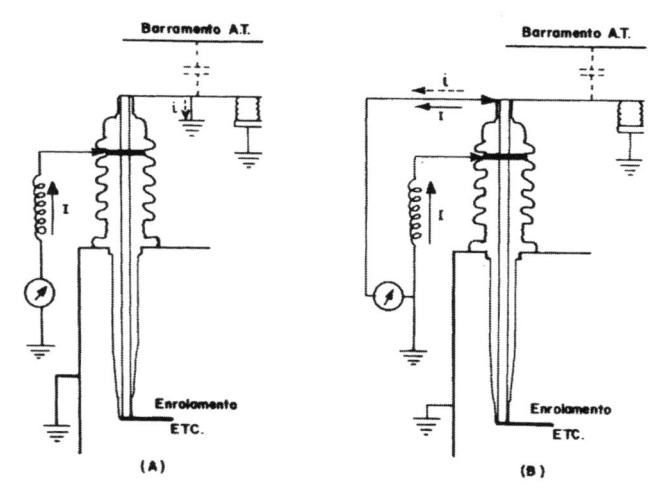

Figura 5.5 — *Testes de colar energizado em buchas na presença de interferência eletrostática (A.L. Rickley e R.F. Clark, da Doble Engineering Co.)*

5.2 — TRANSPORTE, RECEBIMENTO, MANUSEIO, ARMAZENAMENTO E INSTALAÇÃO DE BUCHAS

As buchas são transportadas embaladas em caixas ou engradados, conforme seu tamanho e sua tensão nominal.

Podem ser transportadas em posição vertical ou horizontal, dependendo do tipo de bucha e das recomendações do fabricante.

A parte Inferior das buchas, que fica dentro do tanque do transformador, quando nele estiver instalada, deve ser protegida, durante o transporte e o armazenamento, por um saco de lençol impermeável ou metálico, para evitar seu contato com a umidade.

Ao serem as buchas recebidas, é necessário desengradá-las e inspecioná-las para verificar se sofreram algum dano. Em caso de ter sido observado dano, comunicar ao fabricante sua natureza.

Após sua desembalagem, a bucha deve ser limpa com pano que não solte fiapos para remover de seu corpo qualquer substância estranha. A retirada de graxa pode ser feita com pano umedecido com óleo isolante, completando-se a limpeza com pano seco e limpo.

Depois que a bucha estiver completamente limpa, seca e inspecionada, verificar o nível do óleo e medir seu fator de potência e sua capacitância antes de ser armazenada. É aconselhável também verificar o teor de gases combustíveis do óleo isolante.

As buchas são, em geral, armazenadas em posição vertical, colocadas sobre suportes de madeira. Há tipos de buchas que podem ser armazenadas em posição inclinada com a extremidade superior cerca de 50 cm mais elevada que a extremidade inferior. Quando a bucha é armazenada nesta posição, as partes apoiadas no suporte devem ter uma proteção que evite sua danificação. Seguir as instruções do fabricante.

As buchas podem ser suspensas pelo terminal superior ou pelo flange, conforme indicação do fabricante (ver Figs. 5.6 e 5.7).

Antes de serem *instaladas*, as buchas devem ser rigorosamente inspecionadas, o nível do óleo deve ser verificado e seu fator de potência e sua capacitância deve ser medido.

A instalação da bucha é feita observando-se as instruções do fabricante da bucha e do transformador.

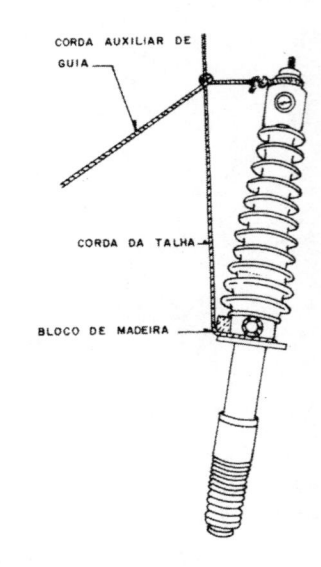

Figura 5.6 — Método recomendado para passar a bucha da posição horizontal para a posição vertical

Figura 5.7 — Método de suspender a bucha inclinada para a instalação

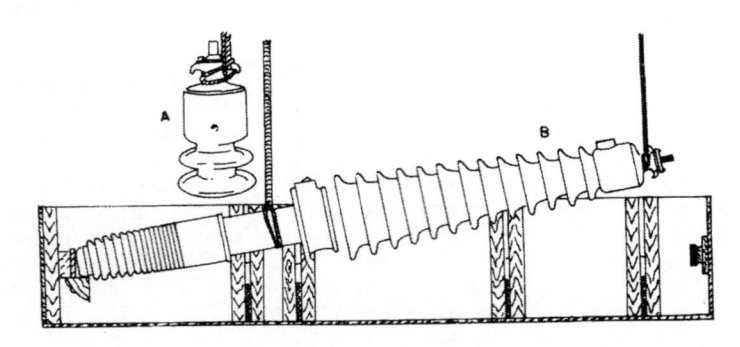

Figura 5.8 — Métodos de suspensão da bucha da posição vertical (A) e horizontal (B)

5.3 — MÉTODOS DE TESTES DE BUCHAS. ESPÉCIME NÃO-ATERRADO (UST). ESPÉCIME ATERRADO (GST)

A representação esquemática do espécime (bucha) em teste é a seguinte:

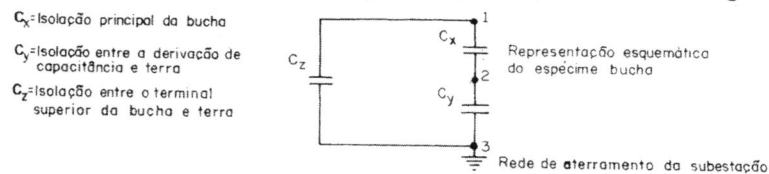

C_x = Isolação principal da bucha

C_y = Isolação entre a derivação de capacitância e terra

C_z = Isolação entre o terminal superior da bucha e terra

Representação esquemática do espécime bucha

Rede de aterramento da subestação

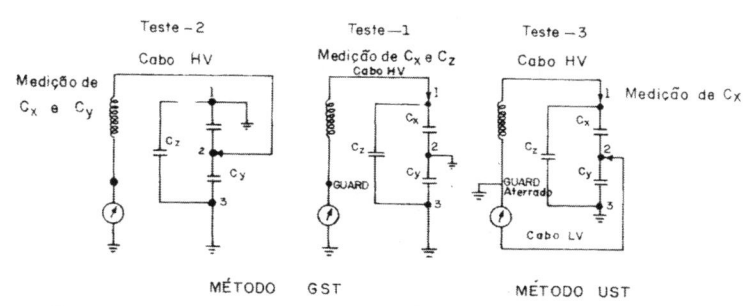

Figura 5.9 — Diagramas de testes de buchas pelos métodos UST e GST

Para se obter o valor de C_y ou de C_z subtrai-se o valor de C_x encontrado no teste n.º 3 dos valores de fator de potência achados nos testes n.º 1 e n.º 2, respectivamente.

Estes testes não sofrem a influência dos enrolamentos ou de outras partes ligadas às buchas.

5.4 — TESTES DE FATOR DE POTÊNCIA DE BUCHAS INSTALADAS EM TRANSFORMADORES

O exemplo seguinte, apresentado por A.L. Ricklie e R.E. Clark, da Doble Engineering Co., ilustra o efeito de ocultamento de uma situação perigosa de uma bucha, devido à massa da isolação dos enrolamentos do transformador.

	Teste com 10 kV (mA)	(W)	FDP (%)	Teste com 2,5 kV (mVA)	(mW)
Enrolamentos e óleo	11,0	0,44	0,4	6 875	27,5
Bucha H_1	1,1	0,04	0,4	688	2,5
Bucha H_2	1,1	0,04	0,4	688	2,5
C_H	13,2	0,52	0,4	8 251	32,5

Supor que o teste da bucha H_1, isoladamente, tenha dado os seguintes resultados: 1,2; 0,30; 2,5; 750; e 19,0.

No total, teríamos os seguintes resultados:

	Teste com 10 kV (mA)	(W)	FDP (%)	Teste com 2,5 kV (mVA)	(mW)
Enrolamentos e óleo	11,0	0,44	0,4	6 875	27,5
Bucha H_1	1,2	0,30	2,5	750	19,0
Bucha H_2	1,1	0,04	0,4	688	2,5
C_H	13,3	0,78	0,6	8 313	49,0

C_H significa a isolação entre o lado de alta tensão do transformador e terra, compreendendo buchas de alta tensão, isolação dos enrolamentos de alta tensão e isolação líquida entre os enrolamentos de alta tensão e terra.

Se a bucha H_1 tivesse as condições supostas, o fator de potência total de C_H não se alteraria muito, no entanto o fator de potência 2,5% da bucha, indicando uma situação perigosa, estaria oculto.

É, portanto, necessário realizar testes separados das buchas do transformador para conhecer as verdadeiras condições de sua isolação.

5.5 — TESTES DE BUCHAS QUE TÊM DERIVAÇÃO DE CAPACITÂNCIA OU DE FATOR DE POTÊNCIA INSTALADAS EM TRANSFORMADOR

A Fig. 5.10 ilustra o esquema de ligações para testar buchas, com derivação de capacitância ou de fator de potência, instaladas em transformador. O método de teste é de espécime não-aterrado (UST).

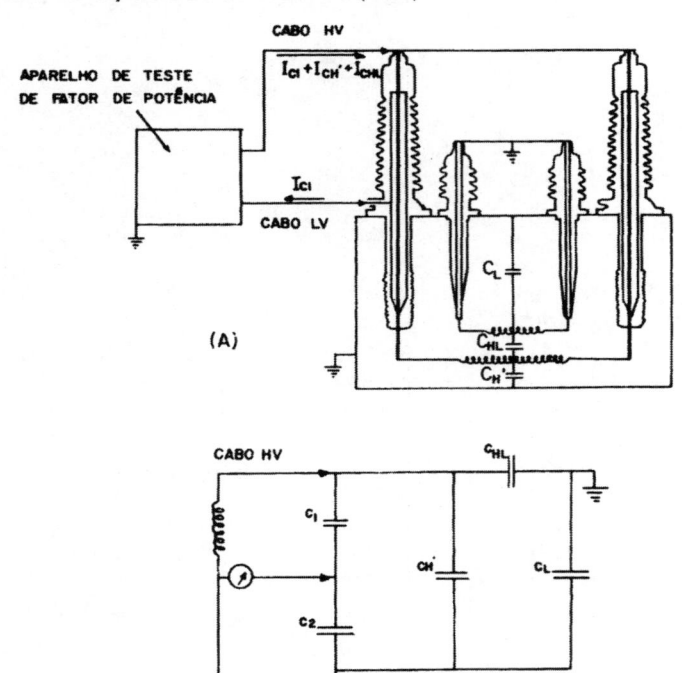

Figura 5.10 — Teste de bucha instalada no transformador pelo método de espécime não-aterrado (UST) (Doble Engineering Co.)

Este tipo de teste pode ser realizado tanto em buchas com derivação de capacitância como em buchas com derivação de teste de fator de potência.

Somente a isolação da bucha em teste é testada. A isolação dos enrolamentos e das demais buchas não têm influência sobre o teste.

Procedimentos de teste:

- O transformador deve estar completamente desenergizado.
- Fazer as ligações conforme a Fig. 5.10, isto é, o cabo HV no terminal da bucha e o cabo LV na derivação de teste.
- Interligar o terminal da bucha em teste com o terminal da outra bucha do mesmo enrolamento.
- Interligar os terminais das buchas do outro enrolamento e ligá-los à terra.
- Preparar o instrumento de teste, colocando a chave LV SWITCH na posição UST.
- Realizar as medições, calcular o fator de potência e convertê-lo para a temperatura de 20 °C. O valor da capacitância também deve ser medido (Ver Cap. 20)

5.6 — TESTE DE BUCHA INSTALADA EM TRANSFORMADOR E QUE NÃO TEM DERIVAÇÃO DE CAPACITÂNCIA OU DE FATOR DE POTÊNCIA

Quando a bucha instalada no transformador não tiver derivação de capacitância ou de FDP, o teste pode ser realizado aproveitando-se a isolação da gaxeta situada entre o flange da bucha e o tanque do transformador, desde que ela tenha, no mínimo, 0,5 megohm de resistência de isolamento.

Os parafusos de fixação da bucha devem ser retirados para que fique isolada do tanque.

A fim de evitar vazamento de óleo e que a bucha vire, se estiver instalada em posição muito inclinada, é conveniente a substituição dos parafusos de ferro por outros de material isolante. Fibra, por exemplo.

O procedimento de medição é idêntico ao anterior, com exceção de o cabo LV ser ligado ao flange isolado do tanque.

Em alguns tipos de buchas, os parafusos de fixação do flange ao tanque do transformador possuem uma luva de material isolante, com exceção de um deles, que evita seu contato elétrico com o flange. O parafuso que não tem a luva isolante proporciona a ligação do flange à terra, quando a bucha está em serviço. Na ocasião da medição do FDP, basta tirar o parafuso de aterramento para realizá-la.

Deve ser observada sempre a condição de 0,5 megohm de resistência de isolamento do flange para terra para que o teste possa ser realizado.

Há outros tipos de buchas que possuem dispositivo para permitir a interrupção da ligação da luva de aterramento da bucha com a terra, para que o teste de FDP possa ser realizado.

5.7 — TESTE COM GUARD ENERGIZADO (HOT GUARD TEST-HGT)

Este tipo de teste é aplicável às buchas do tipo de cabo passante, em que o cabo é isolado do corpo da bucha. O cabo *guard* é ligado ao cabo passante da bucha e o cabo HV, a sua cabeça (Fig. 5.11A).

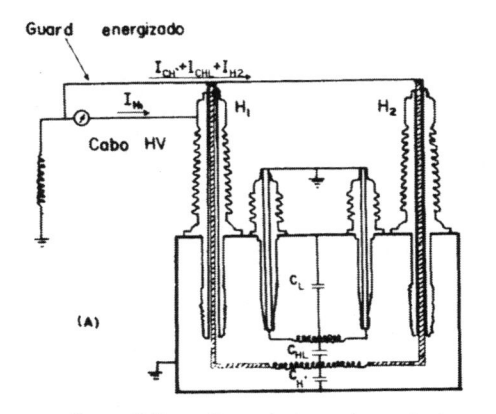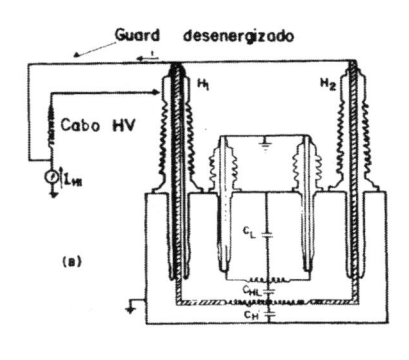

Figura 5.11 — Teste de fator de potência de buchas com cabo passante isolado (Doble Engineering Co.)

Se a isolação entre o cabo passante e o corpo da bucha puder resistir a uma tensão de 500 a 1 500 V, é possível testar a bucha pelo método GST com *guard* desenergizado (Fig. 5.11B).

5.8 — TESTE DA ISOLAÇÃO DA DERIVAÇÃO DE CAPACITÂNCIA

O teste UST da bucha montada em transformador não permite concluir separadamente sobre as condições da isolação entre a derivação da capacitância e a terra.

Se a bucha operar com a derivação não-aterrada, a isolação da derivação faz parte da isolação da bucha quando em serviço normal.

Mesmo nos tipos de buchas nas quais a derivação de capacitância é aterrada em serviço, é recomendável testar sua isolação, pois a experiência adquirida assim aconselha.

O teste é realizado pelo método UST. Energiza-se a derivação e aterram-se o condutor central e o flange da bucha. A tensão aplicada não deve ser maior que a nominal da derivação. De um modo geral, uma tensão de 2,5 kV preenche essa condição. O instrumento que opere com 2 500 V é adequado. Em caso de dúvida, o fabricante deve ser consultado.

5.9 — ISOLAÇÃO DA DERIVAÇÃO DE TESTE DE FATOR DE POTÊNCIA

A isolação da derivação de teste de FDP é projetada para resistir a apenas algumas centenas de volts.

A derivação é adequada para testes de buchas pelo método UST somente e, por isso, uma tensão mais elevada pode perfurá-la e inutilizá-la para esse tipo de teste.

No entanto, o teste da isolação desse tipo de derivação é aconselhado porque ocorreram falhas em buchas devido à penetração de umidade pela gaxeta da tampa do receptáculo da derivação.

O teste pode ser realizado conforme um dos métodos ilustrados na Fig. 5.12, sendo a tensão de teste especificada pelo fabricante.

Há tipos de bucha cuja isolação da derivação de FDP pode ser testada com uma tensão de 2 000 V e outros tipos, só com 250 V.

O método normalmente usado é o do esquema da Fig. 5.12A.

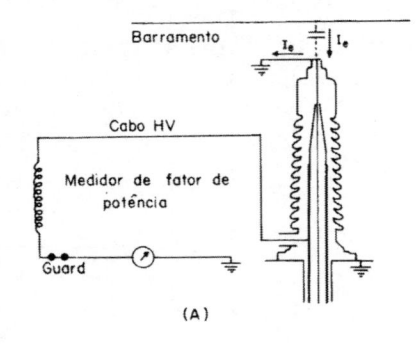

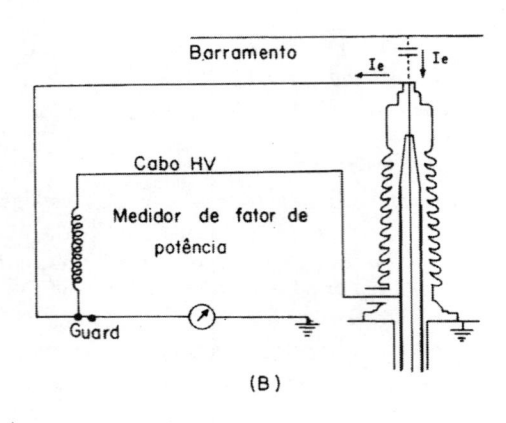

Figura 5.12 — Testes de isolação de derivação de buchas (A.L. Rickley e R.F. Clark, da Doble Engineering Co.)

Observa-se que são medidas as isolações entre a derivação e o condutor central da bucha e entre a derivação e a terra.

A capacitância da primeira é muito pequena comparada com a segunda e, por isso, a medição refere-se praticamente a esta última.

O método da Fig. 5.12B mede só a isolação da derivação, porém o método da Fig. 5.12A é preferível na presença de fortes campos eletrostáticos.

Como as tensões de teste recomendadas pelos fabricantes são menores que as utilizadas nas medições normalmente feitas com os instrumentos de medição de FDP, os valores encontrados referem-se a valores equivalentes a 2,5 kV ou valores equivalentes a 10 kV, conforme o tipo de instrumento utilizado (instruções para o uso do instrumento Doble MEU 2,5 kV ou Doble MH 10 kV, Cap. 20). Durante essas medições, deve-se tomar cuidado para não ultrapassar os valores de mVA e mA de checagem dos instrumentos.

Em ambos os casos, os efeitos de interferência eletrostática são eliminados quando as medições são feitas com inversão de polaridade conforme o procedimento normal.

5.10 — REGISTRO DOS TESTES

A Doble Engineering Co. recomenda que, na folha de registro de testes de buchas, sejam colocados os seguintes dados:

"Fabricante, tipo e forma do disjuntor ou transformador.

"Número de série do disjuntor ou transformador.

"Fabricante, tipo, número de série ou de projeto da bucha (para buchas GE tipo S, especificar se o terminal superior é formado de uma ou duas peças).

"Tensão e corrente nominais da bucha.

"Tensão nominal dos enrolamentos de alta tensão, baixa tensão e do terciário do transformador.

"Potência nominal (kVA) do transformador.

"Tempo de serviço (idade) do disjuntor ou transformador.

"Designação do equipamento, número ou nome.

"Temperatura do ar atmosférico à sombra e temperatura do óleo da parte superior do tanque do transformador.

"Umidade relativa do ar.

"Condições do tempo durante o teste e antes do teste, se houver diferença.

"Instalação do aparelho: abrigada ou ao tempo.

"Comprimento do barramento, número de isoladores e outros equipamentos incluídos no teste.

"Ao testar buchas de reserva, informar como estão acondicionadas, se estão armazenadas em local seco ou úmido e se sua parte inferior está envolvida em material impermeável.

"Verificar se as buchas de reserva do tipo com óleo contêm óleo.

"Se os testes forem feitos a uma temperatura diferente de 20 °C, converter os valores encontrados de fator de potência para a temperatura de 20 °C, para registrá-los na folha.

"É também aconselhável registrar as condições da superfície de porcelana da bucha, isto é, se contém silicone, se está contaminada ou se está completamente limpa ou seca".

5.10.1 — Nas buchas em que o óleo isolante está em contato com a isolação sólida (papel), pode haver a deterioração tanto da isolação sólida como da líquida sendo, por isso, recomendável que sejam realizados testes físicos, químicos e de gascromatografia do mesmo.

FOLHA DE TESTE
BUCHAS

MODELO DO EQUIPAMENTO TESTADO

FABRICANTE

LOCAL

FATOR DE POTÊNCIA (DOBLE)

| TESTE Nº | BUCHAS | | TESTE kV | LEITURAS EQUIVALENTES A □ 2,5kV □ 10 kV | | | | | | | FAT. DE POTÊNCIA | | TEMPERATURA | | UMIDADE RELATIVA | F.P. DE PLACA |
	POSIÇÃO	CONEXÕES DE TESTE / Nº SÉRIE		□ mVA LEITURA	MULTIPL.	□ mA PROJETO	□ mA MULTIPL.	LEITURA	□ mW PRODUTO	□ W MEDIDO	% PRODUTO	% A 20°C	INTERNA °C	AMBIENT. °C	%	%

INSTRUMENTO UTILIZADO:

OBSERVAÇÕES

CONTINUE NO VERSO

Recomenda-se nova manutenção tipo .... em .... / .... / .... para ....
Justificativa ....

TIPO DE MANUTENÇÃO EXECUTADA	HOMENS/HORAS TRABALHADAS	EXECUTADA POR	APROVADA POR	CÓDIGO DO EQUIPAMENTO	Nº DA FOLHA DE TESTE
□ Rotineira	Nº de horas normais	DATA / /	DATA / /		
□ Preventiva	Nº de horas extras	ASSINATURA	ASSINATURA		
□ Corretiva	Nº total de horas				GCQI-5CM

Figura 5.13 — Folha de teste

5.11 — DETERMINAÇÃO DA TEMPERATURA DAS BUCHAS

5.11.1 — Buchas armazenadas

A temperatura das buchas armazenadas é considerada igual à do ambiente.

5.11.2 — Buchas instaladas em transformador de potência

Uma parte da bucha de transformador em serviço fica ao ar livre e a parte inferior fica mergulhada no óleo do tanque. Suas temperaturas são diferentes.

A temperatura da bucha é tomada como a média entre a temperatura do óleo do topo do transformador e a temperatura ambiente à sombra, na ocasião do teste.

5.11.3 — Variação do fator de potência com a temperatura

O fator de potência varia com sua temperatura. Quanto mais elevada a temperatura da bucha, maior seu fator de potência.

Os valores do fator de potência só seriam comparáveis, se a temperatura da bucha fosse a mesma em cada ensaio.

Como é muito difícil satisfazer a esta condição, toma-se uma temperatura como base, convertendo-se a ela os valores obtidos em temperaturas diferentes.

A temperatura básica adotada pelas normas é 20 °C.

Para se converter o valor do fator de potência de uma bucha correspondente a determinada temperatura para a temperatura básica (20 °C), multiplica-se o fator de conversão da temperatura da bucha encontrado nas Tabs. 5.1 e 5.2 pelo fator de potência obtido para a medição.

Tabela 5.1 — *Tabela de multiplicadores para a conversão dos valores medidos de fator de potência em determinada temperatura para os valores a 20 °C*

BUCHAS

		General Electric						Westinghouse	
Tipo B	Tipo F	Tipos L - LC LI - LM	Tipos DF-DFI OFM	Temperatura de teste °C	Temperatura de teste °F	Tipos S-SI-SM Ench. c/massa	Tipo U	Tipo D	Conds. exceto Tipo D	Tipo O
1,09	,93	1,00	1,18	0	32,0	1,26	1,02	1,26	1,61	1,11
1,09	,94	1,00	1,17	1	33,8	1,25	1,02	1,24	1,56	1,10
1,09	,95	1,00	1,16	2	35,6	1,24	1,02	1,23	1,52	1,10
1,09	,96	1,00	1,15	3	37,4	1,22	1,02	1,22	1,48	1,09
1,09	,97	1,00	1,15	4	39,2	1,21	1,02	1,20	1,44	1,09
1,09	,98	1,00	1,14	5	41,0	1,20	1,02	1,19	1,40	1,08
1,08	,98	1,00	1,13	6	42,8	1,19	1,01	1,18	1,36	1,08
1,08	,98	1,00	1,12	7	44,6	1,17	1,01	1,16	1,33	1,07
1,08	,99	1,00	1,11	8	46,4	1,16	1,01	1,15	1,30	1,07
1,07	,99	1,00	1,11	9	48,2	1,15	1,01	1,14	1,26	1,06
1,07	,99	1,00	1,10	10	50,0	1,14	1,01	1,12	1,23	1,05
1,07	,99	1,00	1,09	11	51,8	1,12	1,01	1,10	1,21	1,05
1,06	,99	1,00	1,08	12	53,6	1,11	1,01	1,09	1,18	1,04
1,06	,99	1,00	1,07	13	55,4	1,10	1,01	1,07	1,16	1,04
1,05	1,00	1,00	1,06	14	57,2	1,08	1,01	1,06	1,13	1,03
1,05	1,00	1,00	1,05	15	59,0	1,07	1,01	1,05	1,11	1,03
1,04	1,00	1,00	1,04	16	60,8	1,06	1,00	1,04	1,09	1,02
1,03	1,00	1,00	1,03	17	62,6	1,04	1,00	1,03	1,06	1,02
1,02	1,00	1,00	1,02	18	64,4	1,03	1,00	1,02	1,04	1,01
1,01	1,00	1,00	1,01	19	66,2	1,01	1,00	1,01	1,02	1,01
1,00	1,00	1,00	1,00	20	68,0	1,00	1,00	1,00	1,00	1,00

Cont. Tabela 5.1

BUCHAS

		General Electric				Westinghouse				
Tipo B	Tipo F	Tipos L - LC LI - LM	Tipos DF-DFI OFM	Temperatura de teste °C	°F	Tipos S-SI-SM Ench. c/massa	Tipo U	Tipo D	Conds. exceto Tipo D	Tipo O
,98	,99	1,00	,99	21	69,8	,98	1,00	,99	,98	,99
,97	,99	,99	,97	22	71,6	,97	1,00	,97	,96	,99
,95	,98	,99	,96	23	73,4	,95	1,00	,96	,94	,98
,93	,97	,99	,94	24	75,2	,93	1,00	,95	,92	,98
,92	,97	,99	,93	25	77,0	,92	1,00	,94	,90	,97
,90	,96	,98	,91	26	78,8	,90	1,00	,92	,86	,96
,88	,95	,98	,90	27	80,6	,89	,99	,91	,86	,96
,85	,94	,97	,88	28	82,4	,87	,99	,90	,84	,95
,83	,93	,96	,87	29	84,2	,86	,99	,89	,83	,94
,81	,92	,96	,86	30	86,0	,84	,99	,87	,81	,94
,80	,91	,95	,84	31	87,8	,83	,99	,86	,79	,93
,77	,89	,95	,83	32	89,6	,81	,99	,85	,77	,93
,75	,88	,95	,81	33	91,4	,79	,99	,83	,75	,92
,73	,87	,94	,80	34	93,2	,77	,99	,82	,74	,92
,71	,85	,94	,78	35	95,0	,76	,99	,81	,72	,91
,69	,84	,93	,77	36	96,8	,74	,98	,79	,70	,91
,67	,83	,92	,75	37	98,6	,72	,98	,78	,69	,90
,65	,81	,91	,74	38	100,4	,70	,98	,77	,67	,89
,63	,80	,90	,72	39	102,2	,68	,98	,75	,66	,88
,61	,78	,89	,70	40	104,0	,67	,98	,74	,64	,88
	,76	,88	,68	41	105,8	,65	,98	,73	,63	,87
	,74	,87	,67	42	107,6	,63	,98	,71	,62	,87
	,72	,86	,65	43	109,4	,61	,98	,70	,60	,86
	,70	,85	,63	44	111,2	,60	,98	,69	,59	,86
	,67	,84	,62	45	113,0	,58	,98	,67	,57	,85
	,64	,83	,61	46	114,8	,56	,97	,65	,56	,85
	,61	,82	,60	47	116,6	,55	,97	,64	,55	,84
	,58	,82	,58	48	118,4	,53	,97	,62	,53	,83
	,55	,81	,57	49	120,2	,52	,97	,61	,52	,82
	,52	,80	,56	50	122,0	,50	,97	,59	,51	,82
		,79	,53	52	125,6	,47	,97	,58	,50	,81
		,78	,51	54	129,2	,44	,97	,57	,48	,80
		,77	,49	56	132,8	,41	,96	,56	,47	,79
		,76	,46	58	136,4	,38	,96	,55	,46	,78
		,74	,44	60	140,0	,36	,96	,54	,45	,77
		,73	,42	62	143,6	,33		,53	,44	,76
		,72	,40	64	147,2	,31		,52	,43	,75
		,70	,39	66	150,8	,28		,51	,42	,74
		,69	,37	68	154,4	,26		,50	,41	,73
		,66	,36	70	158,0	,23		,49	,40	,73
			,34	72	161,6	,21				
			,33	74	165,2	,19				
			,31	76	168,6	,17				
			,30	78	172,4	,16				
			,29	80	170,0	,15				

Tabela 5.2.

Buchas							Isolação líquida e sólida de transferência			
Lapp	Ohio Brass							Óleo e Transf.	Transforma-	
Classe POC 15 to 69 kv	Classe G 8 L 46 to 138 kv	Classe L 7.5 to 34,5 kv	Classe GK 69 to 196 kv	Classe LK 23 to 69 kv	Temperatura de teste °C	°F	Ascarel e Transformador com ascarel	de transmissão com óleo do tipo com conservador e respiração livre	dor de transmissão com óleo, selado e com colchão de gás	Transformador de instrumentos com óleo
1,00	1,54	1,29	,90	,85	0	32,0		1,56	1,57	1,67
1,00	1,50	1,27	,90	,86	1	33,8		1,54	1,54	1,64
1,00	1,47	1,26	,91	,86	2	35,6		1,52	1,50	1,61
1,00	1,43	1,25	,91	,86	3	37,4		1,50	1,47	1,58
1,00	1,40	1,24	,91	,87	4	39,2		1,48	1,44	1,55
1,00	1,37	1,23	,91	,88	5	41,0		1,46	1,41	1,52
1,00	1,34	1,21	,92	,89	6	42,8		1,45	1,37	1,49
1,00	1,32	1,20	,92	,89	7	44,6		1,44	1,34	1,46
1,00	1,29	1,19	,92	,90	8	46,4		1,43	1,31	1,43
1,00	1,26	1,17	,93	,91	9	48,2		1,41	1,28	1,40
1,00	1,24	1,16	,93	,92	10	50,0		1,38	1,25	1,36
1,00	1,21	1,14	,94	,92	11	51,8		1,35	1,22	1,33
1,00	1,18	1,12	,94	,93	12	53,6		1,31	1,19	1,30
1,00	1,16	1,11	,95	,94	13	55,4		1,27	1,16	1,27
1,00	1,14	1,09	,95	,95	14	57,2		1,24	1,14	1,23
1,00	1,11	1,07	,96	,95	15	59,0		1,20	1,11	1,19
1,00	1,09	1,06	,97	,96	16	60,8		1,16	1,09	1,16
1,00	1,07	1,04	,97	,97	17	62,6		1,12	1,07	1,12
1,00	1,04	1,03	,98	,98	18	64,4		1,08	1,05	1,08
1,00	1,02	1,02	,99	,99	19	66,2		1,04	1,02	1,04
1,00	1,00	1,00	1,00	1,00	20	68,0	1,00	1,00	1,00	1,00
1,00	,98	,99	1,01	1,01	21	69,8	,95	,96	,98	,97
1,00	,95	,97	1,02	1,02	22	71,6	,90	,91	,96	,93
1,00	,93	,96	1,03	1,03	23	73,4	,85	,87	,94	,90
1,00	,91	,94	1,04	1,04	24	75,2	,81	,83	,92	,86
1,00	,89	,93	1,05	1,05	25	77,0	,76	,79	,90	,83
1,00	,88	,91	1,06	1,06	26	78,8	,72	,76	,88	,80
1,00	,86	,90	1,08	1,07	27	80,6	,68	,73	,86	,77
1,00	,84	,88	1,09	1,08	28	82,4	,64	,70	,84	,74
1,00	,82	,87	1,10	1,09	29	84,2	,60	,67	,82	,71
1,00	,80	,86	1,11	1,10	30	86,0	,56	,63	,80	,69
1,00	,79	,84	1,12	1,11	31	87,8	,53	,60	,78	,67
1,00	,77	,83	1,13	1,12	32	89,6	,51	,58	,76	,65
1,00	,75	,82	1,14	1,13	33	91,4	,48	,56	,75	,62
1,00	,74	,80	1,15	1,14	34	93,2	,46	,53	,73	,60
1,00	,72	,79	1,16	1,15	35	95,0	,44	,51	,71	,58
1,00	,71	,78	1,17	1,15	36	96,8	,42	,49	,70	,56
1,00	,69	,76	1,18	1,16	37	98,6	,40	,47	,69	,54
1,00	,68	,75	1,19	1,17	38	100,4	,39	,45	,67	,52
1,00	,66	,74	1,20	1,18	39	102,2	,37	,44	,66	,50
1,00	,65	,72	1,21	1,18	40	104,0	,35	,42	,65	,48
1,00			1,21	1,19	41	105,8	,34	,40	,63	,47
1,00			1,22	1,19	42	107,6	,33	,38	,62	,45
1,00			1,23	1,20	43	109,4	,31	,37	,60	,44
1,00			1,24	1,20	44	111,2	,30	,36	,59	,42

Cont. Tabela 5.2.

Buchas							Isolação líquida e sólida de transferência			
Lapp		Ohio Brass						Óleo e Transf.	Transforma-	
Classe POC 15 to 69 kv	Classe G 8 L 46 to 138 kv	Classe L 7.5 to 34,5 kv	Classe GK 69 to 196 kv	Classe LK 23 to 69 kv	Temperatura de teste °C	°F	Ascarel e Transforma- dor com ascarel	de transmissão com óleo do ti- po com conser- vador e respira- ção livre	dor de trans- missão com óleo, selado e com col chão de gás	Transforma- dor de ins- trumentos com óleo
1,00			1,25·	1,21	45	113,0	,29	,34	,57	,41
1,00			1,26	1,21	46	114,8	,28	,33	,56	
1,00			1,26	1,21	47	116,6	,27	,31	,55	
1,00			1,27	1,21	48	118,4	,26	,30	,54	
1,00			1,28	1,22	49	120,2	,25	,29	,52	
1,00			1,29	1,22	50	122,0	,24	,28	,51	
1,00			1,30	1,22	52	125,6	,22	,26	,49	
1,00			1,31	1,22	54	129,2	,21	,23	,47	
1,00			1,33	1,22	56	132,8	,19	,21	,45	
1,00			1,34	1,21	58	136,4	,18	,19	,43	
1,00			1,35	1,21	60	140,0	,16	,17	,41	
					62	143,6	,15	,16	,40	
					64	147,2	,14	,15	,38	
					66	150,8	,14	,14	,36	
					68	154,4	,13	,13	,35	
					70	158,0	,12	,12	,33	
					72	161,6	,11	,12	,32	
					74	165,2	,11	,11	,31	
					76	168,8	,10	,10	,30	
					78	172,4	,09	,09	,28	
					80	176,0	,09	,09	,27	

Fonte Doble Engineering Co.

Exemplos:
1. Bucha GE tipo F — armazenada
Fator de potência medido, 4%
Temperatura do ambiente, 30 °C
Fator de conversão para 20 °C da tabela, 0,92
Fator de potência da bucha a 20 °C = 4 × 0,92 = 3,68%
2. Bucha Westinghouse tipo O
Temperatura do óleo do topo do tanque do transformador, 50 °C
Temperatura do ambiente à sombra, 25 °C
Temperatura média da bucha, 37,5 °C
Fator de conversão da tabela (médio), 0,895
Fator de potência medido, 1%
Fator de potência a 20 °C = 1 × 0,895 = 0,895%

5.12 — CONTAMINAÇÃO DE BUCHAS E ISOLADORES

A contaminação de buchas e isoladores e as descargas disruptivas superficiais externas vêm sendo verificadas há cerca de oitenta anos, e ainda hoje constituem um de seus problemas mais sérios.

Os responsáveis pela contaminação de buchas e isoladores são os agentes aero-transportados.

Depositando-se sobre a superfície das buchas e dos isoladores a eles expostos, os agentes contaminantes podem criar condições favoráveis para a formação de descarga disruptiva superficial externa, com conseqüente desligamento da unidade do sistema.

Um isolador é considerado contaminado quando sua superfície externa contém um agente que altera suas características elétricas, em comparação com as características elétricas que ele tem quando sua superfície está limpa e seca.

5.12.1 — Agentes contaminantes

Os agentes contaminantes podem ser *inorgânicos*, como, por exemplo, cinzas, partículas de carvão e metálicas, sais inorgânicos (cloreto de sódio, sulfato de sódio, cloreto de magnésio), ácidos, pó de cimento, pó de argila, pó de pedra calcária, areia, bentonita, fertilizantes, água etc.

Quando em solução na água, os sais minerais liberam íons e o eletrólito formado é propício para conduzir a corrente superficial.

Já o pó de cimento, argila, pedra calcária, bentonita e fertilizantes orgânicos-não são condutores, mas podem ser hidrofílicos e manter úmida a superfície do isolador. Quando a umidade é elevada, podem passar de não-condutores a condutores e criar a situação crítica de descarga superficial.

Quanto aos agentes *orgânicos*, podem ser, por exemplo, pólen, esporos de vegetais, bactérias etc. Esses agentes não são condutores, mesmo quando umidificados.

A bucha é percorrida por corrente elétrica quando em serviço. Portanto a seu redor existirá um campo magnético, que contribuirá para a fixação de partículas metálicas e de óxidos metálicos na superfície da porcelana.

Como os isoladores-suporte não são percorridos por corrente elétrica, não estão sujeitos a esse tipo de fenômeno.

5.12.2 — Processo de contaminação das buchas

Os estudos realizados para esclarecer o processo de contaminação das buchas e dos isoladores não são ainda conclusivos, isto é, não foram ainda perfeitamente estabelecidos todos os fatores que determinam a contaminação. No entanto, dois fatores têm decidida influência no processo: movimento dos ventos e depósito de umidade.

Muitas vezes, os isoladores próximos à fonte contaminadora não são efetivamente contaminados enquanto os situados a uma distância maior e em situação mais elevada sofrem contaminação intensa. O regime dos ventos é apontado como causa provável desse fenômeno.

A condensação da umidade na superfície do isolador é outro fator que contribui para a contaminação. Ela ocorre quando a temperatura do isolador atinge o ponto de orvalho, que se verifica, em geral, durante as horas frias da madrugada, justificando a ocorrência de muitas descargas em buchas em serviço nessas horas.

A umidificação das buchas e dos isoladores pela chuva e neblina favorece a aderência de partículas estranhas na superfície e mesmo na parte inferior das saias dos isoladores.

A direção dos ventos é um fator importante na contaminação das buchas e dos isoladores.

Subestações localizadas próximas de refinarias de petróleo, estradas de ferro não-eletrificadas, indústrias químicas, podem ter as buchas e os isoladores contaminados por soluções aquosas ácidas aerotransportadas.

Nas regiões em que neva, a neve depositada nos isoladores e nas buchas é fonte de problemas. As tensões de descarga externa aumentam consideravelmente antes de a neve fundir, diminuem quando a neve está em fusão e escorre, e tornam a aumentar quando toda a neve desaparece.

Um grupo de estudos do IEEE define o processo de formação da descarga externa em buchas e isoladores da seguinte maneira: "A camada superficial condutora é percorrida por uma corrente elétrica e o calor dissipado ocasiona a evaporação de uma parte da umidade, formando-se faixas secas. Em virtude de essas faixas secas terem uma resistência maior que as partes úmidas, o esforço de tensão nelas se concentra, conduzindo ocasionalmente à formação de descargas elétricas pequenas intermitentes e cintilantes (de alguns miliampères até o pico de 1 ampère). Quando a superfície é novamente umedecida, as correntes de descarga aumentam até o ponto em que se alongam e se unem, abrangendo todo o isolador, resultando finalmente um arco de elevada potência. Como as descargas se dão ao longo da superfície externa do isolador, o arco de elevada temperatura pode danificar a superfície do isolador durante a sua passagem".

5.12.3 — Aplicação de pasta de silicone na porcelana da bucha

Mesmo os melhores projetos de isoladores não evitam os efeitos da contaminação.

Com a finalidade de minimizar esses efeitos, vem sendo, desde o ano de 1953, aplicada uma pasta isolante sobre a superfície de porcelana da bucha.

Na Europa, o uso de geléia de petróleo (petrolato) é muito difundido.

Na América do Norte, usa-se a pasta de silicone. No Brasil também ela é utilizada.

A pasta de silicone é composta de uma mistura de óleo de silicone com pó de sílica. A mistura é comumente chamada de silicone.

Os petrolatos ou geléias de petróleo são formados por uma mistura de óleos hidrocarbônicos e cera mineral.

Segundo a ASTM, óleo de silicone é o "termo genérico de uma família de polímeros de organossiloxane, relativamente líquidos, inertes usados como isolantes elétricos".

A pasta de silicone mantém sua viscosidade entre 50 °C e 200 °C e repele a água.

As partículas estranhas que atingem as camadas de pasta de silicone são, aos poucos, encapsuladas pela mesma, que evita a formação de uma camada condutora pelos agentes contaminantes.

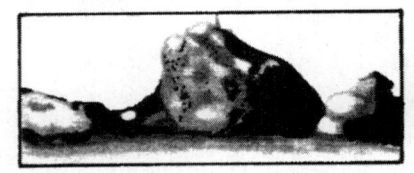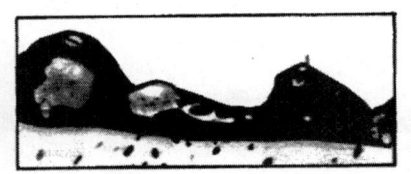

Figura 5.14 — Seqüência do envolvimento de partículas estranhas pela pasta de silicone (os desenhos reproduzem fotografias tiradas no laboratório da Dow Corning Co.)

A superfície do isolador de porcelana da bucha deve estar perfeitamente limpa e seca para nela poder ser aplicada a pasta de silicone. A espessura da camada de silicone depende da espécie de contaminante. Um contaminante não-absorvente, por exemplo, partículas metálicas, exige uma camada menos espessa que um contaminante absorvente do tipo fertilizante. É considerada ótima a espessura de 1,5 mm, no entanto pode ser necessária uma espessura de até 4,5 mm.

Quando a camada de silicone estiver saturada de contaminante, a melhor providência é substituí-la, em vez de colocar nova camada sobre a mesma.

Os danos que o arco de elevada energia pode causar à porcelana de bucha reduzem-se bastante quando sua superfície estiver recoberta de uma camada de silicone. O produto final da decomposição do silicone pelo arco elétrico é o silício, que não é condutor. Já o resíduo final do petrolato sob a ação do arco elétrico é o carbono, que, quando contaminado, pode ter sua resistência elétrica diminuída.

5.12.4 — Aplicação do silicone

A aplicação do silicone na superfície do isolador da bucha desenergizada pode ser feita com a mão protegida por luva de borracha, com escova, com espátula, ou com equipamento de borrifamento. Este último método pode também ser utilizado para aplicar o silicone em buchas energizadas, com equipamento adequado.

A camada de silicone que se obtém quando aplicada pelo método de borrifamento é mais uniforme e, por isso, é recomendado.

É muito difícil prever-se os intervalos de tempo para a substituição da camada de silicone, porque eles dependem de muitos fatores. Entre eles o tipo de contaminante, a intensidade da contaminação, as condições ambientais, têm grande influência. A melhor maneira de estabelecê-los é com o auxílio da observação e da experiência. Períodos de duração entre um mês e cinco anos têm sido observados. No entanto, muitas empresas substituem a camada de silicone anualmente, indiferentes à espécie de poluição e ao processo de aplicação utilizado.

A camada de silicone vai perdendo sua repelência à água pela ação dos raios ultravioleta , corona, erosão provocada pela água e contaminantes.

Até a época atual, o método que se utiliza para verificar as condições do silicone na bucha é o de esfregar o dedo sobre a mesma estando a bucha desenergizada. Desse modo é possível verificar a dureza da camada e o estado da superfície do isolador.

O silicone oferece maior facilidade de aplicação que o petrolato e seu custo é maior, porém sua aplicação e sua remoção são mais baratas.

O silicone tem uma ação de encapsulamento do agente contaminante mais rápida que o petrolato.

Quantidade de pasta de silicone necessária para recobrir a porcelana de buchas com uma camada de 1,5 mm de espessura, de acordo com a Ohio Brass Co., Mainsfield, Ohio.

Tipo de bucha	Superfície a recobrir (cm²)	Quantidade necessária de silicone (g)
Bucha 69 kV	8 454	1 361
Bucha 138 kV	19 881	3 175
Bucha 230 kV	33 391	7 258

5.12.5 — Remoção do silicone

O silicone pode ser removido da bucha desenergizada com um pano embebido em solvente ou com jato de abrasivo de dureza menor que a da camada vitrificada da porcelana. Com essa finalidade tem sido usado o sabugo de milho moído. Este método pode ser empregado em buchas energizadas, desde que completamente secas.

O silicone endurece com o passar do tempo. Não se deve deixar que endureça demasiadamente pois sua remoção será, então, difícil e trabalhosa.

5.12.6 — Efeito corona em buchas

De acordo com a ABNT (TB-19-05-021-010), corona é o "fenômeno associado à ionização parcial do ar, em torno de linhas e equipamentos elétricos funcionando sob tensões muito elevadas".

Segundo a ASA Standard 42, "corona é uma descarga luminosa devida à ionização do ar que envolve ou circunda um condutor, ao redor do qual existe um gradiente de tensão que excede determinado valor crítico".

O efeito corona pode-se manifestar nas buchas de três formas:

• Corona visual, que aparece na superfície do isolador sob a forma de uma coloração violácea cintilante.

• Corona audível, que se manifesta na forma de um som crepitante (de fritação ou chiado). Como a descarga elétrica do tipo corona é geralmente acompanhada da formação de ozona, que tem cheiro característico, o corona audível, não sendo visível, pode ser identificado pelo som e pelo cheiro de ozona.

• Corona de rádio e TV interferência que, acredita-se, seja devido a campos elétricos e magnéticos criados pelo movimento de elétrons e íons durante a descarga corona.

A distorsão do campo, devida a uma umidificação incompleta da camada contaminante, tem sido também considerada causa desse tipo de corona.

O aparecimento de corona na bucha é, em geral, indicação de descarga disruptiva superficial externa em vias de se formar e, por isso, a bucha deve ser freqüentemente testada e vigiada.

5.12.7 — Efeitos corrosivos nas buchas

As partes metálicas da bucha podem sofrer corrosão por agentes poluentes ou por eletrólise causada por correntes de fuga, principalmente se as correntes forem do tipo contínua.

A proteção das partes metálicas com tinta adequada (*glytal* ou similar) poderá reduzir os efeitos corrosivos.

5.13 — MANUTENÇÃO DE BUCHAS

A manutenção de buchas compreende: inspeção, limpeza, testes, reparos no local e substituição.

5.13.1 — Inspeção

Durante a inspeção, verificar:

• Efeito corona — O efeito corona pode ser do tipo ruidoso ou audível e, quando existente, denuncia uma possível condição de evolução para uma descarga disruptiva. Corona visual é facilmente identificável. A bucha deverá ser submetida à limpeza e testes de fator de potência e capacitância.

• Nível do óleo — Se o nível do óleo estiver abaixo do normal na temperatura da bucha e não se notar vazamento na parte exposta ao tempo, é provável que o vazamento esteja ocorrendo na parte que está no interior do tanque. Um abaixamento gradual do nível do óleo indica que a bucha deve ser substituída.

• Vazamento de óleo visível — O vazamento deve ser eliminado porque pode entrar umidade na bucha pelo local de vazamento, com graves conseqüências. Se não puder ser eliminado com a bucha instalada no transformador, ela deve ser substituída no menor espaço de tempo possível.

• A existência de partes lascadas, ásperas, depósitos de contaminantes e rachaduras na porcelana.

• As condições das gaxetas — As gaxetas são submetidas a aquecimento e atacadas pela ozona produzida por corona, que causa sua deterioração.

• A existência de corrosão nas partes metálicas.

• Nas buchas com camada de silicone, a existência de pontos brancos.

• As condições das conexões com os. condutores do barramento.

• As condições da massa de cimento que une a porcelana às partes metálicas da bucha.

• As condições da tampa do compartimento de derivação da bucha. O fechamento inadequado redunda na penetração de água. O compartimento deve ter óleo isolante ou petrolato até o nível especificado pelo fabricante.

• Nos transformadores com colchão de gás, o nível de óleo deve ser verificado para constatar se a extremidade inferior da bucha está mergulhada no óleo até a altura mínima recomendada pelo fabricante.

5.13.2 — Limpeza da bucha

5.13.2.1 — Bucha desenergizada — Limpeza manual

Os contaminantes depositados na porcelana da bucha podem ser removidos com um pano umedecido em benzina, varsol ou amoníaco, dependendo de sua solubilidade a qualquer um desses líquidos.

Se o depósito não puder ser removido com esses agentes, a plicação de uma solução de ácido clorídrico (muriático), com uma concentração de 1 parte do ácido para 40 partes de água em volume, pode dar resultado. A mistura deverá ser feita em vaso de vidro, plástico ou porcelana.

As seguintes precauções devem ser tomadas quando da manipulação do ácido:

• Usar luvas e avental de borracha ou plástico, óculos protetores e capacete.

• Proteger as partes cimentadas, metálicas e de material isolante, de tal forma a evitar seu contato com a solução ácida.

• Aplicar a solução ácida na porcelana com um pedaço de pano.

• Após a realização da limpeza, lavar a superfície da porcelana com uma solução de bicarbonato e sódio que tenha uma concentração de 30 g por litro de água, que neutralizará o ácido.

• Em seguida, lavar a porcelana com água limpa para remover o excesso de solução de bicarbonato e qualquer resíduo existente, e secá-la completamente.

Há contaminantes que podem ser facilmente removidos da porcelana da bucha com jato de água. Este tipo de limpeza exige disponibilidade abundante de água sob pressão e bocal adequado.

A remoção de contaminantes da superfície da porcelana da bucha também pode ser feita com jato de ar e material não-abrasivo. Este método é usado quando a camada de contaminante é insolúvel na água, como, por exemplo, pó de cimento, óxidos metálicos, ácidos, partículas de névoa seca, camada salina, entre outros.

Nos Estados Unidos, é comum o uso de sabugo de milho moído com essa finalidade.

5.13.2.2 — Limpeza de bucha energizada

A limpeza de bucha energizada pode ser feita ou por lavação com borrifamento de água desmineralizada ou por jato de ar com material abrasivo não-condutor. Este último método só pode ser utilizado com tempo seco.

A lavação com água é feita com equipamento adequado e por pessoal treinado. A água deve ter uma resistividade de 2 450 ohms/cm^3 ou maior.

O espaço de tempo entre cada lavação depende das circunstâncias que envolvem cada instalação e é estabelecido com base na observação e na experiência.

5.13.2.3 — Correntes de fuga pelo jato de água

Segundo John K. Whitehaire (IEEE Conference, Guatemala, outubro de 1980), os valores das correntes de fuga em função da distância do jato e a tensão são os seguintes:

A. Água com 1 600 ohms/cm^3 de resistividade			
Comprimento do jato (m)	Tensão (kV)		
	80	180	250
	Corrente de fuga (microampères)		
1,52	41	130	—
2,13	19	85	112
3,05	3	15	25
B. Água destilada com 29 000 ohms/cm^3 de resistividade			
1,52	1,6	1,6	—
2,13	0,6	2,7	4,9
3,05	0,45	1,0	5,0

De acordo com o mesmo autor, são as seguintes as recomendações para lavar isoladores de linhas energizadas.

a) *Resistividade da água*

A água deve ter uma resistividade *mínima* de 2 540 ohms/cm^3. Sua resistividade diminui com o aumento da temperatura.

Temperatura (°C)	Resistividade (ohms/cm³)
13	2 540
20,5	2 286
23,0	2 083

Portanto, é necessário que o equipamento de lavar isoladores energizados tenha um medidor da resistividade da água.

b) *Pressão da água*

A pressão ótima da água no bocal é de 3 800 kPa (38 kg/cm^2).

c) *Diâmetros dos orifícios do bocal*

O orifício do bocal de lançar água pode ter os diâmetros de 4,8; 6,3; e 7,8 mm.

d) *Distância mínima entre o bocal e o isolador*

Para lavar isoladores energizados, devem ser observadas as seguintes *distâncias mínimas*:

Tensão (kV)	Distância mínima (m)
0-69	3
70-220	4
221-765	6

5.13.2.4 — Segurança do trabalho

C. W. Grose, da Power Authority of the State of New York, oferece as seguintes recomendações de segurança:

• O equipamento de lavar (bombear etc.) e as naceles de elevação dos operadores devem estar efetivamente aterrados.

• A mangueira de água deve ficar pendurada nas naceles e não apoiada sobre a viga isolada do braço do sistema elevador.

• O bocal e a respectiva mangueira devem estar conectados, por um condutor flexível, com as placas condutoras e a blindagem anticorona das naceles.

• Os operadores, nas naceles, devem usar sapatos com solado apropriado para trabalhos em linha viva.

• Os membros da equipe de lavação não devem tocar no equipamento bombeador de água e/ou no caminhão enquanto estiverem sendo realizados os trabalhos.

• A corrente de fuga da viga isolada do sistema elevador do caminhão deve ser medida diariamente. Seu valor deve estar de acordo com as recomendações do fabricante.

• O trabalho deverá ser realizado por dois operadores, um em cada nacele: um opera o bocal de lavar e o outro movimenta as naceles quando necessário.

• A lavação deverá começar pela parte da bucha ligada ao barramento e prosseguir em direção ao flange que a prende ao tanque do transformador.

Efetividade da lavação com água

Contaminante	Efetividade (%)
Indústria petrolífera	80
Água salgada	85
Indústria manufatureira	90
Terra	95
Pó	97
Pó de cimento	0

Figura 5.15 — Equipamento de lavar isoladores com o operador no solo

Figura 5.16 — Equipamento de lavar isoladores com o operador em nacele

Figura 5.17 — Limpeza a seco de isolador energizado

Figura 5.18 — Limpeza de isolador energizado com jato de água

Figura 5.19 — Aplicação de silicone em isolador energizado: A — balde de pasta de silicone; B — haste de borrifar; C — caixa das hastes; D — prolongamento da haste; E — bomba pneumática; F e G — mangueiras (A.B. Chance Co., Centralia, EUA)

Três tipos de equipamentos têm sido utilizados para lavar buchas e isoladores de subestações: de operação manual, de controle remoto e fixo.

5.13.2.5 — Equipamento de operação manual

O equipamento de operação manual é formado por um caminhão-tanque com bomba de alta pressão. (Fig. 5.15)

O tanque é de aço inoxidável, alumínio ou epóxi com fibra de vidro, e tem de 1 500 a 3 000 litros de capacidade.

O bocal de jato é ligado a uma mangueira de 20 a 25 mm de diâmetro, sendo a pressão de saída da água de cerca de 20 MPa (200 kg/cm^2). O operador fica no solo ou acima do solo, numa nacele elevada por um braço mecânico isolado. (Fig. 5.16)

A lavação de buchas e isoladores energizados deve ser feita por pessoal treinado e com equipamento adequado.

A corrente de fuga pelo jato de água não deve ultrapassar o limite de segurança (um miliampère no máximo). Ela é influenciada pela distância entre o bocal e o condutor, pela resistividade da água, pela pressão da água e pelo diâmetro do orifício do bocal.

Durante a lavação deve haver o máximo de segurança para que, no caso de descarga disruptiva acidental, o operador não seja atingido.

5.13.2.6 — Equipamento de controle remoto

Este equipamento consiste em um caminhão-tanque com braço mecânico, isolado, em cuja extremidade está o bocal de lançar água. O braço e o bocal são movimentados por controle remoto instalado no caminhão. Este tipo de equipamento tem sido empregado para lavar isoladores energizados.

5.13.2.7 — Equipamento fixo

Este tipo de equipamento é usado em subestações cuja contaminação dos isoladores exige uma lavação periódica e sistemática. Consiste em uma instalação fixa, na qual a tubulação e os bocais são presos à estrutura da subestação. A tubulação é ligada à fonte de abastecimento de água e a simples manobra de um registro permite uma lavação completa dos isoladores da subestação. A pressão da água é baixa, de 350 a 700 kPa (3,5 a 7,0 kgf/cm²).

Para a utilização deste método devem ser considerados os fatores locais que influenciam o processo, entre eles, direção do vento, severidade da contaminação, resistividade da água.

5.13.2.8 — Limpeza de buchas e isoladores a seco

A utilização de jato de ar com pó seco para remover poluentes de isoladores tem sido feita com sucesso porque não os danifica, é eficaz e econômica.

O jato de ar com pó de sabugo de milho moído é usado comumente por empresas norte-americanas para remover camada de silicone e de substâncias poluentes pouco duras.

O pó de pedra calcária (dureza n.º 4 na escala Rockwell) é também usado para limpar a superfície de porcelana vitrificada (dureza n.º 6 na mesma escala).

Este método pode ser empregado para limpar buchas e isoladores energizados em tempo seco, pois o pó de pedra calcária não é condutor. O resto de pó que fica no isolador após a limpeza é facilmente removido pela água da chuva sem nenhum inconveniente.

5.13.2.9 — Buchas de reserva

As buchas de reserva servem para substituir as que não tiverem mais condições de permanecer em serviço. Devem ser observadas as seguintes condições para as buchas de reserva:

• Serem para a mesma tensão e corrente das buchas em serviço que devam substituir.
• O comprimento da parte da bucha que fica dentro do tanque deve permitir que, quando instalada no transformador, possam ser observados os espaçamentos indicados pelo fabricante e que fique mergulhada no óleo até o limite especificado pelo mesmo.
• As dimensões e a furação do flange não devem impedir sua instalação no transformador.
• Seu armazenamento deve ser feito como sugere o fabricante e estabelecido pela empresa proprietária da mesma.
• Seu fator de potência e sua capacitância devem ser medidos e registrados nos intervalos de tempo estabelecidos, pois as buchas de reserva devem estar sempre em condições de entrar em serviço.

As buchas de reserva devem ser armazenadas em lugar seco, cuja temperatura esteja sempre acima da do ambiente e ao abrigo de qualquer contaminante.

Capítulo 6 — Isolação sólida. Efeito da umidade, da temperatura e da acidez sobre o envelhecimento

6.1 — ISOLAÇÃO SÓLIDA

A maior parte da isolação sólida dos transformadores é constituída de papel e, portanto, de natureza celulósica.

Os principais tipos de materiais celulósicos empregados na isolação dos transformadores são:

Papel kraft — feito de fibra de madeira
Papel manilha — feito de fibras de madeira e cânhamo
Papelão kraft — feito de fibra de madeira
Pressboard — feito de papelão com fibra de algodão

Esses materiais têm elevada resistência de isolamento quando secos (de 0,5% a 1% de umidade) e são altamente higroscópicos.

Seu fator de potência aumenta de modo mais acentuado do que, proporcionalmente, o seu teor de umidade.

6.2 — EFEITO DA UMIDADE

A umidade é um dos maiores inimigos da isolação de papel.

A isolação úmida tem sua resistência mecânica diminuída e suas propriedades dielétricas, prejudicadas.

O fator de potência do papel aumenta de acordo com seu teor de umidade (Fig. 6.2).

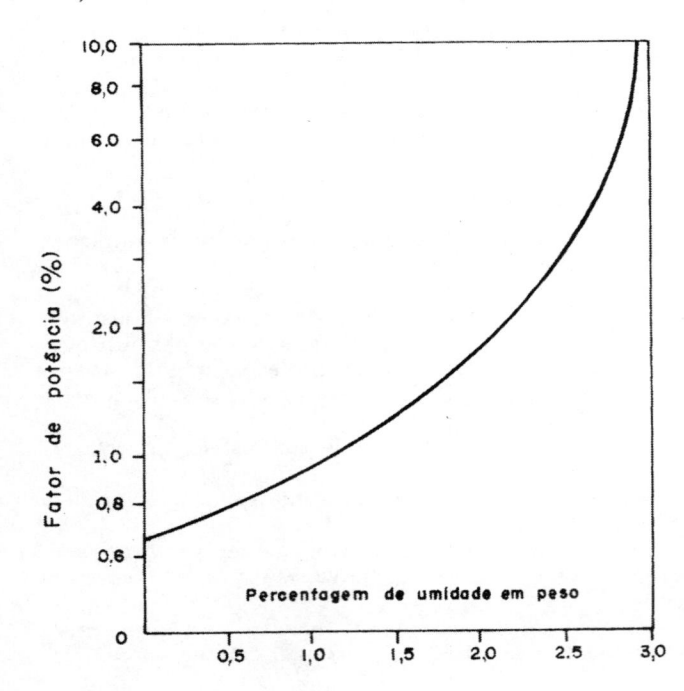

Figura 6.2 — Variação do fator de potência do papelão isolante em função de seu teor de umidade (W.L. Teague McWhinter — Dielectric Measurements on Transformer Oil. (AIEE) IEEE, Paper 52-159, outubro de 1952)

6.3 — GRÁFICO DE PIPER

Da mesma forma, se a isolação sólida estiver mergulhada em uma atmosfera gasosa, haverá a passagem da umidade do gás para o papel, ou vice-versa, até ser atingido um estado de equilíbrio.

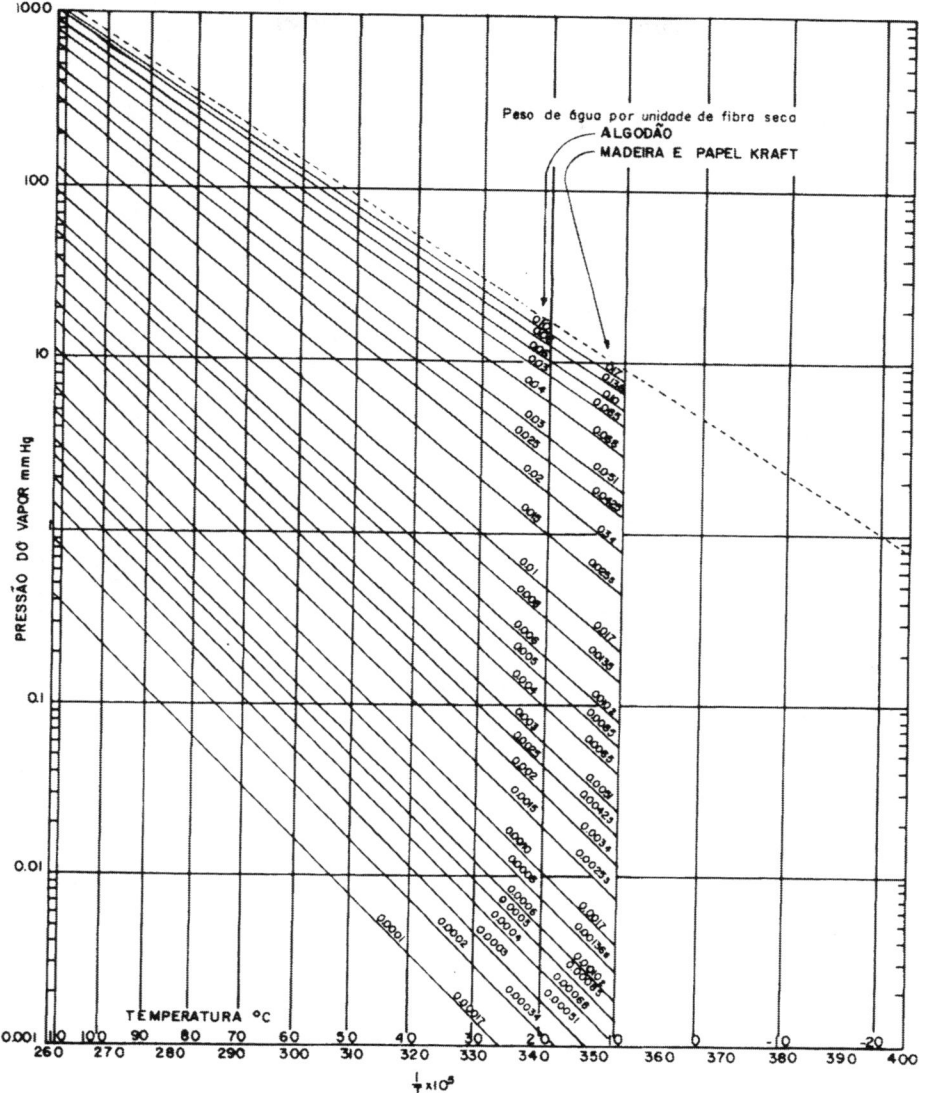

Figura 6.1 — Gráfico de Piper (John D. Piper — Moisture Equilibrium Between Gas Space and Fibrous Materials in Enclosed-Electric Equipment. AIEE Trans., vol. 65, Paper 46-160, dezembro de 1965)

Observa-se no gráfico de Piper que, para uma pressão constante do vapor-água, quanto mais alta a temperatura, menor é a porcentagem de umidade do material fibroso e que seu teor de umidade crescerá com o aumento da pressão do vapor.

A eliminação da água da isolação é essencial para manter suas propriedades dielétricas em condições adequadas de isolamento e sua resistência mecânica.

A porcentagem de umidade necessária para afetar o fator de potência do papel é, muitas vezes, maior que a necessária para afetar o do óleo.

A molécula da celulose é complexa e sua fórmula geral é $(C_6H_{12}O_5)_n$. Uma cadeia celulósica típica tem a seguinte disposição:

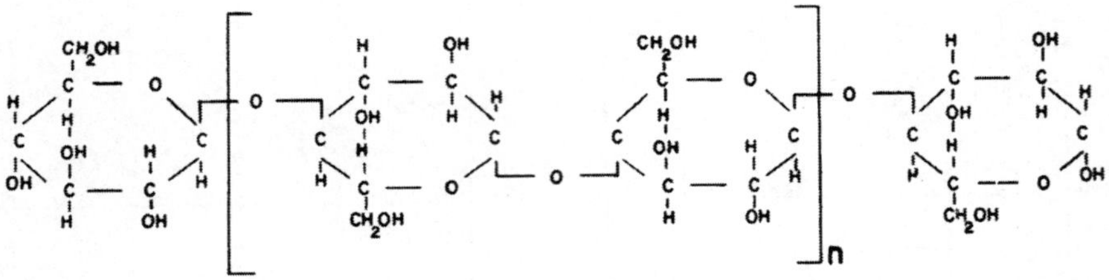

Figura 6.3 — Fórmula estrutural da celulose

O papel kraft é muito poroso, estimando-se que contenha de 80% a 95% ue ar. Ele absorve cerca de 10% do volume do óleo colocado no transformador.

A fórmula empírica seguinte permite determinar o peso aproximado de papel kraft de um transformador:

$$\text{peso do papel (kg)} = 0{,}136 \times \text{kVA}$$

O papel isolante utilizado em transformadores é, depois de seco, impregnado de verniz ou resina isolantes e posteriormente de óleo isolante. Sua impregnação com verniz ou resina não impede, mas retarda a penetração de água.

O verniz que contém solvente volátil pode dar origem à formação de cavidades na massa isolante, nas quais há a possibilidade de se formarem descargas parciais.

A medição do fator de potência da isolação com tensões elevadas permite a avaliação da extensão das descargas parciais na isolação.

A impregnação do papel com resinas, que não contêm solventes voláteis, dificulta a formação de cavidades.

Por serem, o papel e o papelão isolantes, muito higroscópicos, são secadores muito eficazes do ar e do óleo isolante.

A celulose seca, quando mergulhada em óleo, contendo umidade, absorve-a. A absorção da umidade se dá até o ponto em que é atingido um estado de equilíbrio.

Na situação inversa, isto é, o papel úmido mergulhado a óleo seco, a água passa do papel para o óleo (Fig. 6.4).

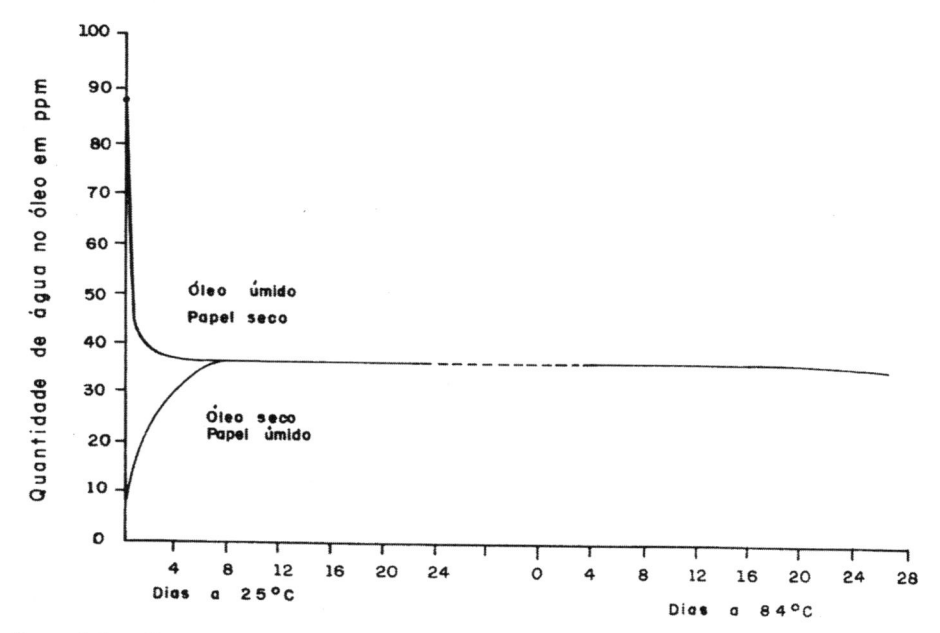

Figura 6.4 — *Característica do equilíbrio da umidade entre o óleo mineral isolante e a isolação celulósica impregnada (F.M. Clark — Water Solution in High Voltage Dielectric Liquids. (AIEE) IEEE Transa., vol. 59, Paper 10-77, agosto de 1940)*

Com efeito, enquanto com 15 ppm de água no óleo o fator de potência é de cerca de 0,8%, a quantidade de água no papelão é de aproximadamente 10 000 ppm para o mesmo fator de potência.

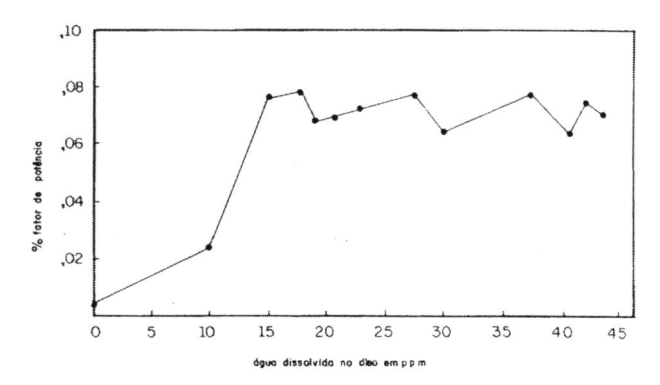

Figura 6.5 — *Efeito da umidade dissolvida sobre o fator de potência (60 Hz) do óleo mineral isolante a 25 °C (F.M. Clark — Water Solution in Dielectric Liquids. AIEE Trans., vol. 59, Paper 40-77, agosto de 1940)*

O papel isolante imerso em óleo e aquecido por tempo prolongado fica com sua resistência mecânica muito reduzida.

A resistência mecânica da isolação diminui mais rapidamente que a sua resistência de isolamento, podendo enfraquecer-se a ponto de não poder mais resistir aos esforços de curto-circuitos e surtos de tensão.

As pesquisas de Clark revelaram que pequenas quantidades de água na isolação provocam considerável redução de sua resistência mecânica.

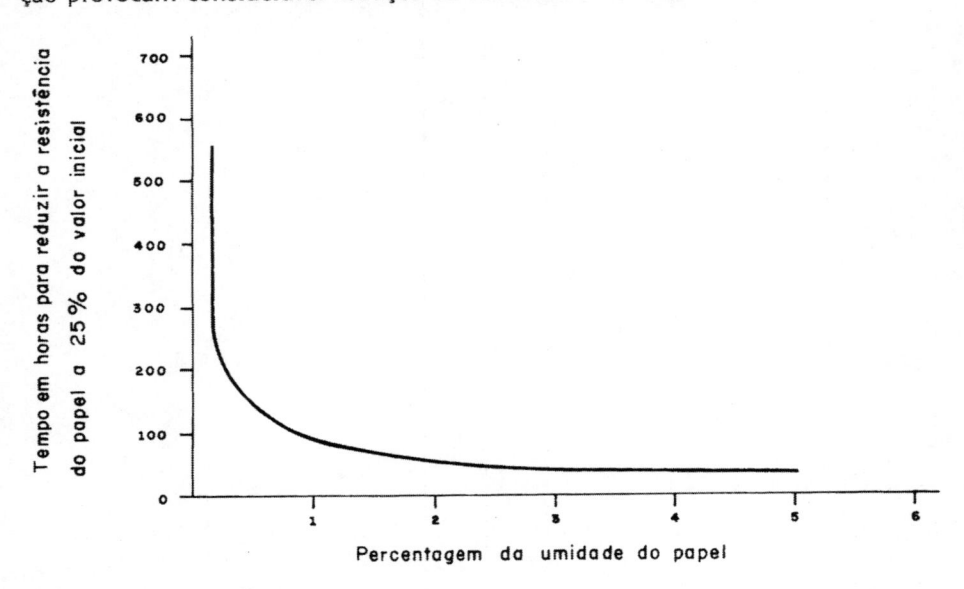

Percentagem da umidade do papel

Figura 6.6 — Efeito da umidade sobre o envelhecimento do papel manilha (0,076 mm) com redução de sua resistência à tração a 25% de seu valor original (M.F. Beavers — Distributing Transformers Surpass ASA. Guides and Lockie, IEEE Tutorial Course, 1976)

6.4 — ACIDEZ DO ÓLEO E RESISTÊNCIA MECÂNICA DO PAPEL

A resistência mecânica do papel diminui na medida em que aumenta a acidez do óleo (Fig. 6.7).

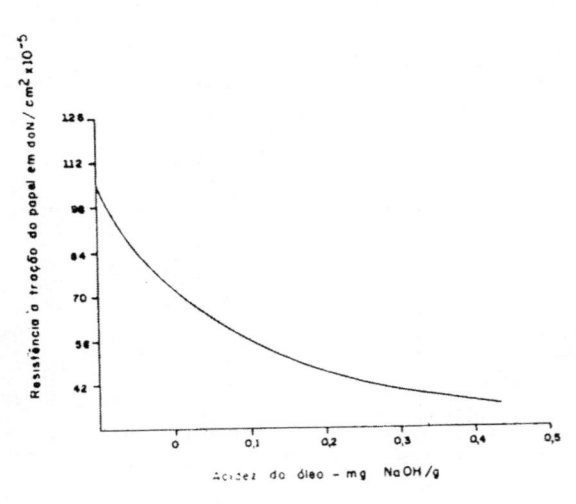

Acidez do óleo - mg NaOH/g

Figura 6.7 — Relação entre a resistência à tração do papel manilha (0,076 mm) secado em vácuo e impregnado de óleo e a acidez. A acidez do óleo desenvolveu-se por oxidação em recipientes abertos e em contato com o ar livre a 100 °C (F.M. Clark — Insulating Materials for Design and Engineering Practice, 1962)

6.5 — RESISTÊNCIA MECÂNICA, TEOR DE UMIDADE E ENVELHECIMENTO DO PAPEL ISOLANTE

A resistência mecânica do papel isolante diminuirá tanto mais rapidamente quanto maior for seu teor de água. (Fig. 6.8).

A diminuição da resistência mecânica da isolação tem sido indicada para medir seu tempo de envelhecimento.

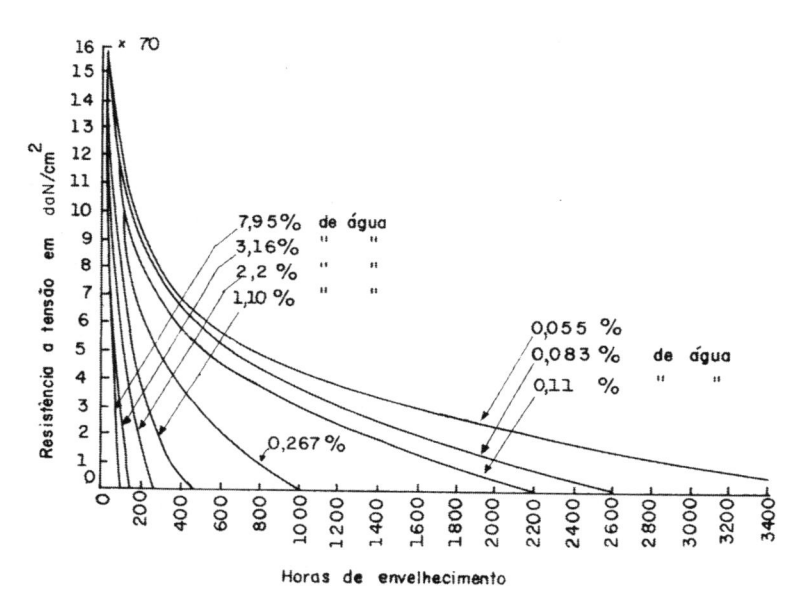

Figura 6.8 — Variação da resistência mecânica do papel isolante em função da umidade e do tempo de envelhecimento

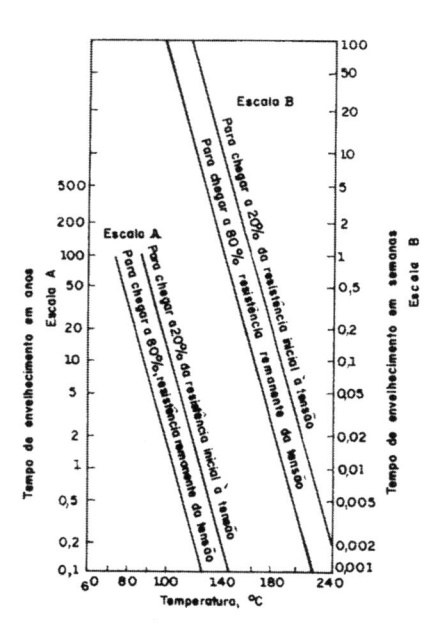

Figura 6.9 — Variação da resistência mecânica do papel isolante em função do tempo de envelhecimento e da temperatura

6.6 — FATOR DE POTÊNCIA E RESISTÊNCIA À PERFURAÇÃO POR IMPULSO

A resistência à perfuração por impulso do papelão isolante diminui conforme aumenta seu fator de potência. (Fig. 6.10).

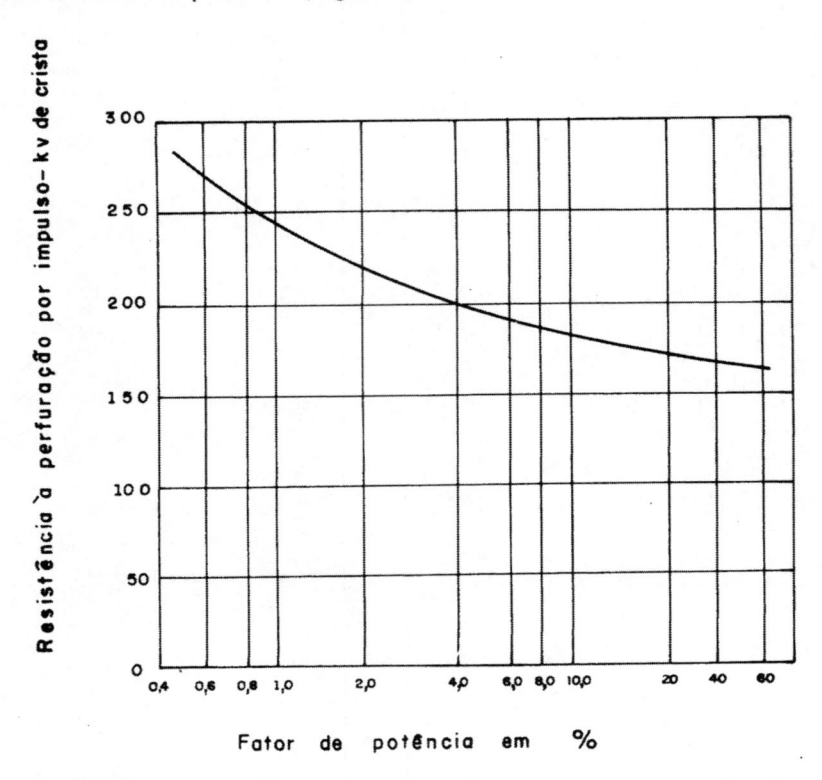

Figura 6.10 — Resistência à perfuração por impulso de papelão pressboard impregnado de óleo (W. L. Teague e J. H. McWhirter — Dielectric Measurement on New Power Transformer Insulation. AIEE, Paper 52-159, outubro de 1952)

6.7 — ENVELHECIMENTO DA ISOLAÇÃO OU PERDA DE VIDA EM FUNÇÃO DA TEMPERATURA

Temperatura (°C)	Tempo necessário para consumir 1% da vida da isolação, se o ponto final da vida for uma perda de resistência mecânica à tensão de		De acordo com ASA C57.92-840, Fig. 92-840
	80%	20%	
95	2 620	308	
99	1 400	168	240
104	610	85,6	96
109	340	47	48
115	202	27	24
119	143	18,5	16
124	67	12	10
134	20	3,2	4
142	10,4	1,4	2
150	5	0,5	1
175	4,2	0,06	1

Bean *et ali* — Transformadores para la Industria Eléctrica (Tabla 9-1). Compañía Editorial Continental S.A., México.

Conclui-se, portanto, que o tempo de envelhecimento da isolação dos transformadores é uma função inversa do teor de umidade e da temperatura da mesma.

6.8 — TEMPERATURA DE SERVIÇO E VIDA ESPERADA

A Fig. 6.11 ilustra a relação entre a temperatura de serviço e a vida esperada da isolação sólida dos transformadores.

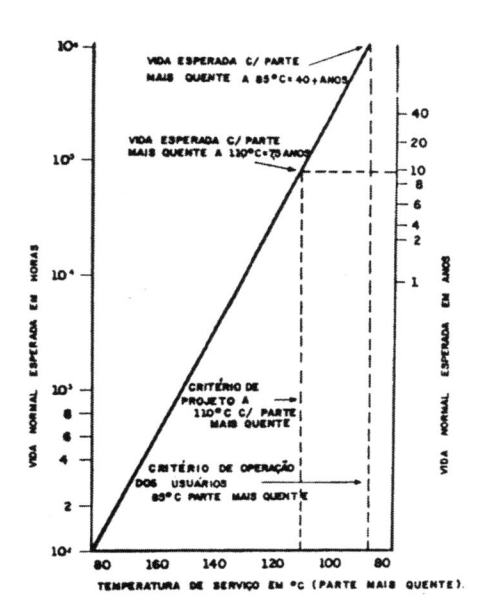

Figura 6.11 — Vida da isolação dos enrolamentos do transformador em função da temperatura (S.D. Myers et al. — A Guide to Transformer Maintenance)

Capítulo 7 — Óleo mineral isolante

PROPRIEDADES FÍSICAS E ELÉTRICAS, COMPONENTES E ESTABILIDADE. ÓLEOS PARAFÍNICOS E NAFTÊNICOS, COMPOSIÇÃO E MISTURA. RESOLUÇÃO N.º 672-CNP. NORMA CNP-16. CARACTERÍSTICAS E VALORES-LIMITES EM SERVIÇO.

O óleo mineral isolante utilizado em aparelhos elétricos, como transformadores, reatores, disjuntores, religadores etc., é extraído do petróleo.

7.1 — PROPRIEDADES FÍSICAS

Cor
O óleo novo tem uma cor amarelo-pálida e é transparente. A cor muda e escurece na medida em que o óleo se vai deteriorando.

Ponto de fulgor
É a menor temperatura na qual se formam vapores inflamáveis na superfície do óleo e são identificados pela formação de um lampejo quando em presença de uma chama.

Os gases inflamáveis são perigosos, razão pela qual é importante conhecer-se a temperatura em que se formam.

Ponto de fluidez
É a temperatura mais baixa na qual o óleo, em condições perfeitamente estabelecidas, escoa.

A contaminação e a deterioração do óleo não têm, praticamente, influênica sobre seu ponto de fluidez.

Sua determinação contribui para a identificação de tipos de óleo (parafínico, naftênico) e permite concluir em que espécie de aparelhos e em que condições pode ser utilizado. O óleo deve ter um ponto de fluidez compatível com a temperatura do ambiente em que for instalado o transformador.

Densidade
A densidade do óleo está, normalmente, em torno de 0,9 °C a 15 °C.

Viscosidade
Viscosidade é a resistência que o óleo oferece ao escoamento contínuo sem turbulência, inércia ou outras forças.

A quantidade de calor que o óleo é capaz de transferir, por hora, do transformador para o meio ambiente depende da viscosidade.

Ponto de anilina
Ponto de anilina é a temperatura em que há a separação da anilina de uma mistura de anilina e óleo.

O ponto de anilina está de certa forma relacionado com a propriedade de dissolver materiais com os quais entra em contato e com seu conteúdo aromático.

Tensão interfacial
Na superfície de separação entre o óleo e a água forma-se uma força de atração entre as moléculas dos dois líquidos que é chamada de tensão interfacial, sendo medida em dina/cm.

Uma diminuição da tensão interfacial indica, com bastante antecedência em relação a outros métodos, o início da deterioração do óleo.

7.2 — SOLUBILIDADE DA ÁGUA NO ÓLEO

A água pode existir no óleo sob a forma dissolvida, não dissolvida (em suspensão) ou livre (depositada).

A quantidade de água em solução no óleo depende da temperatura e do grau de refino.

Quanto mais alta a temperatura, tanto maior a quantidade de água dissolvida no óleo; e quanto mais bem refinado for o óleo, tanto menor será a solubilidade da água.

Assim, por exemplo, um óleo altamente refinado terá uma quantidade de água de 120 ppm a 50 °C. Se a temperatura baixar para 30 °C, a quantidade de água que ficará em solução será de 60 ppm. As excedentes 60 ppm passarão para a forma de água não-dissolvida, que poderá ficar em suspensão no óleo, sob a forma de névoa. Por outro lado, a solubilidade da água no óleo é aumentada na medida em que o óleo for se deteriorando, isto é, sofrer oxidação, havendo, antes de sua dissolução, sua emulsificação (Fig. 7.1).

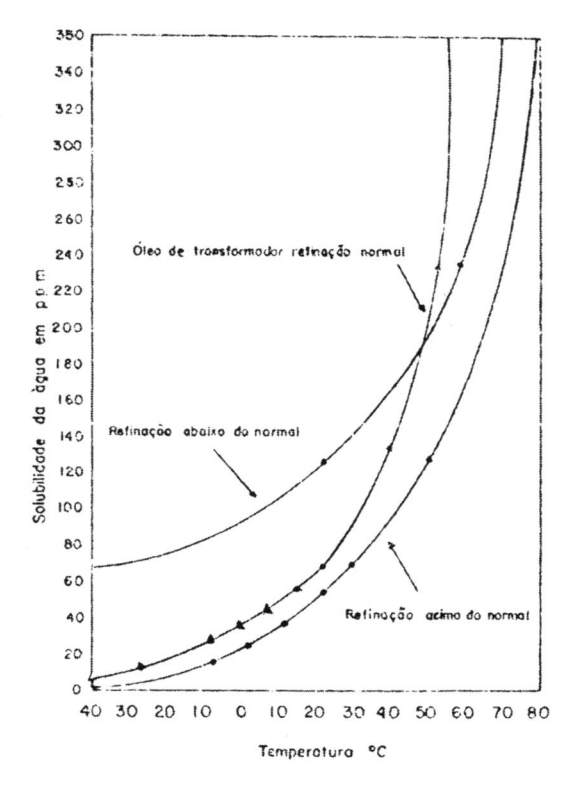

Figura 7.1 — Solubilidade da água em óleo mineral de transformador e o efeito do tratamento de refinação (F.M. Clark — Water Solution in High Voltage Dielectric Liquids. AIEE Trans., vol. 59, agosto de 1959)

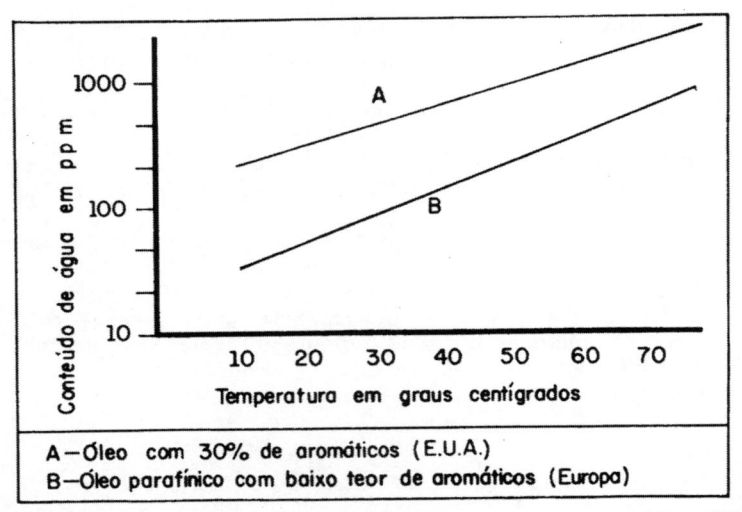

Figura 7.2 — Solubilidade da água no óleo isolante conforme o teor de aromáticos (R.W. Sillars — Electrical Insulating Materials and Their Applications, p. 214, 1973)

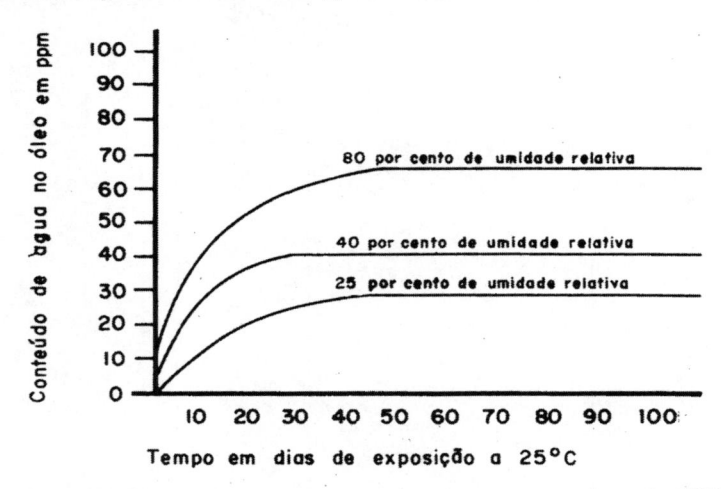

Figura 7.3 — Absorção da água do ar úmido pelo óleo mineral de transformador (F.M. Clark — Water — Solution in High Voltage Dielectric Liquids. AIEE Trans., vol. 59, agosto de 1940)

7.3 — ABSORÇÃO DA ÁGUA DO AR ÚMIDO PELO ÓLEO MINERAL DE TRANSFORMADOR (Fig. 7.3)

Volume de óleo	7 500 cm³
Superfície da área exposta	375 cm²
Camada do líquido	20 cm
Temperatura de exposição	25 °C

7.4 — SOLUBILIDADE DO AR NO ÓLEO MINERAL ISOLANTE

O ar atmosférico pode-se dissolver no óleo mineral isolante na proporção de 10% aproximadamente, em volume a 25 °C e 101 kPa de pressão.

Um aumento da temperatura do óleo ou de pressão do ar aumentará a quantidade de mistura gasosa que o óleo pode manter em solução.

Os gases do ar dissolvem-se no óleo nas seguintes percentagens, aproximadas: nitrogênio, 71%; oxigênio, 28%; e outros gases 1%.

7.5 — PROPRIEDADES ELÉTRICAS

7.5.1 — Rigidez dielétrica

É a tensão alternada na qual ocorre a descarga disruptiva na camada de óleo situada entre dois eletrodos e em condições perfeitamente determinadas. Definição ABNT TB-19-1:"6.7.6 Rigidez dielétrica — propriedade de um dielétrico de se opor a uma descarga disruptiva medida pelo gradiente de potencial sob o qual se produz essa descarga".

É muito utilizado o método D877 da ASTM e seu equivalente brasileiro Método dos Eletrodos de Disco (PMB 330 — ABNT-IBP). Neste método, o óleo é colocado entre eletrodos em forma de disco.

O método ASTM *D*1816 VDE é mais sensível e é recomendado para testar óleo de aparelhos com tensões de 230 kV ou maiores. Este método dá melhores resultados que o dos eletrodos de disco e, por isso, está-se tornando o preferido. O assunto está sendo revisado pela ASTM. A rigidez dielétrica do óleo é pouco afetada pela água nele dissolvida.

Assim, por exemplo, um óleo, que tenha uma quantidade de água dissolvida de 120 ppm a 75 °C, tem sua rigidez dielétrica diminuída 26,5% (Fig. 7.4).

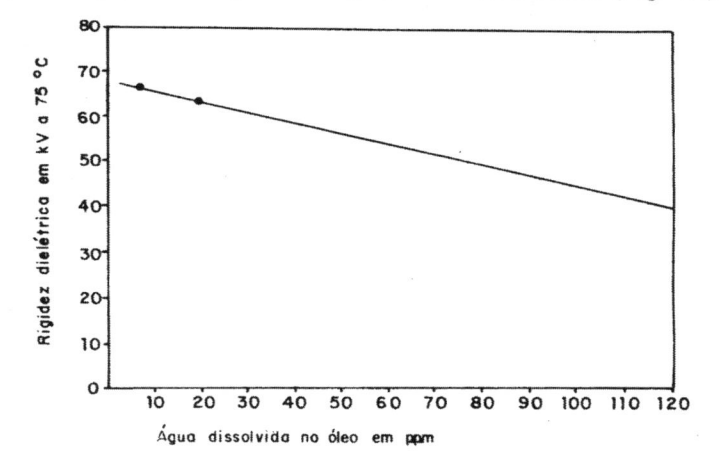

Figura 7.4 — Influência da água sobre a rigidez dielétrica do óleo isolante (F.M. Clark — Water Solution in Dielectric Liquids. AIEE Trans., vol. 59, agosto de 1940)

Por outro lado, a água livre em suspensão no óleo diminui acentuadamente sua rigidez dielétrica. No óleo deteriorado, a água livre tem maior possibilidade de ficar em suspensão que no óleo novo.

Como a solubilidade da água no óleo cresce com a temperatura, quando a temperatura do óleo baixar, uma parte da água dissolvida passará para o estado livre e sua rigidez dielétrica terá um valor mais baixo.

Outro fator que contribui para a diminuição da rigidez dielétrica do óleo são as partículas sólidas em suspensão (fibras celulósicas, carvão, poeira etc.).

A diminuição da rigidez dielétrica é tanto maior quanto maior for a quantidade de partículas sólidas em suspensão (Fig. 7.5). Fibras celulósicas em suspensão no óleo com água podem reduzir o valor da rigidez dielétrica até 90%, enquanto no óleo sem água essa redução é de só 20%.

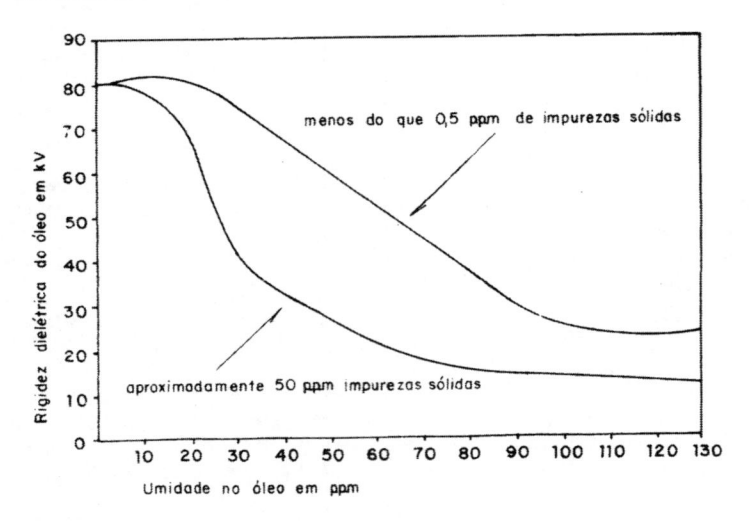

Figura 7.5 — Influência das impurezas sólidas sobre a rigidez dielétrica do óleo isolante (C.F. Burnes — New Approaches to Testing Insulating Oils. Electrical Times)

Conclui-se, portanto, que o óleo deve ser manipulado com os cuidados necessários para evitar sua contaminação com água e partículas sólidas (pano, estopa, papel, poeira, metais etc.).

7.5.2 — Fator de potência

O fator de potência do óleo mineral isolante é igual ao coseno do ângulo de fase ou o seno do ângulo de perdas do mesmo.

O fator de potência aumenta de valor na medida em que a deterioração do óleo progride. Ele nos dá uma idéia da intensidade da corrente que flui pelo óleo e que é uma medida de sua contaminação e de sua deterioração.

O fator de potência do óleo aumenta com a temperatura e com a quantidade de substâncias polares provenientes da deterioração do óleo.

7.6 — COMPOSIÇÃO E PROPRIEDADES QUÍMICAS

O óleo mineral isolante utilizado em aparelhos elétricos (transformadores, disjuntores, reatores, religadores etc.) é extraído do petróleo.

Sua composição e características dependem da natureza do petróleo do qual foi extraído e do processo empregado em sua preparação.

O petróleo cru pode ser de base parafínica, cujo produto final da destilação é a cera parafínica ou de base naftênica, cujos produtos finais da destilação são de natureza asfáltica.

Sabe-se que só 3% do petróleo disponível são de base naftênica.

O óleo isolante originado do petróleo de base parafínica é chamado de óleo parafínico e o originado do petróleo naftênico, óleo naftênico.

Até o ano de 1920, o óleo isolante parafínico tinha amplo uso, porém seu ponto de fluidez não era suficientemente baixo para que pudesse ser utilizado em aparelhos elétricos instalados ao tempo, em regiões cujo inverno é rigoroso.

Ele foi, então, substituído pelo óleo naftênico, porque seu ponto de fluidez (−40 °C) permitiu sua utilização em aparelhos submetidos a temperaturas muito baixas.

As fontes de petróleo naftênico estão-se tornando cada vez mais escassas e, por isso, a utilização do óleo parafínico se torna cada vez mais imperiosa. Tal fato motivou a realização de pesquisas para se obter um óleo parafínico com características adequadas para ser utilizado em aparelhos elétricos.

O óleo mineral isolante é constituído de uma mistura de hidrocarbonetos em sua maioria, e de não-hidrocarbonetos, também chamados de heterocompostos, em pequena proporção.

Estima-se em cerca de 2 900 o número de compostos existentes no óleo mineral isolante, dos quais cerca de 90% ainda não foram identificados. Sua identificação seria muito dispendiosa e laboriosa. Como se conhecem o comportamento e as características que deve ter para que possa desempenhar sua função em suas diversas aplicações e, também, como agem os produtos de sua deterioração, uma análise dessa natureza não se torna necessária.

7.7 — COMPONENTES DO ÓLEO MINERAL ISOLANTE

Os componentes do óleo mineral isolante são:

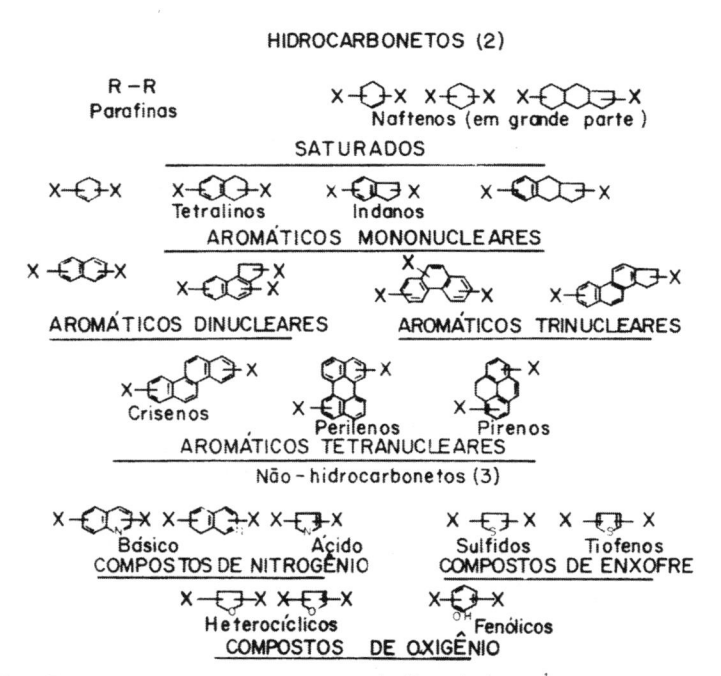

Figura 7.6 — *Representação dos componentes de óleos isolantes*[1]

1. Composição média de óleos isolantes leves. Os saturados têm até quatro anéis naftênicos, com uma média de dois anéis com cinco e seis membros. Os aromáticos mononucleares têm de um a três anéis naftênicos, com uma média de um a dois anéis naftênicos. Os aromáticos dinucleares têm dois anéis aromáticos e até dois anéis naftênicos, com uma média de um anel naftênico. Os aromáticos trinucleares têm três anéis aromáticos e uma média de um anel naftênico.

2. Nestas fórmulas, R representa qualquer cadeia saturada de hidrocarbonetos; X representa qualquer estrutura de hidrocarbonetos, tanto parafínico como naftênico.

3. Nestas fórmulas, X representa qualquer resíduo de hidrocarboneto, condensado ou não-condensado, contendo o anel um heteroátomo (N, S ou O) (J.L. Jelz, A.P. Stuart e E.S. Ross — The Effect of Composition on the Oxidation Stability of Electrical Oils. (AIEE) IEEE, Paper 57-84, outubro de 1958)

Hidrocarbonetos saturados parafínicos e naftênicos

O óleo terá uma composição parafínica quando a proporção de hidrocarbonetos parafínicos for bem maior que a de hidrocarbonetos naftênicos. O inverso dará ao óleo uma composição naftênica.

Os hidrocarbonetos parafínicos do óleo isolante têm como fórmula geral $H_3C-(CH_2)_n-CH_3$ (n varia de 2 a 27).

Hidrocarbonetos naftênicos

Tudo indica que o óleo possui uma mistura de hidrocarbonetos naftênicos, cujas moléculas têm cinco e seis anéis naftênicos, e cadeias laterais parafínicas e alifáticas.

Hidrocarbonetos aromáticos

Os hidrocarbonetos aromáticos encontrados no óleo são mononucleares e polinucleares, podendo estes últimos ser dinucleares, trinucleares e tetranucleares.

Compostos de nitrogênio

Compostos de cadeias fechadas. Suas moléculas possuem um átomo de nitrogênio (criseno, perilenos, pirenos).

Compostos de enxofre

Possuem um átomo de enxofre na molécula (sulfidos e tiofenos).

Compostos de oxigênio

Fenólicos e heterocíclicos com um átomo de oxigênio na molécula.

Os hidrocarbonetos saturados, quando oxidados, formam ácidos corrosivos e contribuem pouco para mudar a cor do óleo e formar sedimento, sendo por isso, quando convenientemente inibidos, muito importante sua existência no óleo isolante. Os hidrocarbonetos saturados têm, portanto, boa resposta aos inibidores.

Os hidrocarbonetos aromáticos tendem a formar sedimento durante a oxidação do óleo, respondem menos aos inibidores e alteram a cor do óleo.

Os aromáticos mononucleares, que têm cadeias laterais abertas em sua molécula, são facilmente oxidados, além de ser antagônicos aos inibidores naturais e sintéticos.

Os aromáticos dinucleares, de mistura com hidrocarbonetos saturados não-inibidos, possuem certa ação inibidora que fica muito prejudicada em presença dos aromáticos mononucleares.

Por si só, os hidrocarbonetos aromáticos dinucleares dão uma resposta fraca aos inibidores.

Os aromáticos trinucleares, quando de mistura com saturados não-inibidos, têm uma propriedade natural inibidora. Os inibidores fenólicos (DBPC) não agem em presença dos aromáticos trinucleares puros, mas, como sua porcentagem nos óleos é pequena, a função do inibidor é muito pouco prejudicada. Esses hidrocarbonetos têm alguma tendência para formar sedimento.

Os aromáticos polinucleares, com quatro ou mais anéis aromáticos na molécula, têm sido encontrados em porcentagens menores que 1% nos óleos, mas seus efeitos sobre a estabilidade à oxidação são muito pronunciados. Possuem boas condições inibidoras e contribuem para alterar a cor e a formação de sedimentação no óleo.

NÃO-HIDROCARBONETOS OU HETEROCOMPOTOS

Compostos de nitrogênio

Os compostos de nitrogênio encontrados no óleo são muito instáveis, podem contribuir muito para a formação de sedimento e alterar a cor, além de ter uma fraca resposta aos inibidores. São considerados os compostos mais indesejáveis do óleo.

Um óleo bem refinado contém cerca de 0,001% de nitrogênio e seu efeito, por isso, é desprezível.

Compostos de enxofre

São compostos de cadeia fechada com um átomo de enxofre, possuindo, também sua molécula, cadeias ramificadas abertas.

É opinião geral que o enxofre livre e os compostos de enxofre do óleo podem corroer metais. No entanto, os compostos de enxofre encontrados no óleo não mostram essa tendência. Uma das características exigidas para o óleo é que não contenha enxofre e compostos de enxofre corrosivos.

Testes convencionais de oxidação do óleo têm demonstrado que esses compostos contribuem para manter sua estabilidade, razão pela qual há autores que julgam que os compostos de enxofre devem ser mantidos no óleo. Os compostos aromáticos de enxofre termicamente estáveis são inibidores naturais do óleo.

Compostos de oxigênio

Os compostos de oxigênio do óleo isolante são, provavelmente, éteres cíclicos.

Suas propriedades oxidantes do óleo são pouco conhecidas e é provável que tenham pouca eficiência nos fenômenos de sua oxidação.

7.8 — EFEITO DA REFINAÇÃO SELETIVA SOBRE A ESTABILIDADE DO ÓLEO

A Fig. 7.7 ilustra o efeito dos componentes do óleo mineral sobre sua oxidação.

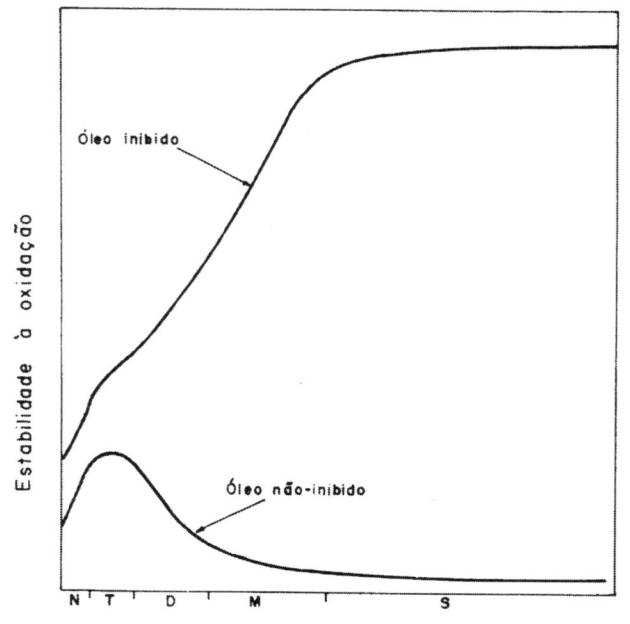

Figura 7.7 — Efeito da refinação seletiva sobre a estabilidade do óleo: N — compostos de nitrogênio e outros não-hidrocarbonetos; T — aromáticos tri e polinucleares; D — aromáticos dinucleares; M — aromáticos mononucleares; S — saturados (J.L. Jezl A.P. Stuart e E.S. Ross — The Effect of Composition on the Oxidation Stability of Electrical Oils. (AIEE) IEEE, Paper 57-84, outubro de 1958)

7.9 — ÓLEOS DE BASE PARAFÍNICA E DE BASE NAFTÊNICA

O Electric Power Research Institute — (EPRI), dos Estados Unidos da América conclui, em face dos estudos realizados até 1980, que: Os óleos parafínicos parecem ser uma alternativa adequada para substituir os óleos naftênicos nas temperaturas usuais ambiente e de operação.

S. D. Myers *et all* ("A Guide to Transformer Maintenance"), citam as seguintes diferenças:

1) precipitação de partículas de carvão

Nos óleos parafínicos, a precipitação das partículas de carvão é lenta enquanto nos óleos naftênicos é rápida.

2) Comportamento em temperaturas baixas

O óleo parafínico pode formar cera parafínica a 0 °C, a não ser que seja muito bem decerado.

Já o óleo naftênico comporta-se muito bem a − 40 °C.

3) Formação de ácidos

Há indicações de que os ácidos formados nos óleos parafínicos são mais fortes que os que se formam nos óleos naftênicos.

4) Liberação de gases

O óleo parafínico libera o gás hidrogênio, o que é indesejável. Os óleos naftênicos absorvem o gás hidrogênio.

5) Ponto de anilina e recuperação

Os óleos parafínicos têm um ponto de anilina mais elevado (de 79 °C a 84 °C) que os naftênicos (de 59 °C a 82 °C) e, por isso, sua recuperação é mais difícil.

6) Rompimentos e vacúolos

Durante o resfriamento do óleo parafínico, pode haver a formação de vacúolos ou rompimento da corrente de fluxo do óleo devido a sua contração. Como conseqüência, a rigidez dielétrica de todo o sistema de isolação fica reduzida, podendo haver a formação de descargas parciais.

A adição de um modificador de fluxo no óleo, sua deceração, mistura com outros tipos de óleo ou a combinação desses fatores podem reduzir esses inconvenientes.

7) Viscosidade do óleo

Com o abaixamento da temperatura, a viscosidade do óleo aumenta. A colocação de um modificador de fluxo no óleo parafínico melhora seu escoamento.

7.10 — DADOS CONFLITANTES

1) Deterioração da isolação celulósica

O envelhecimento dos óleos parafínicos tende a produzir maior quantidade de dióxido de carbono no papel isolante do que os naftênicos. Conclui-se, portanto, que o papel celulósico se deteriorará mais depressa no óleo parafínico, o que conflita com a crença geral de que o envelhecimento da isolação sólida parece não depender do óleo.

Nas condições atuais de testes, os de envelhecimento acelerado de laboratório podem não projetar resultados a longo termo.

2) Efeitos sobre a rigidez dielétrica

Estudos têm demonstrado que a rigidez dielétrica do óleo parafínico às vezes é afetada pelo uso.

Os óleos parafínicos são usados atualmente em muitos lugares (Japão, União Soviética, Europa).

Estudos realizados até agora indicam que os óleos parafínicos, criteriosamente misturados com outros tipos de óleo, decerados e adicionados de modificadores de escoamento, podem ser comparados com os tradicionais óleos naftênicos.

Muitas autoridades no assunto reconhecem que a melhor maneira de testar os óleos isolantes é colocá-los em serviço e acompanhar seu comportamento.

7.11 — COMPOSIÇÃO DOS ÓLEOS PARAFÍNICOS E NAFTÊNICOS

Por definição, um óleo isolante é chamado de *parafínico* quando provém de petróleo parafínico e de *naftênico*, quando de petróleo naftênico.

Por uma simples análise é difícil concluir se um óleo é do tipo naftênico ou parafínico.

As seguintes relações de composição são admitidas numa tentativa de identificação do tipo de óleo isolante:

Tipo de óleo isolante	Compostos aromáticos (%)	Compostos naftênicos (%)	Compostos parafínicos (%)
Naftênico	11	47	42
Parafínico	8	29	63

Cobei — Curso de líquidos isolantes para fins elétricos. Dezembro de 1982.

O óleo fabricado no Brasil é essencialmente parafínico.

São os seguintes os fatores de diferenciação dos óleos preparados no Brasil, pela Petrobrás:

Fatores	Óleo tipo B (parafínico)	Óleo tipo A (naftênico)
Densidade a 20 °C	0,855 (max)	0,880 (max)
Ponto de fluidez (°C)	− 15	< − 40
Ponto de anilina (°C)	+88	+72
Índice de refração a 20 °C	1,4750	1,4880

Cobei — Curso de líquidos isolantes para fins elétricos. Dezembro de 1982

7.12 — MISTURA DE ÓLEOS ISOLANTES

Quando são misturados óleos isolantes de características diferentes, a mistura resultante se apresentará com valores característicos médios dos valores de cada um dos componentes.

Vale dizer que, quando são misturados óleos de más características com óleos de boas características, os primeiros ganham e os segundos perdem em qualidade.

A mistura terá sempre melhores características que o pior dos componentes.

Portanto, sempre que possível, deve-se evitar misturar óleos deteriorados com óleos novos.

7.13 — NORMA CNP-16

Ministério das Minas e Energia
Conselho Nacional do Petróleo
1630.ª Sessão Ordinária
(31 de agosto de 1972)
Resolução N.º 6-72

Dispõe sobre o estabelecimento de norma relativa ao óleo mineral isolante para transformadores e equipamentos de manobra.

O Conselho Nacional do Petróleo, no uso de suas atribuições,

RESOLVE:

Art. 1.º Estabelecer, para óleo mineral isolante para transformadores e equipamentos de manobra, a Norma CNP-16 que acompanha a presente Resolução, e declará-la de observância obrigatória na comercialização do produto.

Art. 2.º Esta Resolução entre em vigor na data de sua publicação.

Rio de Janeiro, GB, em 31 de agosto de 1972
Araken de Oliveira
Presidente
D.O. de 20/9/72 p. 8. 448

Ministério das Minas e Energia
Conselho Nacional do Petróleo
1630.ª Sessão Ordinária
(31 de agosto de 1972)

NORMA CNP-16

A que se refere a Resolução n.º 6-72, desta data.

1. A Norma CNP-16 aplica-se ao óleo mineral isolante para transformadores e equipamentos de manobra, isento de aditivos, para uso no território nacional, a partir dos tanques do Distribuidor, no caso de óleo mineral isolante importado, ou dos tanques das Refinarias e do Distribuidor, no caso de óleo mineral isolante de produção nacional.

2. O óleo mineral isolante, especificado na presente Norma, deverá possuir as propriedades expressas no quadro anexo.

3. A verificação das características do produto far-se-á mediante o emprego dos seguintes métodos: Método Brasileiro (MB), da Associação Brasileira de Normas Técnicas e do Instituto Brasileiro de Petróleo, Método Padrão, da American Society for Testing and Materials (ASTM).

a. Aparência

b. Densidade — Método de ensaio para a determinação de densidade de petróleo e derivados. Método do densímetro (MB-104, da ABNT/IBP).

c. Viscosidade Cinemática — Método de ensaio para a determinação da viscosidade cinemática e dinâmica (MB-293, da ABNT/IBP).

d. Ponto de Fulgor — Método de ensaio para a determinação do ponto de fulgor: Vaso aberto — Cleveland (MB—50, da ABNT/IBP).

e. Ponto de Fluidez — Método de ensaio para a determinação do ponto de fluidez em produtos de petróleo (MB-102, da ABNT/IBP).

f. Índice de Neutralização — Colorimétrico — Método de ensaio para a determinação do índice de neutralização de produtos de petróleo: Método do Indicador (MB-101, da ABNT/IBP), ou método de ensaio para a determinação do índice de neutralização: Método do potenciômetro (PMB-494, da ABNT/IBP).

g. Tensão Interfacial — Método de ensaio para a determinação de tensão interfacial de óleo e água: Método do anel (MB-320, da ABNT/IBP).

h. Cor — Método de ensaio para a determinação da cor em produtos de petróleo: Colorímetro ASTM (PMB-351, da ABNT/IBP).

i. Água — Método-padrão para a determinação de água em produtos de petróleo pelo reagente Karl-Fischer (D-1533, da ASTM).

j. Cloretos e Sulfatos Inorgânicos — Método-padrão para a determinação de cloretos e sulfatos inorgânicos em óleos isolantes (D-878, da ASTM).

l. Enxofre Corrosivo — Método-padrão para a determinação de enxofre corrosivo em óleos isolantes (D-1275, da ASTM).

m. Ponto de Anilina — Método de ensaio para a determinação do ponto de anilina e do ponto de anilina misto em produtos de petróleo (MB-299, da ABNT/IBP).

n. Rigidez Dielétrica — Método de ensaio para a determinação da rigidez dielétrica de óleos isolantes (MB-330, da ABNT/IBP).

o. Fator de Potência — Método de ensaio para a determinação do fator de potência e constante dielétrica de isolantes elétricos líquidos (D-924, da ASTM).

p. Estabilidade à Oxidação — Ensaio de oxidação para óleo de transformador (D-2440, da ASTM).

Observação: Os métodos aqui indicados deverão ser substituídos por métodos equivalentes da Associação Brasileira de Normas Técnicas-Instituto Brasileiro de Petróleo (ABNT/IBP), à medida que estes forem aprovados.

Rio de Janeiro, GB, em 31 de agosto de 1972

Araken de Oliveira
Presidente

7.13.1 — Quadro de especificações da Norma — CNP-16

NORMA CNP-16
Óleo Mineral Isolante — Quadro de Especificação

Características	Mínimo	Máximo
Aparência	O óleo deve ser claro, límpido, isento de matérias em suspensão ou sedimentadas	
Densidade 20/4 °C	—	0,900
Viscosidade cinemática, est a 20 °C	—	25
a 37,8 °C	—	11
Ponto de fulcor, °C	140	—
Ponto de fluidez, °C	—	15
Índice de neutralização, mgKOH/g		
colorimétrico ou	—	0,04
potenciométrico	—	0,05
Tensão interfacial, dina/cm a 25 °C	40	—
Cor ASTM	—	1
Água, ppm*	—	35
Cloretos e sulfatos	Ausentes	
Enxofre corrosivos	Não-corrosivos	
Ponto de anilina, °C	Anotar	
Rigidez dielétrica, kV*	30	—
Fator de potência, % 100 °C	—	0,5
Estabilidade à oxidação:		
O_2, 164 horas, a 100 °C cobre:		
Incutralização mgKOH/g	—	0,5
Borra, %	—	0,15
Tensão interfacial, dina/cm a 25 °C	Anotar	

* Estes itens não se aplicam a produtos transportados em navios ou caminhões-tanques, ou estocados em tanques, em que possa ocorrer absorção de umidade. Neste caso, deverá ser processado tratamento adequado para que estabeleçam os valores especificados na presente Norma.

Nota: Os recipientes destinados ao fornecimento do óleo mineral isolante devem ser limpos e isentos de matérias estranhas. O revestimento interno deve ser constituído de epóxi, convenientemente curada, ou de material equivalente em desempenho.

Publicada no D.O. de 20 de setembro de 1972

7.14 — PROJETO ABNT NB-108-2/1978

Anexo D — Tabela 1 — Características do óleo isolante

Ensaios	Resultados típicos		Valores — Limites									Método de ensaio
			Óleo novo	Óleo usado								
				Satisfatório		A recondicionar		A Regenerar	Após tratamento			
	Óleo novo	Óleo usado		Até 230 kV	acima	Até 230 kV	Acima		Até 230 kV	Acima		
1	2	3	4	5	6	7	8	9	10	11		12
Rigidez dielétrica (kV)	50 65 — 70	>40 >70 — >58	>40 >60 >32 >64	>30 >60 >24 >48	>35 >70 >27 >54	25-20 50-60 20-24 40-40	25-35 50-70 20-27 40-54		>33 >66 >25 >50	>38 >76 >30 >60		ASTM D-877 IEC (VDE-370) ASTM D-1816(004") ASTM D-1816(008")
Conteúdo de água	10	15	<10	<25	<15	25-40	15-40	>40	<20	<15		Método Karl Fischer — ASTM D-1533 e PMB-818
Acidez (mgKOH/g óleo)	0,03	0,1-0,2	0,05	<0,3	<0,1	—		>0,4	<0,1			ASTM D-974 MB-101 ASTM D-664 MB-494
Tensão interfacial (N/m)	0,045	0,02-0,03	>0,04	>0,025		0,02-0,025		<0,020	>0,03			ASTM D-971 MB-320 ASTM D-2285
Cor	0,5	1-1,5	<0,5	<3		3-4		>4	<2			ASTM D-1500 PMB-351
Perdas dielétricas (%)	0,01 — 0,07 0,1	0,1-0,3	<0,05 <0,05 <0,3 —	0,5 — — —		0,5-1,5		>1,5	<0,1			20 °C ASTM D-974 25 °C 100 °C 90 °C VDE-370

NOTAS

1. As características constantes desta tabela não devem ser consideradas quando forem menos rigorosas que as estipuladas.
2. Os valores-limites devem ser seguidos com o maior ou menor rigor, considerando-se as tendências apresentadas pelos resultados de ensaios periódicos, a responsabilidade operativa e o nível de tensão do equipamento.
3. A coluna "Óleo Novo" refere-se a óleo novo tratado para colocação em transformadores.

7.15 - LIMITES SUGERIDOS PARA RESULTADOS DE TESTES DE ÓLEO ENVELHECIDO EM SERVIÇO, POR CLASSE DE TENSÃO[1]

Classe de tensão	69 kV e menor	Acima de 69 kV até 288 kV	345 kV e acima	Método ASTM de testes
Rigidez dielétrica 60 Hz-kV mínimo	26	26	26	D-877
Rigidez dielétrica [kV mínimo separação de eletrodos 10,16 mm (0,40'')]	23	26	26	D-1816
Número de neutralização (mg KOH/g mínimo)	0,2	0,2	0,1	D-974
Tensão interfacial (dina/cm mínimo)	24	26	30	D-971
Fator de potência, 60 Hz, 25 °C (% máxima[2])	0,65	0,39	0,31	D-924
Teor de água (ppm máxima[3]	35	25	20	D-1533
Conteúdo de gases quando especificado (% máxima)		Ver nota 4		D-831 D-1817 D-2945 D-3612

[1] IEEE Insulating Fluid Commitee, Project 637, abril de 1980.
[2] EPRI, Utility Survey, 1977
[3] Valores que não se referem a transformadores de respiração livre ou compartimento.
[4] Alguns transformadores são equipados com diafragmas para prevenir a introdução de ar. O conteúdo de gases dissolvidos existentes nesses transformadores deve ser mantido de acordo com as recomendações do fabricante.

Capítulo 8 — Acompanhamento do comportamento do óleo isolante em serviço

TESTES DO ÓLEO: EXAME VISUAL, COR, DENSIDADE, RIGIDEZ DIELÉTRICA, SEDIMENTO, FATOR DE POTÊNCIA, NÚMERO DE NEUTRALIZAÇÃO, TENSÃO INTERFACIAL, UMIDADE E ANÁLISE CROMATOGRÁFICA DOS GASES DISSOLVIDOS.

8.1 — ACOMPANHAMENTO DO COMPORTAMENTO DAS ISOLAÇÕES SÓLIDA E LÍQUIDA

A água e o calor são dois maiores inimigos da isolação do transformador.

O tanque do transformador poder ser comparado a uma retorta na qual são colocados os reagentes isolação sólida de base celulósica e isolação líquida — óleo mineral isolante.

A deterioração das isolações sólida e líquida se realiza em presença de catalisadores (ferro, cobre, água etc.). Os produtos da deterioração da isolação podem também agir como catalisadores e aceleradores do processo.

A deterioração da isolação dá origem à água e outros produtos, e, como conseqüência, há seu enfraquecimento mecânico, ficando seu poder dielétrico também reduzido.

As condições podem ficar propícias para a formação de descargas parciais que levam à ionização e à condução.

O processo pode continuar e haver a formação de corona, e finalmente haver a falha de isolação.

Como em geral nas reações químicas, o processo de deterioração é acelerado pelo calor.

A vida útil de um transformador depende das condições, de sua operação e de sua manutenção.

Costuma-se dizer que o transformador não morre, mas é matado.

Se a manutenção e a operação do transformador forem adequadamente conduzidas, sua vida útil poderá, estender-se até cinqüenta anos.

Um transformador que opere constantemente sobreaquecido terá sua vida útil muito reduzida.

Torna-se, portanto, necessário acompanhar a evolução da deterioração da isolação do transformador, que se inicia quando o transformador é cheio com óleo na fábrica.

Nossos sentidos, visão, olfato e audição, permitem-nos verificar as condições do exterior do transformador.

Com o auxílio de testes e ensaios periódicos, pode-se aquilatar as condições de deterioração da isolação, detectar falhas incipientes e orientar a adoção de medidas para evitar seu envelhecimento prematuro e a progressão da falha incipiente, que pode resultar na destruição da unidade.

São recomendados para o acompanhamento das condições da isolação do transformador, a serem realizados no óleo isolante, os seguintes testes:

TESTE	MÉTODOS
1. Exame visual em campo	ASTM (D-1524) 69/79
2. Cor	ASTM (D-1500) 40 ou ABNT/IBP MB-351
3. Densidade	ASTM (D-1298) 80 ou ABNT/IBP MB-104
4. Rigidez dielétrica	ABNT/IBP MB-330, ASTM (D-877) 80 e ASTM (D-1816) 79
5. Sedimento	ASTM (D-1698) 64/78
6. Fator de potência	ASTM (D-924) 81
7. Número de neutralização	ABNT/IBP MB-101, ASTM (D-974) 80 e ASTM (D-1534) 78
8. Tensão interfacial	ABNT/IBP MB-320 e ASTM (D-971) 50/77
9. Umidade	ASTM (D-1523) 79
10. Análise cromatográfica dos gases	ASTM (D-3612) 79

Com exceção da análise cromatográfica dos gases dissolvidos no óleo, os demais ensaios podem ser feitos em campo, isto é, no próprio local do transformador.

Os testes realizados em campo são considerados mais significativos e mais representativos.

Além dos testes do óleo, feitos com o transformador em operação, são também realizados, quando necessário, testes da isolação, como, por exemplo, fator de potência e resistência de isolamento, os quais exigem a desenergização da umidade.

8.2 — CLASSIFICAÇÃO DOS TESTES DE ÓLEO PARA TRIAGEM (A SEREM REALIZADOS EM CAMPO, CONFORME EMPRESAS NORTE-AMERICANAS)

Teste	Método ASTM	Importância em campo	Importância em laboratório
Rigidez dielétrica	D-877 D-1816	n.º 1	n.º 1
Cor	D-1500 D-1524	n.º 2	n.º 6
Fator de potência	D-924	n.º 3	n.º 4
Teor de umidade	D-1533	n.º 4	n.º 5
Tensão interfacial	D-971	n.º 5	n.º 3
Acidez	D-974	n.º 6	n.º 2

[1] Doble Engineering Client Survey, 1977
[2] Electric Power Reserarch Institute (EPRI) Survey
(P.E. Flanagan — Utilization of Insulating Oil by North American Utilities in 1977)

8.3 — TESTES RECOMENDADOS PARA ÓLEO EM SERVIÇO EM TRANSFORMADORES

8.3.1 — Exame visual e cor (Método ASTM (D-1524) 69/79)

Este método, para ser realizado em campo, tem por finalidade verificar a cor do óleo e a existência de partículas sólidas e gotículas de água em suspensão.

Pode ser aplicado em óleos originados do petróleo em uso em transformadores, disjuntores e outros aparelhos elétricos.

A classificação da cor é feita comparando-se a cor do óleo com as cores de uma escala-padrão numerada de 0 a 8.

A comparação é feita com o auxílio de um comparador de cores. As cores-padrão são representadas por placas de vidro dispostas num disco rotativo.

A amostra de óleo a ser testada é colocada em um tubo colocado no comparador. O disco de cores é então girado até que as cores do óleo e da escala coincidam.

O número da cor do disco será o da cor do óleo. Se a cor do óleo for intermediária de duas cores do disco, o resultado será também intermediário e estimado por interpolação.

A observação não deve prolongar-se por mais de 10 a 15 s. O testador deve descansar a vista entre os intervalos de preferência sobre uma superfície de cor cinza.

A observação das partículas em suspensão é feita pelo método da luz refletida (efeito Tyndall).

Um feixe de luz é lançado sobre a amostra do óleo em observação num ambiente escuro. Se existirem partículas em suspensão, elas refletirão a luz tornando-se visíveis.

Um óleo em boas condições visuais apresentar-se-á claro, límpido e transparente.

As partículas metálicas, de isolação, carvão e outras serão bem visíveis.

O óleo pode-se apresentar turvo. Neste caso, se a rigidez dielétrica for boa, uma tensão interfacial baixa e uma acidez elevada indicarão que o aspecto turvo poderá ser devido a produtos de oxidação do óleo em suspensão.

O sedimento deverá ser analisado para determinar sua natureza (borra, partículas metálicas ou orgânicas etc.)

Do relatório devem constar o número da cor, o aspecto da amostra (claro, turvo, sedimento) e a temperatura na qual foi feita a amostragem do óleo e na ocasião do teste.

O método ABNT/IBP MP-351, correspondente ao método ASTM (D-1500), é de laboratório e serve para todos os tipos de óleos derivados do petróleo (óleos lubrificantes, combustíveis, diesel etc.) e não é específico para o óleo mineral de aparelhos elétricos. O método ASTM (D-1524) 69/79 é próprio para teste em campo de óleos isolantes elétricos.

8.3.2 — Densidade

A densidade do óleo isolante pode ser determinada pelo método do densímetro, isto é, o método ABNT/IBP MB-104 correspondente ao método ASTM (D-1298) 80.

A densidade relativa do óleo, isto é, a relação entre a massa de determinado volume de óleo e a massa de igual volume de água pura na temperatura de 15 °C, é determinada com um densímetro de vidro que tenha uma graduação de 0,600 a 1,100 e divisões de 0,050.

A temperatura do óleo será medida com um termômetro, escala de -5 °C a $+215$ °C e divisões de 0,2 °C.

O óleo é cuidadosamente colocado numa proveta, evitando-se a formação de bolhas de ar.

O densímetro e o termômetro devem ser cuidadosamente mergulhados no óleo. A temperatura do meio ambiente não deve variar mais que 2 °C durante a medição. O líquido é suavemente agitado com o termômetro, evitando-se umedecer a haste do densímetro acima do ponto de imersão (Fig. 8.1).

Quando a temperatura for estável e o densímetro estiver flutuando livremente afastado das paredes laterais da proveta, o densímetro deverá ser lido, conforme indicam os desenhos da Fig. 8,1, e o termômetro até uma fração de 0,25 °C.

Se a diferença entre as temperaturas anterior e posterior ao teste for maior que 0,5 °C, repetir-se-á o teste até que essa diferença seja no máximo igual a esse valor.

De acordo com CNP-16, Resolução n.º 16/79, a densidade do óleo tipo B a 20 °C/4 °C deverá ser no máximo igual a 0,8600 e, com CNP-16 e Resolução 6/72, a densidade do óleo tipo A deve ser igual a 0,90.

Valores diferentes dos citados podem indicar contaminação do óleo por líquidos estranhos.

8.3.3 — Rigidez dielétrica

Para a determinação da rigidez dielétrica do óleo isolante (tensão de ruptura), são utilizados dois métodos: ABNT/IBP MB-330, correspondente ao método ASTM (D-877)/80; e o ASTM (D-1816)/79.

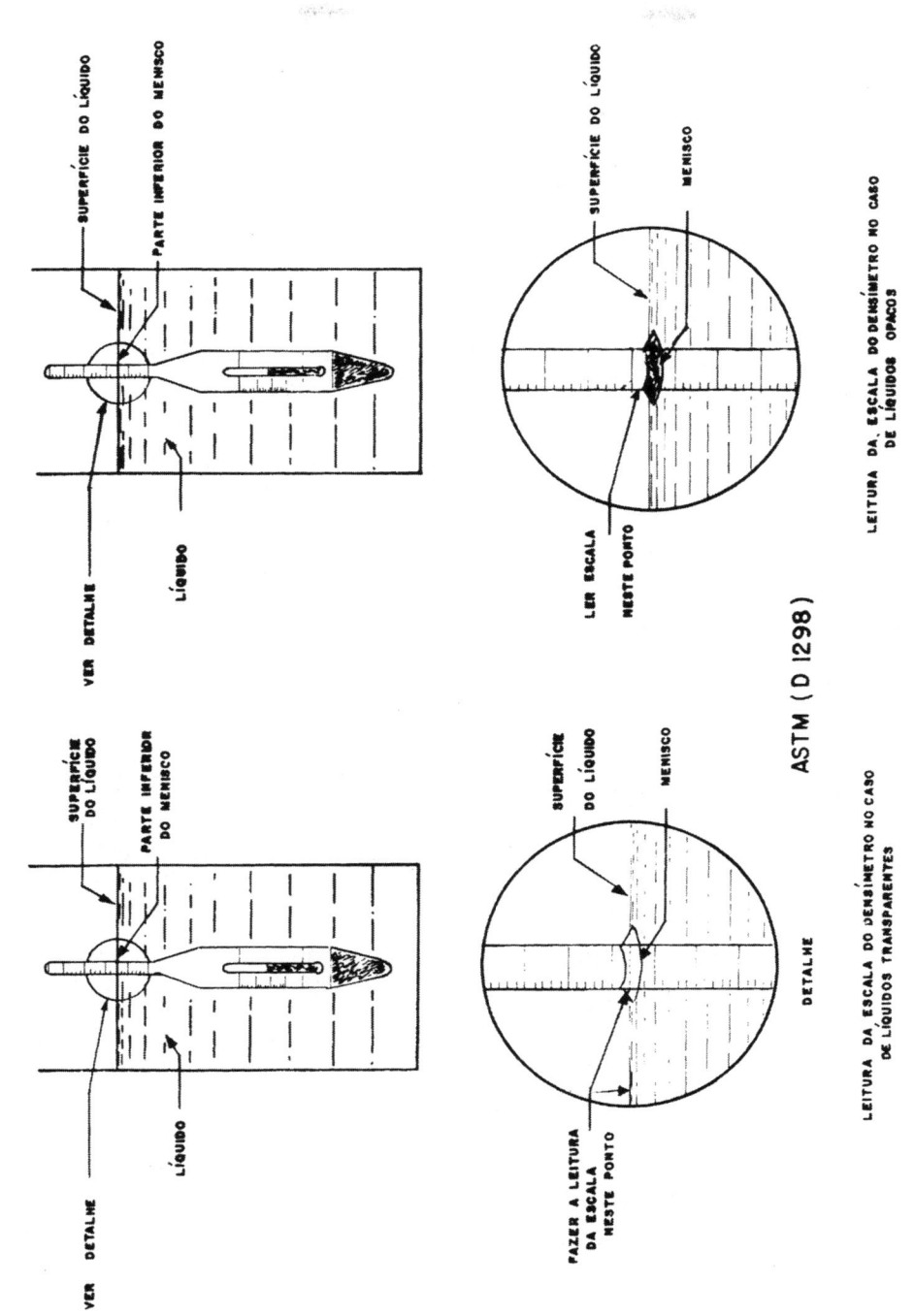

Figura 8.1 — Leituras da escala de densímetro

8.3.3.1 — Método para a determinação da rigidez dielétrica de líquidos isolantes, utilizando eletrodos de disco (ABNT/IBP MB-330 correspondente ao método ASTM (D-877)80) (1981 — Annual Book of ASTM STAN DARDS, Part 40)

Este método é recomendado para determinar a rigidez dielétrica de óleos derivados do petróleo, hidrocarbonetos e ascaréis, comumente empregados como isolantes e refrigerantes de cabos de energia, transformadores, disjuntores e aparelhos similares.

É também recomendado para testes de aceitação de líquidos isolantes não-processados recebidos de vendedores em vagões-tanques, caminhões-tanques e tambores.

Pode ser utilizado nos testes de rotina de aparelhos dos sistemas elétricos de potência com tensões nominais de 230 kV ou menores.

O método não é recomendado para testes de óleos filtrados, desgaseificados e desidratados, antes e durante o enchimento de aparelhos de sistemas elétricos de potência com tensões nominais maiores que 230 kV, ou para testar o óleo desses aparelhos após seu enchimento.

O método ASTM (D-1816) é mais adequado para testar o óleo isolante de aparelhos com tensões nominais maiores que 230 kV sendo, por isso, recomendado.

8.3.3.2 — Método para a determinação da rigidez dielétrica de óleos isolantes provenientes do petróleo utilizando eletrodos VDE, ASTM (D-1816)79 (1981 — Annual Book of ASTM Standards, Part 40)

Finalidade

Este método serve para a determinação da rigidez dielétrica de óleos isolantes provenientes do petróleo. O método se aplica a óleos líquidos do petróleo utilizados comumente em cabos de energia, transformadores, disjuntores e aparelhos similares como meio de isolação e refrigeração. Não foi determinado se o método é adequado para testar óleos com viscosidade maior que 19 cSt (mm²/s) (100 SUS) a 40 °C.

Este método é mais sensível aos efeitos deletérios da umidade em solução que o método ASTM (D-877), especialmente quando estão presentes, no óleo, fibras celulósicas.

Verificou-se ser muito útil nas investigações de laboratório da rigidez dielétrica do óleo de sistemas de isolação.

Este método é recomendado para testar óleos filtrados, desgaseificados e desidratados antes e durante o enchimento de aparelhos de sistemas de potência com tensão nominal acima de 230 kV, e para testar amostras de óleo desses aparelhos após seu enchimento. Tem encontrado crescente aplicação para testar óleos de transformadores em serviço.

Este método não é recomendado e não deve ser usado para testes de aceitação de óleos recebidos de vendedores em vagões-tanques, caminhões-tanques ou tambores.

Significado

A tensão dielétrica de ruptura de um líquido isolante tem importância como medida da habilidade do líquido em resistir à tensão elétrica sem falhar.

É indicada para evidenciar a presença de agentes contaminantes, como água, sujeira, fibras celulósicas úmidas ou partículas condutoras no líquido, podendo um ou mais estarem presentes em concentração significativa quando as tensões de ruptura forem baixas.

Entretanto uma tensão de ruptura alta não significa necessariamente a ausência de todos os contaminantes; pode meramente indicar que a concentração dos contaminantes presentes no líquido entre os eletrodos não é suficientemente grande para afetar de modo deletério a tensão média de ruptura do líquido testado por este método.

8.4 — SEDIMENTO E BORRA SOLÚVEL EM ÓLEOS ENVELHECIDOS EM SERVIÇO

Com a deterioração do óleo, há a formação de substâncias líquidas e sólidas.

As sólidas, chamadas de borra, se dissolvem no óleo até sua saturação para depois se depositar sobre os enrolamentos, núcleo e demais partes internas do transformador, além de ficar em suspensão no óleo. Podem também permanecer em suspensão no óleo partículas sólidas de natureza inorgânica, como, por exemplo, ferrugem. O método ASTM (D-1698) 64/78 (exposto resumidamente a seguir), conforme publicação do Annual Book of ASTM Standards, edição 1981, permite determinar de uma forma rápida o conteúdo de borra solúvel de um óleo isolante.

8.4.1 — Método-padrão de teste de sedimento e borra solúvel de óleos isolantes envelhecidos em serviço — ASTM (D-1698) 64/78

Finalidade

Este método abrange a determinação de sedimento e borra solúvel de óleos isolantes originados do petróleo e envelhecidos em serviço. Também é dada orientação para determinar o conteúdo orgânico e inorgânico do sedimento.

O método é primariamente adequado para óleos de, comparativamente, baixa viscosidade, como, por exemplo, 5,7 a 13,0 cSt a 40 °C. Sua adequação para óleos de alta viscosidade não foi determinada.

Resumo do método

Uma porção da amostra é centrifugada para separar o sedimento do óleo. A parte do óleo livre de sedimento é separada para a determinação da borra solúvel.

O sedimento é retirado do tubo e colocado no cadinho de Gooch especialmente preparado. Após secá-lo e pesá-lo, para se saber o total do sedimento é calcinado a 500 °C no cadinho e repesado. A perda de peso corresponde à parte orgânica e o restante, à parte inorgânica do sedimento.

A borra solúvel é determinada na parte decantada do óleo, diluindo-a com *n*-pentano, para haver precipitação de borra insolúvel no *n*-pentano, filtrando-se em seguida no cadinho de Gooch previamente secado e pesado. O cadinho, após ser submetido à secagem, é novamente pesado.

A diferença de pesos dá a quantidade de borra solúvel no volume da amostra de óleo.

Significado

O sedimento em óleo isolante é capaz de produzir os mesmos efeitos prejudiciais que quando contaminado na ocasião da amostragem.

O sedimento inorgânico indica geralmente algum tipo de contaminação e o sedimento orgânico pode indicar tanto deterioração como contaminação do óleo.

Borra solúvel indica deterioração de óleo, presença de contaminantes ou ambos. É um aviso de que a formação de sedimento pode ser iminente.

A determinação de sedimento e borra solúvel em óleos isolantes usados ajuda a decidir se o óleo deve continuar em uso como está ou se deve ser substituído, purificado ou recuperado.

Definições de termos

Sedimento — Qualquer substância ou substâncias sólidas insolúveis no óleo em teste na temperatura ambiente normal e que pode ser separada por centrifugação sob determinadas e especificadas condições.

Sedimento orgânico — É a porção do total do sedimento que se perde durante a calcinação a 500 °C.

Sedimento inorgânico — É a porção do total de sedimento que permanece após a calcinação a 500 °C.

Sedimento solúvel — Produtos da deterioração do óleo ou contaminantes, ou ambos, que se tornam insolúveis quando de sua diluição com *n*-pentano sob condições específicas.

8.5 — FATOR DE POTÊNCIA DO ÓLEO ISOLANTE

O método Standard Test Method for Power Factor and Dielectric Constant of Electrical Insulating Liquids (ASTM (D-924)81) é adequado para realização de testes de arbitragem. No entanto, permite modificações para testes de rotina, quando não são exigidos resultados muito exatos e, sim, aproximados do fator de potência de uma amostra de óleo, ou fazer testes em um grupo de amostras do mesmo tipo com a finalidade de comparar os resultados com um valor de referência.

Para testes de rotina de fator de potência de óleos isolantes, são muito usados os instrumentos Doble MEU 2 500 V ou Doble MH 10 000 V e respectiva célula de teste (ver determinação do fator de potência de óleos isolantes derivados do petróleo com o instrumento Doble MEU 2 500 V; Cap. 20.)

Um óleo novo e em boas condições deve ter um fator de potência igual a 0,05% ou menos a 20 °C.

Com o uso, o fator de potência do óleo aumenta, podendo chegar a 0,5% a 20 °C, não sendo esta uma indicação de que a deterioração do óleo tenha atingido um estado que exija uma investigação.

Um fator de potência do óleo a 100 °C de sete a dez vezes maior que seu valor a 20 °C pode indicar a existência de um contaminante solúvel, além de água. A causa de um FDP elevado do óleo pode ser a água. A determinação do teor de água do óleo pelo método de Karl Fischer pode dar uma indicação preciosa.

8.6 — NÚMERO DE NEUTRALIZAÇÃO

O número de neutralização, isto é, o número de miligramas de KOH necessário para neutralizar 1 g de óleo, pode ser determinado com o método ABNT MB-101 correspondente ao método ASTM (D-974) 80 e com o método aproximado ASTM (D-1534) 78.

Resumo do método ABNT MB-101 ASTM (D-974) 80 de aplicação em laboratório: O número total ácido de óleo isolante é determinado dissolvendo-se um certo volume de sua amostra em uma mistura de tolueno e álcool isopropílico e pequena quantidade de água. A solução resultante é titulada na temperatura ambiente com uma solução alcoólica de KOH (0,1 N) em presença do indicador p-naftolbenzeína, cuja cor vira de alaranjada em meio ácido para verde em meio-alcalino.

Definições

Número total ácido — É a quantidade de base, em miligrama de KOH, necessária para titular todos os constituintes ácidos presentes em 1 g da amostra de óleo.

Número ácido forte — É a quantidade de base, em miligrama de KOH, necessária para titular os constituintes ácidos fortes presentes em 1 g de amostra de óleo.

Número básico forte — É a quantidade de ácido, expressa em termos de um número equivalente de miligrama de KOH, necessária para titular os constituintes básicos fortes presentes em 1 g de óleo.

O número ácido forte é determinado preparando-se um extrato aquoso, tratando uma porção de amostra com água quente, titulando com solução de KOH, utilizando como indicador o metilorange.

Os primeiros produtos derivados da deterioração do óleo são os hidroperóxidos. Em seguida, formam-se os ácidos em conjunto com outros compostos. Os derivados finais formam a borra. Quando o óleo atinge o estado final de formação de borra, as condições de sua deterioração estão muito avançadas, sendo necessária sua substituição ou recuperação.

O número de neutralização do óleo é uma indicação segura das condições de sua deterioração. O valor 0,25 mg KHO/g é considerado crítico, isto é, deste valor em diante a acidez do óleo cresce exponencialmente, conforme se pode observar nas curvas da Fig. 9.1, Cap. 9.

Os ácidos têm ação catalítica e aceleram a deterioração do óleo, e o inibidor existente no óleo é rapidamente consumido.

Por sua vez, a isolação celulósica também tem sua deterioração acelerada.

8.6.1 — Método aproximado para determinação do número de neutralização de líquidos isolantes elétricos — ASTM (D-1534)78

Este método pode ser aplicado em campo e serve para a determinação aproximada do número total ácido de líquidos isolantes elétricos em geral, cuja viscosidade seja menor do que 4 cSt a 40 °C.

Aparelhagem

Um tubo de vidro de 50 ml de capacidade, com tampa, graduado conforme a Fig. 8.2.

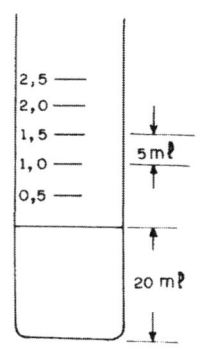

Figura 8.2 — Tubo graduado para a determinação da acidez do óleo isolante

Reagentes (pró-análise) — água destilada; álcool etílico; solução alcoólica de fenolftaleína: fenolftaleína, 10 g, álcool etílico, 100 ml, e para facilitar a dissolução aquecer levemente; solução de KOH 0,031 ± 0,003, o KOH deve ser dissolvido em uma mistura de álcool etílico e água em partes iguais. Verificar a normalidade com certa freqüência. Excedida a tolerância de ±0,003, a solução deve ser desprezada. Os reagentes devem ser para análise.

Procedimento

Enxaguar o tubo graduado com álcool e em seguida com o líquido a testar. Despejar o óleo a ensaiar no tubo graduado até a marca de 20 ml. Juntar duas gotas da solução indicadora de fenolftaleína. Adicionar pequeno volume da solução titulada de KOH, tampar o frasco e agitar vigorosamente.

Deixar que se separem o óleo e a solução titulada de KOH, e observar a cor da camada sobrenadante. Repetir esta operação tantas vezes quantas necessárias para que a camada sobrenadante fique com a cor *rósea*.

Cálculos

O número total de ácido (número de neutralização) é igual ao produto de 0,1 pelo volume de solução titulada de KOH gasto, em mililitro (mgKOH/g óleo).

O cálculo é baseado em uma densidade do óleo igual a 0,88 (a solução 0,031 N de KOH tem 1,736 mg de KOH por litro; 20 ml de óleo de 0,88 de densidade pesam 17,6 g, logo 1 ml de solução 0,031 N de KOH corresponde a 0,1 número de neutralização).

NOTA: Em vez de se utilizar o frasco graduado, o ensaio pode ser realizado com um frasco sem graduação, no qual serão colocados 20 ml do óleo a testar e a solução titulada de KOH adicionada com o auxílio de uma bureta.

8.6.2 — Método mais exato para determinar o número de neutralização do óleo mineral isolante

O método ASTM (D-974) 80, correspondente ao método ABNT MB-101, é adequado para determinar com maior exatidão que o método aproximado o número de neutralização de um óleo isolante mineral.

8.7 — TENSÃO INTERFACIAL (TIF)

A tensão interfacial é a tensão na interface óleo-água e é medida em dina/cm (milinewton/metro).

Óleos novos e isentos de substâncias hidrofílicas, isto é, que têm afinidade tanto com as moléculas do óleo como com as da água, tem uma TIF elevada (40 dina/cm).

Os produtos de deterioração do óleo e os contaminantes polares solúveis provenientes da decomposição de isolação sólida e dos corpos com os quais o óleo entra em contato, provocam o abaixamento da TIF do óleo.

A determinação da tensão interfacial é muito importante na detecção da fase inicial da deterioração da isolação.

Um óleo em boas condições tem uma tensão interfacial de cerca de 40 dina/cm a 25 °C.

À medida que o óleo se deteriora, a TIF diminui.

O teste é muito útil porque todas as substâncias estranhas com probabilidade de serem encontradas têm uma tendência de baixar a tensão interfacial entre o óleo e a água.

É um teste adequado para triagem do óleo, embora não permita diferenciar os diversos contaminantes.

Os métodos recomendados para a medição da TIF são: — ABNT IBP-320, correspondente ao método ASTM (D-971) 50/77; e ASTM (D-2285) 60/78.

8.7.1 — Método ABNT IBP-320 ou ASTM (D-971) 50/77

É o chamado método do anel para determinar a tensão interfacial óleo-água.

Resumo do método

Mede-se com um tensiômetro a força em dina/cm necessária para arrancar um anel plano de platina da interface água-óleo.

A força assim obtida é convertida em unidades de tensão interfacial, multiplicando-se seu valor por um fator determinado empiricamente e dependente da força aplicada, das densidades do óleo e da água, e das dimensões do anel.

O tensiômetro é formado por um arame de torsão tensionado, tendo uma de suas extremidades presa a um ponteiro que se desloca sobre um disco graduado em dina/cm e que pode ser movimentado manualmente (Fig. 8.3).

O anel de platina fica suspenso de um braço preso ao arame de torsão.

Um recipiente com água destilada é colocado sobre um suporte, que pode ser movimentado verticalmente por intermédio de um parafuso.

Com o disco na posição zero, o suporte é movimentado para cima até que o anel mergulhe na água cerca de 6 mm, no centro do recipiente.

A temperatura deve ser de 25 °C ± 1 °C, ou seja, entre 24 °C e 26 °C.

O suporte é lentamente abaixado e o ponteiro vai sendo reconduzido para a posição zero na medida em que dela se afastar.

No momento em que houver o desprendimento do anel da superfície da água, o ponteiro deve estar em zero. Com o valor lido na escala, é calculada a tensão superficial da água, que deve ser de 71 a 72 dina/cm. Valores menores indicam uma dessas causas: o tensiômetro não foi ajustado corretamente; o recipiente não foi bem limpo; a água destilada não teve o grau de pureza necessário; ou falta de limpeza no anel de platina.

Corrigidos esses fatores, o ponteiro colocado na posição zero e o suporte com o recipiente contendo água destilada é elevado até o anel ficar mergulhado cerca de 5 mm.

O óleo filtrado é então colocado no recipiente sobre a água destilada. A temperatura deve ser de 25 °C ± 1 °C.

Após 30 s, as mesmas operações de abaixamento do recipiente e condução do ponteiro à posição zero são feitas até que haja o desprendimento do anel. Nesse momento, o ponteiro deve estar em zero. Com o valor lido na escala e os fatores de correção determina-se a TIF água-óleo.

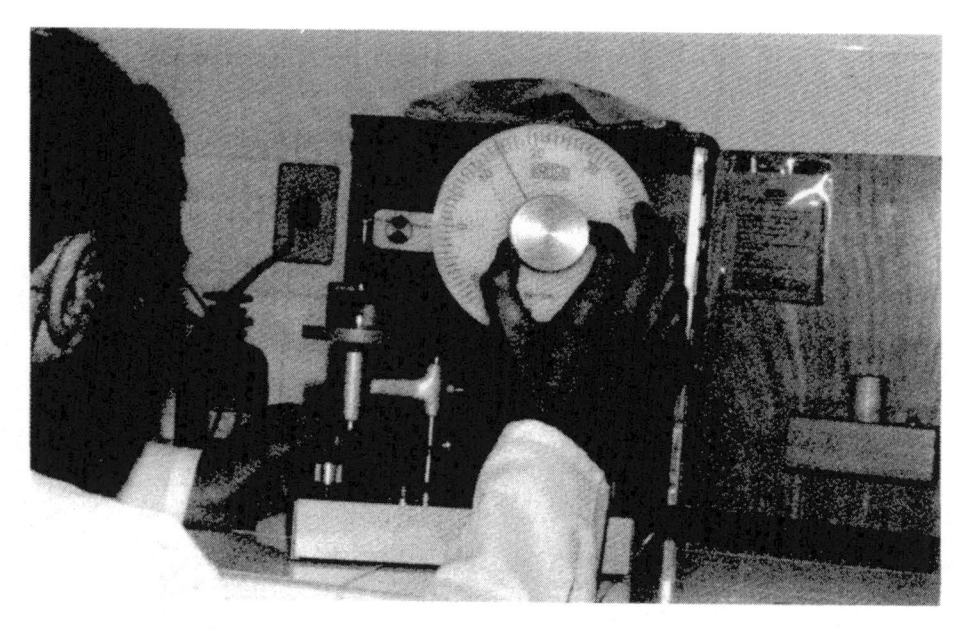

Figura 8.3 — Tensiômetro para medir tensão interfacial

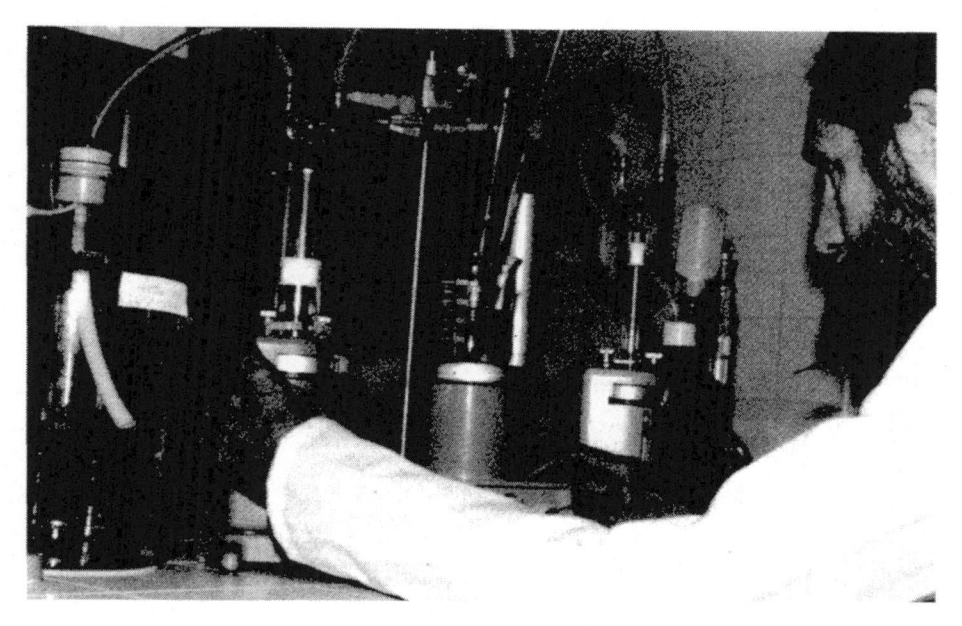

Figura 8.4 — Medidor do número de neutralização (NN) do óleo isolante

8.7.2 — Resumo do método ASTM (D-2285) 60/78

Este método consiste em determinar a TIF, medindo-se o volume de uma gota-d'água no interior da massa de óleo.

A tensão interfacial é tanto maior quanto maior for a gota-d'água que o óleo pode suportar.

O tensiômetro, neste caso, é formado por uma agulha presa a um recipiente semelhante a uma seringa de injeção e que permite medir o volume da gota-d'água formada na ponta da agulha, por meio de um cilindro graduado fixo ao êmbolo do tensiômetro. A graduação do tensiômetro é em dina/cm.

Determina-se o número de divisões de escala do tensiômetro correspondente ao volume de uma gota-d'água formada no ar a 25 °C ± 1 °C.

Em seguida repete-se a mèsma operação com a ponta da agulha mergulhada 12,7 mm no óleo. Expele-se uma gota experimental no óleo para se ter idéia de seu volume.

Expelem-se 3/4 do volume de nova gota, aguardando-se 30 s antes de aumentar cuidadosamente seu volume até que caia. O tempo total deve ser de 45 a 60 s.

Com o número de divisões lido na escala do tensiômetro, obtém-se a tensão interfacial correspondente a um óleo de densidade média.

8.8 — UMIDADE

Um dos maiores inimigos da isolação do transformador é a água.

A determinação do teor de umidade na isolação líquida pode dar uma idéia do estado de evolução do processo de deterioração não só dela mas também da isolação sólida.

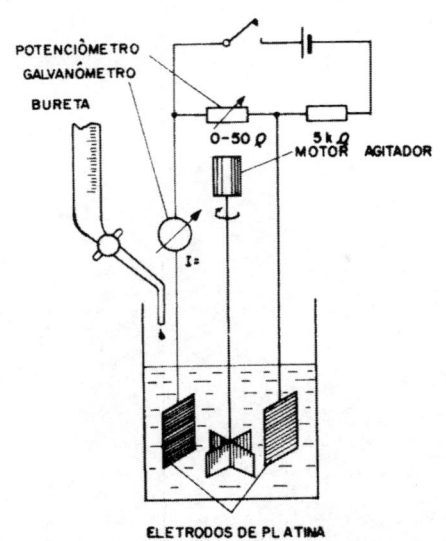

Figura 8.5 — Diagrama do princípio da titulação amperímetra do método Karl Fischer para a determinação do teor de água no óleo mineral isolante

Um teor de umidade de 50 ppm no óleo do topo do transformador é considerado crítico e indica a necessidade de sua eliminação.

Com um óleo neste estado, seguramente a isolação sólida do transformador, constituída de papel, estará com excesso de umidade.

Muitos métodos têm sido tentados para a determinação do teor de água de líquidos isolantes, porém o método até hoje reconhecido como adequado é o de Karl Fischer.

O método consiste na oxidação do dióxido de enxofre pelo iodo em presença da água, da piridina e do álcool metílico, conforme a seguinte equação:

$$2H_2O + 3I_2 + 3SO_2 + 4CH_4OH + 6C_5H_5N$$
$$2C_5H_5NH_2SO_4 + (CH_3)_2 + 2(CH_3)I + 4C_5H_5N . HI$$

São necessárias, portanto, 3 moléculas-grama de iodo para 2 de água. A oxidação do SO_2 se dará somente em presença da água.

O método de titulação mais adequado é o amperimétrico com corrente sob tensão constante.

O ponto final da titulação é reconhecido pela passagem de corrente ocasionada por ligeiro excesso de iodo e se dará quando a adição de um excesso de 0,02 ml do reagente de Fischer faz aparecer uma corrente de 15 a 20 microampères, que deve persistir por 30 s no mínimo, entre dois eletrodos de platina mergulhados na solução contendo o líquido em teste.

8.9 — COMENTÁRIOS

O método de teste ASTM D-877, correspondente ao MB-330, é útil para determinar a presença de contaminantes, como água não-dissolvida, sujeira, fibras celulósicas e partículas de pó e metálicas no óleo mineral isolante.

Este método não é sensível à presença de água dissolvida no óleo até 80% da saturação, de ácidos e sedimento (borra) proveniente de sua deterioração.

Partículas de carvão produzidas por arco elétrico no interior da massa do óleo não abaixam necessariamente sua rigidez dielétrica.

O óleo mineral isolante do transformador pode ter uma rigidez dielétrica boa, o que não impede que sua isolação sólida tenha umidade em excesso.

Uma rigidez dielétrica de 24 kV do óleo é uma indicação de que a isolação do transformador deve, ser submetida a testes.

A isolação é considerada muito umidificada quando a rigidez dielétrica do óleo está abaixo de 22 kV e, por isso, deve ser submetida à secagem.

O método de teste ASTM D-1816 VDE pode acusar a presença de quantidades muito pequenas de água dissolvida no óleo, mas não dá uma idéia do grau de umidificação da isolação sólida.

Há empresas de energia elétrica que não mais se utilizam do método ASTM D-877 ou MB-330. Autoridades no assunto são de opinião que o método dos eletrodos de disco é ultrapassado. (Fig. 8.6).

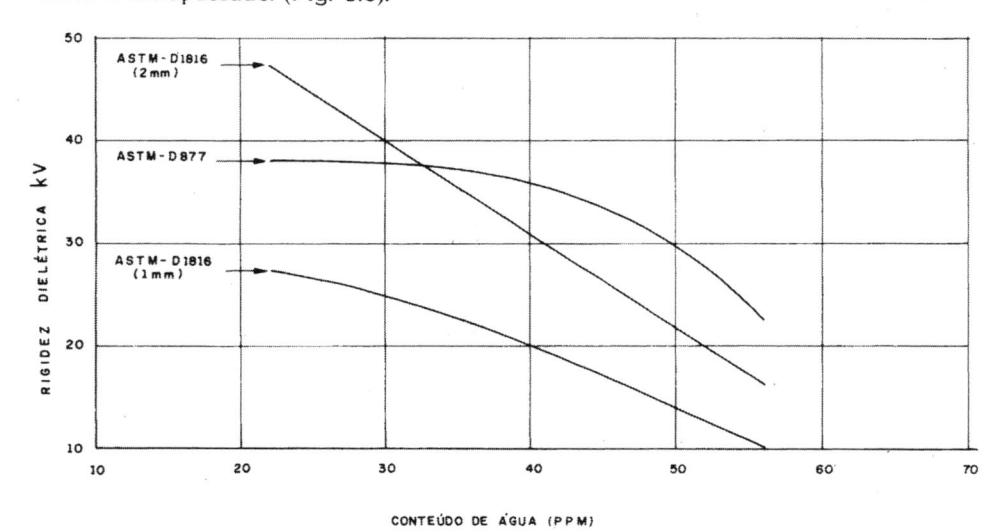

CONTEÚDO DE ÁGUA (P P M)

Figura 8.6 — Gráfico de comparação entre os métodos ASTM D877 e D1816 para a determinação da rigidez dielétrica do óleo isolante em função do conteúdo de água. Doble seção 10-504, 1966

Capítulo 9 — Deterioração do óleo mineral isolante

9.1 — A OXIDAÇÃO DO ÓLEO

Óleo contaminado é aquele que contém água e outras substâncias estranhas, mas que não são produtos de sua decomposição.

Óleo deteriorado é aquele que contém produtos resultantes de sua oxidação.

A deterioração do óleo se inicia imediatamente após o enchimento do transformador na fábrica.

Segundo a American Society of Testing and Materials (ASTM), o processo de oxidação do óleo tem início quando o oxigênio entra em combinação com os hidrocarbonetos instáveis, na presença dos catalisadores existentes no transformador (cobre, ferro etc.). Esses hidrocarbonetos são considerados impurezas do óleo, pois os hidrocarbonetos estáveis dificilmente reagem com o oxigênio.

O oxigênio existe livre no ar que esteja no interior do transformador e dissolvido no óleo isolante. A degradação da celulose também é fonte de oxigênio.

As reações de oxidação têm a seguinte seqüência:

O hidrocarboneto RH reage com o oxigênio O_2, formado hidroperóxido (RH + $O_2 \rightarrow$ ROOH), que se dissocia em dois radicais altamente reativos (ROOH $\rightarrow$ RO$^\bullet$ + $^\bullet$OH);

Os radicais livres reagem com moléculas de hidrocarbonetos e há a liberação de outros radicais:

RO$^\bullet$ + RH − ROH + R$^\bullet$ e

HO$^\bullet$ + RH − HOH + R$^\bullet$;

Os radicais livres reagem com o oxigênio e há a formação de novos radicais:

R$^\bullet$ + $O_2 \rightarrow$ ROO$^\bullet$, que,

por sua vez, reagem com novas moléculas de hidrocarbonetos, liberando novamente radicais:

ROO$^\bullet$ + RH $\rightarrow$ ROOH + R$^\bullet$,

e assim por diante.

Os hidroperóxidos também podem-se decompor e formar aldeídos e cetonas, que podem ser oxidados e formar ácidos e éteres.

Inibidores do óleo são substânicas que evitam sua oxidação.

O óleo possui inibidores naturais, que são compostos orgânicos de enxofre termicamente estáveis.

O inibidor sintético muito usado é o diterciário-butilparacresol (DBPC), cuja fórmula é:

$$H-CH_2- \underset{C_4 H_9}{\overset{C_4 H_9}{\bigcirc}} -OH$$

A ação do DBPC se dá da seguinte forma:

o radical RO$^\bullet$ liberado quando da oxidação da molécula do hidrocarboneto reage com a molécula do DBPC

$$RO \quad H-CH_2- \underset{C_4H_9}{\overset{C_4H_9}{\bigcirc}} -OH \quad \rightarrow \quad R\,OH + \,^{\bullet}CH_2- \underset{C_4H_9}{\overset{C_4H_9}{\bigcirc}} -OH$$

o radical liberado se dimeriza

2 $\left[\underset{C_4H_9}{\overset{C_4H_9}{OH-\bigcirc}} -CH_2^{\bullet} \right] \longrightarrow OH- \underset{C_4H_9}{\overset{C_4H_9}{\bigcirc}} -CH_2 -CH_2- \underset{C_4H_9}{\overset{C_4H_9}{\bigcirc}} -OH$

o dímero pode fornecer átomos de hidrogênio e continua a agir como inibidor até sua completa exaustão.

O inibidor interrompe, portanto, as reações de oxidação do óleo após a primeira fase e os hidrocarbonetos saturados deixam de reagir até que se esgote todo o inibidor. Os hidrocarbonetos saturados, quando oxidados, formam ácidos corrosivos. É altamente desejável a existênicia, no óleo, de hidrocarbonetos saturados convenientemente inibidos.

A oxidação do óleo se realiza em presença de catalisadores, que são a água, o cobre dos enrolamentos e o ferro do núcleo, sendo a água o principal deles.

Agem como aceleradores da oxidação do óleo o calor, a tensão elétrica, a vibração, os surtos de tensão e os choques mecânicos e de carga.

O calor é o principal acelerador: quanto mais elevada for a temperatura do óleo, maior será a velocidade de sua oxidação.

Os produtos da oxidação do óleo, que se formam em primeiro lugar, e são os hidroperóxidos instáveis, reagem com a celulose da isolação formando a oxicelulose.

Em seguida, formam-se álcoois, aldeídos, cetonas, ácidos, água e sabões metálicos. Os ácidos têm ação catalizadora no processo de oxidação do óleo. O número crítico de neutralização é de 0,25 mg de KOH por grama de óleo.

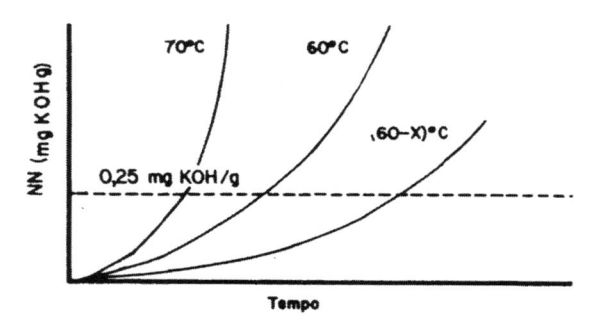

Figura 9.1 — relação NN/tempo-temperatura do óleo isolante mineral

O número crítico de neutralização do óleo é o valor-limite máximo de condições de acidez, determinado experimentalmente, após o qual a ação catalizadora dos ácidos tem efeito altamente acelerador da oxidação, estando o inibidor completamente esgotado.

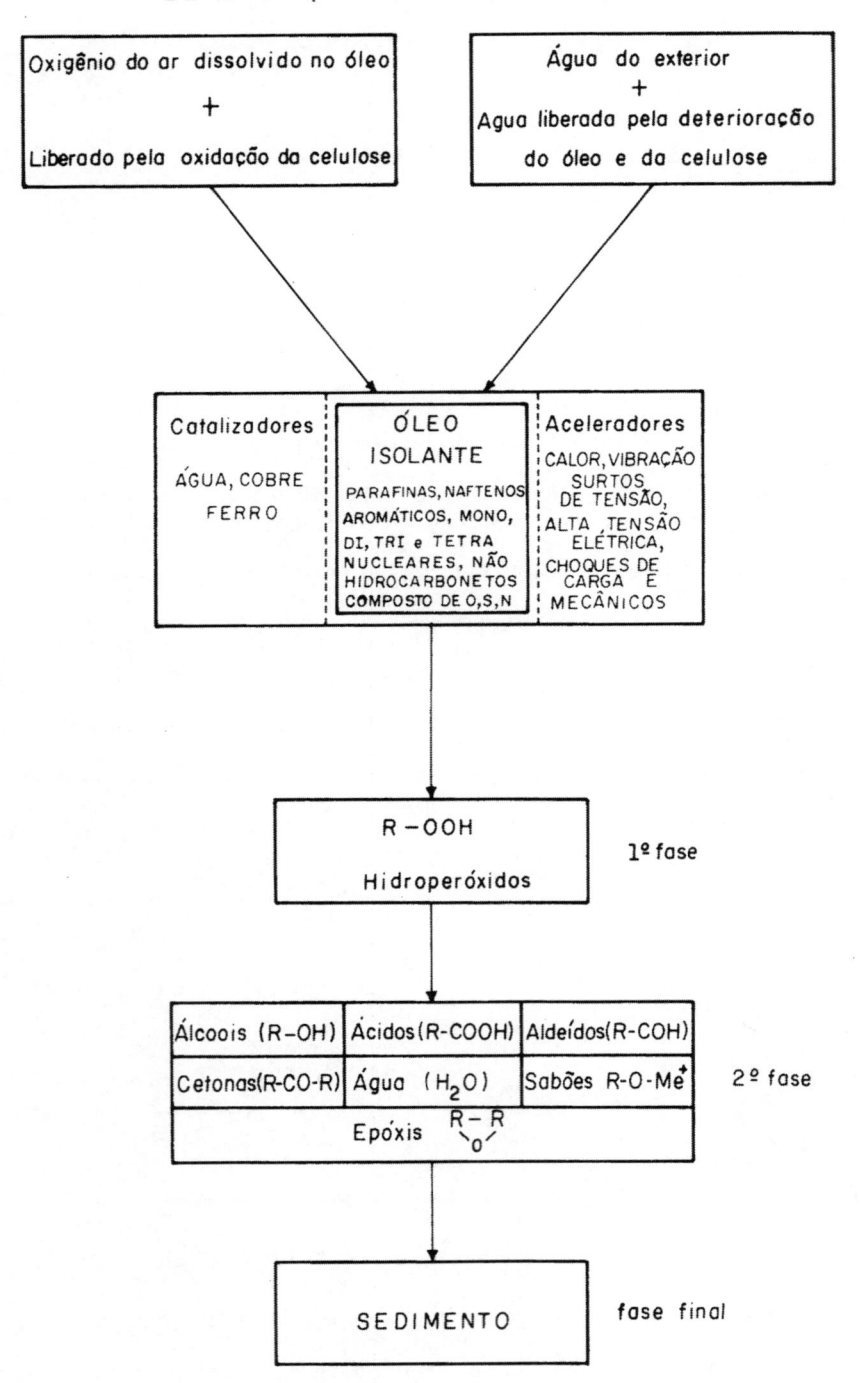

DETERIORAÇÃO DO ÓLEO MINERAL ISOLANTE

Estudos desenvolvidos pela ASTM concluem que o processo de oxidação do óleo se desenvolve conforme dois ciclos:

1.º Formação de produtos solúveis da deterioração do óleo, principalmente ácidos;

2.º Transformação dos produtos solúveis em produtos insolúveis, que compõem o sedimento.

O sedimento se deposita sobre a isolação sólida, núcleo e paredes do tanque, e obstrui as passagens de óleo.

A dissipação de calor é prejudicada, pois um sedimento de 3 a 6 mm de espessura sobre a isolação sólida redunda em um aumento de 10 °C a 15 °C na temperatura de operação do transformador.

A formação de camadas de sedimento na isolação é intermitente e elas são de diferentes durezas.

A camada diretamente em contato com a isolação é a mais dura porque fica com uma temperatura mais elevada que as demais, e sua oxidação é mais acelerada (Fig. 9.2).

9.2 — DADOS OBTIDOS PELA ASTM EM ONZE ANOS DE TESTES

Dados históricos obtidos pela ASTM durante onze anos de testes em 500 transformadores e que estabelecem a correlação entre o número de neutralização, a tensão interfacial e a formação de sedimento em transformadores com óleo.

Número de neutralização e formação de sedimento		
Número de neutralização (mg KOH/g)	Porcentagem de 500	Número de unidades nas quais houve formação de sedimento
De 0,00 a 0,10	0	0
De 0,11 a 0,20	38	190
De 0,21 a 0,60	72	360
De 0,60 para cima	100	500

Tensão interfacial e formação de sedimento		
Tensão interfacial (dina/cm)	Porcentagem de 500	Número de unidades nas quais houve formação de sedimento
Abaixo de 14	100	500
De 14 a 16	85	425
De 16 a 18	69	345
De 18 a 20	35	175
De 20 a 22	33	165
De 22 a 24	30	150
Acima de 24	0	0

Nos casos de curto-circuito, a temperatura do óleo, em determinados pontos do transformador, pode atingir até 500 °C. Quando o óleo é superaquecido, podem-se formar os gases metano (CH_4), etano (C_2H_6), etileno (C_2H_4) e bióxido de carbono CO_2), além de água.

A pirólise do óleo, provocada por arco elétrico, por exemplo, pode dar origem aos gases hidrogênio (H_2), acetileno (C_2H_2), metano (CH_4) e etileno (C_2H_4).

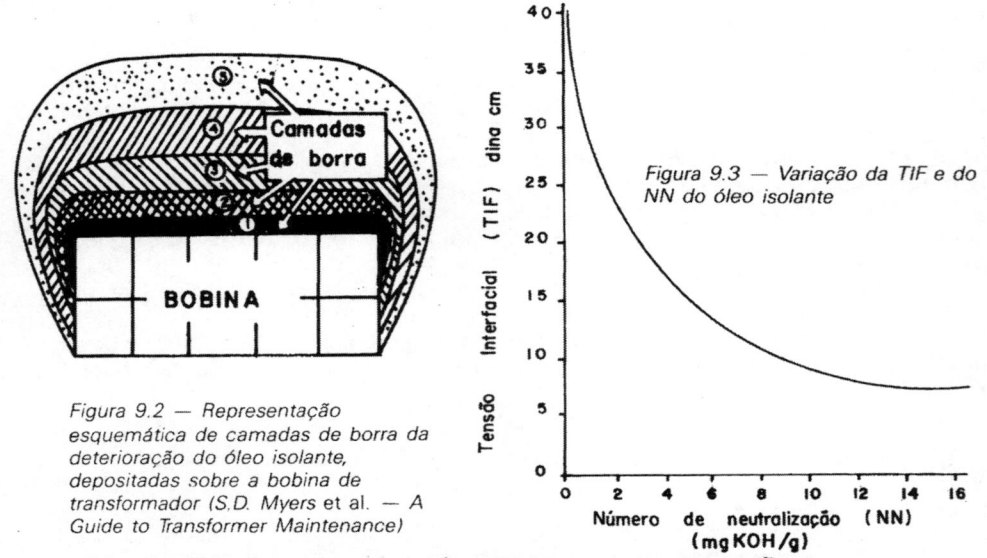

Figura 9.2 — Representação esquemática de camadas de borra da deterioração do óleo isolante, depositadas sobre a bobina de transformador (S.D. Myers et al. — A Guide to Transformer Maintenance)

Figura 9.3 — Variação da TIF e do NN do óleo isolante

9.3 — CORRELAÇÃO ENTRE O NÚMERO DE NEUTRALIZAÇÃO E A TENSÃO INTERFACIAL

A tensão interfacial (TIF) do óleo isolante diminui de valor quando se acham presentes no mesmo produto proveniente de sua decomposição, ou quando contaminado por substâncias oriundas da isolação sólida, de massa isolante de terminais de cabos ou de buchas.

Com a deterioração do óleo isolante, há a formação de substâncias ácidas e, ao mesmo tempo que a TIF diminui de valor, a sua acidez, isto é, seu número de neutralização, aumenta (Fig. 9.3).

Se não ocorrer a deterioração do óleo, mas tão-somente sua contaminação por substâncias da isolação e de terminais de cabos ou de buchas, a TIF diminui de valor e a acidez pode não ser detectável ou ter um valor muito baixo.

Exemplos:

Transformador n.º 1

Acidez (NN em mg KOH/g) — Não detectada
Água (Karl Fischer) — 9 ppm
Densidade 20/4 °C — 0,877
Fator de potência a   20 °C — 0,12%
                    a 100 °C — 6,4%
Rigidez dielétrica - (eletrodos de disco) — 55,7 kV
Tensão interfacial — 17,5 dina/cm

Transformador n.º 2

Acidez (NN em mg KOH/g) — Não detectada
Água (Karl Fischer) — 86 ppm
Densidade 20/4 °C — 0,859
Fator de potência a   20 °C — 0,50%
                    a 100 °C — 6,9%
Rigidez dielétrica (eletrodos de disco) — 20 kV
Tensão interfacial — 11,2 dina/cm

Nos dois transformadores não foi detectada a acidez, e a tensão interfacial tem valores muito baixos.

Os transformadores falharam e a isolação entre as chapas do núcleo foi refeita. É provável que o material isolante utilizado tenha contaminado o óleo e causado o abaixamento de sua tensão interfacial.

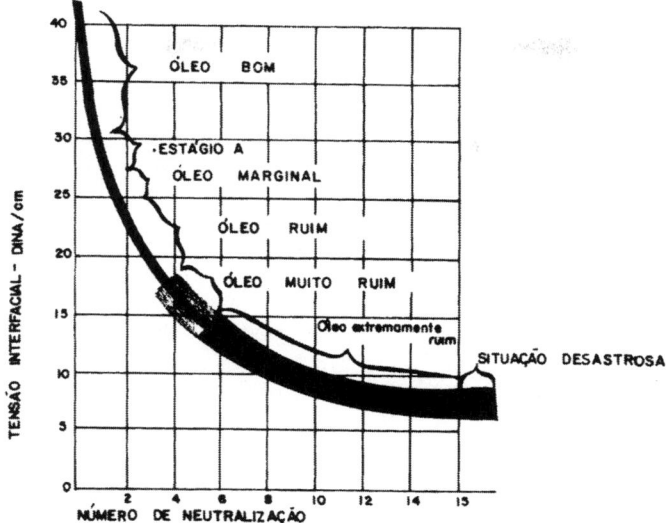

Figura 9.4 — *Tensão artificial e número de neutralização de óleos (S.D. Myers et al.* — *A Guide to Transformer Maintenance)*

9.4 — GASES DISSOLVIDOS NO ÓLEO

O óleo pode conter dissolvidos gases combustíveis e não-combustíveis. Entre os combustíveis contam-se: monóxido de carbono (CO), hidrogênio (H_2), metano (CH_4), etano (C_2H_6), etileno (C_2H_4) e acetileno (C_2H_2).

Os não-combustíveis que podem ser encontrados são: oxigênio (O_2), nitrogênio (N_2) e dióxido de carbono (CO_2).

O óleo pode dissolver até 10% de seu volume de ar. Os gases oxigênio e nitrogênio provêm do ar atmosférico, com o qual o óleo está ou esteve em contato.

As isolações sólida e líquida sofrem deterioração durante o funcionamento normal do transformador, isto é, sua operação até o limite máximo recomendado de temperatura e ausência de contato com o oxigênio e a umidade esterior.

Entre os produtos da deterioração normal da isolação estão os gases, em sua maior parte combustíveis. O dióxido de carbono é o gás não-combustível os gases relacionados.

Os gases que se formam pela deterioração normal da isolação sólida são o dióxido de carbono (CO_2); o monóxido de carbono (CO), em menor quantidade que o CO_2; e traços de hidrogênio, metano e etano.

Pesquisas de laboratório indicam que se formam os gases CO, CO_2 e água quando a celulose é sobreaquecida (140 °C). Sua pirólise, isto é, destruição pelo calor (250 °C), origina os gases CO em maior quantidade que o CO_2, além de água, carvão e alcatrão.

O óleo mineral isolante, quando sobreaquecido (500 °C), origina os gases metano, etano, etileno, CO_2 (400 °C) e água (200 °C) em presença de oxigênio. A pirólise do óleo conduz à formação de hidrogênio (de 60% a 80%), acetileno (de 10% a 25%), metano (de 1,5% a 3,5%) e etileno (de 1,0% a 2,9%).

Além do calor, conduzem também à formação de gases da isolação:
• Descargas parciais (corona) e centelhamento. O efeito corona pode ocorrer nos ângulos dos condutores com uma tensão de cerca de 12 kV. O centelhamento é uma descarga elétrica fraca com duração muito curta, um microssegundo ou menos.
• Arco elétrico, que é uma descarga elétrica prolongada e intensa.
São também fontes de gases no óleo:
• A contaminação do gás nitrogênio do colchão de gás de transformadores selados.
• Transformadores transportados com CO_2. Os enrolamentos do transformador retêm cerca de 10% do volume total de óleo.

• Transformador não-desgaseificado após ter sofrido reparos.
• Hidrólise devido à presença de água.
• Motor queimado do sistema de refrigeração forçada (LF). Há instalações em que o óleo do trasformador banha o motor que aciona a bomba de circulação do óleo.
• Poluição atmosférica.
• Contaminação pelo óleo da chave comutadora do comutador de derivações em carga do transformador (CDC).

A existência de gases no óleo devido a essas origens não significa uma condição de falha incipiente do transformador mas tão somente uma situação irregular. Autoridades no assunto afirmam que a interpretação dos resultados das análises dos gases do transformador ainda não é uma ciência e sim uma arte.

9.5 — SOLUBILIDADE DOS GASES NO ÓLEO ISOLANTE

A solubilidade, volume a volume dos gases no óleo isolante de transformadores a 101 kPa e 25 °C é a seguinte, em porcentagem:

Hidrogênio (H_2)	7,0
Nitrogênio (N_2)	8,6
Monóxido de carbono (CO)	9,0
Oxigênio (O_2)	16,0
Metano (CH_4)	30,0
Dióxido de carbono (CO_2)	120,0
Etano (C_2H_6)	280,0
Etileno (C_2H_4)	280,0
Acetileno (C_2H_2)	400,0

Pesquisas de laboratório levam à conclusão de que as bolhas dos gases se dissolvem totalmente no óleo quando ele não estiver saturado e desde que seu contato com o mesmo se dê por tempo prolongado.

Se o contato for por curto espaço de tempo, as bolhas de gases não se dissolverão totalmente e o excesso se acumulará na parte superior do transformador e no relé Buchholz.

Análises de gases recolhidos do relé Buchholz comprovam que, quando o óleo está saturado de gases, pode haver uma troca entre os gases dissolvidos e os da bolha, até ser atingido um estado de equilíbrio.

9.6 — MÉTODOS DE DETECÇÃO DOS GASES COMBUSTÍVEIS

Os gases combustíveis podem ser detectados por dois métodos básicos:
a) Teste dos gases combustíveis.
b) Cromatrografia dos gases.
Sabe-se que os ensaios realizados em campo dão resultados mais significativos. Por outro lado, é conveniente fazer uma triagem antes de enviar as amostras para o laboratório, a fim de que sejam evitados despesas e trabalhos desnecessários.

O teste dos gases combustíveis do colchão de gás da superfície do óleo isolante ou acumulados em relé detector de gases tipo Buchholz dará uma idéia sobre o processo em evolução no transformador.

As diretrizes que orientam são as seguintes:
• Uma quantidade de gases combustíveis de 0 a 500 ppm indica a deterioração normal da isolação. Repetir a análise a cada seis meses.
• Uma concentração de 501 a 1 200 ppm indica deterioração excessiva da isolação e o teste deve ser repetido a cada três meses.
• Concentração entre 1 201 e 2 500 ppm indica deterioração anormal da isolação. O teste deve ser repetido a cada mês.
• Concentração de 2 501 ppm para cima: o teste deve ser feito semanalmente, para determinar a taxa de geração de gases (L.E. Luke — Gas Detection, a Key to Transformer Health. Transmission & Distribution. Janeiro de 1980).

9.6.1 — Taxa de geração de gás

Uma taxa de geração de gás de 100 ppm ou mais em um período de 24 horas, e de maneira contínua, com carga relativamente constante, indicará uma possível condição de deterioração.

9.6.2 — Analisador de gases combustíveis

Se o analisador dos gases indicar mais de 1% de gases combustíveis no colchão de gases, realizar uma análise cromatográfica dos gases de uma amostra de óleo.

Uma concentração de acetileno no gás, maior que 20 ppm, exigirá observações mais freqüentes para se concluir da necessidade de retirada do transformador de serviço.

9.6.3 — Método-padrão de teste de gases combustíveis em aparelhos elétricos, a ser realizado em campo — ASTM (D-3284) 73/78

9.6.3.1 — Finalidade

Este método se refere à detecção e estimativa de gases combustíveis no colchão de gás da superfície do óleo ou em relés detectores de gases de transformadores, com a utilização de instrumentos portáteis e de campo; e só é aplicável a transformadores com óleo mineral isolante, como fluido dielétrico e de refrigeração.

Os gases dissolvidos no óleo e os não-combustíveis não são determinados.

Neste método está incluído um método de calibrar o instrumento com uma mistura conhecida de gases.

Este método permite estimar quantitativamente o total de gases combustíveis presentes numa mistura de gases. Para uma determinação mais acurada da quantidade de gases combustíveis, ou uma determinação quantitativa individual dos componentes da amostra, deve ser usado um cromatógrafo de gases ou um espectrômetro de massas.

9.6.3.2 — Sumário do método

Uma amostra de gás é misturada, numa proporção certa, com o ar atmosférico e introduzida no medidor a uma pressão aproximada de 1 atmosfera (atm).

Os gases combustíveis presentes na mistura são oxidados por catálise na superfície de um fio incandescente de liga de platina, que é um dos ramos de uma ponte de Wheatstone. A temperatura do fio de platina aumenta com a oxidação dos gases combustíveis e, como conseqüência, sua resistência elétrica varia, havendo o desequilíbrio da ponte.

A variação da resistência do elemento de platina do circuito da ponte é indicada por um instrumento indicador com a graduação em porcentagem dos gases combustíveis do total de gases.

9.6.3.3 — Significado

Arco, corona e sobreaquecimento localizado no sistema de isolação do transformador resultam na decomposição química do óleo isolante e outros materiais isolantes com a formação de diversos gases, muitos deles combustíveis.

Os medidores portáteis de gases combustíveis constituem um meio conveniente para detectar a presença dos gases gerados. A operação normal de um transformador pode resultar na formação de gases combustíveis. A detecção de uma falha incipiente, quando existente, por este método envolve uma avaliação da quantidade dos gases combustíveis existentes, da taxa de geração desses gases e de sua taxa de dissipação do transformador (ver item 9.23).

A determinação do total de gases combustíveis do colchão de gás de transformadores selados tem inconvenientes, quais sejam: só pode ser aplicado a esse tipo de transformadores; não dá informação qualitativa e quantitativa individualmente dos gases combustíveis existentes; e os gases dissolvidos no óleo chegam ao colchão de gás do transformador após sua saturação.

Há gases, como o acetileno e o etileno, por exemplo, cuja solubilidade no óleo é grande e por isso podem não estar presentes no colchão de gás, podendo, dessa forma, ficar ignorada uma falha incipiente existente.

A análise dos gases acumulados no relé coletor de gases (relé Buchholz) também tem inconvenientes. Para os gases chegarem a se acumular no relé, é necessário que o óleo não mais os dissolva. Se as quantidades geradas durante um determinado período forem pequenas, como é o caso de uma falha incipiente, só depois de ela ter evoluído muito, podendo chegar até a uma condição perigosa, é que os gases atingirão o relé coletor.

9.7 — ANÁLISE CROMATOGRÁFICA DOS GASES DISSOLVIDOS NO ÓLEO

O método atual mais adequado de análise de gases gerados no transformador — cujos resultados muito contribuem para a detecção de falhas incipientes e o acompanhamento do envelhecimento da isolação do transformador, sem os inconvenientes anteriores apontados — é o de análise dos gases dissolvidos no óleo por cromatografia gasosa.

A análise cromotográfica dos gases dissolvidos no óleo é feita em três etapas: amostragem do óleo; extração dos gases da amostra do óleo; e análise dos gases extraídos da amostra no cromatógrafo de gases, que consiste na separação dos diferentes gases da mistura, em sua identificação e em sua quantificação.

A Norma NBR-7070 da ABNT dá recomendações para a amostragem de gases livres e do óleo de transformadores para análise cromatográfica dos gases.

As amostras de gases livres são analisadas nas condições em que são recebidas no laboratório.

Os gases dissolvidos no óleo da amostra remetida ao laboratório devem ser extraídos para poderem ser analisados. Com as variações de temperatura, podem-se formar bolhas de gases no recipiente com amostra. Neste caso, dissolver a bolha novamente no óleo, aquecendo levemente a amostra, ou injetar no aparelho desgaseificador a bolha com o óleo.

A amostra é submetida a vácuo. Os gases desprendidos são recolhidos numa bureta graduada.

As Figs. 9.5, 9.6, 9.7 e 9.9 ilustram alguns tipos de aparelhos recomendados pelas normas para a extração de gases do óleo.

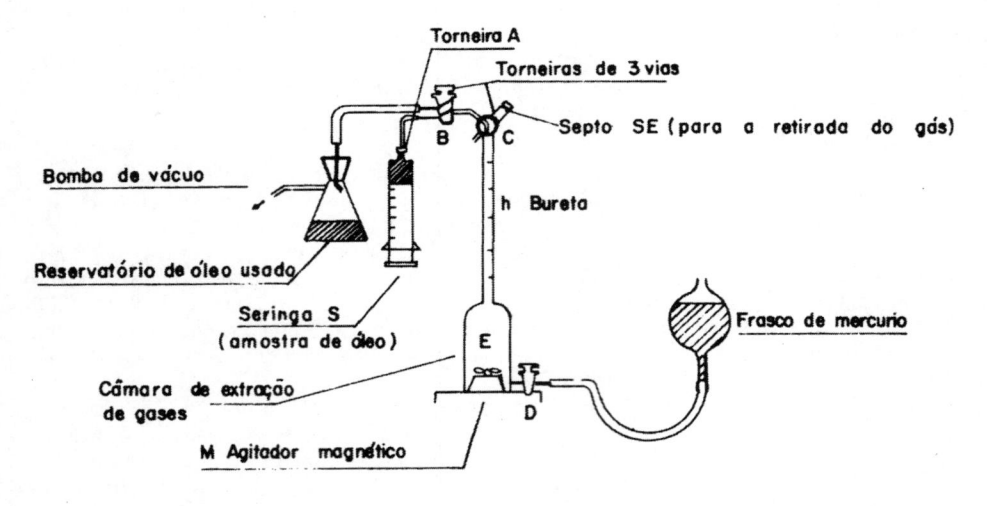

Figura 9 5 Norma NBR-7070 da ABNT — aparelhagem para extração de gases

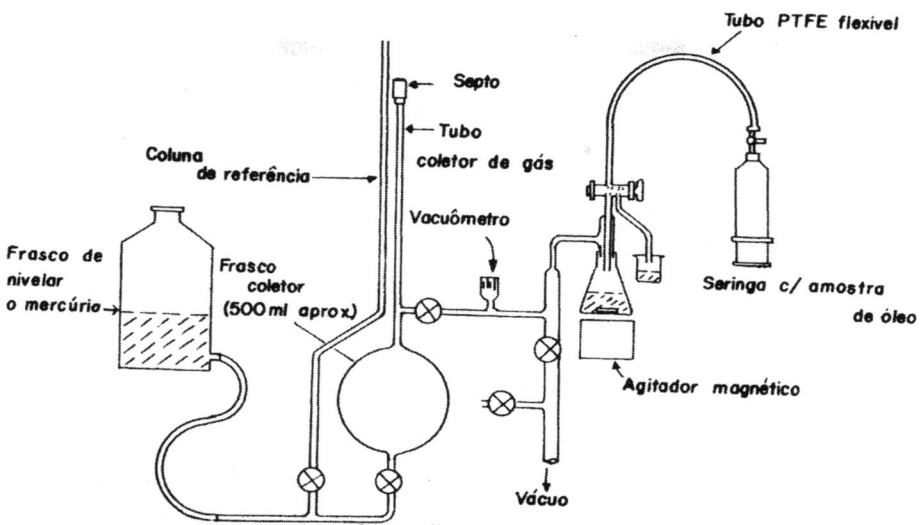

Figura 9.6 — Aparelhagem para a extração de gases de óleo isolante ASTM D-3612/79

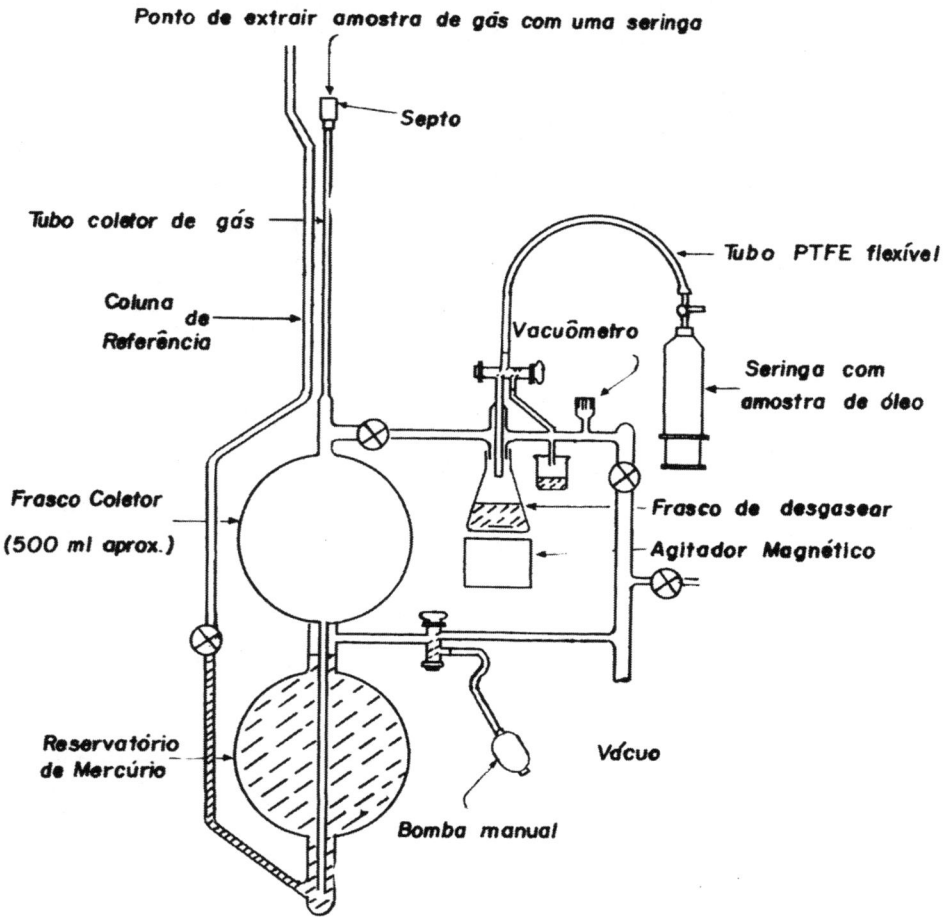

Figura 9.7 — Aparelho para extrair gás do óleo isolante (ASTM D-3612/79)

Figura 9.8 — Cromatógrafo para cromatografia dos gases

Figura 9.9 — Extrator de gases do óleo isolante para cromatografia dos gases

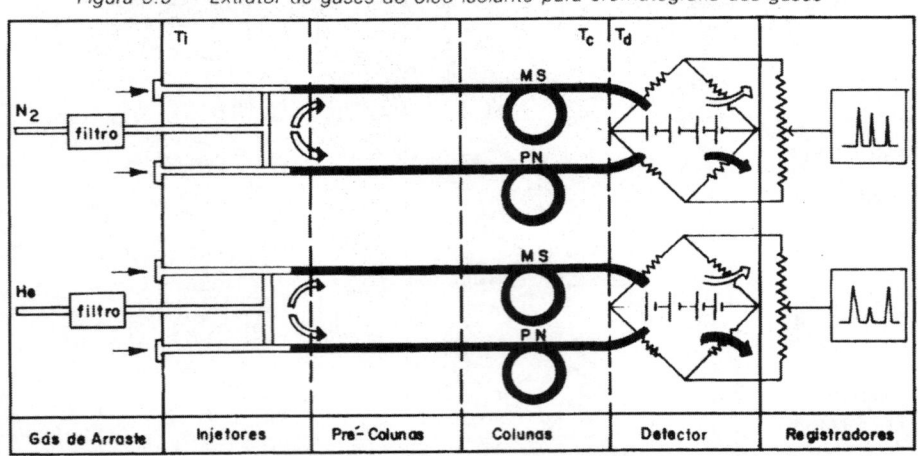

Figura 9.10 — Norma NBR-7070 da ABNT — esquema básico de cromatógrafo de gás

9.7.1 — O cromatógrafo

Basicamente, o cromatógrafo consiste em: garrafa de gás de arraste (nitrogênio ou hélio); controlador de fluxo de gás; um regulador de pressão; pontos de injetar

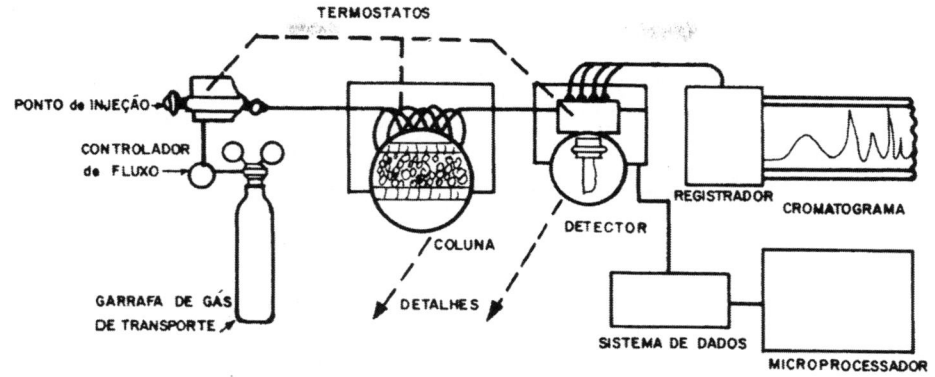

Figura 9.11 — Representação esquemática de um sistema de análise cromatográfica

a amostra de gases a ser analisada; colunas de absorção; detetores; termostatos; registrador e microprocessador com impressora para imprimir os resultados.

O volume mínimo de gás necessário é 1 ml. Uma primeira amostra de gás (0,25 ml) é coletada da bureta do extrator de gases com o auxílio de uma seringa, cuja agulha perfura o septo da bureta, e injetada na coluna de peneira molecular 5 A do cromatógrafo, tendo o nitrogênio como gás de arraste. Esta operação dará o pico de hidrogênio. Uma segunda amostra, de 0,25 ml de gás, é colhida do extrator e injetada na coluna de peneira molecular 5 A do cromatógrafo, cujo gás de arraste é o hélio. Os picos obtidos nesta operação são, na ordem: oxigênio, nitrogênio, metano e monóxido de carbono.

A terceira amostra de 0,25 ml de gás é injetada na coluna Pavapak N, do cromatógrafo, cujo gás de arraste é o hélio. Os picos serão, na ordem: dióxido de carbono, etileno, etano e acetileno. Os resultados são processados e impressos pela impressora.

9.8 — INTERPRETAÇÃO DOS RESULTADOS

A interpretação dos resultados da análise cromatográfica dos gases dissolvidos no óleo isolante ainda é uma arte, pois atualmente não chega a ser uma ciência, conforme opinião generalizada.

A técnica de análise cromatográfica é um importante recurso de que o engenheiro dispõe, pois lhe permite detectar de modo preciso e consistente falhas incipientes e muitas vezes localizá-las.

Diversos métodos de interpretação dos resultados da análise cromatográfica são propostos para ser avaliado o envelhecimento natural da isolação e a detecção e caracterização de falhas incipientes e em evolução.

É da máxima importância que seja feita uma análise dos gases dissolvidos do óleo do transformador novo nas vésperas de sua entrada em operação e imediatamente após. O óleo do transformador novo pode conter teores de gases que indiquem erroneamente uma situação às vezes até crítica.

Consta da literatura técnica o caso da análise de uma amostra de óleo de transformador novo, recém-montado e sem ter entrado em operação, com resultado alarmante. A análise revelara, inclusive, o perigo de explosão iminente. Uma investigação mostrou que o óleo não fora desgaseificado na refinaria.

Por isso, há a possibilidade de o óleo do transformador novo conter gases combustíveis pelas seguintes razões:
• Não ter sido o óleo devidamente desgaseificado na refinaria.
• Ter havido formação de gases durante a secagem e impregnação da isolação na fábrica.
• Ter havido formação de gases durante soldagem no tanque ou acessórios, com óleo.
• Não desgaseificação adequada do óleo e da isolação impregnada de óleo (a isolação retêm cerca de 10% do volume do óleo do transformador), após reparos de avarias.

Os valores da análise no início da operação do transformador servirão de *valores de referência* com os quais são comparados os valores obtidos nas análises posteriores.

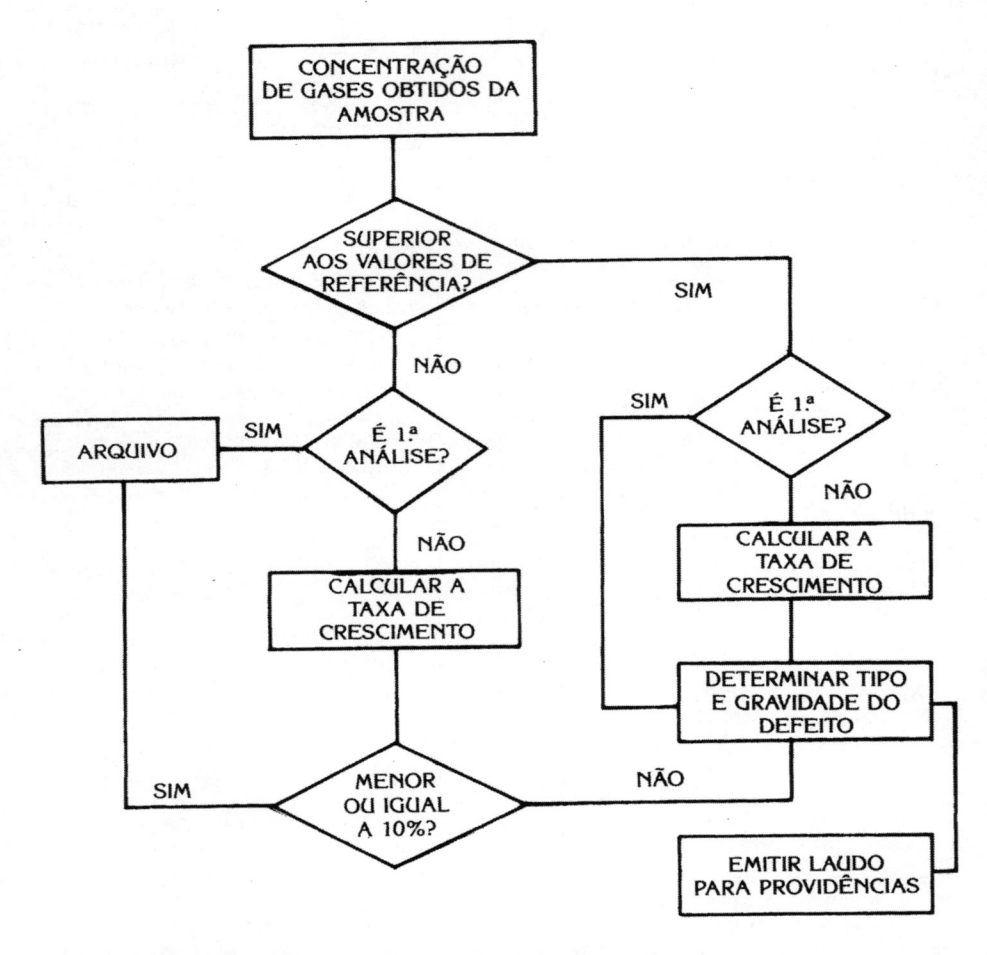

Diagrama de blocos das etapas a serem seguidas conforme os resultados das análises cromatográficas dos gases do óleo isolante. GCOI-SCM-047

9.9 — MÉTODO DE DIAGNÓSTICO PELO GÁS-CHAVE

Este método baseia-se no fato de, que quando há uma falha incipiente em evolução no transformador, a concentração dos gases a ela associados ultrapassam os valores normais de degradação da isolação dos estabelecidos em ensaios de laboratório.

O gás que caracteriza o tipo de falha incipiente é chamado de gás chave. Os perfis típicos de composição expostos em seguida são da norma NBR-7274/1982 da ABNT, Anexo A, Figura 1, para serem utilizados no diagnóstico de falha em evolução no transformador.

ANEXO A — FIGURAS E TABELAS

ARCO

Grandes quantidades de hidrogênio e acetileno são produzidas, com pequenas quantidades de metano e etileno. Dióxido e monóxido de carbono também podem ser formados caso a falha envolva a celulose. O óleo poderá ser carbonizado
Gás-chave: acetileno

DESCARGAS PARCIAIS

Descargas elétricas de baixa energia produzem hidrogênio e metano, com pequenas quantidades de etano e etileno. Quantidades comparáveis de monóxido e dióxido de carbono podem resultar de descargas em celulose
Gás-chave: hidrogênio

ÓLEO SUPERAQUECIDO

Os produtos de decomposição incluem etileno e metano, juntamente com quantidades menores de hidrogênio e etano. Traços de acetileno podem ser formados se a falha é severa ou se envolve contatos elétricos
Gás-chave: etileno

CELULOSE SUPERAQUECIDA

Grandes quantidades de dióxido e monóxido de carbono são liberados da celulose superaquecida. Hidrocarbonetos gasosos, como metano e etileno, serão formados se a falha envolver uma estrutura impregnada em óleo
Gás-chave: monóxido de carbono

ELETRÓLISE

A decomposição eletrolítica da água ou a decomposição da água associada com a ferrugem resulta na formação de grandes quantidades de hidrogênio, com pequenas quantidades dos outros gases combustíveis
Gás-chave: hidrogênio

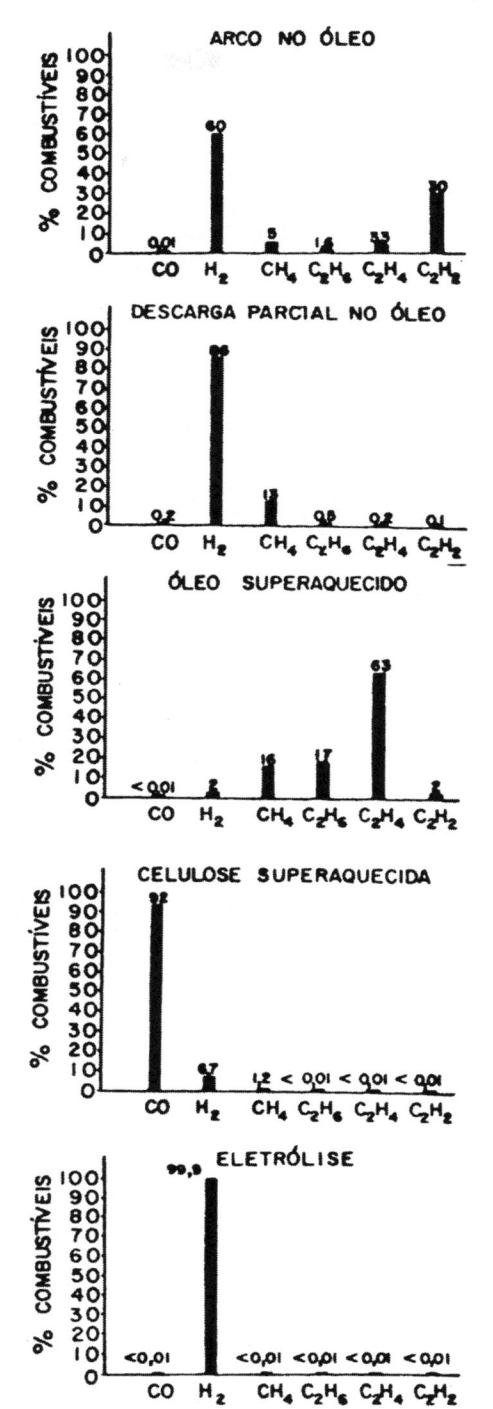

FIGURA 1 — Perfis típicos de composição

9.10 — **Tabela 1 — Diagnóstico de falha através das análises de gases dissolvido em óleo mineral (NBR-7274/82)**

Caso n.º	Falha característica	Relação (ver Nota a)			Exemplos típicos
		C_2H_2/C_2H_4	CH_4/H_2	C_2H_4/C_2H_6	
A	Sem falha	0	0	0	Envelhecimento normal
B	Descargas parciais de pequena densidade de energia	0 mas não significativo	1	0	Descargas nas bolhas de gás resultantes de impregnação incompleta, de supersaturação ou de alta umidade
C	Descargas parciais de alta densidade de energia	1	1	0	Como acima, porém provocando arvorejamento ou perfuração da isolação sólida
D	Descargas de energia reduzida (ver Nota c)	1-2	0	1-2	Centelhamento contínuo no óleo devido a más conexões de diferentes potenciais ou potenciais flutuantes. Ruptura dielétrica do óleo entre materiais sólidos.
E	Descargas de alta energia	1	0	2	Descargas de potência. Arco. Ruptura dielétrica do óleo entre enrolamentos, entre espiras ou entre espira e massa, corrente de interrupção no seletor.
F	Falha térmica de baixa temperatura < 150° C (ver Nota d)	0	0	1	Aquecimento generalizado de condutor isolado
G	Falha térmica de baixa temperatura 150 °C - 300 °C (ver Nota e)	0	2	0	Sobreaquecimento local do núcleo devido a concentrações de fluxo. Pontos quentes de temperatura crescente, desde pequenos pontos no núcleo, sobreaquecimento do cobre devido a correntes de Foucault, maus contatos (formação de carbono por pirólise) até pontos quentes devido a correntes de circulação entre núcleo de carcaça.
H	Falha térmica de temperatura média 300 °C - 700 °C	0	2	1	
I	Falha térmica de alta temperatura > 700 °C (ver Nota f)	0	2	2	

Notas: a) O código utilizado para as relações é dado abaixo, sendo que, para efeito de codificação, as relações com denominador igual a zero são consideradas iguais a zero:

9.11

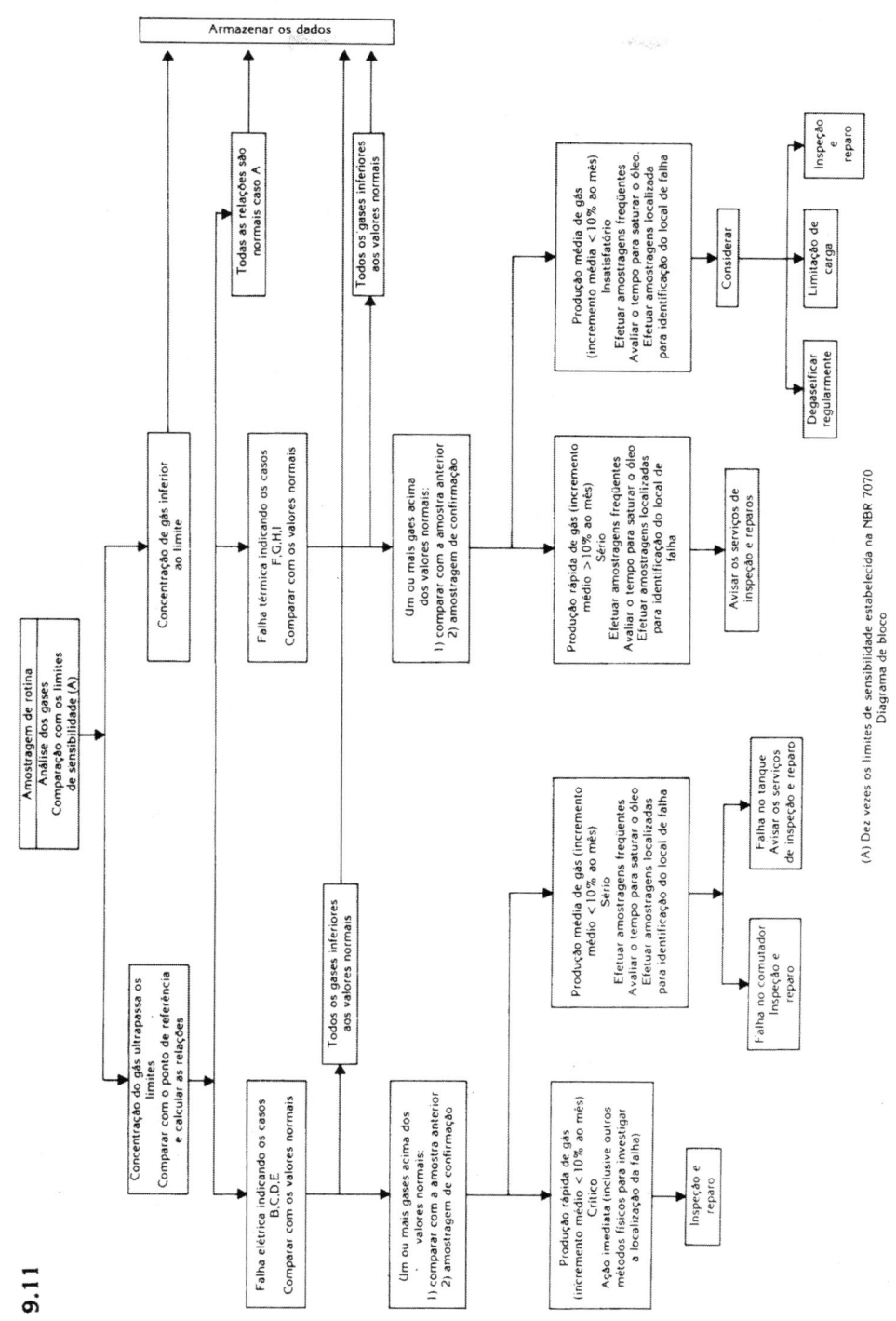

Armazenar os dados

Amostragem de rotina
Análise dos gases
Comparação com os limites
de sensibilidade (A)

Concentração do gás ultrapassa os limites
Comparar com o ponto de referência
e calcular as relações

Concentração de gás inferior ao limite

Todas as relações são normais caso A

Falha elétrica indicando os casos
B,C,D,E
Comparar com os valores normais

Falha térmica indicando os casos
F,G,H,I
Comparar com os valores normais

Todos os gases inferiores aos valores normais

Todos os gases inferiores aos valores normais

Um ou mais gases acima dos valores normais:
1) comparar com a amostra anterior
2) amostragem de confirmação

Um ou mais gases acima dos valores normais:
1) comparar com a amostra anterior
2) amostragem de confirmação

Produção rápida de gás (incremento médio < 10% ao mês)
Crítico
Ação imediata (inclusive outros métodos físicos para investigar a localização da falha)

Produção rápida de gás (incremento médio > 10% ao mês)
Sério
Efetuar amostragens freqüentes
Avaliar o tempo para saturar o óleo
Efetuar amostragens localizadas para identificação do local de falha

Produção média de gás (incremento médio < 10% ao mês)
Insatisfatório
Efetuar amostragens freqüentes
Avaliar o tempo para saturar o óleo
Efetuar amostragens localizadas para identificação do local de falha

Produção média de gás (incremento médio < 10% ao mês)
Sério
Efetuar amostragens freqüentes
Avaliar o tempo para saturar o óleo
Efetuar amostragens localizadas para identificação do local de falha

Inspeção e reparo

Falha no comutador
Inspeção e reparo

Falha no tanque
Avisar os serviços de inspeção e reparo

Avisar os serviços de inspeção e reparos

Considerar

Inspeção e reparo

Limitação de carga

Degaseificar regularmente

(A) Dez vezes os limites de sensibilidade estabelecida na NBR 7070
Diagrama de bloco

NBR 7274/1982

Relação entre os gases característicos (R)	Código		
	$\dfrac{C_2H_2}{C_2H_4}$	$\dfrac{CH_4}{H_2}$	$\dfrac{C_2H_4}{C_2H_6}$
0,1 > R	0	1	0
0,1 < R < 1	1	0	0
1 < R < 3	1	2	1
3 < R	2	2	2

b) Os valores dados para as relações devem ser considerados apenas como típicos.

c) Nesta tabela, a relação $\dfrac{C_2H_2}{C_2H_4}$ se eleva de um valor compreendido entre 0,1 e 3 a um valor superior a 3, e a relação $\dfrac{C_2H_4}{C_2H_6}$ de um valor compreendido entre 0,1 e 3 a um valor superior a 3 quando a intensidade da descarga aumenta.

d) Neste caso, os gases provêm principalmente da degradação da isolação sólida, o que explica o valor da relação $\dfrac{C_2H_4}{C_2H_6}$.

e) Este tipo de falha é indicado normalmente por um aumento da concentração dos gases. A relação $\dfrac{CH_4}{H_2}$ é normalmente da ordem de 1; o valor real, superior ou inferior à unidade, depende de numerosos fatores, tais como o tipo de sistema de preservação do óleo, a temperatura e a qualidade do óleo.

f) Um aumento da concentração de C_2H_2 pode indicar que a temperatura do ponto quente é superior 1 000 °C.

g) Os transformadores equipados com comutador de derivações em carga podem indicar falhas do tipo 202/102 se os produtos de decomposição formados pelos arcos no comutador puderem difundir-se no óleo do tanque principal do transformador.

h) Na prática, podem ocorrer combinações de relações diferentes da tabela. Para esses casos, deve-se considerar a taxa de crescimento e/ou os perfis típicos de composição (por exemplo, os da Tab. 1).

9.11.1 — A tabela abaixo, que alinha os valores normais e anormais de gases combustíveis no óleo, foi feita pela Universidade Estadual da Califórnia, EUA. (California State University, Sacramento — Guidelines for Combustible Gases)

Gás		Normal		Anormal	Interpretação
H_2	<	150 ppm	>	1 000 ppm	Arco, corona
CH_4	<	25	>	80	Centelhamento
C_2H_6	<	10	>	35	Sobreaquecimento local
C_2H_4	<	20	>	100	Sobreaquecimento severo
CO	<	500	>	1 000	Sobrecarga severa
CO_2	<	10 000	>	15 000	Sobrecarga severa
N_2	<	1%-10%	>	N.A.	Sobrecarga severa
O_2	<	0,2%-3,5%	>	N.A.	Sobrecarga severa
		0,003%	>	0,5%	Combustível

9.12 — VALORES, EM PPM, VOLUME A VOLUME, DE GASES DISSOLVIDOS NO ÓLEO ISOLANTE CONSIDERADOS MÁXIMOS ADMISSÍVEIS PELA EMPRESA HYDRO QUEBEC, DO CANADÁ

a) Para transformadores de transmissão e reatores (volume do óleo, 39 000 litros)

Gás	Idade (anos)				
	De 0 a 3	De 3 a 6	De 6 a 12	De 12 a 15	Acima de 15
Hidrogênio (H_2)	110	150	250	500	500
Metano (CH_4)	40	100	100	100	150
Etano (C_2H_6)	50	75	75	100	100
Etileno (C_2H_4)	50	125	150	150	150
Acetileno (C_2H_2)	30	60	150	150	150
CO	1 000	1 000	1 000	1 000	1 500
CO_2	5 000	10 000	10 000	10 000	12 000

b) Para transformadores de instrumentos (volume do óleo, 780 litros)

Gás	Idade (anos)				
	De 0 a 3	De 3 a 6	De 6 a 12	De 12 a 15	Acima de 15
Hidrogênio (H_2)	125	150	250	250	250
Metano (CH_4)	10	10	20	20	20
Etano (C_2H_6)	10	10	10	10	15
Etileno (C_2H_4)	10	10	10	15	15
Acetileno (C_2H_2)	25	25	25	25	50
CO	400	500	700	700	700
CO_2	2 500	3 000	3 000	3 000	3 000

NOTA: Os valores da tabela de transformadores de transmissão e reatores foram ajustados para o volume-padrão de 39 000 litros e os de transformadores de instrumentos para o volume-padrão de 780 litros. Para os transformadores cujo volume de óleo for muito diferente dos mencionados, as ppm medidas deverão ser corrigidas com o auxílio da fórmula seguinte:

$$\text{ppm corrigidas} = \text{ppm medidas} \times \frac{\text{Volume real}}{\text{Volume-padrão}}$$

9.13 — PARA A MORGAN SCHAFFER CORP., SÃO OS SEGUINTES OS VALORES MÁXIMOS ADMISSÍVEIS RECOMENDADOS DOS NÍVEIS DE GASES EM EQUIPAMENTOS ELÉTRICOS IMERSOS EM ÓLEO ISOLANTE, CONFORME O NÚMERO DE ANOS EM SERVIÇO

Tabela 9.13

Gás	Concentração de gás dissolvido em ppm (vol/vol)	Concentração de gás no colchão gasoso em porcentagem (vol/vol)
H_2	Menor que $20 n + 50$	Menor que $0,035n + 0,1$
CH_4	$20n + 50$	$0,005n + 0,01$
C_2H_6	$20n + 50$	$0,001n + 0,002$
C_2H_4	$20n + 50$	$0,001n + 0,002$
C_2H_2	$5n + 10$	$0,0005n + 0,001$
CO	$25n + 500$	$0,02n + 0,40$
CO_2	$100n + 1500$	$0,01n + 0,15$
TCG	$110n + 710$	$0,06n + 0,5$

TCG = Total de gases combustíveis
n = Número de anos em serviço

NOTAS
1. As concentrações dos gases do colchão gasoso foram calculadas conforme as concentrações dos gases dissolvidos, supondo a existência de equilíbrio entre as duas fases.

As concentrações dos gases do colchão gasoso em mililitros de gás a 1 atm e 273°K, por 100 ml de volume do colchão gasoso, são relacionadas com o volume percentual de uma amostra do colchão gasoso pela equação:

$$\text{ml/100 ml} = \text{vol\%} \times P \times \frac{273}{T}$$

P = Pressão do colchão gasoso em atmosferas
T = Temperatura do colchão gasoso em °K

2. São considerados níveis perigosos aqueles cujos valores são iguais a cinco a dez vezes os valores tabelados para equipamentos de potência, e a dez a quinze vezes os tabelados para transformadores de instrumentos.

Atenção: Nas unidades sem proteção, com pequeno volume de óleo, como transformadores de corrente, aos gases de falha deve ser dada uma atenção maior que nos casos de falha subjacente devido ao perigo de explosão.

9.14 — VALORES INTERNACIONALMENTE CONSIDERADOS DE REFERÊNCIA (PPM VOL/VOL)

Gás	CENTRAL ELECTRICITY GENERATING BOARD OF GREAT BRITAIN (CEGB)		Dornenburg	Mitsubishi		
	Transformadores elevadores	Transformadores de transmissão		Até 275 kV		500 kV
				$\leqslant$ 10 MVA	> 10 MVA	
H_2	240	100	200	400	400	300
CH_4	160	120	50	200	150	100
C_2H_6	115	65	15	150	150	50
C_2H_4	190	30	60	300	200	100
C_2H_2	11	35	15	Traços	Traços	Traços
CO	580	350	1 000	300	300	200
CO_2	—	—	11 000	—	—	—
TGC	—	—	—	1 000	700	400

9.15 — VALORES EM PPM DE GASES DISSOLVIDOS NO ÓLEO DE TRANSFORMADORES ELEVADORES COM TENSÃO IGUAL OU ACIMA DE 230 KV, CONFORME O TEMPO DE OPERAÇÃO

Transformador elevador ≥ 230 kV	Faixa do valores (ppm)	Tempo por operação (resultado em unidade)			
		<2 anos	De 2 a 5 anos	>5 e <10 anos	>10 anos
H_2	0-100	21	40	42	57
	101-200	—	5	—	6
	>200	1	—	—	1
CH_4	0-100	16	32	34	61
	101-200	3	9	8	1
	>200	3	4	—	—
C_2H_4	0-120	20	35	39	67
	121-240	—	4	3	1
	>240	3	6	—	—
C_2H_6	0-200	15	40	37	67
	201-400	5	3	4	—
	>400	2	2	1	—
C_2H_2	0-15	22	45	42	66
	16-30	—	—	—	—
	>30	—	—	—	1
CO	0-300	17	23	27	15
	301-750	5	22	15	33
	>750	—	—	—	15
TGC (Total de Gases Combustíveis)	0-500	15	24	19	19
	501-1000	3	12	14	32
	>1000	4	9	1	15

GCOI — Subcomitê de Manutenção
Recomendações para a utilização da análise cromatográfica em óleo mineral isolante na recepção e na manutenção de equipamentos (dezembro de 1980)

9.16 — VALORES DE REFERÊNCIA DE GASES PARA TRANSFORMADORES (PPM VOL/VOL) (GCOI-SCM-047)

	Elevadores ≥ 230 kV	Elevadores < 230 kV	Interligadores ≥ 230 kVCDC independente	Interligadores ≥ 69 < 230 kV CDC independente	Interligadores ≥ 230 kVCDC comunicação	Interligadores ≥ 69 < 230 kV CDC	Abaixadores ≥ 230 kVCDC	Abaixadores ≥ 69 < 230 kV CDC	Abaixadores ≥ 69 < 230 kV CDC
H_2	100	300	300	150	400	300	100	200	750
CH_4	200	200	150	50	200	100	50	100	200
C_2H_4	120	120	60	60	180	60	60	60	180
C_2H_6	200	200	100	45	250	75	150	100	300
C_2H_2	15	15	15	15	150	150	15	15	200
CO	750	750	750	750	500	300	750	500	750
CO_2	8 250	8 250	5 000	5 000	2 000	3 000	5 000	5 000	5 000
N_2	80 000	80 000	80 000	80 000	80 000	80 000	80 000	80 000	80 000
O_2	20 000	20 000	10 000	20 000	10 000	20 000	20 000	20 000	20 000
Total de amostras observ.	356	86	91	22	94	28	26	235	178 =1116

GCOI-SCM-047 — Recomendações para a utilização da análise cromatográfica em óleo mineral isolante na recepção e na manutenção de equipamentos

A tabela abaixo, em geral aceita, contém uma relação dos gases dissolvidos no óleo, que podem ser detectados, e as correspondentes condições de falha incipiente

9.17 — TABELA DE RELAÇÃO ENTRE GASES DISSOLVIDOS NO ÓLEO E CONDIÇÕES DE FALHA

Gases detectados	Interpretação
Nitrogênio +5% ou menos de O_2	Operação normal de transformadores selados
Nitrogênio + mais de 5% de O_2	Verificar o fechamento hermético do transformador
N_2, CO_2 ou ambos	Transformador sobrecarregado ou operando com sobreaquecimento, havendo decomposição da celulose. Verificar as condições de operação
N_2 e H_2	Corona, eletrólise de água ou ferrugem
N_2 e H_2, CO e CO_2	Corona envolvendo celulose ou sobrecarga severa do transformador
N_2, H_2, CH_4 + pequena quantidade de etano e etileno	Centelhamento ou outras causas secundárias que causam a decomposição do óleo
N_2, H_2, CH_4 e CO_2, e outros hidrocarbonetos em pequenas quantidades; C_2H_2 geralmente ausente	Centelhamento ou outra falha secundária em presença da celulose
N_2 com muito H_2 e outros hidrocarbonetos, inclusive C_2H_2	Arco de elevada energia (potência com rápida deterioração do óleo)
N_2 com muito H_2, metano, muito etileno e algum acetileno	Arco de elevada temperatura no óleo numa área limitada, por exemplo, conexões em mau estado, curto-circuito entre espiras
Mesma situação anterior com CO e CO_2 presentes	Mesma interpretação anterior com arco envolvendo a celulose

S.D. Myers *et al.* — A Guide to Transformer Maintenance

9.18 — CONSIDERAÇÕES SOBRE A TAXA DE GERAÇÃO DE GASES E SUA CONCENTRAÇÃO NO ÓLEO MINERAL ISOLANTE

A avaliação da taxa de geração dos gases gerados no transformador é um valioso meio de se verificar e acompanhar a evolução de uma falha incipiente da isolação.

A taxa de geração de um gás é definida como sendo a quantidade de gás em volume gerado por dia.

Nos transformadores selados e sem colchão de gás (tipo com bolsa de borracha), os gases gerados permanecem dissolvidos no óleo.

Se o transformador é do tipo selado com colchão de gás, os gases gerados se distribuem entre o óleo isolante e o colchão de gás. A distribuição se processará até que seja atingida uma condição de equilíbrio, isto é, até que a pressão parcial dos gases seja a mesma na fase líquida e na fase gasosa, conforme estabelece a lei de Henry.

Já nos transformadores com conservador e que respiram, parte dos gases gerados se perde pela atmosfera.

A maior dificuldade para a avaliação da taxa de geração dos gases está na determinação da taxa de perdas.

9.19 — TRANSFORMADORES SELADOS E SEM COLCHÃO DE GÁS (COM BOLSA DE BORRACHA)

Nos transformadores selados e sem colchão de gás, só há a fase líquida e as perdas são praticamente não-existentes (Fig. 9.12).

Nêste caso, se V_x é o volume do gás x dissolvido no volume V_o de óleo, a concentração do gás no óleo será:

$$\frac{V_x}{V_o} = C_x$$

Um aumento de volume dV_x de gás gerado acarretará uma variação dC_x da concentração ou

$$dC_x = \frac{dV_x}{V_o} \quad e \quad dV_x = V_o . dC_x$$

A taxa de geração G_x do gás x é a quantidade de gás, em mililitro, gerada no período de um dia, isto é,

$$G_x = \frac{dV_x}{dt} \quad ou \quad G_x = V_o \cdot \frac{dC_x}{dt} \cdot 10^{-3} \text{ ml/dia,}$$

sendo V_o em litro e $\frac{dC_x}{dt}$ em ppm/dia.

9.20 — TRANSFORMADORES SELADOS E COM COLCHÃO DE GÁS

Nos transformadores selados e com colchão de gás, os gases gerados no transformador se distribuem entre as fases líquida e gasosa, conforme a lei de Henry, cujo enunciado é o seguinte:

Nas condições de equilíbrio e com temperatura constante, a quantidade de gás dissolvida por unidade de volume da fase líquida é diretamente proporcional à pressão parcial do gás não dissolvido.

Se a densidade do gás aumenta com a pressão sobre ele exercida e a quantidade de gás dissolvido também aumenta com a pressão, conclui-se que o *volume* de gás dissolvido não depende da pressão.

Para avaliar a taxa de geração de transformador selado e com colchão de gás pode ser utilizada a equação:

$$G_x = V_e \frac{dC_x}{dt} \cdot 10^{-3},$$ na qual V_e é o volume equivalente do sistema, que é igual ao volume do óleo do transformador acrescido de um volume de óleo que possa dissolver a quantidade do gás x existente no colchão de gás nas condições do sistema, ou igual ao volume do gás do colchão de gás acrescido de um volume de gás correspondente à quantidade do gás x existente no óleo.

9.21 — COEFICIENTE DE SOLUBILIDADE DE OSTWALD

O coeficiente de solubilidade de Ostwald de um gás x é definido pelo volume do gás dissolvido na unidade de volume do solvente ou fase líquida, nas condições de temperatura e pressão parcial do sistema, isto é, coeficiente de solubilidade de Ostwald do gás x.

$$\alpha_x = \frac{V_x}{V_\ell} \quad \begin{array}{l} \text{(volume do gás } x\text{)} \\ \text{(volume do líquido)} \end{array}$$

O coeficiente α_x de Ostwald também pode ser definido como a relação entre as concentrações do gás x no óleo (fase líquida) (C_o) e no gás do colchão de gás (fase gasosa) (C_g).

Com efeito: $P_x V_g = RTn$ é a equação dos gases reais, na qual P_x e V_g são, respectivamente, a pressão parcial do gás x e o volume da fase gasosa; R, a constante universal dos gases; T, a temperatura absoluta (K) do sistema; e n, o número de moles do gás na fase gasosa.

A concentração do gás na fase gasosa será:

$$C_g = \frac{n}{V_g} = \frac{P_x}{RT} \quad \text{em mol/litro.}$$

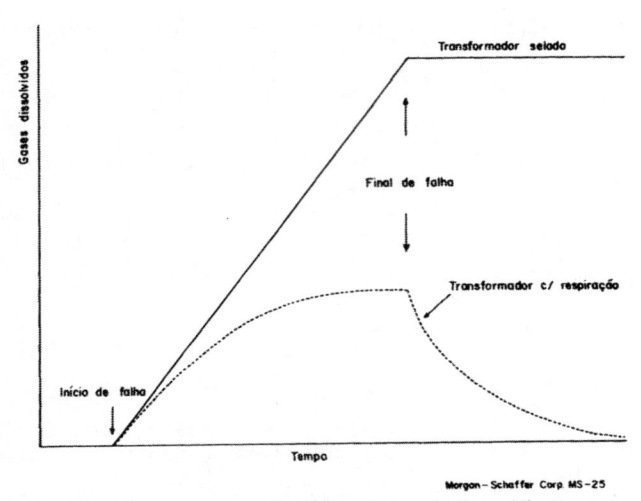

Figura 9.12 — Curvas típicas de geração de gases em transformadores selados e não-selados

Da mesma forma, a concentração do gás x no óleo isolante (fase líquida) será:

$$C_o = \frac{n}{V_\ell} = \frac{P_x V_x}{RTV_\ell} \quad \text{em mol/litro, sendo } P_x \text{ a pressão parcial do gás } x;$$

V_x, o volume do gás dissolvido no volume V_ℓ do líquido na pressão P_x e na temperatura $T(K)$. Relacionando:

$$\frac{C_o}{C_g} = \frac{P_x V_x}{RTV_\ell} \cdot \frac{RT}{P_x} = \frac{V_x}{V_\ell} = \alpha_x$$

C_o = concentração de gás x no óleo
C_g = concentração de gás x no colchão de gás

O volume do sistema, transformando o volume do colchão de gás para óleo, poderá ser obtido da seguinte forma:

$$C_g = \frac{V_{xg}}{V_g} \qquad C_o = \frac{V_{xo}}{V_o}$$

V_{xg} = volume do gás x no colchão de gás
V_{xo} = volume de gás x no óleo

O volume equivalente V_{eo} de óleo, correspondente ao volume V_{xg} do gás x do colchão de gás, será:

$$V_{eo} = \frac{V_{xg}}{C_o}. \quad \text{Mas} \quad \alpha_x = \frac{C_o}{C_g} \quad \text{ou} \quad C_o = \alpha_x\,C_g \quad \text{e} \quad V_{eo} = \frac{V_{xg}}{\alpha_x C_g}$$

A equação da taxa de geração do gás *x*, neste caso, será:

$$G_x = \left[V_o + \frac{V_{xg}}{\alpha_x C_g} \right] \left[\frac{dC_x}{dt} \right]_{óleo} 10^{-3} \text{ ml/dia}$$

Como $\dfrac{V_{xg}}{C_g} = V_g$ e, substituindo-se na equação acima vem,

$$G_x = \left[V_o + \frac{V_g}{\alpha_x} \right] \left[\frac{dC_x}{dt} \right]_{óleo} 10^{-3} \text{ ml/dia} \tag{1}$$

sendo V_o e V_g em litros e $\dfrac{dC_x}{dt}$ em ppm, que é a equação da taxa de geração do gás *x*, quando se reduz o volume do colchão do gás, medido nas condições de pressão e temperatura do sistema, em volume equivalente de óleo V_{eo}.

Pode-se também transformar o volume de óleo em volume equivalente de gás. Se V_g é o volume do colchão de gás e V_{xo}, o volume do gás *x* dissolvido no óleo, o volume V_{eg} do colchão de gás que teria o volume V_{xo} de gás *x* dissolvido no óleo seria:

$$V_{eg} = \frac{V_{xo}}{C_g}. \quad \text{Mas,} \quad C_o = \frac{V_{xo}}{V_o} \quad \text{e} \quad V_{xo} = C_o V_o.$$

Também $\dfrac{C_o}{C_g} = \alpha_x$ e $C_o = \alpha_x C_g = \dfrac{V_{xo}}{V_o}$, donde

$$V_{xo} = \alpha_x V_o C_g \quad \text{e} \quad V_{eg} = \frac{\alpha_x V_o C_g}{C_g} = \alpha_x V_o$$

$V_{eg} = \alpha V_o$ é o volume equivalente do colchão de gás que teria dissolvido a quantidade do gás *x* do óleo, na pressão *P* e na temperatura *T* Kelvin.

O volume total ($V_g + \alpha_x V_o$) será reduzido às condições normais de temperatura e pressão (101,3 kPa) 1 atmosfera e 273 K.

Os resultados das análises cromatográficas dos gases do óleo são dados, em geral, em ppm (partes por milhão) e os dos gases do colchão de gás em porcentagem de volume.

A equação da taxa de geração dos gases com volume equivalente do colchão de gás terá a forma seguinte:

$$G_x = (V_g + \alpha_x V_o) \left[\frac{dC_x}{dt} \right]_{gás} \frac{P}{T} \cdot 2\,730 \text{ ml/dia} \tag{2}$$

sendo (V_g e V_o) em litros, $\dfrac{dC_x}{dt}$ em porcentagem de volume/dia, *P* em atmosfera e *T* em Kelvin.

A extração de amostra de óleo para gás cromatografia é menos trabalhosa que a de amostra do colchão de gás, razão pela qual o cálculo da taxa de geração pela Eq. (1) é preferível.

Os gases são gerados no interior do óleo e nele se dissolvem com certa demora. Quando o volume de gás gerado num determinado tempo é maior que o volume que pode ser dissolvido no óleo nesse período, a parte não dissolvida se acumula no colchão de gás. Se a geração for relativamente lenta, os gases gerados se dissolverão no óleo e haverá uma fração dos mesmos, que é transferida lentamente para o colchão de gás até que seja atingida a condição de equilíbrio.

Em geral, os resultados da gás cromatografia dos gases dissolvidos no óleo é mais significativa. No entanto, pode haver uma geração rápida de gases, sendo, nesses casos, aconselhável realizar análises cromatográficas dos gases do óleo e do colchão de gás.

9.22 — PERDAS POR VAZAMENTO

Nos transformadores selados, o sistema de vedação nem sempre é perfeito e pode haver vazamento de gases do colchão de gás, cuja pressão é mantida pelo sistema de reposição automática. Quando há vazamentos, obtém-se um valor para a taxa de geração menor que o real.

A evasão dos gases em geral é lenta e, por isso, o equilíbrio entre os gases do óleo e do colchão de gás pode ser mantido.

Assim, se V_x é volume do gás x do colchão de gás, cujo volume é V_g, sua concentração será $C_g = \dfrac{V_x}{V_g}$.

Se o volume do gás x que sai do sistema é dV_x, a taxa de perdas tp será $\dfrac{dV_x}{dt}$ em ml/dia.

Logo,

$$tp = C_g \frac{dV_g}{dt} = \frac{C_o}{\alpha_x} \cdot \frac{dV_g}{dt} = E \cdot \frac{C_o}{\alpha_x}$$

$E = \dfrac{dV_g}{dt}$ é o volume de gás do colchão de gás que se evade em mililitro por dia.

A taxa de geração do gás x terá a forma seguinte:

$$G_x = \left[V_o + \frac{V_g}{\alpha x} \right] \left[\frac{dC_x}{dt} \right]_{óleo} 10^{-3} + E \cdot \frac{C_o}{\alpha_x}$$

O coeficiente da taxa de perdas E pode ser determinado conhecendo-se o volume de gás reposto no colchão de gás.

9.23 — TRANSFORMADORES COM CONSERVADOR OU TANQUE DE EXPANSÃO

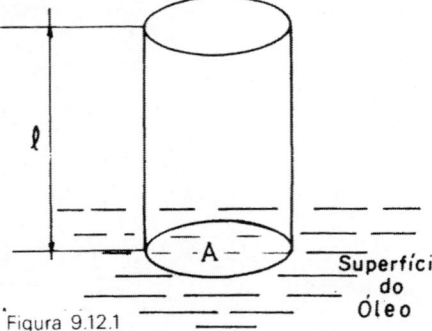

Figura 9.12.1

Nos transformadores com conservador ou tanque de expansão, uma parte dos gases gerados se perde na atmosfera (Fig. 9.12).

Seja A uma fração da área total da superfície do óleo exposta ao ar atmosférico (Fig. 9.12.1). Se C_g é a concentração do gás x no ar em contato com a área A e $\dfrac{dC_x}{dl}$, o gradiente de concentração do gás x na coluna de comprimento l, a taxa de perdas será:

$$tp = AD.\frac{dC_x}{dl}$$, em que D é o coeficiente de difusão do gás x no ar. Mas

$$\frac{dC_x}{dl} = (0 - C_x)/l = \frac{-C_x}{l}$$

Como $C_x = \dfrac{C_o}{\alpha_x}$, $\dfrac{dC_x}{dl} = -\dfrac{C_o}{\alpha_x l}$ e a taxa de perdas será dada pela equação:

$$tp = -\frac{AD}{\alpha_x l}C_o\,,\quad \text{fazendo}\quad p_x = \frac{AD}{\alpha_x l}\quad \text{o coeficiente de perdas do gás } x, \text{ a}$$

equação toma a forma:

$tp = p_x C_o$, sendo p_x o coeficiente de perdas do gás x.

A equação da taxa de geração G_x do gás x será:

$$G_x = V_o \left[\frac{dC_x}{dt} \right]_{\text{óleo}} \cdot 10^{-3} + p_x C_o$$

A determinação do coeficiente de perdas p_x é muito difícil.
Para poder ser aplicada a equação

$$G_x = V_o \left[\frac{dC_x}{dt} \right]_{\text{óleo}} \cdot 10^{-3}\ \text{ml/dia}$$

na determinação da taxa de geração de um gás em transformador com conservador, isto é, com respiração livre, podem ser usados os seguintes critérios:

a) *Critério da concentração nula*

Quando há dados de análises cromatográficas disponíveis, com as quais seja possível traçar um gráfico de *ppm* em função do tempo (em dias), e cuja curva possa confiavelmente ser extrapolada para o valor zero, a determinação da taxa de geração pode ser logo obtida, traçando-se a tangente à curva a partir da origem dos eixos coordenados.

b) *Critério da variação percentual da concentração*

Pesquisas realizadas pelo Laboratório Morgan Schaffer, do Canadá, com um gás piloto introduzido em conservador de transformador de grande porte, revelaram que seu volume ficou reduzido a cerca da metade após decorridos aproximadamente seis meses.

Com base nesses dados, verificou-se que, quando a variação da concentração C_x de um gás for maior que 1% ao dia, isto é, $\dfrac{dC_x}{dt} > 0,01\ C_x$ e considerando-se um fator igual a 2, a aplicação das equações dos sistemas selados para o cálculo de sua taxa de geração conduzirá a resultados razoavelmente próximos dos reais.

A concentração C_x pode ser considerada mais ou menos constante quando análises sucessivas indicarem uma variação menor que 1%, apesar de seu valor ser elevado.

Neste caso, ou a taxa de geração e as perdas do gás são elevadas e a situação é séria, ou ambas são baixas e a situação não é séria, havendo, nas duas situações, uma condição de equilíbrio entre geração e perda do gás.

A verificação do comportamento da geração dos gases CO e CO_2, normalmente produzidos pela deterioração da celulose da isolação, pode auxiliar a identificar a situação que na realidade existe.

Com efeito, um aumento constante das concentrações de CO e CO_2 caracteriza perdas reduzidas. Portanto, se a concentração do gás considerado não variar, ou variar pouco, pode-se concluir que sua taxa de geração é de baixo valor e a situação não é séria.

Por outro lado, se as concentrações de CO e CO_2 apresentarem aumentos e diminuições, ou se se mantiverem relativamente constantes, pode-se pensar que há perdas expressivas dos gases de falha.

Portanto, se sucessivas análises dos gases de falha apresentarem valores de concentração razoavelmente constantes, pode-se presumir que sua taxa de geração é também expressiva.

A desgaseificação do óleo, núcleo e isolação sólida do transformador, seguida de uma série de análises de gás cromatografia, permitirá dirimir a dúvida e estabelecer a taxa de geração dos gases pelo método da concentração nula.

A desgaseificação deverá ser completa, do contrário os gases que permanecerem no núcleo e isolação dos enrolamentos passarão para o óleo desgaseificado e os resultados das análises não expressarão a realidade da situação, conduzindo a valores errôneos de taxas de geração dos gases de falha, obtidos pelo método da concentração nula.

Os valores dos coeficientes de Ostwald a 25 °C encontrados na norma brasileira NBR-7070/81 são os seguintes:

Hidrogênio	0,0558	Valores para uma massa específica do óleo
Nitrogênio	0,0968	igual a 0,855 g/cm^3 a 15,5 °C.
Monóxido de		
carbono	0,133	Para óleos de densidades diferentes da acima,
Dióxido de carbono	1,17	ma, os coeficientes podem ser calculados
		pela fórmula:
Oxigênio	0,179	
Metano	0,438	
Acetileno	1,22	K (corrigido) $= K \dfrac{0,980 - \mu}{0,130}$, sendo μ a
Etileno	1,76	massa específica do óleo de interesse em
Etano	2,59	g/cm^3 a 15,5 °C.

Para se obter os valores a qualquer outra temperatura, emprega-se a fórmula seguinte, recomendada pela ASTM D-2799-68 Part 18:

$$\alpha_T = \frac{1}{T} \exp\left[\frac{0,639 \,(700 - T) \, ln \, 1,30\alpha_o}{T} + 5,347\right]$$

sendo α_o o coeficiente de Ostwald a 273 °C e T, a temperatura em Kelvin do gás.

9.24 — COEFICIENTE DE ABSORÇÃO β_x DE BUNSEN

O coeficiente de absorção β_x de Bunsen de um gás é igual ao volume do mesmo, medido a 273 °C e 1 atm (101,3 kPa), e dissolvido na unidade de volume do solvente líquido, quando a pressão parcial P_x do gás é uma atmosfera.

Para:

V = volume do gás x a 273 °C e 1 atm (101,3 kPa)
V_ℓ = volume do líquido no qual o gás x está dissolvido.
P_x = pressão parcial do gás da fase gasosa, em atmosfera
β_x = coeficiente de absorção de Bunsen

então: $\beta_x = \dfrac{V}{V_\ell P_x}$

Relação entre o coeficiente de solubilidade de Ostwald α_x e o coeficiente de absorção β_x de Bunsen

Conforme as leis de Boyle e Charles, pode ser estabelecida a seguinte equação:

$$\frac{V \cdot 1}{273} = \frac{P_x V_x}{T} \quad \text{na qual}$$

V é o volume do gás x a 273 °C e 1 atm (101,3 kPa); P_x, a pressão parcial do gás, em atmosfera; e V_x, o volume do gás x na pressão P_x e temperatura T.

donde
$$V = \frac{273}{T} P_x V_x \quad \text{e}$$

$$\beta_x = \frac{V}{V_\ell P_x} = \frac{273}{T} \frac{P_x V_x}{P_x V_\ell} = \frac{273}{T} \frac{V_x}{V_l} = \alpha_x \frac{273}{T}$$

$$\beta_x = \alpha_x \frac{273}{T}$$

9.24.1 — Cálculo da pressão parcial teórica e da composição teórica (em %) de volume dos componentes da fase gasosa

Nas condições de equilíbrio, a pressão parcial dos gases dissolvidos no óleo é igual à pressão parcial dos mesmos gases da fase gasosa com a qual está em contato.

Da equação do coeficiente de Bunsen obtém-se a pressão parcial do gás dissolvido:

$$P_x = \frac{V_x}{V_\ell \beta_x} \left[\frac{\text{ppm} \cdot 10^{-6}}{\beta_x} \right]$$

A análise gás cromatográfica do óleo fornece os valores das concentrações em ppm dos gases dissolvidos no óleo.

A pressão total P_T dos gases da fase gasosa será igual à soma das pressões parciais P_x de cada gás de mistura conforme a lei de Dalton.

A porcentagem em volume do gás x será:

$$\text{Vol \%} = \frac{P_x}{P_T} \cdot 100$$

A composição em porcentagem de volume da fase gasosa de um transformador selado ou mistura acumulada no relé Buchholz, obtida teoricamente, pode também oferecer boas informações para o diagnóstico de falhas incipientes.

A massa de gás que venha a se acumular no relé Buchholz pode acionar seu dispositivo de alarme.

Neste caso, é conveniente realizar uma análise cromatográfica da mistura gasosa e comparar os resultados com os obtidos teoricamente a partir da análise gás cromatográfica do óleo isolante.

Os gases da mistura gasosa extraída do relé Buchholz, que tiverem um volume maior que os calculados teoricamente, foram gerados com maior intensidade, isto é, sua taxa de geração terá sido elevada, condição que provavelmente também será indicada pelos resultados da análise de gás cromatografia dos gases dissolvidos no óleo.

9.25 — SOLUBILIDADE DOS GASES E COEFICIENTES DE OSTWALD E BUNSEN

As análises de gás cromatografia têm por finalidade determinar a composição qualitativa e quantitativa dos gases dissolvidos no óleo e existentes no colchão de gás ou na massa gasosa acumulada no relé de gás.

Em geral, os gases pequisados são os seguintes: hidrogênio, oxigênio, nitrogênio, monóxido de carbono, dióxido de carbono, metano, etano, etileno e acetileno.

As tabelas a seguir foram preparadas calculando-se os coeficientes de Otswald e de Bunsen a partir dos valores a 25 °C.

COEFICIENTES DE SOLUBILIDADE α_x DE OTSWALD DE ÓLEO ISOLANTE

Gás	Temperatura (°C)					
	0	20	25	40	60	80
H_2	0,0406	0,0527	0,0558	0,0655	0,0790	0,0938
O_2	0,157	0,175	0,179	0,189	0,204	0,219
N_2	0,0769	0,0928	0,0968	0,108	0,124	0,140
CO	0,112	0,129	0,133	0,146	0,161	0,176
CO_2	1,39	1,21	1,17	1,07	0,953	0,860
CH_4	0,443	0,439	0,438	0,429	0,424	0,416
C_2H_6	3,49	2,74	2,59	2,19	1,83	1,54
C_2H_4	2,22	1,84	1,76	1,54	1,33	1,16
C_2H_2	1,45	1,26	1,22	1,10	0,982	0,886

$$\alpha_T = \frac{1}{T} \exp \left[\frac{0,639 \, (700 - T) \, \ln 1,30 \, \alpha_o}{T} + 5,347 \right]$$

Nota: Os valores desta tabela são válidos para o óleo mineral isolante com massa específica igual a 0,855 g/cm^2 a 15,5 °C.

Para óleos de diferentes massas específicas, o valor corrigido é:

$$\alpha_{corr.} = \alpha_x \frac{0,980 - \mu}{0,130}$$, sendo μ a massa específica do óleo de interesse em

g/cm^3 a 15,5 °C (NBR-7274/82).

COEFICIENTES DE SOLUBILIDADE β_x DE BUNSEN

Os coeficientes de solubilidade β_x da tabela a seguir foram calculados com o auxílio da equação:

$$\beta_x = \alpha_x \frac{273}{T} \quad \text{sendo} \quad T = 273 + t \, °C$$

COEFICIENTES DE SOLUBILIDADE β_x DE BUNSEN

Gás	Temperatura (°C)					
H_2	0	20	25	40	60	80
	0,0406	0,0491	0,0511	0,0571	0,0648	0,0725
O_2	0,157	0,163	0,164	0,165	0,167	0,169
N_2	0,0769	0,0865	0,0887	0,0942	0,102	0,108
CO	0,112	0,120	0,122	0,127	0,132	0,136
CO_2	1,39	1,12	1,072	0,933	0,781	0,665
CH_4	0,443	0,409	0,401	0,374	0,348	0,265
C_2H_6	3,49	2,55	2,37	1,91	1,50	1,19
C_2H_4	2,22	1,71	1,61	1,34	1,09	0,897
C_2H_2	1,45	1,17	1,12	0,959	0,805	0,685

Observa-se, pelos valores da tabela, que a solubilidade no óleo mineral dos gases H_2, O_2, N_2 e CO cresce quando a temperatura aumenta e que a dos gases CO_2, CH_4, C_2H_6, C_2H_4 e C_2H_2 decresce quando a temperatura aumenta.

Vale dizer: os gases H_2, O_2, N_2 e CO comportam-se anormalmente porque absorvem e não desprendem calor, como os demais, ao se dissolver no óleo.

Nos transformadores com conservador em serviço, a temperatura do óleo nesta parte é, em geral, inferior à do óleo no tanque principal. Os gases N_2 e O_2 do ar atmosférico que está em contato com a superfície do óleo, logo o saturam, enquanto no tanque do transformador pode não existir estado de saturação do óleo, pois a temperatura e a pressão são mais elevadas, considerando-se também a pressão hidrostática além da atmosférica.

Portanto os gases gerados ainda podem-se dissolver no óleo do tanque, o qual, quando passar para o conservador, poderá libertar gases para a atmosfera sem haver formação de bolhas, podendo, na prática, também ficar saturado.

9.26 — ESTADO DE SATURAÇÃO DO ÓLEO

O óleo isolante pode apresentar os seguintes estados de saturação nos transformadores com conservador:

a) *Normalmente saturado,* quando a pressão total dos gases dissolvidos é igual à pressão atmosférica. É a condição de equilíbrio.

b) *Supersaturado,* quando a pressão total dos gases dissolvidos é maior que a dos gases da atmosfera em contato com a superfície do óleo do conservador, isto é, a atmosférica. Teoricamente, o óleo deve liberar gases até ser atingida a condição de equilíbrio, porém, na prática, o óleo pode permanecer supersaturado.

c) *Não-saturado,* quando a pressão total dos gases dissolvidos é menor que a atmosférica. Neste caso, deverá haver dissolução de gases gerados e da atmosfera do óleo, até que as pressões nas fases líquida e gasosa se igualem.

TRANSFORMADORES SELADOS COM COLCHÃO DE GÁS

Nesses transformadores, os gases gerados distribuem-se entre as fases líquida e gasosa até que a condição de equilíbrio seja atingida. A pressão do sistema aumentará na medida em que os gases forem gerados e se distribuam entre as duas fases.

9.27 — ANÁLISE DOS GASES RETIRADOS DO RELÉ BUCHHOLZ

A análise cromatográfica dos gases acumulados no relé Buchholz e que podem provocar o acionamento do sistema de alarme, ou também o de proteção, é de utilidade para se comparar os valores obtidos com aqueles calculados e que correspondem a uma condição de equilíbrio.

Os valores calculados e os resultados da análise que forem iguais, ou proximamente iguais, indicam que não houve uma taxa elevada de geração dos respectivos gases.

Valores resultantes da análise maiores que os calculados indicam taxa elevada de geração dos gases correspondentes, principalmente quando o óleo não estiver saturado.

Essas conclusões podem confirmar aquelas tiradas da análise gás cromatográfica do óleo.

O cálculo também premite obter os valores das pressões parciais dos gases dissolvidos e, portanto, também a pressão total que é a soma das primeiras.

Uma pressão total maior que a atmosférica indicará um estado de supersaturação do óleo. Já uma pressão total menor ou igual à atmosférica indicará um estado de não-saturação ou de saturação, respectivamente.

Exemplo

Na tabela, colunas 2 e 6, estão figurados os valores obtidos de análises gás cromatográficas do óleo isolante e da mistura gasosa colhida do relé de gás tipo Buchholz cujo sistema de alarme foi acionado.

Na coluna 3, estão representados os valores dos coeficientes β_x de Bunsen a 25 °C dos respectivos gases.

Os valores teóricos calculados das pressões parciais dos gases no óleo e das porcentagens em volume da mistura nas condições de equilíbrio encontram-se nas colunas 4 e 5.

TABELA

GÁS	ppm (análise) (óleo)	β_x(25 °C)	$P_x = \dfrac{ppm.10^{-6}}{\beta_x}$ (atm)	Vol% $\dfrac{P_x}{P_t} \cdot 100$	Vol% (análise) (Buchholtz)
H_2	8 400	0,0511	0,164	13,542	53,20
O_2	11 000	0,164	0,067	5,532	0,908
N_2	86 000	0,0887	0,9695	80,057	22,25
CO	440	0,122	0,0036	0,297	19,80
CO_2	2 500	1,072	0,00233	0,192	0,223
CH_4	560	0,401	0,000139	0,114	1,834
C_2H_6	120	2,37	0,00005	0,0041	0,0043
C_2H_4	630	1,61	0,00039	0,032	0,038
C_2H_2	3 500	1,12	0,00312	0,257	0,830
Total:	113 150 ou 11,315%		$P_T = 1,21138$	100,0	100,0

TOTAL DE GASES COMBUSTÍVEIS: 13 650 ppm

1. As relações $\dfrac{C_2H_2}{C_2H_4}$, $\dfrac{CH_4}{H_2}$ e $\dfrac{C_2H_4}{C_2H_6}$ correspondem aos códigos 2 -1- 2, indicando a existência de arco de energia e descargas parciais no óleo (NBR-7274/82, Anexo A)

2. *Porcentagem dos gases combustíveis (%)*

H_2	—	61,54
CO	—	3,22
CH_4	—	4,10
C_2H_6	—	0,879
C_2H_4	—	4,61
C_2H_2	—	25,64
		100,00

As percentagens de H_2 e C_2H_2 sugerem a existência de arco no óleo.

A presença expressiva de metano e etileno permite concluir a existência também de descargas parciais.

3. *Pressão total dos gases dissolvidos*

A pressão total dos gases dissolvidos (1,211 atm), maior que 1 atm, indica supersaturação do óleo.

Após a sua saturação, dificilmente o óleo dissolverá os gases que continuarem a ser gerados.

Se a pressão total fosse menor que 1 atm, o óleo estaria não-saturado e ainda teria capacidade para dissolvê-los.

4. Os volumes dos gases hidrogênio (H_2), monóxido de carbono (CO) e acetileno (C_2H_2) da mistura analisada são sensivelmente maiores que os calculados.

Em virtude de o óleo ter estado saturado, há certa dificuldade em se saber se os gases citados foram gerados lentamente ou se sua geração foi intensa tendo em ambos os casos provocado o acionamento do sistema de alarme do relé Buchholz.

No entanto, é provável que a geração dos gases se tenha dado com certa lentidão tendo em vista as condições de saturação do óleo.

9.28 — VALORES NORMAIS E PERIGOSOS DE TAXAS DE GERAÇÃO DE GASES

A empresa canadense Morgan Schaffer Corp. indica na tabela seguinte os valores normais e perigosos de taxas de geração de gases em ml/dia

Tab. 9.29

Gás	Normais (ml/dia)	Perigosos (ml/dia)
H_2	<5	+ 100
CH_4	2	300
C_2H_6	2	300
C_2H_4	2	300
C_2H_2	2	50
CO	100	500
CO_2	300	1 000

Notas:

1. Tendo em vista o perigo de explosão, os valores perigosos da tabela devem ser reduzidos em dez vezes, quando se tratar de unidades com pequeno volume de óleo. Por exemplo, transformadores de corrente, buchas etc.

2. As taxas de CO e CO_2 variam amplamente, mesmo quando a unidade está em operação normal, e devem ser utilizadas cautelosamente como indicadores de severidade de falha.

9.29 — FALHAS INCIPIENTES

Em geral, é possível diagnosticar uma falha incipiente pela formação de gases devido ao sobreaquecimento (degradação térmica); ao arco elétrico; às descargas parciais externas (corona).

Os gases formados, quando existe um só tipo de falha no transformador, podem conduzir a sua identificação. Podem, no entanto, ocorrer falhas de diversos tipos simultânea ou consecutivamente. É o caso, por exemplo, de um condutor ou união de condutores aquecer ao ponto de romper e haver a formação de arco.

A composição da mistura de gases formados será diferente daquela na qual tenha havido a ocorrência de um único tipo de falha.

9.29.1 — Sobreaquecimento (degradação térmica)

O sobreaquecimento pode ser generalizado, isto é, de toda a isolação ou se limitar a uma pequena área da mesma.

No primeiro caso, a temperatura pode ser relativamente baixa, porém, como o volume de isolação é grande, a taxa de geração de gases será elevada, isto é, de valor comparável à taxa de geração de uma área sobreaquecida limitada, mas com temperatura muito mais elevada.

Como regra prática, toma-se que a taxa de geração de gases duplica a cada $10°C$, aproximadamente, de elevação de temperatura.

A degradação do óleo isolante a baixas temperaturas origina os hidrocarbonetos saturados metano (CH_4) e etano (C_2H_6) em maiores quantidades que o etileno (C_2H_4) e o hidrogênio (H_2).

A temperaturas mais elevadas, o etileno (C_2H_4) é gerado a uma taxa muito mais elevada que o metano (CH_4) e o etano (C_2H_6).

Por outro lado, a deterioração da celulose origina os gases CO e CO_2, sendo o CO_2 em maior quantidade que o CO.

A geração dos gases CO e CO_2 se dá estando o transformador em operação normal. Considera-se como normal uma relação CO/CO_2 entre 0,1 e 0,3.

Se a celulose de isolação estiver envolvida numa falha de arco ou descarga parcial, esta relação tenderá a aumentar. Quando seu valor se aproximar ou ultrapassar da unidade, e houver a formação de CO e CO_2 em grande quantidade, ter-se-á uma indicação confiável de que a isolação celulósica faz parte da falha.

Numa falha localizada, em que a celulose da área esteja completamente esgotada, os gases CO e CO_2 deixarão de ser gerados, mas o óleo isolante continuará a se decompor, pois seu contato com o ponto quente será continuamente renovado.

Não havendo mais produção de CO e CO_2, por este motivo, sua relação não deverá variar e poderá permanecer dentro dos limites considerados normais.

Conclui-se, portanto, que uma relação CO/CO_2 de valor anormal é uma boa indicação de que a isolação celulósica está envolvida na falha, e que uma relação CO/CO_2 de valor normal nem sempre é uma indicação de que ela não tenha sido envolvida.

9.29.2 — Falha com arco

Na falha com arco, são predominantemente gerados os gases hidrogênio e acetileno, e, em menor quantidade, o etileno e outros gases, conforme a potência do arco.

9.30 — DESCARGAS PARCIAIS

Na terminologia internacional, tem sido empregada a expressão *descarga parcial* para designar todos os tipos de descargas elétricas nas quais não haja formação de descarga disruptiva entre condutores.

Entre os tipos de descargas parciais são mencionados corona; descargas superficiais da isolação sólida, quer ocorram no ar, quer no óleo; e descargas em cavidades existentes nos dielétricos sólidos e líquidos.

Prefere-se, no entanto, fazer distinção entre cada espécie de descarga dando a cada uma denominação própria.

Assim, são consideradas descargas parciais internas as que ocorrem no interior das cavidades que existam nas massas isolantes líquidas e sólidas (Fig. 9.13).

Corona são as descargas que se formam em volta de um condutor energizado, quando o campo elétrico a seu redor ultrapassa determinado valor. São também chamadas de descargas parciais externas.

Descargas incompletas são as que ocorrem na superfície de um dielétrico submetido a um potencial elétrico e não chegam a se transformar em descarga disruptiva plena.

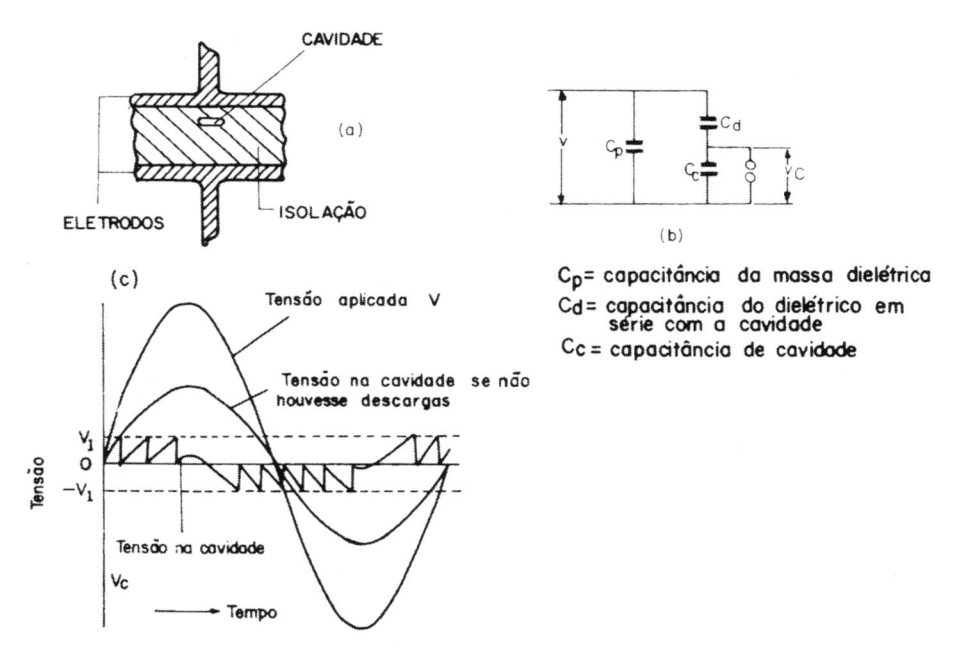

Figura 9.13 — *Representação esquemática de formação de descargas parciais internas em cavidade fechada de dielétrico*

A Fig. 9.13 ilustra, esquematicamente, a seqüência de descargas parciais numa cavidade de um dielétrico submetida à tensão alternada.

A cavidade pode estar cheia de gases ou líquido. As descargas se extinguem rapidamente, isto é, em cerca de 10^{-7} s.

Também se formam na cavidade, resistências transitórias e efeitos químicos pela descarga, que tornam a situação bem mais complicada que a mostrada no circuito simples figurado.

As descargas podem ocorrer em cada ciclo da tensão aplicada desde que ela seja suficientemente elevada.

Se a cavidade estiver cheia de ar atmosférico, a ionização poderá ocorrer sob uma tensão de cerca de 100 kV/cm.

As paredes das cavidades podem ser desgastadas continuamente pelas descargas até haver a falha completa do dielétrico.

Pela degradação do ar atmosférica do interior da cavidade, formam-se O_3 (ozona) e NO_2, que aumentam as perdas dielétricas.

A vida de muitas espécies de isolação é considerada proporcional a $(V_i/V_a)^n$, sendo V_a a tensão aplicada e V_i a tensão na qual as descargas são inicialmente observadas, sendo, por isso, chamadas de tensão de início.

n varia entre 3 e 10 conforme o tipo de isolação e as condições ambientais.

A falha por erosão da cavidade pode ocorrer entre alguns dias e muitos anos.

Quando a massa isolante sólida tiver cavidades cheias de ar, poderá haver sua ionização, quando for aplicada a tensão de 10 kV de teste do fator de potência.

Neste caso, as perdas dielétricas totais da massa isolante aumentam pois às perdas da própria massa se somam as perdas das cavidades.

Quando a isolação está em boas condições, as perdas dielétricas são pequenas e proporcionais ao quadrado da tensão aplicada, e serão proporcionais à tensão aplicada elevada a uma potência maior que 2 quando houver descargas parciais na isolação.

9.31 — ESQUEMA DE INTERPRETAÇÃO DE ANÁLISES DE GASES DE FALHA

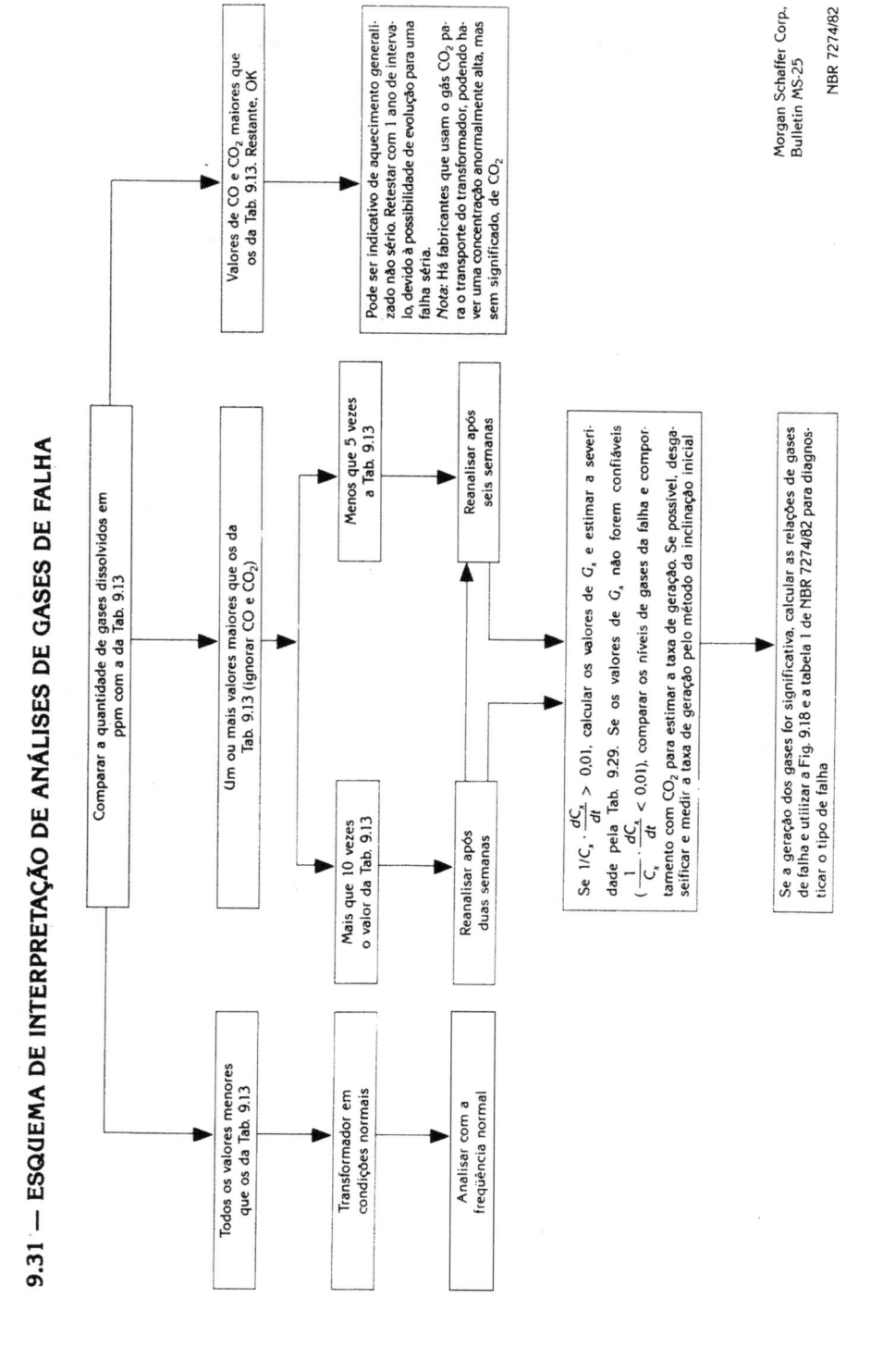

Comparar a quantidade de gases dissolvidos em ppm com a da Tab. 9.13

Todos os valores menores que os da Tab. 9.13

→ **Transformador em condições normais**

→ **Analisar com a freqüência normal**

Um ou mais valores maiores que os da Tab. 9.13 (ignorar CO e CO_2)

Mais que 10 vezes o valor da Tab. 9.13

→ **Reanalisar após duas semanas**

Menos que 5 vezes a Tab. 9.13

→ **Reanalisar após seis semanas**

Se $1/C_x \cdot \dfrac{dC_x}{dt} > 0.01$. calcular os valores de G_x e estimar a severidade pela Tab. 9.29. Se os valores de G_x não forem confiáveis ($\dfrac{1}{C_x} \cdot \dfrac{dC_x}{dt} < 0,01$), comparar os níveis de gases da falha e comportamento com CO_2 para estimar a taxa de geração. Se possível, desagseificar e medir a taxa de geração pelo método da inclinação inicial

Se a geração dos gases for significativa, calcular as relações de gases de falha e utilizar a Fig. 9.18 e a tabela I de NBR 7274/82 para diagnosticar o tipo de falha

Valores de CO e CO_2 maiores que os da Tab. 9.13. Restante, OK

→ Pode ser indicativo de aquecimento generalizado não sério. Retestar com 1 ano de intervalo, devido à possibilidade de evolução para uma falha séria.
Nota: Há fabricantes que usam o gás CO_2, para o transporte do transformador, podendo haver uma concentração anormalmente alta, mas sem significado, de CO_2

Morgan Schaffer Corp.,
Bulletin MS-25

NBR 7274/82

A determinação do fator de potência da isolação com tensão elevada pode dar informações sobre as condições da isolação no que se refere à possibilidade de ocorrerem descargas parciais na mesma.

Praticamente, o hidrogênio é o único gás produzido por descargas parciais no óleo. Mas, a reação entre a água livre no óleo e o ferro também origina o gás hidrogênio.

A água não dissolvida no óleo pode-se depositar no fundo do tanque do transformador e reagir com o ferro, produzindo hidrogênio, que se pode acumular nessa região. Enquanto não houver movimentação do óleo desse local, o hidrogênio ficará ali acumulado, pois sua difusão é muito lenta.

Ao se retirar uma amostra de óleo do fundo do tanque do transformador, pode-se obtê-la com elevada concentração de hidrogênio proveniente da reação da água com o ferro.

Portanto, se a análise revelar uma elevada concentração de hidrogênio no óleo com ausência de outros gases, é conveniente repeti-la após ter drenado uma boa quantidade de óleo do fundo do tanque, antes de colher sua amostra.

O Central Electricity Generation Board of Great Britain (CEGB) oferece uma tabela de diagnóstico de tipos de falhas, com o auxílio da análise cromotográfica do óleo (ACO).

9.32 — Tabela de diagnóstico, conforme CEGB

$\dfrac{CH_4}{H_2}$	$\dfrac{C_2H_6}{CH_4}$	$\dfrac{C_2H_4}{C_2H_6}$	$\dfrac{C_2H_2}{C_2H_4}$	Diagnóstico
0	0	0	0	Se CH_4/H_2 for, no máximo, igual a 0,1, descarga parcial. Do contrário, deterioração normal
1	0	0	0	Sobreaquecimento moderado abaixo de 150 °C
1	1	0	0	Sobreaquecimento moderado entre 150 °C e 200 °C
0	1	0	0	Sobreaquecimento moderado entre 200 °C e 300 °C
0	0	1	0	Sobreaquecimento geral dos condutores
1	0	1	0	Correntes de circulação ou uniões sobreaquecidas
0	0	0	1	Corrente de ruptura do seletor de derivações do comutador de derivações em carga (CDC)
0	0	1	1	Arco com fluxo de potência com ou sem centelhamento persistente

0 = Menor que a unidade
1 = Maior que a unidade

9.33 — CASOS HISTÓRICOS

James E. Morgan, Ph. D., no Boletim MS-25 — Transformer Fault Detection Service, da Morgan Schaffer Corp., Canadá, relata os seguintes casos históricos de transformadores em cujo óleo foram realizadas análises cromatográficas de gases dissolvidos e, por serem muito ilustrativos, são reproduzidos a seguir.

1. Banco de transformadores de EAT (700 kV, 180 MVA, 60 955 litros de óleo). A análise dos gases dissolvidos foi feita mensalmente, durante um período maior que dois anos.

Transformador da fase C

Com os resultados das análises dos gases dissolvidos foram traçadas as curvas da Fig. 9.14.

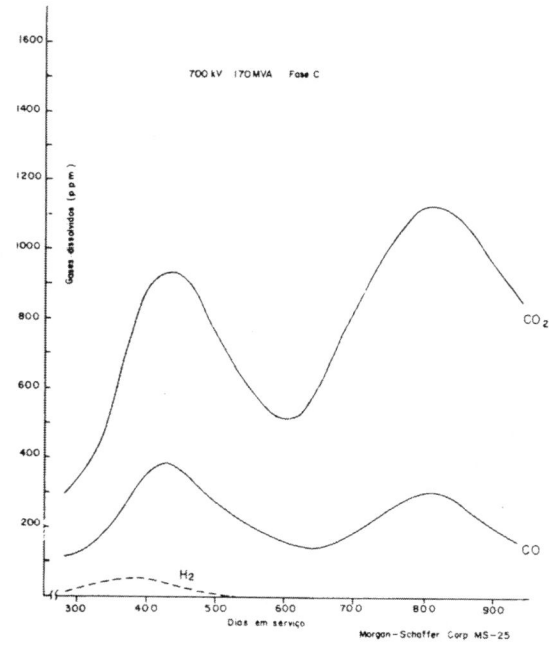

Figura 9.14 — Gráfico de variação de ppm de gases dissolvidos no óleo do transformador da fase C

Verifica-se pela Fig. 9.14 que o comportamento do transformador, quanto a falhas incipientes e deterioração da isolação, foi normal.

O único gás de falha detectado foi o hidrogênio, indicando a existência de descargas parciais. Seu nível máximo foi de aproximadamente 50 ppm e sua geração, em seguida, declinou até se tornar nula, revelando que as descargas parciais desapareceram e não tornaram a aparecer.

A forma das curvas CO_2 e CO mostra que o transformador é do tipo com tanque de expansão, porque a concentração desses gases aumentou nos períodos de geração gasosa alta e diminuiu quando a geração gasosa baixou ou cessou.

As curvas são aproximadamente paralelas e, por isso, levam a pensar que a geração dos gases esteve relacionada com as variações sazonais da carga e, por conseguinte, da temperatura do transformador.

Os gases CO e CO_2 são típicos da deterioração de isolação celulósica, e as variações no tempo de suas concentrações indicam claramente que a isolação do transformador estava se deteriorando normalmente.

Transformador da fase B

Neste transformador, houve, durante o citado período, além da geração dos gases CO e CO_2 os gases de falha H_2, C_2H_4, C_2H_6 e CH_4 (Fig. 9.15).

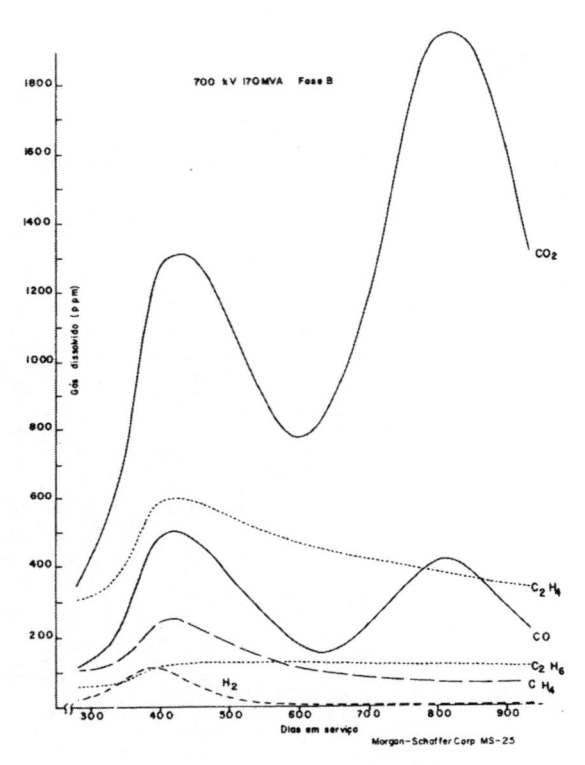

Figura 9.15 — Gráfico de variação de ppm de gases dissolvidos no óleo do transformador da fase B

Os níveis de CO e CO_2 foram elevados, provavelmente, devido à deterioração normal da celulose.

Os gases de falha atingiram o máximo de sua concentração no primeiro período sazonal, declinando após, fato este que leva à conclusão de que a falha incipiente não evoluiu, isto é, se auto-eliminou.

O transformador é do tipo com tanque de expansão e, por isso, houve perda de gases de falha ao longo do tempo, conforme se pode deduzir do decréscimo de sua concentração. Nota-se, também, que a taxa das perdas é diferente para cada gás e que está vinculada à solubilidade dos mesmos.

Assim, o hidrogênio H_2 tem uma solubilidade de 7% a 25 °C no óleo, isto é, é o menos solúvel dos gases, e o gráfico mostra que sua perda se deu muito mais rapidamente que os demais.

O metano CH_4, cuja solubilidade é de 30% a 25 °C, saiu do óleo mais lentamente que o hidrogênio; vale dizer, sua taxa de perdas é menor que a do hidrogênio.

O gás etano C_2H_6 tem uma solubilidade de 280% a 25 °C e sua perda foi praticamente nula, conforme se pode ver na Fig. 9.15. Convém notar que a quantidade gerada desse gás é bem menor que a do etileno C_2H_4, que tem a mesma solubilidade de 280%, cuja taxa de perdas foi um pouco maior que a do etano C_2H_6.

As relações $\dfrac{CH_4}{H_2} = \dfrac{210}{100}$ 2,1 e $\dfrac{C_2H_2}{C_2H_4} = 0$,

no final do período de 400 horas, levaram à conclusão de que a falha incipiente era do tipo térmico, isto é, pequena área de condutor metálico sobreaquecido.

Verifica-se ainda, pelo gráfico, que as taxas de geração dos gases de falha estiveram bem abaixo dos valores considerados perigosos.

Transformador da fase A.

De acordo com o gráfico, no início do período de observações, foram detectados só os gases CO e CO_2 e suas concentrações eram normais (Fig. 9.16).

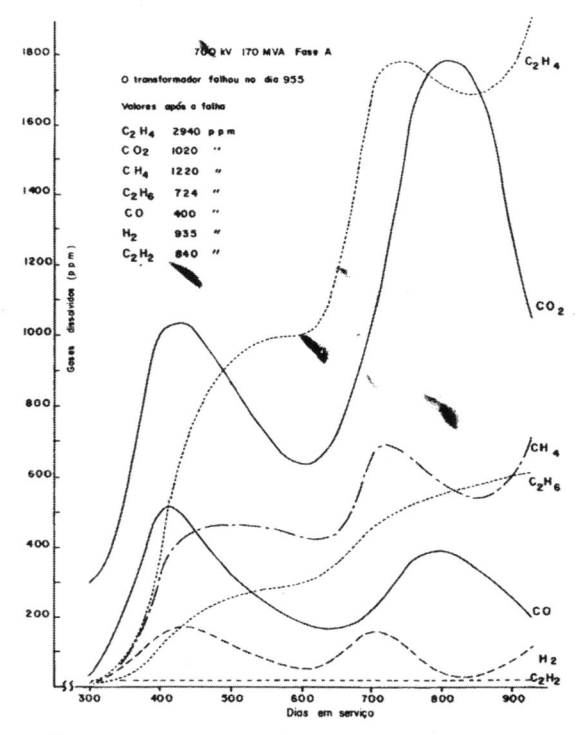

Figura 9.16 — Gráfico de variação de ppm de gases dissolvidos no óleo do transformador da fase A

As curvas de CO, cuja solubilidade é de 9% volume a volume, e CO_2, cuja solubilidade é 120% volume a volume, a 25 °C, indicam uma variação normal de sua concentração conforme a variação da carga dos períodos sazonais.

Os gases C_2H_4, CH_4 e C_2H_6 tiveram suas concentrações sempre em ascensão com diminuição da taxa de geração entre os períodos sazonais. A concentração do hidrogênio oscila durante o período de observação.

O gás acetileno, C_2H_2, teve sua concentração praticamente constante. Dos gases de falha é o que possui maior solubilidade no óleo (400% V/V a 25 °C) e, por isso, sua taxa de perdas é muito baixa.

De uma análise das curvas entre os 600 e 700 dias do período, chegou-se às seguintes taxas de variação de concentração dos gases (ppm): etileno, 9 por dia; metano, 5 por dia; etano, 2 por dia; e hidrogênio, 2 por dia.

Calculando-se os valores de $\quad \dfrac{1}{C_x} \cdot \dfrac{dC_x}{dt} \quad$ dos gases acima, verifica-se que

nenhum deles é maior que 1% e os valores de G_x com a equação

$$G_x = V \cdot \frac{dC_x}{dt} \cdot 10^{-3} \text{ ml/dia para cada um dos gases, obtêm-se os seguintes va-}$$

lores (em ml/dia).

$G (C_2H_4) = 540 \qquad V = 60\ 955 \text{ litros}$
$G (CH_4) = 304$
$G (C_2H_6) = 122$
$G (H_2) = 122$

Tem-se como provável que os valores reais de G_x sejam iguais ao dobro dos calculados.

Nessas condições, os valores acima calculados de muito ultrapassaram os valores considerados perigosos da Tab. 9.29, indicando que o transformador deveria ser retirado de serviço naquela época, isto é, cerca de um ano antes de falhar, para inspeção, porque a condição de falha já era séria.

O transformador falhou catastroficamente quando a geração dos gases CO_2 e CO estava em declínio acentuado e, portanto, em época de declínio de carga. Mas a geração dos gases de falha continuou em ascensão.

9.34 — PERIODICIDADE DAS ANÁLISES DAS CROMATOGRÁFICAS CONFORME CEGB E HYDRO QUEBEC

A periodicidade de análises cromotográf icas dos gases dissolvidos no óleo de transformadores reatores deve ser, segundo sugestão da CEGB:

"a) Todos os transformadores novos, antes e após os ensaios de fábrica.
"b) Todos os transformadores de transmissão novos de 400 kV e 250 kV, no primeiro comissionamento e a cada três meses, durante o primeiro ano de operação, e, após, a cada ano.
"c) Todos os transformadores de geração acima de 300 MVA, mensalmente.
"d) Qualquer transformador que apresente resultados anormais é retestado com uma freqüência determinada pela severidade adjudicada de falha, de tal forma que a taxa de gases possa ser bem avaliada.

"Os transformadores em condição duvidosa ou em serviço crítico serão testados diária ou semanalmente, e os resultados, avaliados pelo método de regressão. Neste trabalho, o técnico deve contar com sua experiência e sempre ter em mente que deve ter o cuidado de não deixar escapar uma falha, ou afirmar a existência de uma falha não existente, causando custos desnecessários".

A empresa canadense Hydro Quebec sugere o seguinte esquema de testes:
"1 — *Transformadores em serviço normal (230 kV e acima)*
"a) Reatores — anualmente.
"b) Transformadores de transmissão — a cada dois a três anos.
"c) Transformadores de instrumentos — a cada quatro a cinco anos.
"3 — *Período de garantia*
"Todos os transformadores (230 kV e acima), após dois e nove meses, respectivamente, em serviço.

"4 — *Após uma falha (todas as classes)*
Tirar duas amostras do óleo, sendo uma do fundo e uma do topo do tanque, e uma amostra do gás de relé do gás, no máximo até 6 horas após a falha".

9.35 — DETECTOR PORTÁTIL DE GÁS DE FALHA

O hidrogênio é um gás que é gerado em quantidades significativas em todos os tipos de falha.

Baseada neste fato, a empresa canadense Morgan Schaffer Corp. preparou um conjunto de teste para determinar a quantidade de hidrogênio dissolvido em óleo isolante ou existente no colchão de gases de transformadores selados, no próprio local em que estiverem instalados.

O conjunto de teste da Morgan Schaffer Corp., denominado Transfo-Tester, é formado das seguintes partes (Fig. 9.17): uma sonda captadora de gases; um cromatógrafo portátil especialmente construído para determinar a concentração do hidrogênio em ppm, no óleo isolante ou no colchão de gases; e tubos de ligação da sonda com o cromatógrafo.

Sonda

A sonda é feita de latão niquelado e um conjunto de fibras de teflon.

Ela é permeável aos gases que se encontrarem no meio líquido ou gasoso, com o qual esteja em contato, e é completamente impermeável aos líquidos.

É instalada no topo do tanque do transformador e ligada a dois tubos de pequeno diâmetro, chamados tubos capilares, que chegam a uma caixa localizada na parte inferior do tanque, formando o posto de teste (Fig. 9.17).

9.35.1 — Composição dos gases da sonda

Os gases que se encontrarem no meio em que estiver a sonda se difundem para seu interior com uma taxa proporcional à diferença de pressão parcial dentro e fora da mesma, e à constante de permeabilidade da membrana correspondente a cada tipo de gás.

Os gases se comportam independentemente e sua passagem para o interior da sonda cessa quando não houver mais diferença de pressão parcial dentro e fora dela.

Como os gases têm coeficientes de permeabilidade diferentes entre si, a taxa de difusão de cada um deles também difere, porém a pressão final de equilíbrio não é afetada.

Quando a sonda estiver mergulhada num colchão de gases, a composição final da mistura de gases em seu interior, após ser atingida a condição de equilíbrio, é a mesma que a do colchão gasoso.

Se a sonda estiver mergulhada em um líquido, as condições serão as mesmas, isto é, o equilíbrio é atingido quando as pressões parciais dos gases no líquido forem iguais a suas pressões parciais no interior da sonda.

No entanto, a composição da mistura gasosa do colchão de gases não é idêntica à dos gases dissolvidos no líquido, porque a pressão de um gás dissolvido depende não só de sua concentração no líquido mas também de seu coeficiente de solubilidade. Gases com baixo coeficiente de solubilidade exercem pressões elevadas.

Num transformador selado, com colchão de gases, a sonda pode ser instalada tanto no óleo como no colchão gasoso.

Quando instalada no óleo, será sensível às variações da concentração do hidrogênio e demais gases no líquido. Mas, quando a taxa de geração do hidrogênio for elevada, a maior parte dele poderá não se dissolver no óleo mas, sim, acumular-se no colchão de gases.

Por isso, no caso de transformadores com colchão de gases, é conveniente instalar uma sonda no óleo e outra no colchão gasoso para se ter uma idéia melhor da taxa de geração do hidrogênio.

9.35.2 — Perturbação provocada pela sonda

Para o teste os gases são retirados da sonda e há uma alteração na concentração deles no óleo.

Quando são feitos testes repetidos, a relação entre as concentrações do hidrogênio no óleo antes e após cada teste tem um valor muito próximo da unidade, quando o volume de óleo for maior que 10 litros.

Neste caso, o efeito da variação da concentração do hidrogênio no óleo sobre os testes é desprezível.

9.35.3 — Efeito da movimentação do óleo

Em meio gasoso ou em óleo movimentado, a concentração do hidrogênio na sonda atingirá 50% do valor de equilíbrio em cerca de 1 hora.

O equilíbrio total, correspondente a uma concentração igual a 99% ou maior, será atingido após 8 horas aproximadamente, que é o espaço mínimo de tempo que deve ser observado entre testes.

9.35.4 — Localização da sonda

A sonda deve ser localizada numa região em que fique completamente exposta ao óleo em movimento, de preferência na parte superior do tanque do transformador, e num ponto no qual possa receber o fluxo de óleo provocado pela convecção térmica.

Com a sonda localizada em região de óleo em movimento, os testes podem ser realizados diariamente, se necessário.

Se ela estiver em local de óleo sem movimentação, deverá ser observado um intervalo de, pelo menos, duas semanas entre testes.

9.35.5 — Cromatógrafo portátil

O cromatógrafo portátil de gases Transfo-Tester é constituído das seguintes partes: uma fonte regulável de gases de transporte; dispositivo de introdução dos gases em teste; coluna cromatográfica que separa os gases da amostra; e um detector para detectar os gases componentes da amostra ao deixarem a coluna cromatográfica

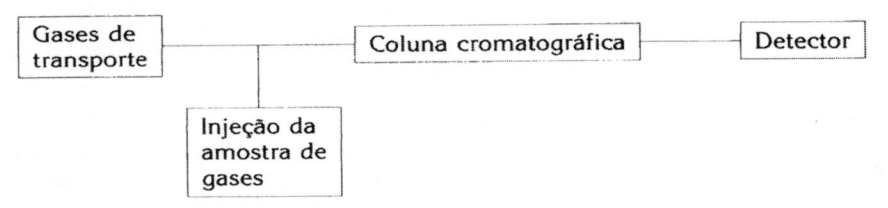

9.35.6 — Gases de transporte

Este tipo de cromatógrafo utiliza como gases de transporte uma mistura artificial de nitrogênio (79%) e oxigênio (21%). A mistura é colocada num cilindro metálico de onde pode ser escoada, através de um regulador, de maneira contínua e suave.

9.35.7 — Injeção da amostra

Os gases de transporte são injetados em um dos tubos que chegam à sonda, de onde transportam os gases lá existentes para a coluna cromatográfica ligada ao outro tubo da sonda.

9.35.8 — Coluna cromatográfica

A coluna cromatográfica é constituída de um tubo de aço inoxidável cheio de material granular fino formando uma peneira molecular.

A velocidade de escoamento dos gases na coluna depende do tamanho de suas moléculas. Quanto menor for a molécula do gás tanto maior será sua velocidade de escoamento. A molécula do hidrogênio é pequena, por isso passa rapidamente pela coluna.

9.35.9 — Detector

O detector consiste assencialmente em um termistor aquecido por corrente elétrica acima da temperatura do gás de transporte.

Os gases componentes da amostra separados pela coluna cromatográfica possuem diferentes condutividades térmicas, por isso modificam de modo diferente a temperatura do termistor e, como conseqüência, sua resistência elétrica. Um segundo termistor fica em contato com os gases de transporte e serve de referência para eliminar os efeitos das variações da tempertura e pressão ambientes.

O aparelho Transfo-Tester tem por finalidade verificar qualitativa e quantitativamente o hidrogênio da amostra, que pode ser formada de uma mistura de gases.

Para poder cumprir essa finalidade, foi maximizada sua sensibilidade ao hidrogênio e minimizada sua sensibilidade aos demais gases, além de eliminados os sinais dos componentes atmosféricos.

9.35.10 — Experiência em campo

Segundo a Morgan Schaffer Corp., os testes feitos por Hydro Quebec e B.C. Hydro têm sido muito satisfatórios, levando a crer que o Transfo-Tester é mais um recurso valioso para a detecção de falhas incipientes em transformadores.

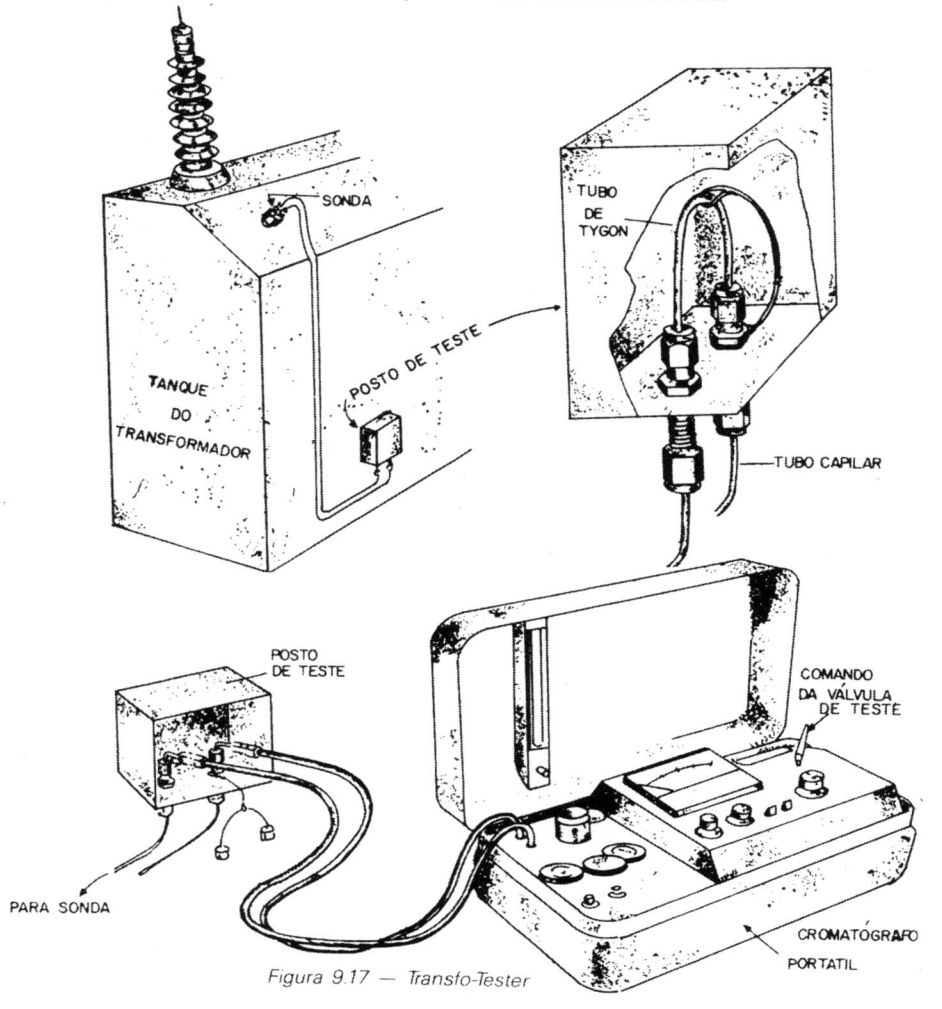

Figura 9.17 — Transfo-Tester

9.36

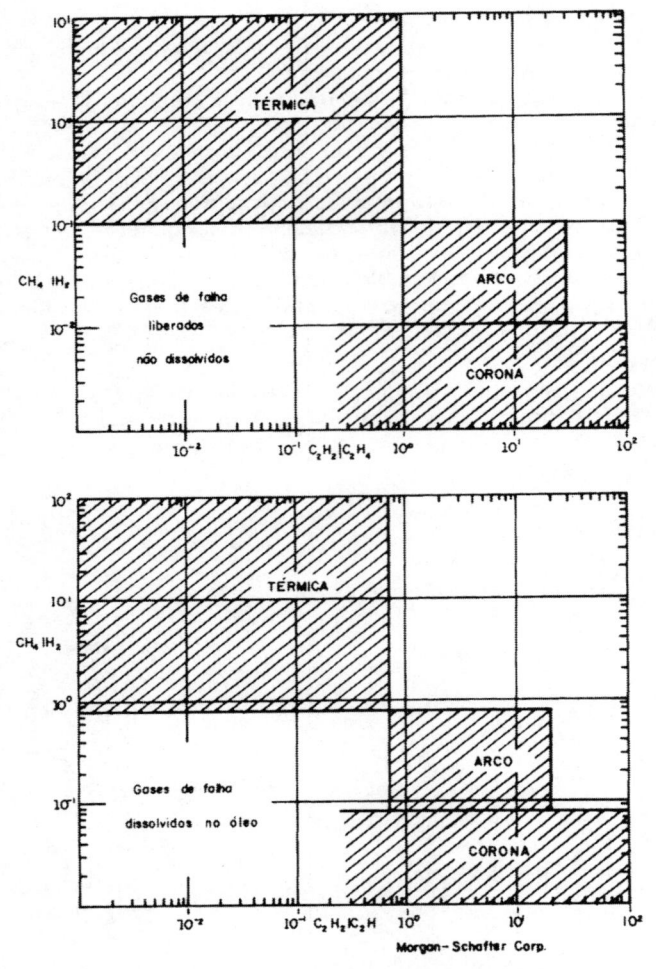

Figura 9.18 — Diagrama de diagnóstico de falhas em transformadores

Capítulo 10 — Norma NBR-7070, de dezembro de 1981, da Associação Brasileira de Normas Técnicas (ABNT): Guia para amostragem de gases e óleos em transformadores e análise dos gases livres e dissolvidos

A seguir, serão transcritos os principais itens da Norma NBR-7070 da ABNT:

2. NORMA E DOCUMENTO COMPLEMENTAR

Na aplicação desta Norma é necessário consultar: IEC-599 — Interpretation of the Analysis of Gases in Transformer and Other Oil-filled Electrical Equipment in Service.

3. CONSIDERAÇÕES GERAIS

3.1 — A formação de gases em equipamentos elétricos imersos em óleo pode-se dar devido ao processo de envelhecimento natural, e/ou em maior quantidade, como resultado de falhas. A operação em presença de falhas pode causar sérios estragos aos equipamentos, logo é de grande interesse que se possa detectar a falha em seu estágio inicial de desenvolvimento, podendo a natureza e a importância das falhas serem precisadas a partir da composição dos gases e da rapidez com que são formados.

No caso da ocorrência de uma falha incipiente, as quantidades de gases operados são pequenas. Esses gases dissolvem-se no líquido isolante; gases livres serão encontrados somente em casos especiais. Os gases dissolvidos serão divididos entre as fases líquida e gasosa, por difusão.

3.2 — A análise periódica de amostras de óleo, quanto a gases dissolvidos, é uma das formas de detectar falhas em equipamentos elétricos.

3.3 — Os métodos descritos na parte principal desta Norma são adequados a todas as amostras e levam em consideração os problemas causados pelo transporte das mesmas através de frete aéreo não-pressurízado e também as eventuais diferenças significativas de temperatura ambiente entre o campo e o laboratório de análise.

3.4 — Outros métodos de amostragem podem ser utilizados e são descritos nos Anexos A e B, enquanto que os Anexos C* e D* descrevem métodos alternativos para a preparação das amostras de óleo, em vista da análise de gases dissolvidos, e para a própria análise.

3.5 — A interpretação e a significação de uma análise serão melhoradas se forem utilizados o mesmo material e as mesmas técnicas durante toda a investigação. Isso é particularmente importante quando se trata de apreciar a evolução da formação de gás em um equipamento através de análises de amostragens feitas em intervalos sucessivos.

4. AMOSTRAGEM

4.1 — *Amostragem de gases de selos gasosos (por exemplo, colchões de nitrogênio) e relés coletores de gás (Buchholz)*

4.1.1 — *Generalidades*

4.1.1.1 — Durante a migração do gás para o relé coletor sempre ocorrem mudanças na composição dos gases formados por uma falha e, comparando-se a composição dos gases livres com aqueles que permanecem dissolvidos no óleo, pode-se freqüentemente obter informações quanto ao tipo e localização da falha.

* Os métodos descritos nesses anexos interessam aos laboratórios de análises, por isso não foram transcritos

4.1.1.2 — As amostragens de gás dos relés devem ser feitas tão rápido quanto possível, uma vez que uma demora excessiva pode causar uma reabsorção seletiva dos componentes no óleo restante no interior do relé, o que poderia mascarar evidências valiosas.

4.1.1.3 — São necessárias certas precauções quando se recolhem amostras de gás, a saber:
a) a ligação entre o dispositivo para amostragem e o recipiente deve ser feita de forma a evitar a entrada de ar;
b) ligações provisórias devem ser tão curtas quanto possíveis;
c) a impermeabilidade aos gases de qualquer tubulação de plástico ou de borracha deve ser previamente verificada.

4.1.1.4 — As amostras de gás devem ser devidamente etiquetadas e analisadas o mais rápido possível, de preferência num período máximo de duas semanas.

4.1.1.5 — O oxigênio, se presente no gás, pode reagir com alguma quantidade de óleo retirada com a amostra. Recomenda-se, portanto, manter a amostra abrigada da luz (por exemplo, envolvendo-se a seringa em uma folha de papel de alumínio), o que retardará a oxidação.

4.1.1.6 — O transporte das amostras será facilitado se forem usados recipientes especiais que mantenham as amostras no lugar durante o percurso.

4.1.2 — *Material de amostragem*

4.1.2.1 — Um tubo impermeável a gases, resistente ao óleo; por exemplo, tubo de poli(tetrafluoretileno)-PTFE provido de uma conexão que possa ser adaptado ao orifício de amostragem do relé ou da camada de gás.

4.1.2.2 — Uma seringa à prova de gás de dimensões apropriadas (de 25 cm^3 a 250 cm^3); por exemplo, seringas de vidro tipo médico ou veterinário com pistão de vidro ou, como alternativa, outros tipos com juntas à prova de óleo (ver 4.2.2.2).

4.1.2.3 — Recipientes para transporte projetados de maneira a manter a seringa firmemente no lugar durante o transporte.

4.1.3 — *Método de amostragem*

Nota: Como alternativa para este método, podem ser usados os métodos descritos no Anexo A.

O dispositivo deve ser conectado como mostra a Fig. 1 do Anexo F. As conexões devem ser tão curtas quanto possível e cheias de óleo no início da amostragem.

A válvula de amostragem (5) deve ser aberta. Se houver sobrepressão no relé, a torneira de três vias (4) deve ser cuidadosamente aberta, permitindo que qualquer óleo presente seja eliminado.

Quando o gás alcançar a torneira de três vias (4), esta deve ser manobrada de maneira a fechar a purga e conectar a seringa. Em seguida, a torneira (2) deve ser aberta e, sob a pressão do gás, a seringa (1) se encherá livremente, tomando-se cuidado para que o pistão não seja expelido. Quando uma quantidade suficiente de amostra tiver sido recolhida, a torneira (2) deve ser fechada e o dispositivo desconectado.

Qualquer óleo que haja na seringa deve ser expelido invertendo-se a seringa e pressionando-se ligeiramente o pistão.

Na ausência de sobrepressão dentro do transformador, uma bomba de ar suplementar deve ser conectada, entre a extremidade do dispositivo de amostragem e a torneira (2), para aspirar o gás.

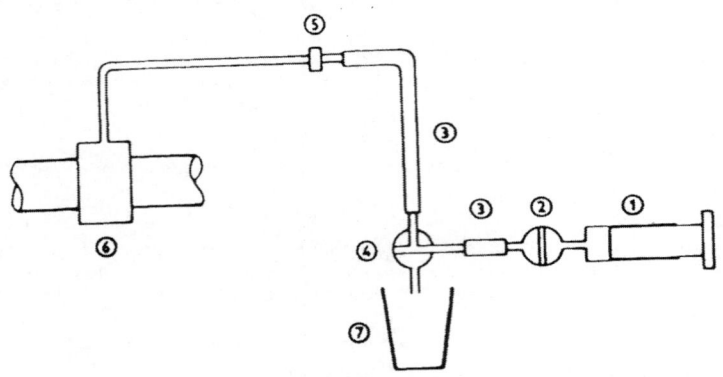

Figura 1 do Anexo F — Amostragem por meio de seringas: 1 — seringa; 2 — torneira; 3 — tubos de conexão; 4 — torneira de três vias; 5 — válvula de amostragem; 6 — válvula do relé de Buchholz ou do colchão de gás; 7 — vaso de refugos

A válvula do equipamento da amostragem (5) deve ser fechada no fim da amostragem.

4.2 — Amostragem de óleo do transformador

4.2.1 — Generalidades

4.2.1.1 — O método de amostragem por seringas (dado a seguir) é adequado qualquer que seja o meio de transporte das amostras, entretanto, métodos descritos no Anexo B podem ser utilizados, se não houver mudanças significativas de pressão e de temperatura durante o transporte.

4.2.1.2 — Os métodos descritos são convenientes para equipamentos contendo grandes volumes de óleo, tais como transformadores de potência. Para transformadores de distribuição ou outros equipamentos com pequeno volume de óleo, é essencial que se assegure que o volume total de óleo retirado não afete o bom funcionamento do equipamento.

4.2.1.3 — A seleção dos pontos nos quais as amostras serão tiradas deve ser cuidadosamente feita. Normalmente, a amostra deve ser tirada em ponto representativo do total de óleo do transformador e onde não existam mudanças na composição, tais como as devidas à cavitação de bombas. Entretanto, algumas vezes será necessário deliberadamente tirar amostras onde não se espera que elas sejam representativas, como, por exemplo, ao se tentar localizar uma falha.

4.2.1.4 — Normalmente, a tomada de amostra deve ser feita na válvula inferior de amostragem.

4.2.1.5 — As amostras devem ser retiradas com o equipamento na condição normal de funcionamento (isto é importante para se verificar a taxa de produção de gás).

Nota: O operador deverá estar habilitado para respeitar as normas de segurança, quando da coleta de amostras de óleo em equipamento energizado.

4.2.1.6 — Uma parte do oxigênio dissolvido presente na amostra de óleo pode ser comsumida por oxidação. Essa reação pode ser retardada mantendo-se a amostra abrigada da luz, envolvendo por exemplo, o recipiente de amostragem em uma folha de papel de alumínio. A amostra não só deve ficar abrigada da luz solar como também da luz de lâmpada fluorescente que emite radiação ultravioleta.

4.2.1.7 — As amostras devem ser cuidadosamente etiquetadas (ver Anexo E).

4.2.2 — Material de amostragem

4.2.2.1 — Um tubo impermeável, resistente ao óleo; por exemplo, tubo de poli(tetrafluoretileno)-PTFE para conectar a seringa ao equipamento; esse tubo deve ser o mais curto possível e possuir uma torneira de três vias.

Nota: Na ausência de uma válvula de amostragem adequada à adaptação direta de um tubo, pode ser necessário improvisar-se utilizando uma flange perfurada ou uma bucha de borracha, resistente ao óleo, sobre o dispositivo de enchimento.

4.2.2.2 — Seringa à prova de gás, de vidro ou possuindo juntas de plástico ou de borracha à prova de óleo, com pistão de vidro ou de plástico. Seu volume pode estar compreendido entre 25 cm^3 e 250 cm^3, dependendo principalmente da sensibilidade do procedimento analítico utilizado e do volume de óleo do equipamento a ser amostrado. A seringa deve estar equipada com uma torneira, permitindo que possa ser fechada hermeticamente.

Nota: A estanqueidade aos gases de um tipo de seringa pode ser testada mantendo-se uma amostra de óleo em uma seringa durante duas semanas e analisando-se as taxas de hidrogênio no início e no fim deste período. Uma seringa aceitável permitirá perdas de hidrogênio menores que 2,5% por semana.

4.2.2.3 — Recipientes para transporte projetados de maneira a manter as seringas firmemente no lugar durante o transporte, permitindo ao mesmo tempo que o pistão da seringa permaneça livre.

4.2.3 — Método de amostragem

4.2.3.1 — A bucha ou tampa da válvula de amostragem deve ser removida e o orifício de saída limpo com um pano, a fim de eliminar toda sujeira visível. O dispositivo deve ser então conectado, como indica a Fig. 2 do Anexo F, e a válvula principal de amostragem, aberta.

4.2.3.2 — A torneira de três vias deve ser ajustada para permitir que 1 a 2 litros de óleo possam ser eliminados.

Notas: a) O objetivo deste procedimento é eliminar o óleo contido nas conexões para amostragem, devendo ser eliminado, no início, duas vezes o volume estimado destas conexões.

b) Este procedimento não se aplica a equipamentos com pequeno volume de óleo; para estes casos, o volume a retirar deve levar em consideração o nível de óleo do equipamento.

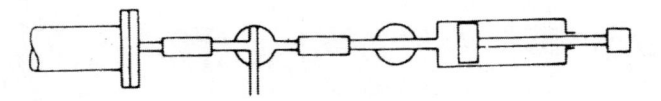

a) Conexão para enxágüe

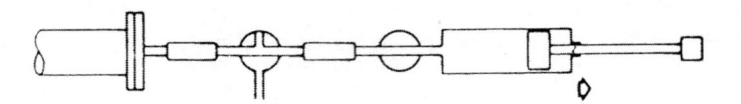

b) Lavagem e enxágüe da seringa ga

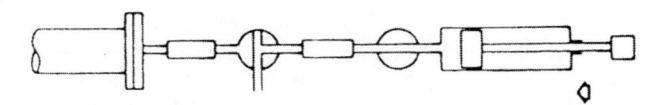

c) Esvaziamento da seringa

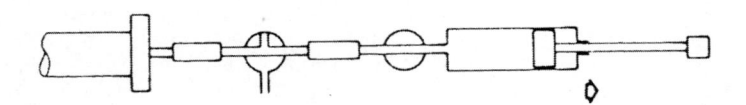

d) Tomada da amostra

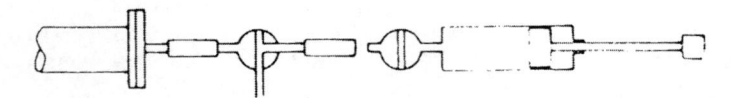

e) Desmontagem da seringa

Figura 2 do Anexo F — Amostragem de óleo com seringa

4.2.3.3 — A torneira de três vias deve ser então aberta de forma a permitir que o óleo penetre lentamente na seringa. O pistão não deve ser puxado, mas permitido que recue sob a pressão do óleo.

4.2.3.4 — A torneira de três vias deve ter sua posição mudada de forma a permitir e evacuação do óleo da seringa, e o pistão empurrado para que a seringa se esvazie. Deve-se assegurar que a superfície interna da seringa e do pistão esteja completamente lubrificada pelo óleo.

4.2.3.5 — Repetir a operação descrita em 4.2.3.3.

4.2.3.6 — A torneira da seringa deve ser então fechada, juntamente com a válvula de amostragem.

4.2.3.7 — A seringa deve ser desconectada.

4.2.3.8 — A amostra deve ser corretamente etiquetada (ver Anexo E).

5. ETIQUETAGEM DAS AMOSTRAS

As amostras de óleo e de gás devem ser etiquetadas antes de ser enviadas ao laboratório. As etiquetas utilizadas devem estar de acordo com o Anexo E (pág. 195).

ANEXO A — AMOSTRAGEM DE GASES

A-1. GENERALIDADES

A-1.1 — Os métodos descritos neste Anexo podem ser usados em lugar do método descrito em 4.1.

A-1.2 — A amostragem por deslocamento de líquido (descrito em A-2), utilizando solução salina saturada ou óleo isolante como líquido de deslocamento, é simples, mas apresenta alguns inconvenientes. Se for utilizado óleo, devem ser levadas em consideração as diferentes solubilidades dos componentes gasosos, enquanto que com a solução salina se corre o risco de esta ser aspirada para dentro do selo gasoso, se este estiver com ligeira depressão.

A-1.3 — O método a vácuo (descrito em A-3) requer uma certa habilidade do operador para que seja evitada a contaminação da amostra por vazamento.

A-2. AMOSTRAGEM POR DESLOCAMENTO DE LÍQUIDO

A-2.1 — Pode ser utilizado óleo de transformador previamente desgaseificado ou uma solução salina saturada, como líquido de deslocamento, em um dos dispositivos representados na Fig. 5, do Anexo F. O princípio dos dois modelos é similar.

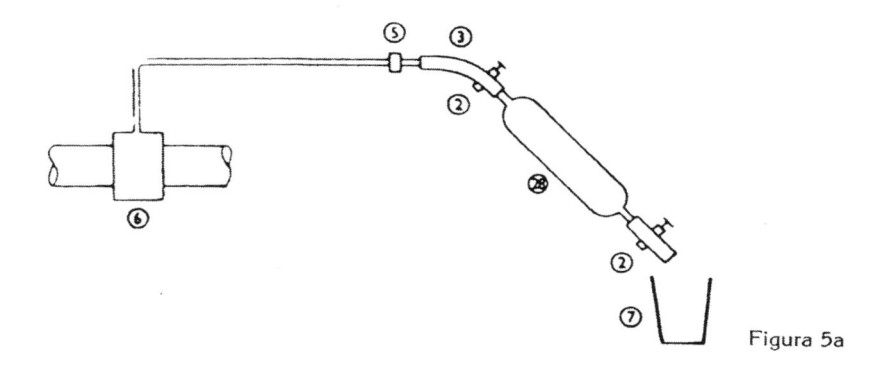

Figura 5a

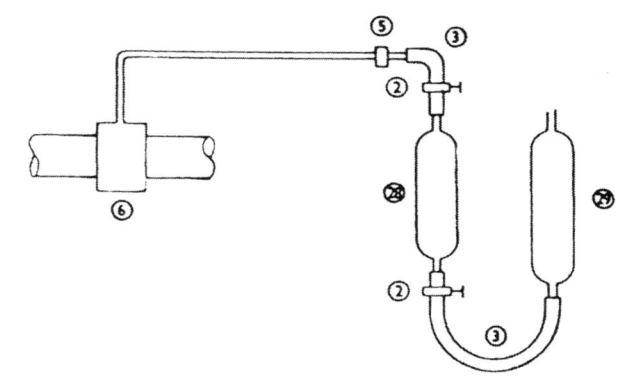

Figura 5b

Figura 5 do Anexo F — Amostragem por deslocamento de líquido: 2 — torneira; 3 — tubos de conexão; 5 — válvula da amostragem do material; 6 — válvula do relé coletor de gás ou do selo gasoso; 7 — vaso de refugo; 28 — recipiente de amostragem; 29 — reservatório de nível

A-2.2 — Encher o tubo de conexão através de um recipiente separado ou, se a conexão entre o relé e a válvula estiver cheia de óleo, permitir que o óleo encha o tubo de conexão.

A-2.3 — Conectar a extremidade aberta do tubo à válvula de amostragem. Em seguida, abre-se cuidadosamente a válvula de amostragem (5) e a torneira de entrada do recipiente de amostragem (2). Se for utilizado o aparelho da Fig. 5a, o recipiente de amostragem deve ser inclinado de maneira que a extremidade fechada (2) passe a ser seu ponto inferior. A torneira (2) do recipiente de amostragem deve ser então aberta, de modo a eliminar o líquido de deslocamento, introduzindo por arraste o gás no recipiente de amostragem.

A-2.4 — Se for utilizada a aparelhagem da Fig. 5b, a torneira inferior do recipiente de amostragem (2) deve ser aberta e o reservatório de nível abaixado, introduzindo assim o gás da amostra no recipiente de amostragem.

A-2.5 — Nos dois casos, a amostragem estará completa quando o relé coletor de gás estiver completamente cheio de óleo, ou quando praticamente todo o líquido de deslocamento do recipiente de amostragem tiver sido evacuado, devendo então as duas torneiras do recipiente de amostragem e a válvula de amostragem do aparelho serem fechadas, e as conexões em seguida removidas.

A-3. AMOSTRAGEM A VÁCUO

A-3.1 — O dispositivo deve ser conectado, como mostra a Fig. 6 do Anexo F, com a válvula de amostragem (5) fechada, as duas torneiras (2) abertas e a torneira de três vias (4) orientada conforme mostra a figura. A bomba de vácuo deve ser acionada para esvaziar as conexões, a armadilha (trap) e o recipiente de amostragem. Uma pressão absoluta inferior a 100 Pa (1mbar) é satisfatória.

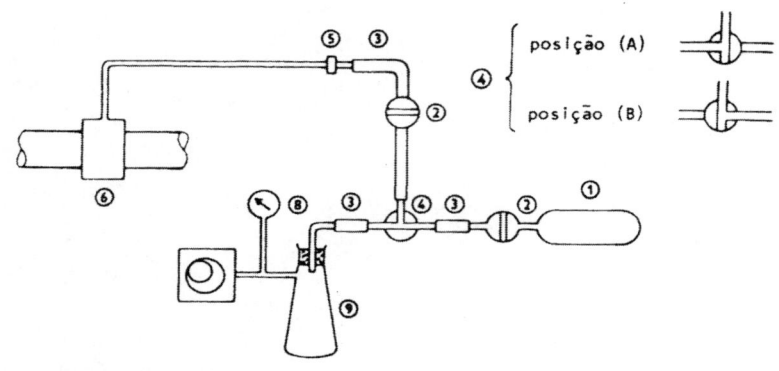

Figura 6 do Anexo F — Amostragem a vácuo: 1 — recipiente de amostragem; 2 — torneira; 3 — tubos de conexão; 4 — torneira de três vias; 5 — válvula de amostragem do material; 6 — válvula do relé coletor de gás ou do selo gasoso; 8 — medidor de pressão; 9 — armadilha (trap)

A-3.2 — A estanqueidade do sistema deve ser controlada fechando-se a torneira de aspiração da bomba e verificando-se que não tenha ocorrido mudança apreciável no vácuo, durante um período igual ao período de amostragem.

A-3.3 — Se o tubo de conexão entre a válvula de amostragem (5) e o relé coletor de gás estiver cheio de óleo, a torneira de três vias (4) deve ser colocada na posição (A).

A-3.4 — A válvula do dispositivo de amostragem (5) deve ser cuidadosamente aberta, permitindo que o óleo escoe para dentro da armadilha (trap). Quando o final do fluxo de óleo chegar à torneira de três vias (4), esta deve ser colocada na posição (B).

A-3.5 — Quando a amostragem estiver concluída, fecha-se primeiramente a torneira (2) e, em seguida, a válvula do dispositivo de amostragem, sendo por fim desconectado o dispositivo.

A-3.6 — Se o tubo de conexão entre o equipamento e a válvula de amostragem estiver vazio, omite-se o procedimento de eliminação de óleo e a torneira de três vias deve ser utilizada na posição (B), depois de verificada a estanqueidade do aparelho.

ANEXO B — AMOSTRAGEM DE ÓLEO

B-1. GENERALIDADES

B-1.1 — Os princípios gerais foram enunciados em 4.2.

B-1.2 — Os métodos descritos neste Anexo podem ser usados em lugar dos descritos em 4.2.

B-1.3 — O método que utiliza seringas de amostragem (descrito em B-3) é particularmente conveniente para óleos com baixo teor de gases dissolvidos que necessitam de um volume de amostra grande.

B-1.4 — O método que utiliza garrafas (descrito em B-4) é simples, não exige nenhuma habilidade especial e revela-se adequado para inúmeros casos.

B-2. AMOSTRAGEM POR MEIO DE SERINGAS

B-2.1 — A bucha ou tampa da válvula de amostragem ou do dreno deve ser removida e o orifício de saída, limpo com um pano, a fim de eliminar toda a sujeira visível.

B-2.2 — Abrir a válvula e permitir a passagem de 1 a 2 litros de óleo e recolher este óleo em um balde (ver Notas de 4.2.3.2).

Nota: Quando limpo, usar este óleo para lubrificar a seringa; caso contrário, use parte do óleo da operação B-2.3.

B-2.3 — Regular o fluxo de óleo, de modo a evitar turbulência e, conseqüentemente, formação de bolhas de ar, e recolher cerca de 1/4 de litro em recipiente previamente limpo e seco.

B-2.4 — Fechar a válvula de amostragem ou do dreno.

B-2.5 — Completar o volume da seringa com o óleo do recipiente (a torneira deve estar imersa no óleo e o êmbolo da seringa deve ser puxado lentamente, de modo a evitar a formação de bolhas no óleo).

B-2.6 — Segurar a seringa verticalmente (torneira para cima). Pressionar o êmbolo de modo a eliminar qualquer bolha de ar existente.

B-2.7 — Fechar imediatamente a torneira (seringa na posição vertical).

B-2.8 — Etiquetar a amostra (ver Anexo F).

B-3. AMOSTRAGEM POR MEIO DE AMPOLA

B-3.1 — A ampola (Fig. 7 do Anexo F) pode ser de vidro ou de metal, com um volume de 250 a 1 000 cm³. Pode ser fechada por torneiras, por válvulas ou por pinças em tubos de borracha resistente ao óleo.

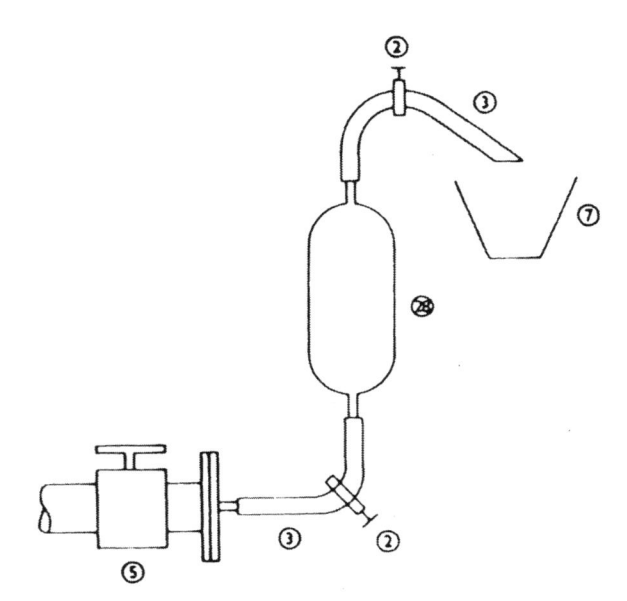

Figura 7 do Anexo F — Aparelhagem para amostragem de óleo de transformadores por ampola: 1 e 2 — torneiras; 3 — tubos de conexão; 5 — válvula de amostragem; 7 — vaso de refugo; 28 — recipiente de amostragem (ampola)

B-3.2 — A ampola deve ser ligada ao local da retirada de amostras por meio de um tubo de conexão resistente ao óleo; por exemplo, tubo de poli(tetrafluoretileno)-PTFE. As torneiras da ampola devem ser abertas e em seguida a válvula de amostragem, de forma a permitir que o óleo escoe através da ampola para o exterior.

B-3.3 — Quando o tubo de amostragem estiver completamente cheio de óleo, deixa-se escoar de 1 a 2 litros para o exterior (ver Notas de 4.2.3.2), sendo então interrompido o escoamento do líquido, fechando-se, primeiro, a torneira interna (1), depois a externa (2) e, finalmente, a válvula de amostragem (5).

B-3.4 — A seguir desconecta-se a ampola.

Nota: Neste caso, deve-se utilizar todo o óleo amostrado para a análise.

B-4. AMOSTRAGEM EM GARRAFAS

B-4.1 — Este método requer o uso de garrafas que possam ser completamente vedadas. As garrafas adequadas devem ter tampas de plástico com juntas cônicas de polietileno.

B-4.2 — Antes de ser adotado um determinado tipo de garrafa, deve-se verificar sua estanqueidade, tirando-se duas amostras idênticas em duas garrafas e fazendo-se a análise do teor de hidrogênio dissolvido de uma delas, no início de um período de duas semanas de armazenamento e da outra, no final desse período. O projeto de uma garrafa e sua junta de estanqueidade serão aceitos se admitirem uma perda de hidrogênio inferior a 5% por semana.

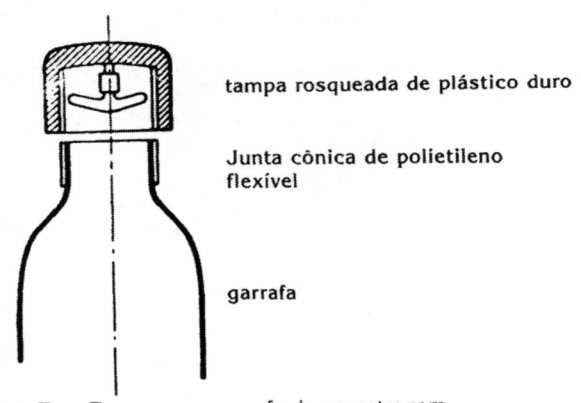

tampa rosqueada de plástico duro

Junta cônica de polietileno flexível

garrafa

Figura 8 do Anexo F — Tampa para garrafa de amostragem

Nota: Um tipo de tampa considerado satisfatório é mostrado na Fig. 8 do Anexo F.

B-4.3 — As conexões devem ser feitas por meio de um tubo resistente ao óleo, por exemplo, tubo de poli(tetrafluoretileno)-PTFE de aproximadamente 5 mm de diâmetro.

B-4.4 — Se a amostragem tiver de ser feita na válvula de drenagem, deve-se usar uma bucha perfurada de forma a receber um tubo de latão de 5 mm de diâmetro. Um jogo de buchas de 12 mm a 100 mm adaptar-se-á a praticamente todos os casos.

B-4.5 — A válvula de amostragem deve ser aberta e deixa-se escapar cerca de 1 a 2 litros de óleo através do tubo (ver Notas de 4.2.3.2). Sem interromper o escoamento de óleo, rinsar o frasco e colocar o final do tubo no fundo da garrafa de amostragem, permitindo que esta se encha completamente. Deixa-se transbordar o óleo (cerca do volume da garrafa) e tira-se lentamente o tubo de amostra da garrafa, sem contudo interromper o escoamento de óleo. Inclina-se a garrafa de forma a levar o nível de óleo a aproximadamente 1 mm a 2 mm da borda superior. A garrafa é em seguida tampada e, por fim, a válvula de amostragem, fechada.

ANEXO E — ETIQUETAGEM DAS AMOSTRAS

A etiqueta deve estar de acordo com o modelo abaixo:

IDENTIFICAÇÃO DA AMOSTRA

Empresa: _____ Subestação/Usina: _____

Tipo de equipamento: _____ Ano: _____

N.º série:_____ Fabricante:_____ Operando?_____ Ano:_____

kV: _____ MVA: _____ Cobertura: N_2? _____ Ar? _____ Conservador? _____

Óleo trocado ou desgaseificado?_____ Quando?_____

Óleo recondicionado? _____ Quando? _____

CDC em comunicação com o tanque principal? _____

Temp. amb. (°C):_____ Temp. óleo (°C):_____ Umidade relativa do ar (%):_____

Ponto de amostragem: _____

Amostrador: _____ Data da amostragem: _____

Obs.: _____

A etiqueta deve ser preenchida conforme as instruções abaixo:

A — Dados completos sobre a origem da amostra.

B — Detalhes sobre o equipamento de onde a amostra foi coletada.

C — Responder se o equipamento está ou não em funcionamento e, em caso afirmativo, dizer a partir de quando (mês e ano).

D — Responder sim, de acordo com o tipo de camada (nitrogênio ou ar) superior ao óleo isolante.

E — Tipo de conservador (aberto, com membrana ou com bolsa).

F — Responder se o óleo isolante foi trocado ou desgaseificado após o equipamento ter sido energizado e, em caso afirmativo, dizer quando.

G — Responder se o óleo isolante foi recondicionado (filtrado ou secado) após o equipamento ter sido energizado e, em caso afirmativo, dizer quando.

H — Responder sim ou não, no caso do óleo do CDC estar ou não em comunicação com o óleo do tanque principal.

I — Informações sobre as condições ambiente e do óleo isolante no momento da coleta.

J — Informações sobre a natureza e a localização da válvula de amostragem utilizada.

L — Outras informações úteis sobre o histórico do equipamento.

Capítulo 11 — Métodos de tratamento do óleo isolante

FILTRAÇÃO, CENTRIFUGAÇÃO, DESIDRATAÇÃO À VÁCUO, RECUPERAÇÃO E INIBIDORES

11.1 — TRATAMENTO DO ÓLEO ISOLANTE

A escolha do método ou processo de tratamento do óleo isolante depende das condições e do estado em que se encontrar.

O óleo é chamado de contaminado quando contém umidade e partículas em suspensão, excluindo-se os produtos de sua oxidação.

Óleo deteriorado é aquele que sofreu oxidação, possuindo, portanto, ácidos orgânicos e sedimento ou borra.

O tratamento do óleo contaminado para remover, por meios mecânicos, a umidade e as partículas sólidas em suspensão é chamado de *recondicionamento do óleo.*

11.1.1 — Recuperação

É o tratamento utilizado para o óleo deteriorado com a finalidade de eliminar os produtos da oxidação, contaminantes ácidos e em estado coloidal, por meios químicos e de adsorção.

Os óleos isolantes são classificados em quatro grupos, de acordo com seu estado:

Grupo I — Pertencem a este grupo os óleos em condições satisfatórias de uso.

Grupo II — Neste grupo estão os óleos que necessitam de recondicionamento, isto é, eliminação por centrifugação, filtração e desidratação à vácuo da umidade e de partículas sólidas em suspensão.

Grupo III — Grupo dos óleos em más condições e que devem sofrer tratamento químico, de adsorção para remover os produtos da oxidação e os contaminantes ácidos e coloidais.

Grupo IV — Fazem parte deste grupo os óleos que devem ser descartados porque sua recuperação é técnica e economicamente desaconselhável.

11.2 — MÉTODOS DE RECONDICIONAMENTO DO ÓLEO

11.2.1 — Filtração

A filtração do óleo isolante é feita por papel de filtro. Com a filtração consegue-se remover a água não-dissolvida e as partículas sólidas em suspensão.

O filtro-prensa é a máquina utilizada com essa finalidade. Suas partes principais são o filtro e a bomba de recalque. O filtro é formado por uma série de placas e quadros ou caixilhos, de ferro fundido, entre os quais são prensadas as folhas de papel de filtro. O óleo, impulsionado pela bomba, entra pelo orifício superior da placa, saindo pelo orifício inferior, após passar através do papel de filtro (Fig. 11.1).

O óleo a recondicionar é conduzido pela bomba para a campânula de desaeração da qual passa para o filtro e, depois, para o reservatório, que recebe o óleo recondicionado.

A capacidade de filtração do filtro-prensa varia conforme as dimensões das placas. Há filtros com capacidade de 20 a 100 litros/min.

O papel de filtro deve sofrer secagem na estufa a uma temperatura de 95 °C a 105 °C durante 6 a 12 horas. O tempo de duração da secagem depende do estado de umidade e da separação das folhas de papel. O papel só deverá ser retirado da estufa no momento de sua utilização e, imediatamente, colocado entre as placas do filtro-prensa. O papel seco exposto ao ar úmido absorve 2/3 da água para ficar satu-

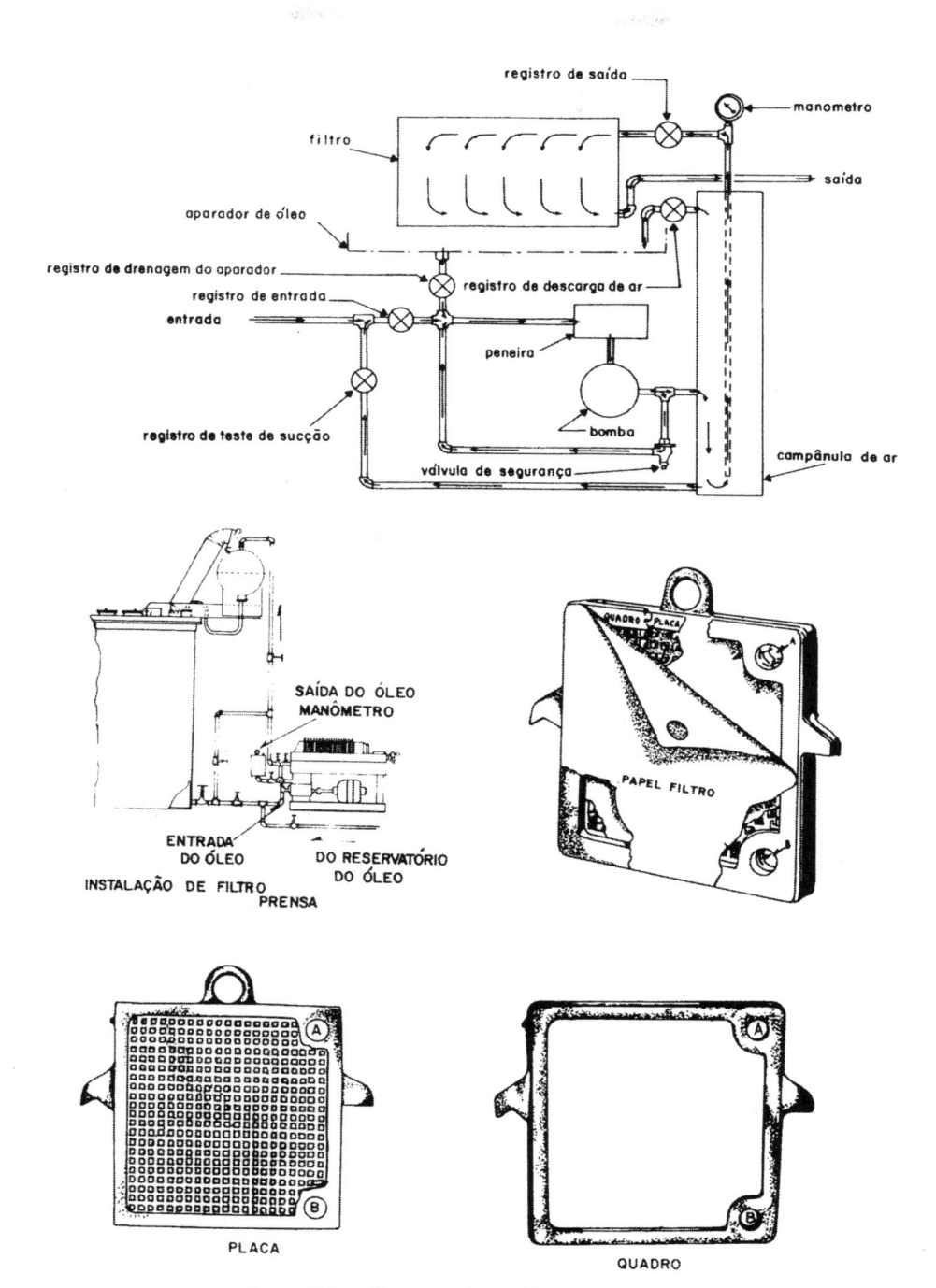

Figura 11.1 — Esquema de um filtro-prensa

rado em poucos minutos. São colocadas e prensadas cinco folhas entre cada placa e o caixilho.

O procedimento de operação do filtro-prensa é o seguinte:

• Conectar entrada do filtro-prensa com o transformador ou com o fundo do reservatório que contém o óleo a ser filtrado por meio de mangueiras metálicas, ou de borracha, à prova de óleo, ou de plástico, também à prova de óleo.

• Conectar a saída com o transformador ou com o reservatório de óleo filtrado. O óleo deve ser retirado da parte de baixo e recolocado pela parte superior do transformador.

• Afrouxar o parafuso de apertar as placas e colocar cinco folhas de papel entre cada placa e o caixilho, inclusive as placas das extremidades. Cuidar para que os orifícios das placas dos caixilhos e do papel sejam coincidentes.

• Apertar bem com o parafuso o conjunto, usando uma força de 45 a 65 daN.

• Colocar óleo no aparador de óleo e fechar o registro de drenagem do mesmo.

• Abrir os registros de descarga de ar da campânula e o da entrada de óleo no filtro.

• Fechar o registro de teste de sucção e o registro de saída.

• Dar partida no motor da bomba, deixando-o em funcionamento até sair o óleo do registro de descarga de ar da campânula, parando-o em seguida. O sistema fica, dessa forma, cheio de óleo.

Para verificar a existência de vazamento na tubulação de sucção, proceder do seguinte modo:

• Fechar o registro do transformador.

• Fechar os registros de drenagem de ar da campânula, de entrada, e saída do filtro-prensa.

• Abrir o registro de teste de sucção e de drenagem do aparador de óleo.

• Manter, no aparador, óleo em quantidade suficiente pare encher a tubulação.

• Acionar o motor e procurar pontos de vazamento na tubulação. Parar o motor.

Para a filtragem do óleo:

• Abrir os registros de entrada do transformador, entrada e saída do filtro-prensa.

• Fechar o registro de teste de sucção, de descarga de ar da campânula e de drenagem do aparador de óleo.

• Dar partida no motor.

• Abrir o registro de descarga de ar da campânula em intervalos de tempo para retirar o ar acumulado.

• Abrir o registro de drenagem do aparador de óleo, quando necessário, para retirar o excesso de óleo.

• Quando o manômetro indicar uma pressão maior que 350 kPa (3,5 da N/cm^2), substituir o papel de filtro, que deve estar muito impregnado de materiais estranhos.

Se o óleo não estiver em condições muito ruins, deixar que a filtração se processe por meia hora, para interrompê-la. Retirar, então, uma folha de papel do lado do caixilho e colocar uma folha bem seca do lado da placa.

Realizar freqüentes testes de rigidez dielétrica do óleo durante a filtração. O papel de filtro absorve água até que seja atingido o equilíbrio com o conteúdo de água do óleo, após o que o óleo pode ficar saturado de água na temperatura em que se realiza a filtração. Como a quantidade de água dissolvida no óleo aumenta com a temperatura, é conveniente fazer a filtração a temperaturas mais baixas.

Se os testes de rigidez dielétrica não acusarem progressivamente melhores valores, será conveniente trocar a carga de papel, que deve estar saturada de água.

11.2.2 — Centrifugação

A centrifugação é um meio muito conveniente de separar mecanicamente do óleo a água em suspensão e partículas, como sedimentos, carvão etc. A água dissolvida no óleo não é removida por centrifugação.

Para que a água possa ser plenamente removida do óleo por centrifugação, sua temperatura deve estar entre 49 °C e 52 °C. Temperaturas mais elevadas não são convenientes e, se forem muito elevadas, a quantidade de água dissolvida poderá ficar aumentada.

A centrifugação do óleo é feita em separadoras centrífugas que possuem um tambor girando a alta velocidade.

O tambor pode ser do tipo clarificador para remoção de partículas sólidas e um único líquido. Neste caso, o óleo é descarregado, ficando na separadora a água e as impurezas sólidas. O tambor do tipo purificador é para remoção de partículas sólidas e dois tipos de líquidos (Fig. 11.3).

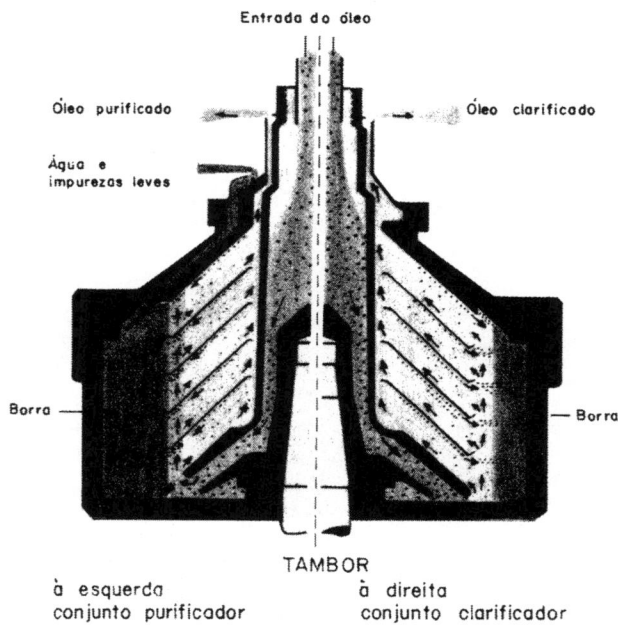

TAMBOR

à esquerda   à direita
conjunto purificador   conjunto clarificador

Figura 11.3 — Tambor da centrifugadora

11.2.3 — Desidratadores a vácuo

O tratamento do óleo em câmara de vácuo é um meio eficaz de retirar água, gases e ácidos voláteis do óleo.

Há dois tipos de desidratadores a vácuo. Em um deles, o óleo é lançado na câmara de vácuo, sob a forma de jatos e, no outro, o óleo é depositado em bandejas, sob a forma de uma camada fina e de superfície ampla.

Em geral, o óleo novo ou pouco contaminado sofre tratamento de filtragem somente. Ao óleo muito contaminado dá-se um tratamento de filtragem e desidratação a vácuo ou centrifugação e desidratação a vácuo, ou, ainda, os três tratamentos ao mesmo tempo.

É recomendável que o tratamento a vácuo do óleo não seja feito com nível de vácuo de valor abaixo de 0,66 kPa (5 mmHg) quando a temperatura do óleo for, no máximo, 60 °C, para evitar seu fracionamento. Para temperaturas acima de 60 °C, até um máximo de 80 °C, o valor do nível de vácuo deve estar acima de 0,66 kPa. A temperatura de 80 °C do óleo não deve ser ultrapassada.

11.3 — RECUPERAÇÃO

Os métodos mais conhecidos de recuperação do óleo isolante são os seguintes:

11.3.1 — Método do ácido sulfúrico

Neste método, ao óleo colocado num tanque de ferro, adicionam-se de 2% a 3% de seu peso de ácido sulfúrico comercial de 1,84 de densidade. A mistura é agitada por ar comprimido durante meia hora e deixada em repouso até o dia seguinte. O óleo é, então, bombeado para um segundo tanque no qual sofre um tratamento com silicato de sódio na proporção de 3% a 4%. A mistura é novamente agitada com ar comprimido e deixada em repouso até o dia seguinte. Em seguida, o óleo é bombeado para um terceiro tanque, no qual recebe terra de fúler (200 mesh) na quantidade

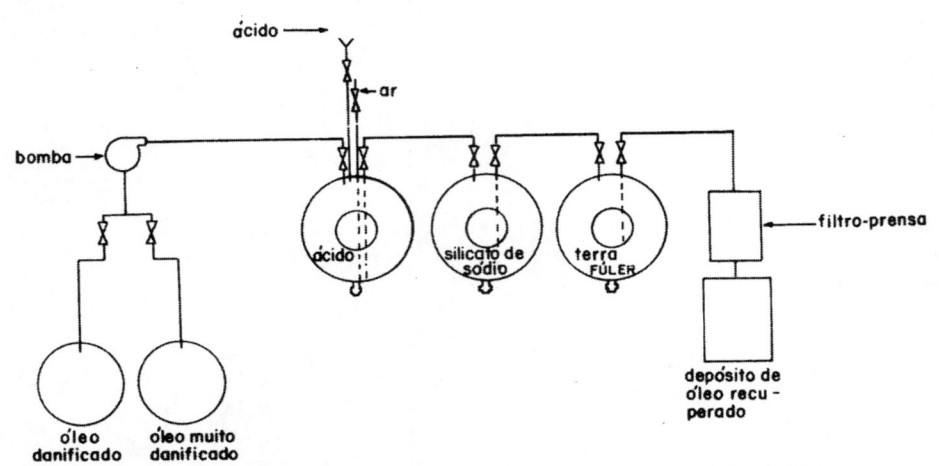

Figura 11.4 — Diagrama esquemático de tratamento de óleo com ácido sulfúrico

de 3% a 4% em peso, e a mistura é submetida à agitação com ar comprimido por uma hora e deixada em repouso até dia seguinte, quando é filtrada por filtro-prensa e armazenada. Com este processo consegue-se um índice de acidez de 0,05 mg de hidróxido de potássio e uma rigidez dielétrica entre 28 e 30 kV (Fig. 11.4).

11.3.2 — Processo do trifosfato de sódio e terra fúler ativada

Este processo consiste em agitar uma mistura de óleo e solução de trifosfato de sódio a 80 °C durante uma hora, a qual é, em seguida, deixada em repouso até que a separação dos dois líquidos seja total. Decanta-se a solução de trifosfato de sódio e lava-se o óleo com jatos de água. Em seguida, o óleo é enviado para uma separado-

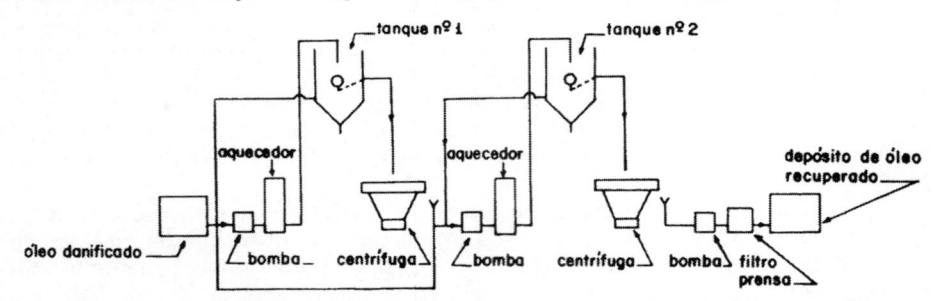

Figura 11.5 — Diagrama esquemático de tratamento com trifosfato de sódio e terra fúler

ra centrífuga e, ao sair da mesma, passa por um aquecedor e depositado num tanque contendo terra fúler ativada (200 mesh). A mistura é agitada durante 15 min e deixada em repouso até o dia seguinte. As operações seguintes são lavagens do óleo com água quente, centrifugação e desidratação por filtragem ou vácuo (Fig. 11.5).

Este processo é considerado econômico e é mais econômico que o simples tratamento com terra fúler para grandes quantidades de óleo muito deteriorado.

11.3.3 — Processo do carvão ativado e silicato de sódio

Durante o tratamento do óleo por este processo, sua temperatura é mantida a 85 °C até o momento de sua filtragem.

Se o grau de acidez do óleo for igual ou maior que 0,5 mg de KOH por grama, será agitado com 2% em peso de carvão ativado para impedir a emulsificação do óleo ácido pela solução de silicato de sódio. Se o grau de acidez for menor que 0,5 mg de KOH por grama, não será necessário o tratamento com carvão ativado.

Depoi· ·le tratado com carvão ativado, o óleo é filtrado no filtro-prensa e lançado em um   que, sendo então agitado com a solução de silicato de sódio a 2% na proporção ue 30% de seu volume. Em seguida, a solução de silicato de sódio é separada do óleo por centrifugação, para ser descartada.

Após esta operação, o óleo é misturado e agitado com 2% em peso de terra fúler ativada e deixado em decantação. O óleo decantado sofre uma segunda centrifugação e é colocado em um tanque para esfriamento, para depois ser filtrado e armazenado.

Se não for necessário o tratamento com carvão ativado, o processo será contínuo e a produção, de aproximadamente 570 litros por hora.

Se for feito tratamento com carvão ativado, o processo será por batelada e a produção, de aproximadamente 1 900 litros por dia.

Ianto a terra fúler como o carvão ativado retêm óleo na razão de 60% de seu peso e, por isso, devem ser empregados nas menores quantidades possíveis.

O óleo tratado com 1% de carvão ativado e terra fúler pode apresentar características satisfatórias.

11.3.4 — Processo da percolação

A percolação consiste em fazer o óleo passar através de um meio adsorvente para retirar suas impurezas.

Um material adsorvente muito usado para essa finalidade é a terra fúler — uma argila que, para ser utilizada, é seca, triturada e ainda pode ser queimada, lavada com água e tratada com vapor ou ácido.

Também se usa a alumina ativada como adsorvente. A alumina é um óxido de

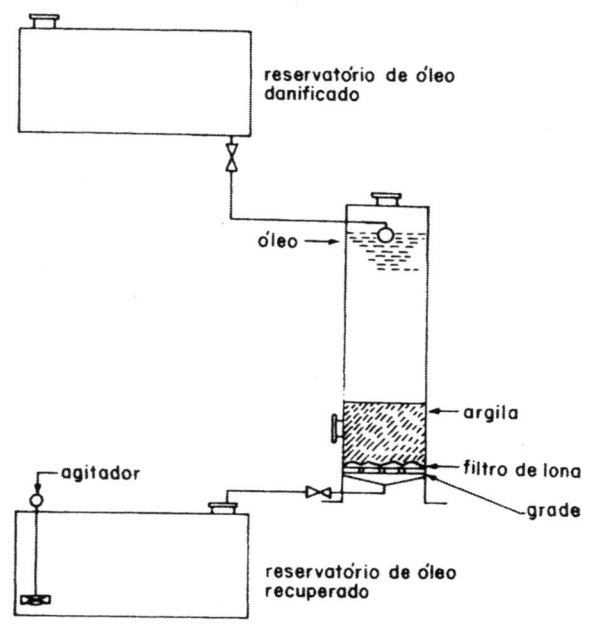

Figura 11.6 — Diagrama esquemático de percolação do óleo por gravidade

alumínio mais estável que a terra fúler e pode ser facilmente reativada.

Verificou-se que o óleo tratado com alumina tem seu número de emulsão muito aumentado. A percolação do óleo pode ser feita por gravidade ou à pressão.

Na percolação por gravidade, uma coluna de óleo, por seu próprio peso, força sua passagem através de uma camada de adsorvente.

A Fig. 11.6 ilustra o esquema de uma instalação típica de percolação do óleo por gravidade. A coluna de óleo tem cerca de 4,5 m de altura e a percolação vai-se processando automaticamente. No óleo percolado são realizados testes de acidez e tensão interfacial em intervalos de tempo. O volume de óleo percolado por hora é de aproximadamente 38 litros por 0,1 m^2 de área de adsorvente.

Na percolação à pressão, o óleo é percolado a uma pressão de 500 kPa (5 daN/cm^2), exercida por uma bomba. Nos percoladores à pressão, o óleo passa através da argila colocada em cartuchos.

As máquinas de percolação à pressão são compactas e podem operar ligadas diretamente aos aparelhos, cujo óleo se deseja recuperar.

11.3.5 — Capacidade de adsorção da argila atapulgita

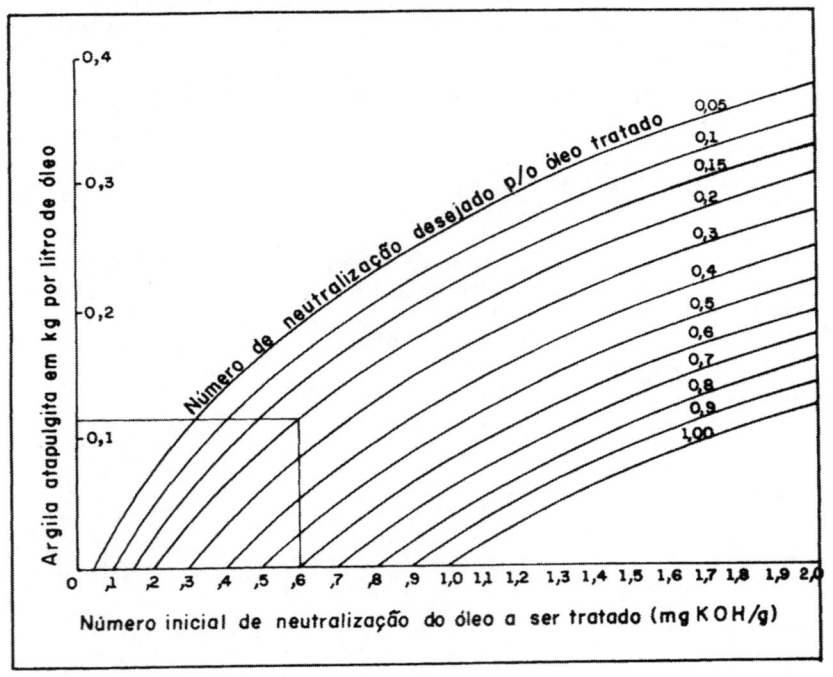

Figura 11.7 — *Adsorção pela argila atapulgita (terra fúler), segundo Engelhard Minerals and Chemical Corp.*

Exemplo:

Número inicial de neutralização do óleo a ser tratado: 0,6 mgKOH/g.

Número de neutralização que se deseja atingir: 0,2 mgKOH/g

Massa de argila atapulgita a ser utilizada por litro de óleo (Fig. 117) aproximadamente 0,11 kg.

11.3.6 — Processo de contato

Neste processo, o óleo e a terra fúler (220 mesh) são submetidos a temperaturas elevadas. A análise do óleo determina seu grau de recuperação, que depende da quantidade de terra fúler utilizada.

11.4 — INIBIDORES

11.4.1 — Propriedade

O óleo novo possui a propriedade natural de retardar sua oxidação, que é devida à existência de substâncias conhecidas pela denominação de inibidores, as quais são consumidas com o tempo. A oxidação e a deterioração tornam-se mais intensas com o desaparecimento dos inibidores.

Existem inibidores sintéticos dos quais o mais empregado é o diterciário-butilparacresol ou DBPC. O DBPC é estável, é um antioxidante eficaz em pequenas quantidades, é comercializado em elevado grau de pureza, é insolúvel na água e facilmente solúvel no óleo. Os produtos da decomposição por oxidação do DBPC são solúveis no óleo isolante e por isso não se precipitam sob a forma de sedimento. A solução oleosa do DBPC não é alterada por sua exposição à luz. Em temperaturas inferiores a 60 °C, o DBPC não é facilmente removido pelos processos convencionais de recuperação do óleo.

A adição de DBPC no óleo pode ser feita com o inibidor em estado sólido ou em solução concentrada no óleo. Para preparar a solução oleosa do DBPC, adicionam-se 20% em peso do mesmo ao óleo; a mistura é agitada e aquecida a 50 °C até a completa dissolução do inibidor. Em temperaturas mais baixas, sua dissolução é mais difícil e demorada. A solução a 20% em peso pode ser utilizada a uma temperatura de +10 °C ou maior. Para temperaturas entre +10 °C e −30 °C, é aconselhável uma concentração de 10%.

Não é recomendada a adição de DBPC no estado sólido ao óleo de um transformador em serviço, no entanto tem sido tolerada a adição lenta, quando absolutamente necessário, de pequena quantidade, aguardando-se sua completa dissolução para acrescentar nova quantidade. A dissolução do DBPC será muito facilitada se a temperatura do óleo for de 50 °C ou maior.

Não se deve adicionar ao óleo de um transformador em serviço a solução concentrada de DBPC em virtude de sua baixa rigidez dielétrica.

Uma vez adicionada a solução concentrada de DBPC ao óleo de um transformador fora de serviço e desenergizado na temperatura mínima de 50 °C, não se deve energizá-lo antes de decorridas 4 a 6 horas. A solução deve ser colocada na parte superior do transformador. Se ele estiver na temperatura ambiente, a mistura deve ser feita agitando-se a massa de óleo por circulação com uma bomba. O óleo deverá ser agitado da mesma forma, quando a solução concentrada de DBPC for acrescentada ao óleo armazenado em tanques.

De um modo geral adiciona-se o DBPC no óleo recuperado numa proporção de 0,3% em peso.

Capítulo 12 — Ascaréis

12.1 — ASCARÉIS

A ASTM (D-2864)79 define *ascarel*: "Um termo genérico para designar um grupo de hidrocarbonetos clorados, sintéticos, resistentes ao fogo, utilizados como isolantes elétricos líquidos. Esses hidrocarbonetos clorados têm a propriedade de, em presença do arco elétrico, produzir, predominantemente, gases de ácido clorídrico não combustíveis e gases combustíveis em quantidades menores".

O ascarel é um composto bifenil clorado, chamado simplificadamente de PCB com sua molécula tendo a seguinte fórmula estrutural:

Os ascaréis são formados por uma mistura de bifenil clorado e benzeno clorado para ter características adequadas de viscosidade.

Suas aplicações são múltiplas, entre elas como líquido isolante e refrigerante de transformadores.

Os ascaréis, que contêm PCBs, apresentam-se comercialmente com os seguintes nomes: Aroclor, Asbestol, Askarel, Clorextol, Clophen, Diaclor, Dykanol, DK, Elemex, Fenclor, Hyvol, Inerteen, Kenneclor, NO-Flamol, Piranol, Phenoclor, Pyralene, Saf-T-Kuhl e Santotherm.

A molécula do PCB é formada por dois anéis benzênicos condensados, dos quais dois ou mais átomos de hidrogênio são substituídos por átomos de cloro.

Dos 209 compostos bifenílicos que podem ser criados com a substituição de átomos de hidrogênio dos anéis fenílicos por átomos de cloro, só três derivados têm sido utilizados em transformadores e são os de números 1242, 1254 e 1260. Os primeiros dois dígitos correspondem ao número de átomos de carbono da molécula e os outros dois indicam as porcentagens de cloro em peso, de cada tipo.

Os ascaréis estão entre os melhores líquidos isolantes conhecidos, porém não foram utilizados em transformadores com tensão maior que 69 kV e com potência maior que 15 MVA.

Eles têm características de resistência a tensões de impulso inferiores às do óleo mineral isolante (Fig. 12.1).

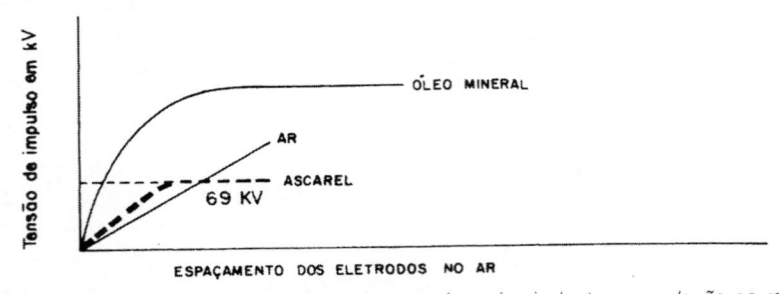

Figura 12.1 — Gráfico comparativo do comportamento de meios isolantes em relação ao raio

Começam a perder sua resistência ao fogo quando misturados com óleo isolante, a partir da concentração de 2% de óleo.

Uma concentração de PCB no óleo mineral isolante maior que 100 ppm reduz sua resistência às tensões de impulso. Por essa razão, foram feitas pesquisas para ser encontrado um meio de remover o PCB de óleos isolantes.

Já existe nos Estados Unidos da América um equipamento que transforma os PCBs existentes em óleo isolante em cloreto de sódio e outros compostos não-poluentes, conforme anunciou a revista T&D de fevereiro de 1982. O equipamento é transportável e pode reduzir a concentração do PCB no óleo a menos de 50 ppm. O óleo descontaminado pode ser utilizado como combustível ou rejeitado normalmente.

12.2 — ASCARÉIS E A SAÚDE HUMANA

Os ascaréis prejudicam a saúde humana provocando lesões dermatológicas, alterações psíquicas e morfológicas nos dentes, fígado e rins, perda da libido e efeitos teratogênicos e cancerígenos.

As pessoas que necessitam realizar trabalhos com líquidos contendo PCBs devem tomar cuidados especiais e, entre eles, convém lembrar os seguintes:
• Evitar o contato direto do líquido com a pele. Usar luvas, botas e avental adequados.
• Usar máscara de proteção para o rosto.
• Evitar de respirar vapores que contenham PCB.
• Evitar os vapores produzidos pelo arco elétrico.

O PCB é um tóxico bioacumulativo, isto é, acumula-se no organismo durante anos, e seu efeito é lento. O diclorodifeniltricloroetano (DDT) usado como inseticida é um tóxico agudo porque seus efeitos se manifestam em algumas horas.

12.3 — ASCARÉIS E O MEIO AMBIENTE

Os ascaréis não são biodegradáveis. Quando lançados no meio ambiente podem atingir o plancto, de onde se transferem para os peixes, pássaros e, finalmente, para o ser humano.

O PCB foi identificado primeiramente em 1966 nos peixes do mar Báltico. Os primeiros sintomas de seus efeitos no ser humano foram verificados no Japão, no ano de 1968, devido ao consumo de óleo de arroz, que continha 2 000 ppm aproximadamente de PCB, contaminado em virtude de vazamento ocorrido numa tubulação de trocadores de calor.

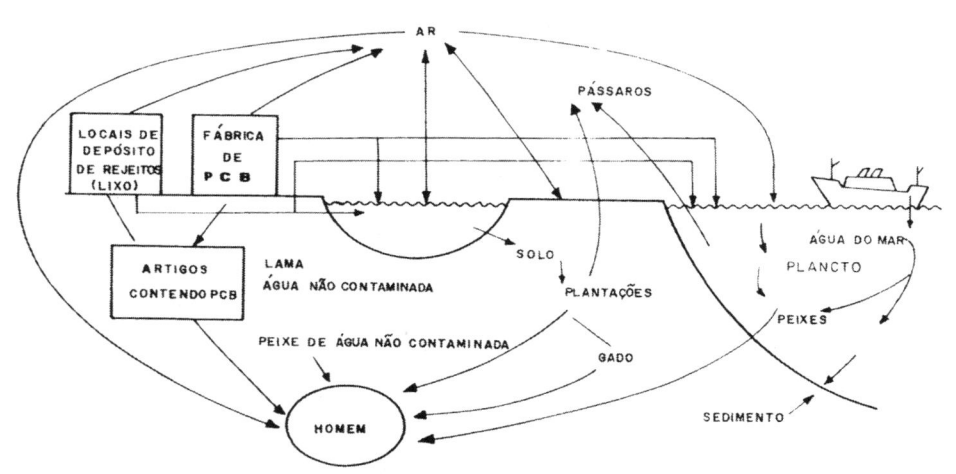

Figura 12.2 — *Ação do PCB no meio ambiente (K. Higuchi — PCB Poisoning and Pollution. Academic Press, 1976)*

12.4 — ELIMINAÇÃO DO PCB DE LÍQUIDOS UTILIZADOS EM EQUIPAMENTOS ELÉTRICOS

Os PCBs têm sido empregados em líquidos isolantes e refrigerantes de capacitores e transformadores.

Sua eliminação significa sua destruição ou transformação em outros produtos não prejudiciais ao ser humano e ao meio ambiente.

Líquidos com uma concentração de 500 ppm de PCB ou até maior devem ser incinerados a 1 200 °C em incinerador aprovado por autoridade competente e de conformidade com a legislação pertinente.

O óleo mineral isolante contaminado com PCB e com uma concentração de 50 a 500 ppm deve ser incinerado em incinerador aprovado ou queimado em fornalha aprovada para queimar óleos com baixo teor de PCBs, ou ainda ser lançado em locais indicados pela autoridade responsável pela conservação do meio ambiente.

Óleos irrecuperáveis com 50 ppm ou menos de PCB são, em geral, utilizados como combustíveis na refinação de óleos e produção de lubrificantes.

No Brasil, a fabricação, o transporte e a utilização dos PCBs em estado de pureza ou em mistura com outros materiais são proibidos por portaria ministerial, que proíbe também o lançamento de *"PCBs ou produtos que os contenham, quer direta ou indiretamente, em cursos de água ou locais expostos a intempéries".*

12.5 — ARMAZENAMENTO TEMPORÁRIO DE PRODUTOS CONTENDO PCBs ENQUANTO AGUARDAM DESTRUIÇÃO

Os equipamentos com PCBs que forem retirados de serviço deverão ser armazenados em área previamente escolhida, na qual não fiquem sujeitos a danificação, e ser inspecionados a cada trinta dias no máximo, para verificar a existência de vazamento.

Esses equipamentos devem ter uma identificação clara de que possuem PCBs e só devem ser manipulados por pessoal capacitado para esse tipo de serviço.

Se o equipamento apresentar vazamento, o líquido com PCB deve ser transferido para recipientes apropriados e hermeticamente fechados enquanto aguarda seu encaminhamento para ser destruído, o que é recomendável seja feito no prazo máximo de trinta dias.

Os seguintes dados dos equipamentos com PCB devem ser registrados:

• Data de sua retirada de serviço.
• Data em que foi armazenado aguardando sua destruição.
• Data em que foi transportado para ser destruído.
• Peso, em quilo.
• Identificação dos recipientes com PCB.
• Número dos capacitores e transformadores com PCB e total do peso dos líquidos dos mesmos.
• Localização e denominação da empresa em que foi armazenado e / ou destruído.

É importante que a empresa comunique à autoridade que controla o meio ambiente a existência de equipamentos com PCB instalados ou armazenados na região sob sua responsabilidade.

12.6 — TRANSFORMADORES COM PCB EXISTENTES

De acordo com portaria ministerial, "os transformadores, em operação, que usam bifenil policlorados (PCBs), como fluido dielétrico, poderão continuar com este dielétrico até que seja necessário seu esvaziamento, após o que somente poderão ser reenchidos com outro que não contenha PCBs".

Se o transformador com PCB tiver muitos anos de operação e necessita de reparos que requeiram uma intervenção em sua isolação, será necessário substituí-lo por uma unidade nova com líquido isolante sem PCBs.

12.7 — LÍQUIDO DE SILICONE

A indústria de transformadores tem dado preferência de uns anos a esta data ao líquido de silicone para reencher transformadores dos quais tenha sido retirado o líquido isolante com PCB.

As características físicas, químicas e elétricas do líquido de silicone são muito próximas das do óleo isolante mineral.

O líquido de silicone é definido pela ASTM como: "Óleo silicone — termo genérico para designar uma família de líquidos inertes de polímeros organossilaxones utilizados como isolante elétrico. Sua fórmula geral é a seguinte:

$$R_1 \left[\begin{matrix} R_2 \\ | \\ Si - O \\ | \\ R_3 \end{matrix}\right] \left[\begin{matrix} R_4 \\ | \\ Si \\ | \\ R_2 \end{matrix}\right]_n - R_6$$

na qual os grupos R podem ser hidrogênio ou radicais metila, fenila, vinila, alquila ou radicais fenila ou alquila substituídos".

Cerca de 27 compostos silicônicos apresentam características de rigidez dielétrica favoráveis.

Os compostos nos quais os grupos R_2 e R_3 são radicais metila (CH_3) são chamados de polidimetilsiloxanos.

O óleo de silicone tem sido usado com sucesso no Japão e EUA para reenchimento de transformadores que usavam líquidos isolantes com PCB. Dados estatísticos, compreendendo 1 milhão de horas de operação de transformadores com óleo de silicone, estão indicando que, até a presente data, ele tem preenchido as condições de confiabilidade previstas nas normas e nos códigos que tratam do assunto.

Os líquidos de silicone não são degradáveis, não se alteram e não são absorvidos pela cadeia alimentícia. Em contato com o solo, decompõem-se e podem-se transformar em SiO_2 (areia).

Além de isolantes elétricos, os líquidos de silicone vêm sendo utilizados em produtos aos quais animais e seres humanos têm sido expostos por até trinta anos sem inconvenientes.

Exaustivos estudos toxicológicos têm demonstrado que os compostos de silicone estão entre os produtos químicos menos prejudiciais da indústria química.

Tabela das propriedades típicas dos líquidos isolantes para transformadores

Propriedade	Óleo mineral	Ascarel	Fluido de silicone
Viscosidade (25 °C cS)	16	17	50
Gravidade específica	0,88	1,5	0,96
Coeficiente de expansão térmica por °C	0,0007	0,0007	0,00104
Ponto de fluidez (°C)	−45	−45	−55·
Condutividade térmica (cal/g s°C)	0,00032	0,00028	0,00036
Absorção volumétrica do ar: a 25 °C a 75 °C	9 —	4 —	16,5 15,5
Ponto de fulgor (°C copo aberto)	150	195	307
Ponto de combustão (°C copo aberto)	165	—	360
Resistividade volumétrica (ohm, cm 25 °C)	1×10^{14}	1×10^{12}	1×10^{15}
Permissividade (25 °C 50 Hz)	2,2	4,5	2,7
Rigidez dielétrica (kV)	35	35	35*
Constante dielétrica a 25 °C	2,2	5,6	2,7

* A 50 ppm água

Fonte: Dow Corning do Brasil

12.7.1 — Características dos líquidos de silicone

Inflamabilidade

A posição do líquido de silicone na escala de inflamabilidade do Underwriter's Laboratory (UL) é a seguinte:

Água	Zero
Ascarel de transformador	2-3
Silicone	4-5
Óleo mineral de transformador	10-20
Éter	100

O líquido de silicone não é classificado como inflamável pelo UL nas temperaturas ordinárias.

Estabilidade elétrica

Os líquidos de silicone apresentam as mesmas características dielétricas que os sistemas de isolação óleo mineral-papel, numa faixa grande de temperaturas, freqüências e níveis de tensão.

As características elétricas dos líquidos de silicone reduzem-se quando muito umedecidos ou contaminados.

Estabilidade térmica

Os líquidos de silicone começam a deteriorar-se a 175 °C com a formação de ácidos e borra.

Sua estabilidade ao calor é, portanto, superior à dos ascaréis e a do óleo mineral isolante.

Umidade

A variação da rigidez dielétrica do óleo mineral, do ascarel e do silicone é ilustrada pela Fig. 12.3.

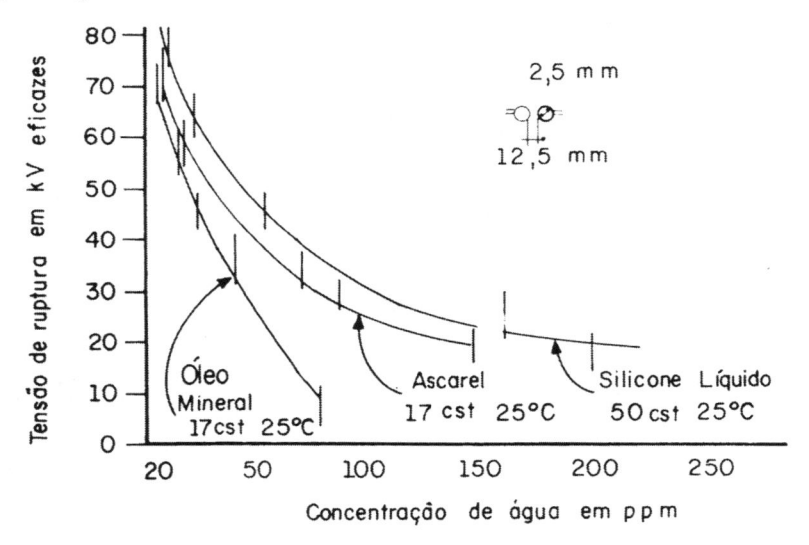

Figura 12.3 — *Dow Corning Silicone 561 Instruction Manual, 1979*

Transferência de calor

O líquido de silicone é mais viscoso que o óleo mineral, porém a diferença de densidade entre o líquido quente e frio proporciona condições aceitáveis para a transferência de calor por convecção no transformador.

No entanto, sua capacidade de refrigeração é menor que a do óleo isolante e dos ascaréis em transformadores com carga elevada.

Verificou-se que a temperatura mais elevada de transformadores com líquido de silicone é influenciada mais pelo tipo de transformador e pelas características dos radiadores.

O emprego de ventiladores nos radiadores poderá manter a temperatura nos níveis desejados em transformadores que não tenham sido projetados para utilizar o líquido de silicone.

12.8 — PROJETO ABNT 3:09.10.2-001, DE DEZEMBRO DE 1982

Este projeto de norma "descreve os ascaréis para transformadores e capacitores, suas características e riscos, e estabelece orientações para sua embalagem, etiquetagem, armazenamento e eliminação".

Capítulo 13 — A termoscopia e a termografia na manutenção de transformadores

13.1 — APLICAÇÃO DA TERMOSCOPIA E DA TERMOGRAFIA NA MANUTENÇÃO DE TRANSFORMADORES

Um corpo, quando aquecido a uma temperatura maior que zero absoluto (-273 °C), emite radiações entre as quais existem as não visíveis a olho desarmado.

São as radiações infravermelhas, que têm uma freqüência menor que as radiações vermelhas visíveis.

Durante a Segunda Guerra Mundial, foram desenvolvidos, para fins militares, dispositivos que possibilitam perceber as radiações infravermelhas.

No período do pós-guerra, a empresa sueca AGA Corp. introduziu o uso do sistema de termovisão para o controle do aquecimento de partes de equipamentos e linhas elétricas cuja temperatura, quando excede determinados limites, indica a existência de uma condição perigosa que se pode transformar em situação de falha.

Existem diversos sistemas de termoscopia e termografia para serem utilizados com essa finalidade. Entre eles, contam-se os seguintes:

13.1.1 — AGA Thermovision

Neste sistema, a radiação infravermelha de um objeto é transformada em imagem, que é mostrada na tela de um tubo de raios catódicos semelhante ao do osciloscópio.

Como a quantidade de energia da radiação é proporcional à temperatura da fonte que a emite, medindo-se essa energia obter-se-á a correspondente temperatura do objeto.

A Fig. 13.1 ilustra esquematicamente o princípio de funcionamento do termovisor AGA.

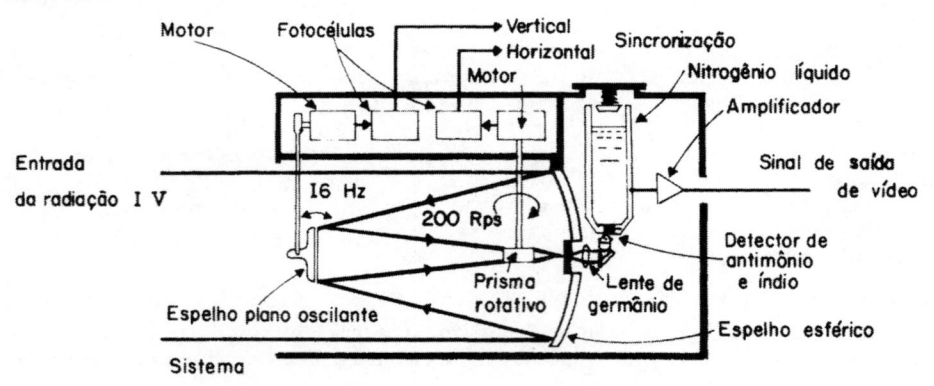

Figura 13.1 — Esquema de funcionamento do termovisor AGA

A AGA fabrica os modelos 110, 720, 780 e 782.

Com a finalidade de permitir uma varredura rápida, o detector é esfriado a nitrogênio líquido.

O modelo 110, do tipo manual, pode ter registro fotográfico da espécie polaróide e mede temperaturas entre -30 °C e 800 °C. Sua sensibilidade é de 0,1 °C a

30 °C. A temperatura do ambiente de medição pode variar entre −20 °C e 55 °C. É alimentado por bateria níquel-cádmio recarregável e pesa 3 kg aproximadamente.

O modelo 720 possui câmara do tipo polaróide, é portátil e tem mostrador de monitor de TV. Mede temperaturas de objetos entre −20 °C e 200 °C, com uma sensibilidade de 0,1 °C a 30 °C.

Este modelo pode operar com temperaturas ambientes entre −15 °C e 55 °C. É alimentado por bateria de 8-15 V.

Os modelos 780 e 782 são similares ao anterior, porém a faixa de medição é de −20 °C a 1 600 °C. Possuem monitor em cores e sistema analisador térmico analógico digital.

13.1.2 — Sistema Hughes-Probeye

Os modelos fabricados são 649 e 650.

A Fig. 13.2 ilustra esquematicamente o sistema Hughes-Probeye.

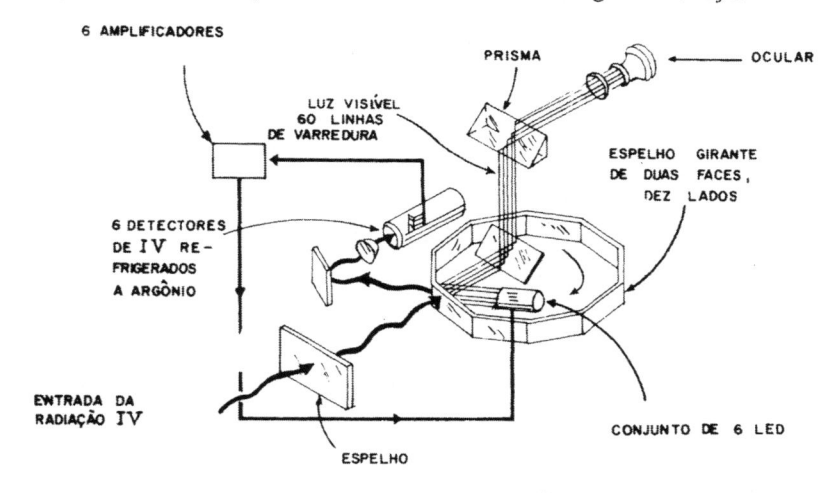

Figura 13.2 — Sistema Hughes-Probeye

Esses aparelhos são alimentados por bateria e podem detectar diferenças de temperatura de até 0,1 °C entre objetos próximos, além de poder localizar fontes de calor em completa escuridão por meio da fumaça e da poeira.

Seu peso é de 3,5 kg.

Os detectores são esfriados a argônio.

As partes quentes do objeto são visíveis na cor vermelha-viva e as frias na cor preta. Pode medir temperaturas entre −20 °C e 900 °C ou até 2 000 °C com a aplicação de filtros.

13.1.3 — Sistema Xedar Corporation — (modelo XS-410)

Este tipo de termovisor é portátil e pode ser ligado a um transmissor de TV ou a um gravador de videofita.

Não necessita de refrigeração para os detectores.

É alimentado por bateria, que tem uma autonomia de 2 horas e meia, e mede temperaturas até 1 000 °C.

Sua sensibilidade à temperatura é menor que 0,2 °C para uma resolução de 60 linhas.

13.1.4 — Sistema Barnes Thermtracer
O esquema deste sistema é mostrado na Fig. 13.3.

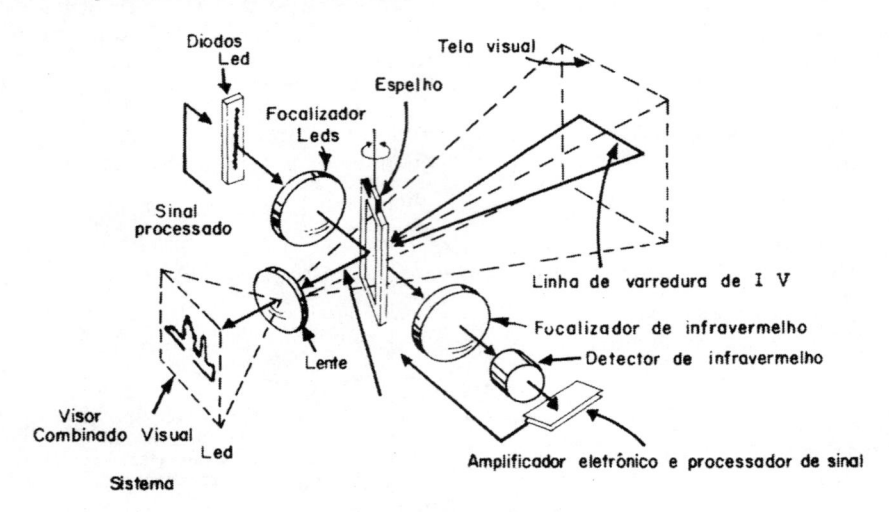

Figura 13.3 — Sistema Barnes Thermtracer

Este aparelho é fabricado pela Barnes Engineering Company, mede temperaturas de 10 °C a 1 000 °C e pode ser montado em tripé. Detecta uma diferença mínima de temperatura de 0,5 °C a 25 °C.

O detector não necessita ser esfriado. Sua alimentação é à bateria, que tem uma autonomia de 4 horas, aproximadamente.

13.1.5 — Sistema Inframetrics
Fabricado por The Infrared Specialists Inframetrics, o sistema é termográfico, transportável e mede diferenças de temperatura de 0,1 °C.

13.2 — RADIÔMETROS
Radiômetros são termômetros que medem a temperatura ou a temperatura diferencial de objetos situados a distância (Fig. 13.4).

Nesses instrumentos, a quantidade de energia radiante infravermelha (IV) que o objeto emite é dirigida para um sistema de medição no qual o termistor é o elemento detector da mesma.

Para ser possível a realização da medição é imprescindível que o corpo aquecido tenha uma emissividade diferente de zero.

Emissividade é a relação entre a quantidade de energia IV emitida por um objeto a determinada temperatura e a quantidade de energia IV emitida por um corpo negro na mesma temperatura. A emissividade do corpo negro é 100% e seu fator de emissividade, 1,0. As superfícies metálicas polidas têm um fator de emissividade praticamente igual a zero.

Para medir temperaturas de objetos com o radiômetro é preciso que seu fator de emissividade seja conhecido.

Um dos tipos de termômetro a termistor muito usado é o da marca Mikron (Fig. 13.4).

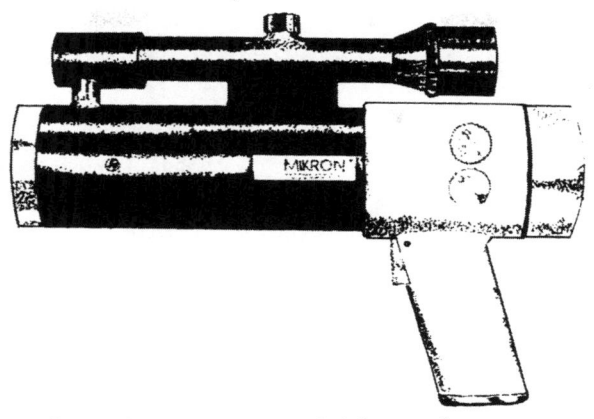

Figura 13.4 — *Termômetro de infravermelho*

13.3 — VALORES PARA ORIENTAÇÃO DE SOBRETEMPERATURA PARA OS SERVIÇOS DE MANUTENÇÃO

Os critérios de julgamento das condições de operação das partes de equipamentos elétricos com temperatura mais elevada que a do ambiente ou de um objeto adjacente, e as providências a serem adotadas em cada caso, variam de empresa para empresa, devido, principalmente, a suas condições peculiares.

Assim, há empresas norte-americanas que adotam os seguintes critérios:

Elevação de temperatura	Providências
Até 20 °C	Indicação de situação irregular. Os reparos não exigem urgência e podem ser transferidos para quando houver desligamento programado
De 20 °C a 40 °C	Indicação da necessidade urgente de reparos, que devem ser programados com prazo de trinta dias no máximo
Acima de 40 °C	Indicação de situação de emergência. Os reparos devem ser realizados imediatamente

Critérios adotados por Furnas-Centrais Elétricas S.A.
(Manual Técnico de Campo)

Elevação de temperatura	Providências
Até 5 °C	Não há necessidade de manutenção
De 5 °C a 10 °C	Condição suspeita. Em caso de junção, reapertá-la. Manter em observação
De 10 °C a 35 °C	Realizar os reparos dentro de trinta dias no máximo
Acima de 35 °C	Situação de emergência. Realizar os reparos imediatamente

13.4 — COMUTADOR DE DERIVAÇÕES EM CARGA

Admite-se que há problema na chave de comutação do comutador de derivações em carga quando a diferença entre a temperatura da superfície do tanque do transformador e a da superfície do tanque da chave for maior que 1 °C. Quando essa diferença de temperatura for de 3 °C a 4 °C, o problema é considerado grave.

13.5 — VALORES APRESENTADOS AO II SEMINÁRIO DE MANUTENÇÃO DE SUBESTAÇÕES (setembro de 1976. Válido só para conexões)

Empresa	Manutenção corrêtiva programada (°C)		Urgência (°C)		Emergência (°C)	
	Adjacente	Ambiente	Adjacente	Ambiente	Adjacente	Ambiente
A	De 5 a 10	—	De 10 a 35	—	>35	⩾60
B	⩾5	—	—	⩾50	⩾50	⩾80
C	—	De 5 a 25	—	De 25 a 50	—	⩾50
D	—	Até 10	—	De 10 a 40	—	⩾40
E	—	⩾60	—	—	—	—
F	—	5 a 50	—	—	—	⩾50

Do relatório da Comissão *E* do Seminário consta:

"As condições ideais para a realização da inspeção são:

"A carga no circuito deve ser a maior possível, pelo menos maior que 50% da máxima, porém podem ser obtidos do fabricante do termovisor programas para a correção das indicações em função da carga do circuito.

"As inspeções podem ser executadas a qualquer hora do dia, desde que observadas as condições ideiais.

"As inspeções e medições realizadas na parte da noite oferecem a vantagem de se evitar, naturalmente, a reflexão solar, eliminando-se, com isso, a fonte de radiação externa ao objeto sob medição.

"Os demais condicionamentos para o uso do instrumento estão indicados no livro de instruções do fabricante.

"As medições são executadas anotando-se os valores relativos à temperatura do ambiente, do objeto e de seu comportamento adjacente".

Quanto à periodicidade, recomenda o Seminário que as inspeções sejam feitas pelo menos semestralmente, podendo ser aumentada conforme a importância da instalação e as conveniências e características de cada empresa.

13.6 — BUCHAS

Sempre que for verificada uma elevação de temperatura de cerca de 2 °C ou maior, entre uma região qualquer de uma bucha e o restante de seu corpo, é de toda conveniência testá-la (fator de potência, capacitância).

A elevação localizada de temperatura na bucha indica uma provável falha em evolução.

13.7 — ATERRAMENTO DO NÚCLEO E SUA ESTRUTURA

A não existência, ou uma ligação inadequada, do núcleo e de sua estrutura-suporte com o tanque do transformador pode dar origem a centelhamento.

Neste caso, a cromatografia dos gases do óleo revelará a existência de gases característicos da existência de arco elétrico.

Se os testes da isolação e do comutador indicarem que estão em boas condições, é muito provável que o arco seja devido à falha de aterramento do núcleo e de sua estrutura-suporte.

O centelhamento provocará aquecimento localizado na superfície do tanque, em cujo local a temperatura será mais elevada que no restante da mesma, o que será revelado pelo termovisor.

Uma inspeção interna do transformador será necessária para esclarecer a origem da sobretemperatura.

13.8 — RADIADORES

Uma falha mecânica pode fazer com que o registro de um dos radiadores do transformador fique em posição fechada enquanto a indicação externa é de posição aberta.

O termovisor revelará, neste caso, que uma seção do radiador está com temperatura mais baixa que as demais.

13.9 — MEDIDAS DE SEGURANÇA DURANTE A UTILIZAÇÃO DO TERMOVISOR

• Observar as normas de segurança do trabalho em vigor.
• Evitar o contato do nitrogênio líquido e da geléia do filme Polaroid com qualquer parte do corpo por serem corrosivos.
• O vasilhame de transportar e transferir o nitrogênio líquido deve ser adequado para essa finalidade. Não se utilizar de outro tipo de vasilhame.

Capítulo 14 — Pintura de transformadores

14.1 — PINTURA DE TRANSFORMADORES

O serviço de pintura de transformadores é uma especialidade que exige bons conhecimentos sobre: preparo da superfície a ser pintada; agressividade do meio em que se encontra o transformador; tipos de tinta de fundo e acabamento adequados para cada situação; métodos e mão-de-obra de aplicação; e condições econômicas.

14.2 — CHAPA DE FERRO LAMINADA A QUENTE

O tanque do transformador e os radiadores são, em geral, feitos de chapa de ferro laminada a quente.

Se a laminação for feita a uma temperatura superior à 570 °C, formam-se três camadas de óxidos em sua superfície (Fe_2O_3, Fe_3O_4 e FeO).

Duas camadas de óxidos, Fe_3O_4 e Fe_2O_3, são formadas quando a laminação da chapa for feita a uma temperatura inferior a 570 °C. A camada de óxidos da chapa é chamada de carepa ou capa.

14.3 — CORROSÃO

A corrosão é um fenômeno muito complexo. Urich R. Evans (em The Corrosion and Oxidation of Metalls) define a corrosão como sendo "a destruição de um metal ou liga metálica por transformação química, eletroquímica ou dissolução física".

14.4 — EROSÃO

É o desgaste do metal por abrasivo, transformando-o em pó metálico, sem ação química.

Nos Estados Unidos, o custo anual da corrosão e seu controle é da ordem de 70 bilhões de dólares.

Ainda naquele país, a corrosão é responsável por 50% das interrupções dos sistemas elétricos e a indústria elétrica despende cerca de 10 milhões de dólares, anualmente, em pesquisas com a mesma.

O tanque e os acessórios do transformador ficam expostos externamente à atmosfera que os envolve e, internamente, ao líquido isolante que, em geral, é óleo isolante derivado do petróleo.

A natureza da corrosão da parte externa do transformador está ligada ao tipo de agente atmosférico.

A deterioração do óleo isolante dá origem a substâncias ácidas, que podem ocasionar a corrosão das partes internas do tanque.

14.5 — CORROSÃO ATMOSFÉRICA

A corrosão atmosférica pode ser seca, úmida e molhada.

A corrosão seca, que ocorre com ausência de umidade, resulta na formação de uma camada invisível de óxidos que influenciam outros fenômenos de corrosão atmosférica.

A corrosão úmida se verifica quando há umidade na atmosfera e se torna muito séria quando a umidade relativa do ar excede o valor crítico de 70%. Ela é favorecida pela presença de substâncias voláteis ácidas no ar e, particularmente no caso do ferro e do aço, pela presença de certas partículas sólidas dispersas.

A corrosão é muito severa quando existem substâncias higroscópicas na superfície metálica.

A corrosão molhada é a que se dá em atmosferas molhadas, nas quais gotas de líquidos se alojam em cavidades e fissuras da superfície metálica, ocasionando-a, especialmente, as áreas próximas do mar e aquelas em que há descargas de chaminés.

As condições atmosféricas que existirem no dia em que a superfície metálica ficar exposta podem influir em seu comportamento meses mais tarde.

Experiências realizadas nos Estados Unidos com espécimes de aço expostos ao tempo em épocas diferentes do ano e por períodos de doze meses revelaram que aqueles, cuja exposição foi iniciada no verão, sofreram menos a ação das intempéries que os iniciados no inverno.

14.6 — PREPARO DA SUPERFÍCIE METÁLICA A SER PINTADA

A tinta deve ser aplicada diretamente na superfície metálica completamente limpa e seca para que seja obtida uma boa proteção, isto é, a superfície da chapa de ferro do transformador deve estar isenta de substâncias estranhas, como óleo, graxa, pó, sujeira, água e ter as camadas de óxidos removidas.

A remoção da graxa e do óleo pode ser feita com solvente adequado.

14.7 — MÉTODOS DE DECAPAGEM E LIMPEZA DA CHAPA DO TANQUE E RADIADORES DO TRANSFORMADOR

Antes da aplicação de qualquer método de decapagem, devem-se remover da superfície da chapa a graxa, o óleo, o ascarel, o pó, os produtos químicos ou qualquer outro contaminante com solvente adequado.

14.7.1 — Método de exposição ao tempo

Um dos métodos utilizados para remover a camada de óxidos da chapa de ferro provenientes da laminação é sua exposição ao tempo.

A ferrugem se forma nos pontos em que essa capa tem falhas e progride por baixo da mesma, destacando-a.

Costuma-se escovar a chapa com escova de aço para retirar a ferrugem e restos da capa de óxidos.

No entanto, muitas vezes acontece que a camada de óxidos não é totalmente removida, ficando manchas da mesma, que não se destacam e que um operador menos avisado não percebe.

A limpeza com a escova deixa a superfície muito brilhante e a mancha da camada de óxidos pode ser confundida com o próprio ferro isento de qualquer impureza.

A aplicação de tinta sobre uma superfície nessas condições não dará bom resultado, porque as partes da chapa com manchas de óxidos da laminação logo se destacarão pois a corrosão prossegue sob as mesmas.

Este método só será eficaz se a exposição da chapa ao tempo for prolongada e se a chapa ficar seguramente livre de toda a camada de óxidos.

14.7.2 — Métodos mecânicos

Entre os métodos mecânicos de preparo da superfície metálica a ser pintada, contam-se:

a) Remoção da tinta envelhecida, carepa solta e ferrugem com raspadeiras, escovas com cerdas de aço, lixas, martelos, picadores etc. Essas operações mecânicas de limpeza dão melhores resultados quando realizadas com ferramentas a motor, as quais proporcionam uma limpeza mais rápida, melhor e mais econômica.

b) *Jato de pó* — Este método é o mais adequado para preparar a superfície metálica a ser pintada. O jato de areia não é muito recomendável, pois, durante sua aplicação, podem ser atingidos os isoladores; e sua parte vitrificada, por ser de dureza menor que a areia, será fatalmente danificada. Por outro lado, a chapa dos radiadores é, em geral, de pouca espessura e sofre corrosão tanto do lado externo como do interno, podendo o jato de areia perfurá-la facilmente.

Recomenda-se, por essas razões, a utilização de pó de pedra calcária (CO_3 Ca) e de sabugo de milho.

Para evitar que o pó se espalhe ao redor do transformador, usa-se o jato umedecido com água.

Também é sugerido o uso de uma solução aquosa de bicromato de sódio ou de fosfato trisódico em vez de só a água para umedecer o pó, com a vantagem de a superfície metálica receber uma camada protetora logo após estar limpa.

Pode-se, também, envolver o transformador com uma barraca de lençol de plástico, suportado por uma estrutura de canos de PVC, no interior da qual será feita a aplicação de jato de pó, para evitar que ele se espalhe.

14.7.3 — Método térmico

Neste método, a limpeza da chapa é feita a fogo com auxílio de um dispositivo composto de uma fileira de bicos de chama oxiacetilênica.

Este método dá resultados inferiores aos de jato de pó e tem a desvantagem de poder provocar incêndio e de prejudicar a saúde do operador quando a tinta a ser removida tiver pigmento de chumbo.

A aplicação deste método não resulta na eliminação de todos os contaminantes da superfície da chapa, porém resulta numa superfície mais adequada para pintura do que a obtida pelo método de exposição ao tempo.

Tem a vantagem de a superfície metálica ficar aquecida e, por isso, não haver condensação imediata de umidade na mesma. É, no entanto, necessário aplicar a tinta de fundo enquanto ela estiver quente.

14.7.4 — Método químico

O transformador deve estar desenergizado.

A limpeza da chapa de ferro pode ser feita com uma solução de ácido sulfúrico ou fosfórico, ou, ainda, clorídrico a 10% e a quente (de 20 °C a 90 °C), que dissolve a carepa, a ferrugem e demais contaminantes.

A chapa é, em seguida, lavada com água em abundância. Para remover o excesso de ácido da superfície da chapa, aplica-se uma solução de carbonato de cálcio e lava-se novamente abundantemente com água.

A remoção da tinta envelhecida pode ser feita com solução alcalina a 80 °C, aproximadamente, aplicada em forma de jato.

O operador deve usar botas de borracha, avental de borracha ou plástico, luvas de borracha e máscara de segurança na ocasião de aplicar a solução ácida ou alcalina.

Para apanhar o excesso de solução que escorre pelas paredes do tanque e radiadores, são colocadas bandejas em sua parte inferior.

A solução que cai nas bandejas pode ser reutilizada, depois de filtrada. Em seguida, a superfície em tratamento é enxaguada com solução de detergente comercial, lavada abundantemente com água fria e pintada depois de completamente seca.

14.8 — TABELA DE TINTAS

Tintas de acabamento	Retenção do brilho	Retenção da cor	Desbotamento	Resistência à água	Resistência a ácidos	Resistência a álcalis	Resistência a solventes	Resistência à poluição marítima	Adesão	Dureza	Temperatura, 88 °C
Alquídica	M	M	M	M	NR	NR	NR	NR	MB	M	MB
Silicone-alquídica	MB	MB	MB	MB	NR	NR	M	MB	MB	M	MB
Vinílica	M	M	M	MB	MB	MB	M	MB	M	M	NR
Poliéster	M	MB	M	MB	M	MB	MB	MB	MB	MB	MB
Poliamida epóxi	NR	M	M	MB	M	MB	MB	MB	MB	M	MB
Amina epóxi	NR	NR	NR	MB	MB	MB	MB	MB	MB	MB	NR
Óleo — Epóxi modificado	NR	NR	NR	MB	M	M	M	M	MB	M	MB
Borracha clorada	M	M	M	M	MB	MB	NR	M	M	M	NR
Poliuretano (ASTM classe V)	MB	MB	MB	MB	MB	MB	MB	MB	M	MB	M
Óleo — Uretanas modificadas	M	M	M	M	M	NR	M	M	M	M	NR

S.D. Myers *et al.* — A Guide to Transformer Maintenance

Tipos de tintas de fundo	Adesão	Resistência química	Dureza
Óleo	MB	NR	NR
Vinilalquídica	MB	M	M
Epóxi	MB	MB	MB
Água	M	M	M

Legenda

M = Média
MB = Muito boa
NR = Não recomendável

Para a aplicação deste método, devem-se retirar os ventiladores e demais acessórios do transformador. As partes que não puderam ser removidas devem ser protegidas com lençóis de borracha ou plástico.

14.9 — TINTAS PARA PINTAR TRANSFORMADORES

A escolha de tintas para pintar transformadores de força não é tarefa das mais fáceis.

Ao selecionar as tintas, deve-se ter em mente:

• A agressividade do meio ambiente em que está o transformador. O meio ambiente pode ser úmido, de natureza ácida ou alcalina, e conter substâncias abrasivas que são lançadas sobre o transformador pelos ventos.

• A tinta de fundo deve preencher as seguintes condições:
ter boa adesão à superfície metálica;
ter resistência química adequada;
ser compatível com a tinta de acabamento
resistir a uma temperatura de 90 °C;
ter boa dureza;
resistir a óleo isolante.

• A tinta de acabamento deve ter as seguintes qualidades:
resistência à água;
resistência ao óleo isolante;
resistência a ácidos, álcalis e solventes;
resistência à poluição marítima;
resistência à temperatura de 90 °C;
retenção de brilho e cor;
muito boa aderência e dureza.

Tanto a tinta de fundo como a de acabamento devem resistir às variações de temperatura, pois a parte inferior do transformador em operação tem uma temperatura mais baixa que sua parte superior, e essas temperaturas são variáveis.

14.10 — DETERIORAÇÃO DA PINTURA DE TRANSFORMADORES

"As camadas de tinta são tão permeáveis ao oxigênio e à água que não podem inibir a corrosão, impedindo que a água e o oxigênio alcancem a superfície do metal." (J.E.O. Mayne, Research 1952, 6: 278).

Quando a pintura é falha na proteção de uma superfície metálica, a idéia que se tem é que a tinta se deteriorou pela ação de agentes físicos e químicos, ficando o metal exposto. No entanto, em determinadas condições, a corrosão conduz à destruição da pintura.

Nos pontos em que houver um pequeno defeito na camada de tinta ou em que o metal for muito suscetível, e estiver sob a ação franca do oxigênio do ar, a ferrugem formada ocupará uma área maior que a parte atingida do metal, porque se propaga sob a camada de tinta, que acaba por se destacar, ficando a superfície metálica completamente exposta.

Há, portanto, condições nas quais a corrosão rompe a camada de tinta. A tinta também pode ser destruída por outros agentes, como, por exemplo, fungos, bactérias e outros seres, principalmente nas regiões de clima quente e úmido.

14.11 — EFEITO DA FERRUGEM SOB A CAMADA DE PINTURA

A superfície metálica a ser pintada deve estar isenta de qualquer substância estranha para se obter uma boa proteção.

Mesmo uma superfície de ferro completamente limpa pode ter uma camada invisível de óxidos. Tudo indica que essa camada invisível de óxidos não prejudica a pintura, pelo contrário, favorece-a.

Verificou-se que a ferrugem — resultado da reação do ferro com a água e formada essencialmente de óxido de ferro hidratado — não é, aparentemente, prejudicial à pintura.

No entanto, os resultados que se obtêm com a pintura de uma superfície de ferro com alguma ferrugem dependem das condições atmosféricas existentes na época em que foi realizada e das características da tinta utilizada.

A carepa formada durante a laminação da chapa e a capa que se forma durante a soldagem são prejudiciais à pintura.

A presença de sulfato ferroso na ferrugem prejudica a proteção.

O sulfato ferroso pode-se formar pela ação de compostos de enxofre provenientes dos gases de combustão de carvão ou petróleo e são lançados na atmosfera.

Observou-se na Inglaterra que pinturas feitas no verão se comportaram melhor que as realizadas no inverno. Atribui-se este fato a que nos meses chuvosos do verão a água lava os sais solúveis da superfície metálica. Nos meses de inverno, a umidade condensada pode conter compostos de enxofre.

Os resultados da pintura aplicada sobre a ferrugem dependem, portanto, das condições atmosféricas existentes na época da pintura e da tinta escolhida.

Verificou-se também que a pintura feita sobre a camada de óxidos formada durante a laminação protege melhor a chapa de ferro do que quando aplicada diretamente sobre o ferro, desde que a capa de óxidos não tenha falhas, isto é, seja contínua.

No entanto, a capa de óxidos nem sempre é contínua e o efeito da corrosão se fará sentir nos pontos de falha, havendo, então, o deslocamento da pintura e a formação de pequenas escavações.

14.12 — MÉTODOS DE APLICAÇÃO DAS TINTAS

O método e a época de aplicação de tintas têm grande influência sobre a longevidade da pintura. Em geral, os métodos de aplicação das tintas no transformador são: a pincel, a rolo, à pistola e por escoamento.

O método de aplicação a pincel é bastante lento, e bastante usado no reparo de pequenas áreas de pintura.

O método a rolo dá bons resultados quando a superfície a ser pintada é extensa, plana e lisa, oferecendo maior rendimento, neste caso, que o método a pincel.

No método à pistola, a tinta é pulverizada por jato de ar ao mesmo tempo que é lançada sobre a superfície metálica do transformador.

O jato atomizado da tinta atinge pontos dificilmente alcançados pelo pincel.

Aplica-se a tinta por escoamento lançando-a na superfície vertical do tanque e dos radiadores do transformador com o auxílio de um bocal adequado ligado a uma mangueira. A tinta é impulsionada por uma bomba. O excesso de tinta que escorre pelas paredes do transformador é aparado por bandejas colocadas em sua parte inferior.

A pintura das superfícies horizontais, superior e inferior do tanque do transformador são, em geral, feitas a pincel ou pistola, depois que as superfícies verticais forem pintadas por escoamento.

14.13 — DETERIORAÇÃO DAS TINTAS

14.13.1 — Esfarelamento ou esfarinhamento (chalking)

Quando o veículo e o pigmento da tinta são transparentes, a luz do sol pode decompor o veículo e o pigmento fica livre. Ele é facilmente removível da superfície pintada com um simples esfregar de pano, papel ou mesmo da mão. O veículo de uma tinta também pode ser destruído pelo calor e liberar o pigmento.

Com a destruição da tinta, o metal fica exposto e pode ser severamente corroído, principalmente em regiões muito poluídas e muito úmidas.

14.13.2 — Fissuramento e ruptura

Uma tinta muito dura e quebradiça pode não acompanhar as contrações e dilatações da superfície pintada e partir. Aparecem, então, fissuras e rachaduras na camada de tinta.

14.13.3 — Escamações e descascações

Uma tinta com características não adequadas e uma superfície malpreparada para ser pintada podem ser a causa de a pintura se soltar, escamando ou descascando.

Se o veículo da tinta for saponificável, seu contato com um meio alcalino resultará na formação de sabões e a camada de pintura poderá amolecer e destacar-se.

É o caso de tintas cujo veículo é o óleo de linhaça ou de tungue e com nitrocelulose, que sofrem a ação da atmosfera marítima, que, em geral, é alcalina e, por isso, não devem ser aplicadas em regiões próximas do mar.

São tintas álcali-resistentes as de compostos vinílicos, incluindo o poliestireno.

14.13.4 — Empolamento

Atribui-se a formação de empolas na camada de tinta a sua absorção de água. Se a camada não estiver presa à superfície metálica, aumentará de volume e se formará a empola.

A formação de empolas pode ser favorecida pela existência de substâncias solúveis na camada de pintura, as quais podem auxiliar a entrada de água na empola.

A geração de hidrogênio sob a camada de pintura, devido à hidrólise da água em contato com o ferro, também é apontada como responsável pela formação de empolas.

14.14 — TOLERÂNCIA DE TINTAS À TEMPERATURA

Silicone-alquídica	— 105 °C (continuamente)
Epóxi catalisado	— 107 °C
Poliuretana	— 93 °C
Borracha	— 60 °C
Vinílica	— De 60 °C a 65 °C

14.15 — AÇÃO DA UMIDADE SOBRE A PINTURA

A umidade pode manchar, danificar e destruir uma pintura. O vapor de água de origem industrial pode conter substâncias ácidas e as gotículas depositadas sobre a pintura pode provocar reações eletroquímicas. Por outro lado, em áreas de exploração de carvão, nas quais a pirita esteja presente, a umidade atmosférica, em geral, contém compostos ácidos de enxofre que atacam a pintura.

14.16 — AÇÃO DE PRODUTOS QUÍMICOS SOBRE A PINTURA

Atacam a pintura:
• Ácidos: sulfúrico, clorídrico, nítrico, fórmico, fosfórico, sulfídrico.
• Álcalis: soda cáustica, lixívia.
• Fertilizantes e substâncias de borrifar árvores.

14.17 — TINTA DE ACABAMENTO POLIURETANA ASTM CLASSE V

Essa tinta tem as seguintes características:
• Resistência à penetração de água;
• Flexibilidade à temperatura;
• Resistência à corrosão;
• Refletância a 95% da luz;
• Excelente resistência ao descoramento;
• Acabamento duro, o que impede o ataque de fungos em áreas úmidas;
• Tempo de cura de 36 horas, após o qual fica resistente à corrosão.

14.18 — ESPESSURA DA CAMADA DE TINTA DE ACABAMENTO

A camada de tinta de acabamento não necessita ser espessa para ser eficaz. Uma espessura de 0,15 a 0,25 mm é considerada suficiente.

14.19 — ALGUMAS SUGESTÕES PARA A PINTURA DE TRANSFORMADORES

1) Evitar tintas de fundo vinílicas, com pigmento de zinco e cloradas. As *tintas vinílicas* exigem uma superfície metálica brilhante e sua qualidade adesiva é fraca.

As *tintas com pigmento* de zinco são atacadas pelo óleo do transformador, são pesadas e não devem ser aplicadas por escoamento.

As *tintas cloradas* têm por limite de temperatura 57 °C, aproximadamente, além de pouca adesão e coesão (atração entre os átomos e moléculas).

2) A pintura deve ser realizada quando a umidade relativa do ar for menor que 70% e a temperatura ambiente for adequada.

3) Em meio não-corrosivo e não sujeito a fungos, podem dar bons resultados tintas

de fundo cujo veículo seja óleo e com pigmento de chumbo, fenólicas e de epóxi, e tinta de acabamento silicone-alquídica.

Em meio corrosivo:
Tinta de fundo — Vinilalquídica com pigmento acentuadamente inibidor de ferrugem ou tinta epóxi.
Tinta de acabamento de epóxi.

Em meio com acentuada agressividade corrosiva:
Tinta de fundo de epóxi.
Tinta de acabamento poliuretana ASTM Classe V tem dado melhores resultados.

14.20 — COR DA PINTURA DE TRANSFORMADORES

14.20.1 — Transformador instalado abrigado

14.20.2 — Superfície não acidentada do tanque

A cor da pintura de transformadores que operam continuamente à sombra, isto é, não apanham os raios solares, tem apreciável influência sobre sua temperatura. Ela é máxima, quando a superfície do tanque é lisa, e diminui na medida em que se tornar mais acidentada (enrugada).

Verificou-se, experimentalmente, que o aumento da temperatura de um transformador instalado à sombra foi 78,5% de sua temperatura, quando pintado com tinta que contém pigmento de alumínio.

O calor é dissipado pela superfície do tanque do transformador nas seguintes proporções:

— por radiação   = 55%
— por convecção = 45%
emissividade da tinta de alumínio = 0,55
emissividade da tinta preta   = 0,90
55 + 0,55 × 45 = 75,2% alumínio
55 + 0,90 × 45 = 90,5% tinta preta

14.20.3 — Superfície acidentada do tanque

Quando a superfície do tanque é acidentada, isto é, tem radiadores em forma de tubo ou com perfil lenticular, o aumento de temperatura é menor do que quando não é acidentada.

Verificou-se que um tanque de transformador com quatro fileiras de tubos, instalados à sombra, opera com uma temperatura 12% mais elevada quando pintado com tinta com pigmento de alumínio. Com radiadores tão próximos entre si quanto possível, a elevação de temperatura se reduz para 7% aproximadamente. O calor é mais bem dissipado por radiação de uma superfície plana e por convecção de uma superfície acidentada.

A dissipação do calor por radiação é afetada pela cor da superfície, a qual não influi em sua dissipação por convecção.

Por isso há cores que têm o efeito de provocar uma elevação maior da temperatura do transformador naturalmente esfriado (LN).

O efeito é maior quando a superfície do tanque não é acidentada, porque, neste caso, a dissipação do calor é maior por radiação do que por convecção. Quando a superfície é acidentada, a dissipação por convecção prevalece.

14.20.4 — Transformador exposto aos raios solares

Para o transformador exposto aos raios do sol, a diferença entre o efeito de uma pintura com tinta sem pigmento metálico e outra com pigmento de alumínio é muito pequena, quer a superfície do tanque seja ou não acidentada (V.M. Montsinger e L. Wetherril — Effect of Color of Tank on the Temperature of Self-Cooled Transformers under Services Conditions. AIEE 1930, vol. 49, p. 41).

14.20.5 — Repintura de transformadores em campo

Em relação à repintura de transformadores em campo, há a considerar o seguinte:

a) se o tanque tiver diversas camadas de pintura, a última camada determina sua emissividade;
b) a queda de temperatura, através das camadas de pintura, é desprezível.

Com efeito, a densidade do fluxo de calor do tanque do transformador é $w = 0,038$ W/cm² ou menor.

A resistividade térmica da camada de pintura é de:

$$500 \left[\frac{°C \cdot cm}{W} \right] = \frac{1}{\lambda}$$

A resistência térmica de uma camada de pintura de $\delta = 0,08$ cm de espessura será:

$$R = \frac{\delta}{\lambda} = 500 \times 0,08 = 40 \left[\frac{°C \cdot cm^2}{W} \right]$$

e a queda de temperatura correspondente será:

$$\Delta t = R \cdot w = 40 \times 0,038 = 1,5 \ °C$$

Como a espessura da camada de pintura é de alguns centésimos de milímetro, seriam necessárias muitas demãos de tinta para haver uma queda apreciável de temperatura.

Em resumo:

14.21 — EFEITO DA COR DA PINTURA EM TRANSFORMADORES INSTALADOS À SOMBRA

O aumento da temperatura de um transformador, cujo tanque é pintado com tinta que não tem pigmento metálico, é, praticamente, independente da cor.

Tintas com pigmento metálico irradiam menos calor que tintas sem pigmento metálico. Portanto o transformador ficará sobreaquecido se for pintado com tinta que tiver pigmento metálico.

A superfície não acidentada do tanque de um transformador, quando pintada com tinta de alumínio, terá uma temperatura cerca de 30% mais elevada do que se for pintada com tinta sem pigmento metálico.

Quanto mais acidentada for a superfície do tanque do transformador com a instalação de radiadores em sua parte externa, tanto menor será o efeito da pintura metálica sobre o aumento da temperatura, que pode chegar, em certos casos, a 7% somente.

14.22 — EFEITO DA COR DA PINTURA DE TRANSFORMADORES EXPOSTOS AO SOL

A vantagem da utilização de tintas sem pigmento metálico sobre aquelas com pigmento metálico para a pintura de transformadores naturalmente resfriados (LN) é desprezível no que se refere a sua temperatura.

O ganho é de alguns graus centígrados (de 2 °C a 3 °C) quando é utilizada tinta de cor branca, em superfície não acidentada exposta ao sol, em vez de tinta com pigmento de outra cor.

A pintura de transformadores para operação, sob a ação dos raios solares, deve ser baseada em sua durabilidade e aparência somente.

14.23 — COEFICIENTE DE ABSORÇÃO DE TINTAS PARA RADIAÇÃO SOLAR

Tinta amarela-claro	0,45
Tinta verde-claro	0,50
Tinta alumínio	0,55
Tinta de zinco polido	0,55
Tinta cinza	0,75
Tinta preta (mot)	0,97

14.24 — FATORES DE EMISSIVIDADE DE TINTAS

Tinta alumínio	0,55
Tinta bronze	0,80
Tinta gloss preta	0,90
Laca branca	0,95
Esmalte branco vitrificado	0,95
Tinta verde	0,95
Tinta cinza	0,95
Tinta lampblack	0,95

Fonte = GE

14.25 — CONSIDERAÇÕES ECONÔMICAS SOBRE A PINTURA DO TRANSFORMADOR

Seja C o custo anual da pintura do transformador. Num período de t anos, seja M.O. o custo da mão-de-obra compreendendo montagem de andaimes, preparação da superfície a ser pintada, aplicação das tintas + dias paralisados + imprevistos; e seja M o custo das tintas e outros materiais.

O custo anual da pintura será:

$$C = \frac{M + M.O.}{t}$$

Qual deverá ser o custo extra ΔM que se poderá pagar por uma tinta de melhor qualidade (mais durável), para que o intervalo entre pinturas aumente de t para $(t + 1)$ anos?

O novo custo das tintas e outros materiais será:

$$M + \Delta M$$

e o novo período será $(t + 1)$ anos.

Para o novo custo anual teremos:

$$\frac{M.O. + (M + \Delta M)}{(t + 1)}$$

Para ser vantajoso pagar mais ΔM pelas tintas e materiais, é necessário que:

$$\frac{\overline{M.O. + M}}{t} > \frac{M.O. + (M + \Delta M)}{t + 1}$$

donde

$$\Delta M < \frac{M.O. + M}{t} = C,$$

isto é, ΔM deverá ser menor que o custo anual correspondente ao período de t anos, para se ter vantagem. Se ΔM for igual a C, não haverá vantagem nem prejuízo e, se ΔM for maior que C, haverá prejuízo.

Exemplo:

Período entre pinturas, $t = 5$ anos; custo das tintas e outros materiais, M; e M.O. por pintura $= 5M$.

$$\Delta M = \frac{5M + M}{5} = \frac{6}{5} M ,$$

isto é, o valor das tintas e outros materiais, todos de melhor qualidade, e portanto mais duráveis, para um intervalo entre pinturas de $5 + 1 = 6$ anos, poderá ser de até 20% maior que o valor das tintas e outros materiais, que exigem seja feita nova pintura a cada 5 anos. Se, neste caso, ΔM for menor que 20%, ter-se-á maior lucro.

Capítulo 15 — Testes Elétricos

15.1 — TESTES ELÉTRICOS

A condutibilidade dos metais é devida à existência de elétrons livres em grande número em sua estrutura, os quais, sob a influência do campo elétrico que se forma com a aplicação de uma tensão, dão origem à corrente elétrica.

Os materiais isolantes têm um número muito reduzido de elétrons livres, por isso sua condutibilidade eletrônica é muito pequena.

Com efeito, a resistência específica do cobre, por exemplo, é igual a $1,7 \times 10^{-6}$ ohm . cm enquanto a resistividade dos materiais isolantes é da ordem de 10^{15} ohm . cm.

Os materiais isolantes são constituídos de matérias orgânicas que contêm impurezas, que podem ser ionizáveis, e os íons provenientes de sua ionização podem conduzir a corrente elétrica.

Nos materiais isolantes existem também moléculas polarizadas cujos átomos têm uma afinidade polar. Uma parte da molécula polarizada tem carga positiva e a outra parte, negativa. Por influência de um campo elétrico, as moléculas polares giram orientando-se no mesmo (Fig. 15.1).

Um material isolante com constante dielétrica de baixo valor tem grande número de moléculas polares e, por isso, quando elas se orientam no campo elétrico, mais carga é admitida aos eletrodos do dielétrico.

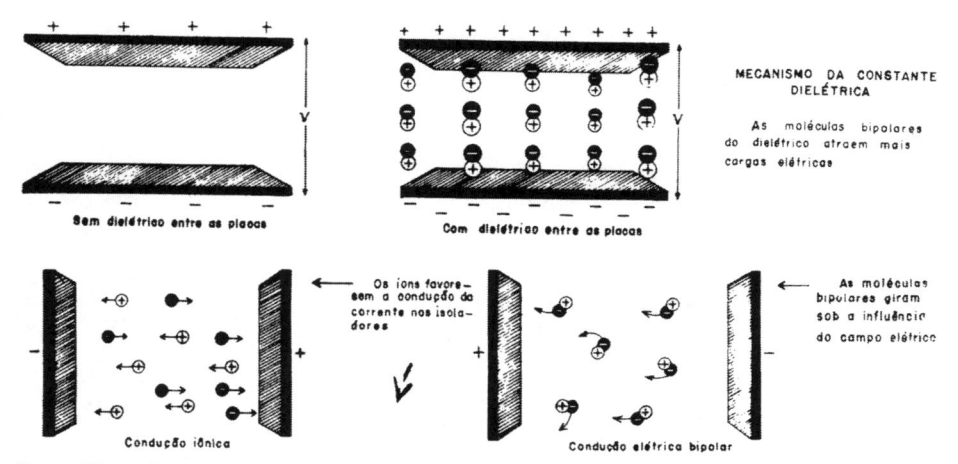

Figura 15.1 — Mecanismo da constante dielétrica (T.W. Dakin — Laboratório de Pesquisas da Westinghouse Electric Corp.)

Admite-se que esta seja a razão pela qual a capacitância de um capacitor fique aumentada quando um material isolante substitui o vazio entre suas placas.

A molécula da celulose, substância de que é formada grande parte da isolação sólida dos transformadores, possui grupos funcionais bipolares do tipo oxidrila, que lhe confere a qualidade de bom isolante quando seca.

Com a penetração de água no isolante, suas impurezas ionizáveis se dissociam formando íons, havendo então uma condição propícia para a passagem de corrente elétrica, isto é, haverá um aumento de sua condutividade.

No entanto, as isolações elétricas dos transformadores não são homogêneas porque são formadas de materiais com diferentes características dielétricas, que se sobrepõem em camadas e em cujas interfaces podem-se localizar moléculas polares ionizáveis.

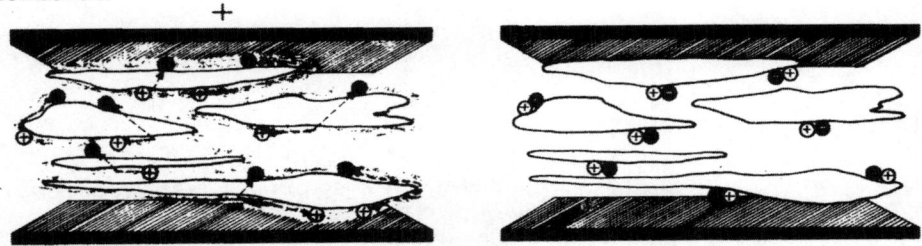

Figura 15.2 — Representação esquemática do efeito da água na isolação (T.W. Dakin, Laboratório de Pesquisas da Westinghouse Electric Corp.)

Com o umedecimento da massa isolante, essas moléculas se dissociam formando íons, que se orientam e se deslocam conforme a direção do campo elétrico. Este fenômeno é conhecido como absorção dielétrica (Fig. 15.2).

Costuma-se representar simplificadamente um dielétrico por um circuito formado por um resistor e um capacitor ligados em paralelo (Fig. 15.3).

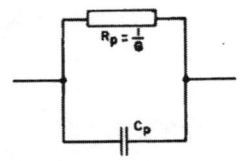

Ao ser aplicada uma tensão contínua ao dielétrico podem existir três espécies de corrente elétrica:
• A corrente de carregamento do capacitor que decresce rapidamente, e para zero, assim que o capacitor estiver totalmente carregado.
• A corrente de dispersão, que passa pela superfície e pelo interior da massa do dielétrico.
Uma corrente de dispersão constante, com uma tensão de corrente contínua (CC) aplicada também constante ao longo do tempo, é uma indicação de que a isolação tem capacidade para resisti-la. Se a corrente aumentar com o tempo de aplicação da tensão, é provável que a isolação venha a falhar, a não ser que seja suspensa a aplicação da tensão.
• A corrente de absorção. Esta corrente é atribuída principalmente ao fenômeno de polarização nas interfaces dos dielétricos heterogêneos.
No início da aplicação da tensão, seu valor é mais elevado e decresce com o tempo de sua aplicação.
A tensão que reaparece nos terminais de um capacitor após a remoção do curto-circuito para descarregá-lo é atribuída ao fenômeno da absorção dielétrica. Por esse motivo a isolação em teste deve permanecer curto-circuitada por tempo suficiente para poder haver o desaparecimento completo da tensão.

15.2 — TESTES COM CORRENTE CONTÍNUA (CC)
Comumente, dois tipos de testes de CC são usados para testar transformadores: da isolação e de resistência elétrica dos enrolamentos.

15.2.1 — Testes da isolação
Os testes da isolação com CC mais usados são: resistência de isolamento com

tensão CC constante; absorção dielétrica; resistência de isolamento com dois valores de tensão CC; e potencial CC elevado.

O teste de resistência de isolamento com tensão constante consiste em aplicar à isolação uma tensão CC constante de valor adequado e fazer leituras aos 15, 30, 45 e 60 s e, em seguida, a cada minuto, até serem completados 10 min.

Com os resultados, traça-se uma curva em papel log-log semelhante à curva ilustrada na Fig. 15.4.

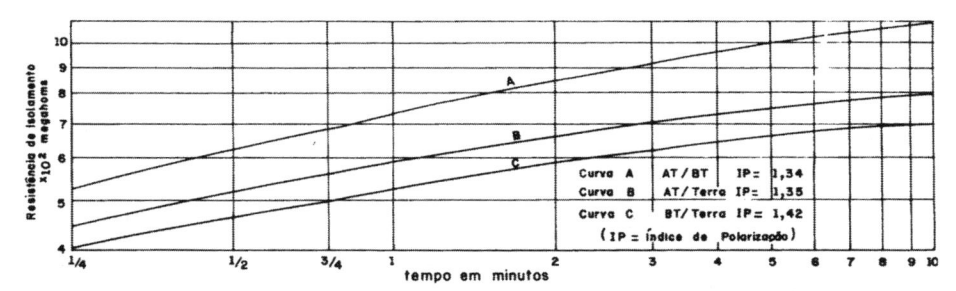

Figura 15.4 — Exemplo de teste de absorção dielétrica da isolação de um transformador

A curva terá a forma de acordo com as condições da absorção dielétrica da isolação.

Uma isolação em boas condições dará valores que aumentam progressivamente. Uma isolação em condições não satisfatórias dará valores pouco variáveis.

O índice de polarização (IP) é calculado dividindo-se o valor da resistência de isolamento (RI) aos 10 min por seu valor a 1 min, corrigidos para a temperatura de 70 °C, conforme indica a norma ABNT que trata do assunto.

Avaliação das condições da isolação pelo índice de polarização

Condição da isolação	Índice de polarização
Perigosa	Menor que 1,0
Pobre	De 1,0 a 1,1
Questionável	De 1,1 a 1,25
Satisfatória	De 1,25 a 2,0
Boa	Acima de 2,0

O teste de resistência de isolamento com tensão CC variável é feito aplicando-se à isolação duas tensões com a relação 1 para 5 ou maior, por exemplo, 500 a 2 500 V, durante 1 min cada vez.

Uma diminuição do valor da resistência de isolamento de 25% com a tensão mais elevada em relação ao da tensão mais baixa é, em geral, devido à presença de umidade na isolação.

Esse fenômeno é atribuído ao fato de a água ter polaridade positiva e será atraída para as áreas com elevado potencial negativo.

No teste, o borne negativo do megohmímetro é ligado ao condutor de cobre do enrolamento e o borne positivo à terra. Portanto a água será atraída para a área do condutor de cobre, havendo a diminuição da resistência de isolamento. O fenômeno é conhecido como eletroendosmose ou efeito Evershed. Com pouca ou nenhuma umidade na isolação, os valores das duas leituras serão praticamente iguais.

15.2.2 — Teste da isolação com potencial CC elevado

Este teste consiste na aplicação de uma tensão CC progressivamente aumentada a partir de zero até um valor máximo elevado.

O valor da tensão CC máxima a ser aplicada à isolação de equipamentos envelhecidos pode ser determinado pela seguinte equação, quando não existirem informações do fabricante ou de outras fontes especializadas.

ET = (2EN + 1 000)1,6 × 0,65

ET = tensão máxima CC a ser aplicada, em volt

EN = tensão nominal do transformador registrada na placa de identificação, em volt

1,6 = fator de conversão de corrente alternada (CA) em CC

0,65 = fator de redução para equipamentos envelhecidos

A tensão CC aplicada à isolação é aumentada progressivamente com cerca de dez valores iguais, anotando-se seu valor e o da corrente de dispersão.

À medida que o ensaio progride, traça-se uma curva com os valores de tensão e corrente, conforme a Fig. 15.5.

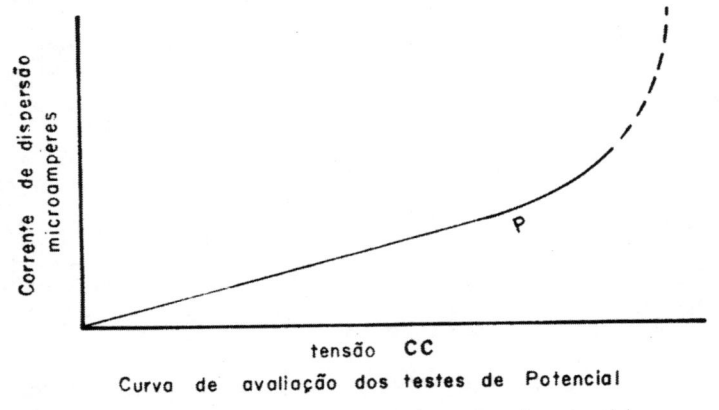

Curva de avaliação dos testes de Potencial

Figura 15.5 — Curva de avaliação dos testes de potencial

A tensão deverá ser aumentada cada vez de um valor pequeno para que seja possível verificar com clareza o ponto *P* em que a curva muda de direção.

Neste ponto, o ensaio é interrompido porque a tensão do ponto *P* deverá estar muito próxima da tensão de ruptura do dielétrico ensaiado.

Se seu valor no ponto *P* for maior que o máximo previsto, as condições da isolação poderão ser consideradas satisfatórias. Este ensaio pode revelar uma falha iminente.

Quando a tensão nominal do transformador for maior que 34,5 kV, é recomendável retirar os enrolamentos do tanque.

15.2.3 — Resistência elétrica dos enrolamentos

Os valores de resistência dos enrolamentos medidos com corrente contínua e comparados com os valores dos ensaios de fábrica podem dar indicações sobre a existência de espiras em curto-circuito, conexões e contatos em más condições.

15.3 — TESTES COM CORRENTE ALTERNADA

Os testes com corrente alternada, geralmente realizados em transformadores, são: relação do número de espiras dos enrolamentos; fator de potência da isolação; e corrente de excitação.

15.3.1 — Relação do número de espiras dos enrolamentos

A verificação da relação do número de espiras dos enrolamentos do transformador é um recurso valioso para se verificar a existência de espiras em curto-circuito, de falhas em comutadores de derivações em carga e ligações erradas de derivações.

A variação dos valores medidos em relação aos da placa de identificação do transformador não deve ser maior que ±0,5%.

15.3.2 — Fator de potência da isolação

Um dielétrico pode ser representado simplificadamente por um circuito formado por um capacitor e um resistor em paralelo ou em série (Fig. 15.6).

Nos diagramas, δ é o ângulo de perdas e θ, o ângulo de fase.

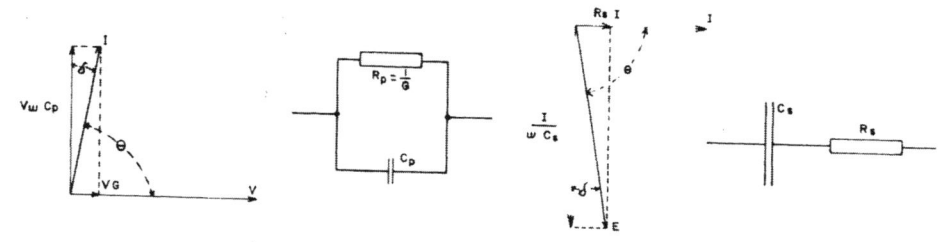

Fator de dissipação $\dot{D}$ da isolação é igual à tangente do ângulo δ.

G = condutância equivalente em CA
X_p = reatância paralela
R_p = resistência paralela equivalente em CA
C_p = capacitância paralela
ω = $2\pi f$

$$D = \text{tang } \delta = \frac{X_p}{R_p} = \frac{G}{\omega C_p} = \frac{1}{\omega C_p R_p} = \text{cot } \theta = R_s \omega C_s = \frac{1}{\omega C_p R_p}$$

$$\text{fator de potência} = \cos \theta = \frac{G}{\sqrt{G^2 + (\omega C_p)^2}}$$

O fator de potência da isolação é igual à relação entre a potência em watt (W) dissipada no material e o produto da tensão senoidal eficaz (V) e a corrente (I), em volt-ampère (VI).

As perdas dielétricas da isolação se dissipam sob a forma de calor que, em conjunto com outros fatores, como umidade, produtos de deterioração do óleo, causam a deterioração da isolação sólida.

O instrumento comumente utilizado pelas empresas brasileiras de energia elétrica para medir o fator de potência da isolação do transformador é o de marca Doble, cujo modo de utilizará é descrito no capítulo dedicado a instrumentos e métodos de medição.

O valor dos volt-ampères e das perdas dielétricas em watt aumentam proporcionalmente ao volume da isolação em teste. Mas a relação entre esses valores independe do mesmo para uma isolação homogênea.

O ensaio de fator de potência é muito sensível à presença de umidade na isolação porque as perdas dielétricas com CA são devidas quase que inteiramente ao fenômeno da absorção dielétrica.

O fator de potência máximo admissível para um transformador novo com óleo e adequadamente secado é 0,5%.

Para um transformador com óleo e em serviço, um fator de potência maior que 2,0% é considerado excessivo.

Um transformador novo, com óleo, cujo fator de potência seja maior que 1%, não deve ser energizado.

15.3.2.1 — Teste de fator de potência com variação de tensão

As perdas da isolação sólida devidas à absorção dielétrica e à condutividade variam aproximadamente com o quadrado da tensão aplicada.

Se existir ionização na isolação, as perdas dielétricas variarão com a tensão aplicada elevada a uma potência maior que 2.

Portanto, se não houver ionização, o fator de potência da isolação será constante enquanto a tensão aplicada for sendo aumentada.

Se houver ionização na isolação, seu fator de potência aumentará conforme for a tensão aumentada.

A análise do fator de potência da isolação com diversas tensões permite concluir pela existência ou não de ionização e/ou de partes da isolação com corona.

Como as perdas dielétricas por absorção e condutividade variam praticamente com o quadrado da tensão aplicada, subtraindo-se do valor das perdas totais o valor assim calculado obtém-se o valor das perdas por ionização.

Para realizar este tipo de ensaio, pode ser utilizado o instrumento Doble de medição de fator de potência, aplicando-se à isolação uma tensão, a partir de zero, que será aumentada de valores iguais até o valor máximo admitido. Calcula-se o valor do fator de potência correspondente a cada valor de tensão.

Se esse valor não variar e for elevado, é provável a existência de umidade ou outros produtos na isolação, que podem ser de sua própria deterioração ou da deterioração do óleo.

Se o valor do fator de potência aumentar, conforme for aumentada a tensão de teste, poderá estar ocorrendo ionização na isolação.

15.4 — MEDIÇÃO DA RESISTÊNCIA DE ISOLAMENTO DE TRANSFORMADORES

A medição da resistência de isolamento de transformadores é feita, em geral, com o Megger de Isolamento (Cap. 20, item 20.10) ou instrumento similar.

15.5 — RECOMENDAÇÕES DO GCOI e ABNT

1 — Recomendações do GCOI

a) Tensão do Megger a ser usado conforme a tensão nominal de transformador em teste.

Tensão nominal do transformador sob ensaio (V)	Tensão do Megger (V)
440 000/230 000/138 000 345 000/230 000/138 000 345 000/138 000/13 800 230 000/138 000 230 000/88 000	5 000
138 000/88 000 138 000/69 000 138 000/33 000 138 000/13 800	2 500

b) Ensaios de resistência de isolamento

A Fig. 15.7, 1 e 2, ilustra os circuitos de medição da resistência de isolamento recomendados pelo GCOI.

15.6 — ESQUEMAS DE LIGAÇÕES

2 — (Recomendações da ABNT) — Projeto NB-108/1978

Recomenda-se fazer essas medições em corrente contínua de 1 000 V no mínimo.

Os valores obtidos variam sensivelmente, dependendo do projeto do transformador, do líquido isolante, da temperatura de outros fatores. Por uma simples medição sem valores de referência, geralmente, só se pode verificar se existem falhas (curtos entre enrolamentos ou entre um enrolamento e massa) no isolamento.

Para verificar se as partes isolantes absorveram umidade, existem vários critérios baseados em fórmulas empíricas ou dados estatísticos. Os critérios e a interpretação dos valores encontrados variam de acordo com a prática e a experiência dos consumidores. Os dois critérios, bem

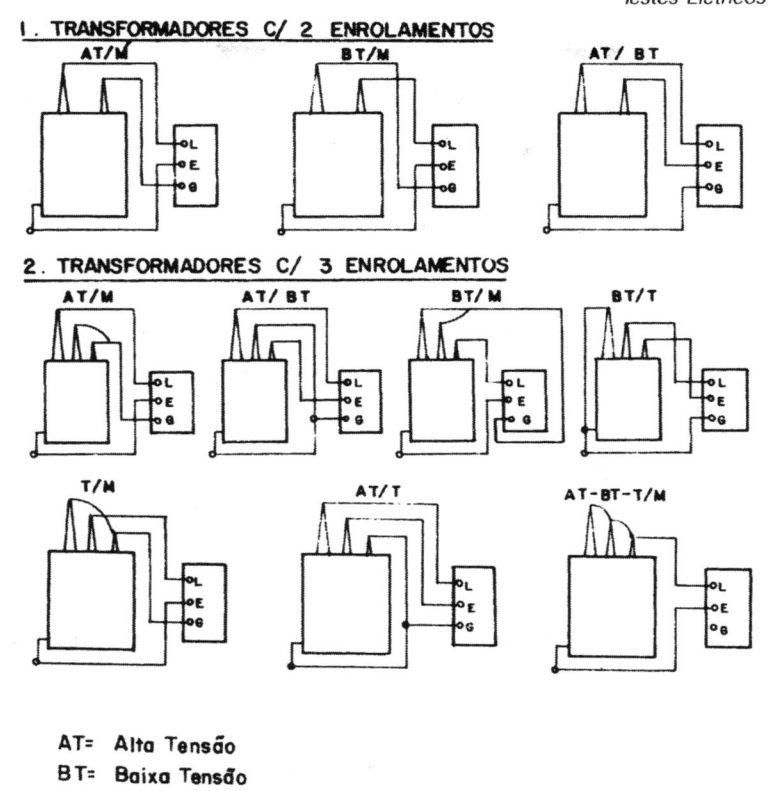

1. TRANSFORMADORES C/ 2 ENROLAMENTOS

2. TRANSFORMADORES C/ 3 ENROLAMENTOS

AT= Alta Tensão
BT= Baixa Tensão
T = Terciário
M = Massa

Figura 15.7 — Medição da resistência de isolamento de transformadores. Esquema de ligações

como o procedimento de medição da resistência de isolamento, em seguida citados, devem ser considerados como orientação genérica e os valores de referência neles obtidos não representam valores-limites absolutos, mas, sim, ordem de grandeza. Valores mais baixos, que os anteriormente medidos, porém estáveis, isto é, com pouca variação, não indicam necessariamente irregularidades no isolamento, embora seja aconselhável tentar elevar a resistência por secagem do transformador. Por outro lado, valores mais altos que os obtidos pelos critérios abaixo não representam uma garantia quanto ao comportamento do isolamento, se os mesmos forem inferiores aos valores obtidos em medições anteriores, em condições idênticas.

a) CRITÉRIO 1

a.1. Determinação dos valores mínimos da resistência de isolamento dos transformadores monofásicos e trifásicos a 75 °C

Para transforma-dores em	Monofásicos	Trifásicos
Óleo	$R_m = \dfrac{3 \cdot 2,65 \cdot E}{\dfrac{P}{f}}$	$R_m = \dfrac{2,65 \cdot E}{\dfrac{P}{f}}$
Ascarel	$R_m = \dfrac{3 \cdot 0,265 \cdot E}{\dfrac{P}{f}}$	$R_m = \dfrac{0,265 \cdot E}{\dfrac{P}{f}}$

onde:

R_m = Resistência mínima de isolamento do transformador, (M)
P = Potência do transformador (kVA).
f = Freqüência
E = Classe de tensão (kV)

a.2. Variação da resistência de isolamento com a temperatura

$$R' = R \cdot 2^a$$

sendo $a = \dfrac{75 - t'}{10}$

onde:

R' = Resistência de isolamento na temperatura t'
R = Resistência de isolamento na temperatura a 75 °C

a.3. Tabelas

A Tabela 3, a seguir, é baseada nas fórmulas anteriores.

Tabela 3 — Fatores de correção para a determinação da resistência de isolamento mínima em temperaturas diferentes de 75 °C

Temperatura (°C)	Fator de correção	Temperatura (°C)	Fator de correção
0	181	41	10,6
1	169	42	9,9
2	158	43	9,2
3	147	44	8,6
4	137	45	0,8
5	128	46	7,5
6	119	47	7,0
7	111	48	6,5
8	104	49	6,1
9	97	50	5,7
10	91	51	5,3
11	84	52	4,92
12	79	53	4,59
13	74	54	4,29
14	69	55	4,00
15	64	56	3,73
16	60	57	3,48
17	56	58	3,25
18	52	59	3,03
19	48,5	60	2,83
20	45,3	61	2,64
21	42,2	62	2,46
22	39,4	63	2,30
23	36,8	64	2,14
24	34,3	65	2,00
25	32,0	66	1,87
26	29,9	67	1,74
27	27,9	68	1,62
28	26,0	69	1,52
29	24,3	70	1,41
30	22,6	71	1,32
31	21,1	72	1,25
32	19,7	73	1,15
33	18,4	74	1,07
34	17,2	75	1,00
35	16,0	76	0,93
36	14,9	77	0,87
37	13,9	78	0,81
38	13,0	79	0,76
39	12,1	80	0,71
40	11,3		

b) CRITÉRIO 2

b.1. Valores admissíveis da resistência de isolamento para transformadores:

a) Transformador à temperatura de operação cerca de 80 °C:
Para transformador de óleo
Cerca de 1 megohm por kV da classe de isolamento.
Para transformador de ascarel
Cerca de 0,1 megohm por kV da classe de isolamento.

b)Transformador à temperatura de operação cerca de 30 °C:
Para transformadores de óleo
Cerca de 30 megohms por kV da classe de isolamento.
Para transformador de ascarel
Cerca de 3 megohms kV da classe de isolamento.

b.2. Procedimento para medição da resistência de isolamento para transformadores.

b.2.1. Medida da resistência de isolamento do enrolamento de alta tensão de um transformador.

Devem ser tomadas as seguintes providências:

a) conectar as buchas de baixa tensão ao tanque do transformador e ligar os cabos do me-gohmímetro às buchas de alta tensão e ao tanque do transformador. Observar as indicações de "linha" e "terra" nos terminais do instrumento;

b) medir, através da janela para inspeção, com um termômetro de álcool (o de mercúrio não deve ser usado) a temperatura do líquido isolante. A leitura deve ser feita com o bulbo do termômetro totalmente dentro do líquido;

c) acionar o megohmímetro à velocidade indicada pelo fabricante do mesmo, mantendo-a constante durante 1 min;

d) leitura da resistência de isolamento;

e) efetuar nova medida da temperatura como indicado na alínea *b*. A temperatura a ser considerada será a média das duas leituras;

f) comparar a resistência de isolamento medida com a resistência mínima de isolamento, calculada nos critérios anteriores.

b.2.2 Medida da resistência de isolamento do enrolamento de baixa tensão de um transformador.

Proceder conforme b.2.1. porém conectando as buchas de alta tensão ao tanque do trans-formador e ligar os cabos do megohmímetro às buchas de baixa tensão e ao tanque do trans-formador.)

Exemplos de correção do valor da resistência de isolamento de uma temperatura qualquer para 75 °C.

1. Valor da resistência medida de um isolamento a 40 °C = 2 000 megohms
   fator de correção 11,3: (40 °C) (tabela)
   valor corrigido para 75 °C

$$\frac{2\ 000}{11,3} = 177 \text{ megohms}$$

2. Valor da resistência de isolamento a 80 °C = 2 000 megohms
   fator de correção 0,71 (tabela)
   valor corrigido para 75 °C:

$$\frac{2\ 000}{0,71} = 2\ 817 \text{ megohms}$$

15.7 — FICHAS DE REGISTRO DE RESULTADOS

TRANSFORMADOR DE DOIS ENROLAMENTOS
MEDIDA DA RESISTÊNCIA DE ISOLAMENTO COM O MEGGER

TEMPERATURA AMBIENTE: _____ °C   DATA DO ENSAIO ___/___/___
TEMPERATURA DO ÓLEO: _____ °C   DATA DO ÚLTIMO ENSAIO: ___/___/___
TEMPO: _____   FOLHA DO ÚLTIMO ENSAIO N.º: _____
UMIDADE RELATIVA: _____ %

TRANSFORMADOR

FABRICANTE: _____   TENSÃO: _____ kV   CÓDIGO: _____
TIPO: _____   DATA DE FABR.: ___/___/___   POS. NO ESQ.: _____
POTÊNCIA: _____ MVA   VOLUME DE ÓLEO: _____   N.º DE SÉRIE: _____
SELADO ☐   COM GÁS ☐   COM CONSERVADOR ☐

MEGGER

TIPO: _____   N.º DE SÉRIE: _____
TENSÕES: _____ kV   ESCALAS: _____
MANUAL ☐   MOTORIZADO ☐   RETIFICADOR ☐

MEDIDAS GERAIS

TERM. MEGGER	CONEXÕES DE ENSAIO								
	L(LINE)	E(EARTH)	G(GUARD)	L(LINE)	E(EARTH)	G(GUARD)	L(LINE)	E(EARTH)	G(GUARD)
ENROL. TRAFO	ALTA	TERRA	BAIXA	BAIXA	TERRA	ALTA	ALTA	BAIXA	TERRA
TENSÃO DE ENSAIO (V)									

N.º	TEMPO DE ENSAIO	RESISTÊNCIAS DE ISOLAMENTO (MΩ) = R							
1	15 s								
2	30 s								
3	45 s								
4	1 m								
5	2 m								
6	3 m								
7	4 m								
8	5 m								
9	6 m								
10	7 m								
11	8 m								
12	9 m								
13	10 m								

N.º	R CORRIGIDA A _____ °C (FATOR DE CORREÇÃO =								
1	15 s								
2	30 s								
3	45 s								
4	1 m								
5	2 m								
6	3 m								
7	4 m								
8	5 m								
9	6 m								
10	7 m								
11	8 m								
12	9 m								
13	10 m								
14	I.P.								

I.P. = ÍNDICE DE POLARIZAÇÃO = N.º 4 / N.º 2 (EM MANUAL) OU = N.º 13 / N.º 4 (EM MOTORIZADA)

1.ª VIA — _____
2.ª VIA — _____

FEITO POR	ENG.º SUPERVISOR	ENG.º CHEFE SETOR

TRANSFORMADOR DE TRÊS ENROLAMENTOS

MEDIDA DA RESISTÊNCIA DE ISOLAMENTO COM O MEGGER

TEMPERATURA AMBIENTE: _____ °C   DATA DO ENSAIO ____/____/____
TEMPERATURA DO ÓLEO: _____ °C   DATA DO ÚLTIMO ENSAIO: ____/____/____
TEMPO: _____   FOLHA DO ÚLTIMO ENSAIO N.º _____
UMIDADE RELATIVA: _____ %

TRANSFORMADOR

FABRICANTE: _____   TENSÃO: _____ kV   CÓDIGO: _____
TIPO: _____   DATA DE FABR.: ____/____/____   POS. NO ESQ.: _____
POTÊNCIA: _____ MVA   VOLUME DE ÓLEO: _____   N.º DE SÉRIE: _____
　　　　　　SELADO ☐　　　　COM GÁS ☐　　　　COM CONSERVADOR ☐

MEGGER

TIPO: _____   N.º DE SÉRIE: _____
TENSÕES: _____ kV   ESCALAS: _____
　　　　　MANUAL ☐　　　　MOTORIZADO ☐　　　　RETIFICADOR ☐

MEDIDAS GERAIS

CONEXÕES DO ENSAIO			RESISTÊNCIAS DE ISOLAMENTO (MΩ) = R															
TERMINAIS			TENSÃO DE ENSAIO:					VOLTS										
ENROLAMENTOS			SEGUNDOS			TEMPO DE ENSAIO												
						MINUTOS												
LINE	EARTH	GUARD	15	30	45	1	2	3	4	5	6	7	8	9	10	I.P.
1	ALTA	TERRA	BAIXA MÉDIA														
2	ALTA	MÉDIA	BAIXA TERRA														
3	ALTA	BAIXA	MÉDIA TERRA														
4	MÉDIA	TERRA	BAIXA ALTA														
5	MÉDIA	BAIXA	ALTA TERRA														
6	BAIXA	TERRA	MÉDIA ALTA														
7	ALTA MÉDIA BAIXA	TERRA	—														

R CORRIGIDA A _____ °C (FATOR DE CORREÇÃO =

1																
2																
3																
4																
5																
6																
7																

I.P. = ÍNDICE DE POLARIZAÇÃO = 1/0,5 min (EM MANUAL) OU = 10/1 (EM MOTORIZADA)

1.ª VIA —
2.ª VIA —　　　　　FEITO POR　　　　ENG.º SUPERVISOR　　　　ENG.º CHEFE SETOR

GCOI-SCM

AUTOTRANSFORMADOR

MEDIDA DA RESISTÊNCIA DE ISOLAMENTO COM O MEGGER

TEMPERATURA AMBIENTE: _____ °C DATA DO ENSAIO: ___/___/___
TEMPERATURA DO ÓLEO: _____ °C DATA DO ÚLTIMO ENSAIO: ___/___/___
TEMPO: _____ FOLHA DO ÚLTIMO ENSAIO N.°: _____
UMIDADE RELATIVA: _____ %

TRANSFORMADOR

FABRICANTE: _____ TENSÃO: _____ kV CÓDIGO: _____
TIPO: _____ DATA DE FABR.: ___/___/___ POS. NO ESQ.: _____
POTÊNCIA: _____ MVA VOLUME DE ÓLEO: _____ N.° DE SÉRIE: _____
SELADO ☐ COM GÁS ☐ COM CONSERVADOR ☐

MEGGER

TIPO: _____ N.° DE SÉRIE: _____
TENSÕES: _____ kV ESCALAS: _____
MANUAL: ☐ MOTORIZADO: ☐ RETIFICADOR: ☐

MEDIDAS GERAIS

TERM. MEGGER	CONEXÕES DE ENSAIO								
	L (LINE)	E (EARTH)	G (GUARD)	L (LINE)	E (EARTH)	G (GUARD)	L (LINE)	E (EARTH)	G (GUARD)
ENROL. TRAFO	ALT.-MED.	TERRA	BAIXA	BAIXA	TERRA	ALT.-MED.	ALT.-MED.	BAIXA	TERRA
TENSÃO DE ENSAIO (V)									
N.° TEMPO DE ENSAIO	RESISTÊNCIAS DE ISOLAMENTO (MΩ) = R								
1 15 s									
2 30 s									
3 45 s									
4 1 m									
5 2 m									
6 3 m									
7 4 m									
8 5 m									
9 6 m									
10 7 m									
11 8 m									
12 9 m									
13 10 m									
N.°	R CORRIGIDA A _____ °C (FATOR DE CORREÇÃO =)								
1 15 s									
2 30 s									
3 45 s									
4 1 m									
5 2 m									
6 3 m									
7 4 m									
8 5 m									
9 6 m									
10 7 m									
11 8 m									
12 9 m									
13 10 m									
14 I.P.									

I.P. = ÍNDICE DE POLARIZAÇÃO = N.° 4 / N.° 2 (EM MANUAL) OU = N.° 13 / N.° 4 (EM MOTORIZADA)

1.ª VIA — 2.ª VIA —	FEITO POR	ENG.° SUPERVISOR	ENG.° CHEFE SETOR

15.8 — CORREÇÃO DA RESISTÊNCIA DE ISOLAMENTO EM FUNÇÃO DA TEMPERATURA

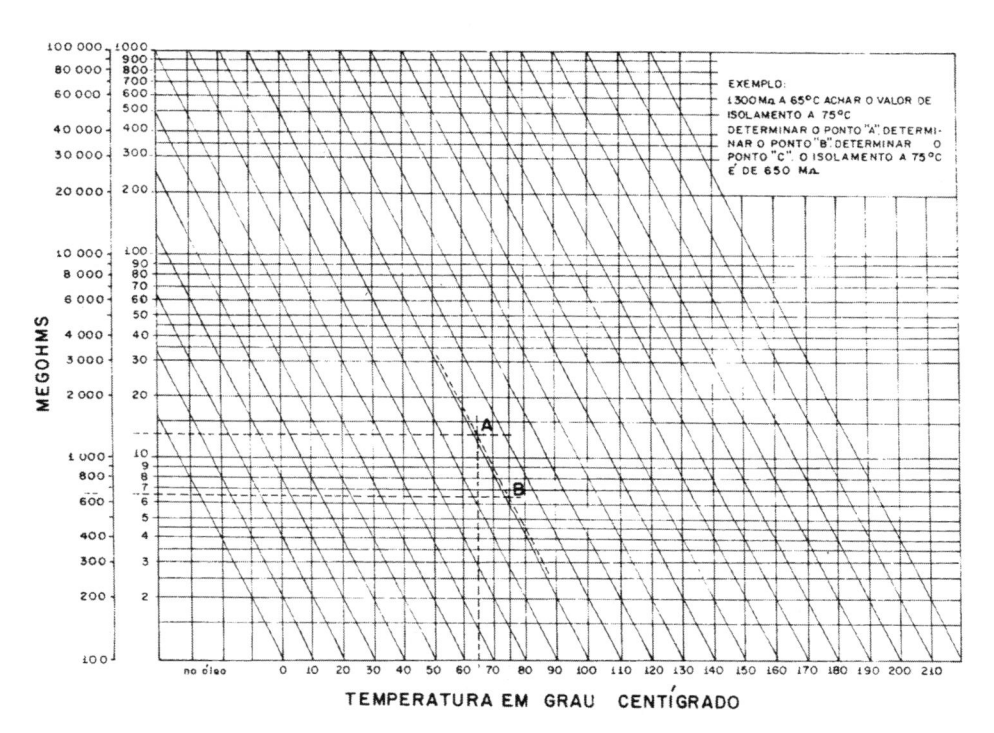

TEMPERATURA EM GRAU CENTÍGRADO

15.9 — MEDIÇÃO DA CORRENTE DE EXCITAÇÃO DE TRANSFORMADORES

A medição da corrente de excitação de transformadores tem dado bons resultados na verificação da existência de falhas no enrolamento, as quais, por vezes, não tenham sido detectadas com a medição da resistência ôhmica e da relação de espiras.

O equipamento Doble de teste tem-se mostrado adequado para essa finalidade, e as recomendações da Doble Engineering Co. são as seguintes:

"1 — O transformador deve estar completamente desenergizado e desligado da carga.

"2 — Os testes de rotina podem ser limitados aos enrolamentos de alta tensão. Defeitos nos enrolamentos de baixa tensão serão também detectados e a corrente de carregamento exigida para o teste ficará reduzida.

"3 — Os terminais dos enrolamentos que forem normalmente aterrados em serviço devem permanecer aterrados durante os testes, com exceção do enrolamento que for energizado para teste. Por exemplo, num transformador estrela/estrela (YY), o neutro do enrolamento escolhido para ser testado deve ser conectado ao circuito UST (Teste de Espécime Não-Aterrado) enquanto o neutro do outro enrolamento será ligado à terra.

"4 — As pessoas envolvidas nos testes devem permanecer suficientemente afastadas dos terminais dos enrolamentos porque haverá indução de alta tensão em todos eles.

"5 — Os comutadores de derivações em carga (CDC) devem ser colocados na máxima posição positiva ou negativa durante os testes de rotina. Verificou-se que um defeito ficou mais evidente quando o teste foi feito com o CDC em uma dessas posições do que quando ele foi realizado com o mesmo numa posição próxima ao neutro ou na posição neutro.

"Para assegurar-se de que o pré-seletor e o seletor de CDC estão funcionando adequadamente em toda a faixa de seleção, é conveniente realizar os testes nas seguintes posições:

"a) em posição de cada derivação, tanto para + como para −;

"b) alternadamente, em posição de uma derivação + e de uma derivação −;

"c) na posição neutra.

"6 — As tensões de teste não devem exceder a tensão nominal fase-fase, no caso de enrolamentos ligados em triângulo, ou tensão nominal fase-neutro, no caso de enrolamentos em estrela.

"7 — As tensões de teste devem ser as mesmas para cada fase; em virtude do comportamento não-linear da corrente de excitação para as tensões baixas de teste, as tensões devem ser ajustadas com exatidão para que os resultados possam ser comparados.

"8 — Após a aplicação da tensão de teste, as leituras do medidor de ampères e watts (conjuntos de teste MH, M2H) ou do medidor de milivoltampères e miliwatts (conjuntos de teste MEU e M2E) devem ser feitas com o ponteiro estabilizado e o medidor rechecado com o ponteiro na posição de plena escala, antes que sejam lidos e anotados os valores da corrente de excitação. A estabilização é necessária porque as tensões CC do amplificador de medição podem diminuir ligeiramente durante o teste, devido ao carregamento da fonte CA-120 V.

"9 — Registrar os valores das correntes de excitação com os enrolamentos energizados alternadamente pelos terminais opostos de transformadores monofásicos. Este procedimento deve ser usado em cada fase de transformadores trifásicos, quando a unidade apresenta suspeitas ou quando as medições iniciais das correntes de excitação são questionáveis.

"10 — A probabilidade de que o magnetismo residual de magnitude suficiente afete os testes de rotina é pequena. No entanto, essa probabilidade deve ser considerada quando correntes altas anormais são medidas em dado transformador".

15.10 — ESQUEMAS DE TESTE (segundo a Doble Engineering Co.)

1 — Medição da corrente de excitação (I_e) em transformador monofásico (Fig. 15.8).

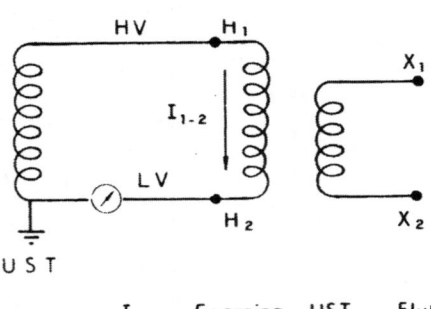

I_e	Energiza	UST	Flutua
H_1-H_2	H_1	H_2	$X_1 X_2$
H_2-H_1	H_2	H_1	$X_1 X_2$

Figura 15.8

2 — Medição da corrente de excitação (I_e) em transformador com enrolamento ligado em estrela (método de rotina) (Fig. 15.9).

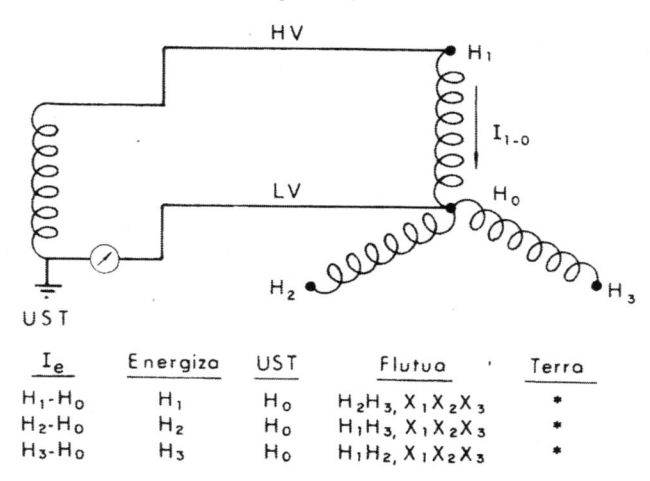

I_e	Energiza	UST	Flutua	Terra
H_1-H_0	H_1	H_0	$H_2 H_3$, $X_1 X_2 X_3$	*
H_2-H_0	H_2	H_0	$H_1 H_3$, $X_1 X_2 X_3$	*
H_3-H_0	H_3	H_0	$H_1 H_2$, $X_1 X_2 X_3$	*

* Se X for ligado em estrela, X_0 deverá ser aterrado.

Figura 15.9

3 — Medição da corrente de excitação (I_e) em transformador com os enrolamentos ligados em triângulo (método de rotina) (Fig. 15.10).

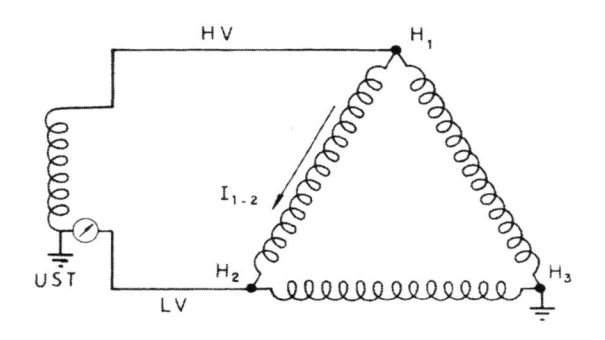

I_e	Energiza	UST	Terra	Flutua
H_1-H_2	H_1	H_2	H_3,*	$X_1 X_2 X_3$
H_2-H_3	H_2	H_3	H_1,*	$X_1 X_2 X_3$
H_3-H_1	H_3	H_1	H_2,*	$X_1 X_2 X_3$

* Se X for ligado em estrela, X_0 deverá ser aterrado.

Figura 15.10

15.11 — MÉTODOS ALTERNATIVOS

a) Medição de I_e em transformador com os enrolamentos ligados em estrela (Fig. 15.11).

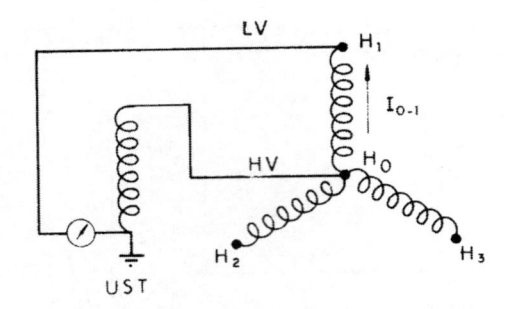

I_e	Energiza	UST	Terra	Flutua
H_0-H_1	H_0	H_1	*	H_2H_3, $X_1X_2X_3$
H_0-H_2	H_0	H_2	*	H_1H_3, $X_1X_2X_3$
H_0-H_3	H_0	H_3	*	H_1H_2, $X_1X_2X_3$

* Se X for ligado em estrela, X_0 deverá ser aterrado.

Figura 15.11

b) Medição pelo método alternativo de I_e em transformador com os enrolamentos ligados em triângulo (Fig. 15.12).

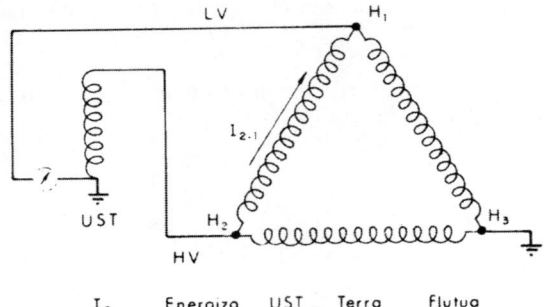

I_e	Energiza	UST	Terra	Flutua
H_2-H_1	H_2	H_1	H_3, *	$X_1X_2X_3$
H_3-H_2	H_3	H_2	H_1, *	$X_1X_2X_3$
H_1-H_3	H_1	H_3	H_2, *	$X_1X_2X_3$

* Se X for ligado em estrela, X_0 deverá ser aterrado.

Figura 15.12

c) Medição em I_e, pelo método alternativo, em transformador ligado em triângulo (Fig. 15.13)

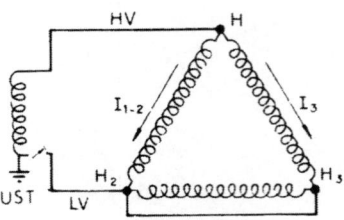

I_e	Energiza	UST	Terra	Flutua
$(H_1$-$H_2) + (H_1$-$H_3)$	H_1	H_2H_3	*	$X_1X_2X_3$
$(H_2$-$H_1) + (H_2$-$H_3)$	H_2	H_1H_3	*	$X_1X_2X_3$
$(H_3$-$H_2) + (H_3$-$H_1)$	H_3	H_1H_2	*	$X_1X_2X_3$

* Se X for ligado em estrela, X_0 deverá ser aterrado.

Figura 15.13

15.12 — RESULTADOS DOS TESTES

As correntes de excitação medidas em transformadores monofásicos podem ser comparadas com as de unidades similares ou com os valores de correntes medidas em testes anteriores de determinada unidade.

Nas unidades trifásicas, os resultados obtidos de cada fase podem ser comparados entre si.

O modelo geral observado, particularmente nos transformadores ligados em estrela, é de duas fases com correntes de excitação similares, porém de valores bem mais elevados que as correntes de excitação da terceira fase (normalmente a do enrolamento da coluna central do núcleo).

Pode ocorrer ocasionalmente uma exceção a este modelo.

A Fig. 15.10 ilustra o esquema de ligações de teste de uma unidade com enrolamento ligado em triângulo. Verifica-se que o enrolamento desenergizado estático $(H_2 - H_3)$ está em paralelo com o medidor durante o teste. Em geral, este paralelismo tem pouco ou nenhum efeito sobre as medições.

O padrão de correntes das três fases poderá ser do tipo de duas correntes de valor elevado e similar, e uma corrente de valor baixo.

Tem havido casos nos quais não foi verificado este tipo de padrão, mas, sim, uma corrente de valor baixo e duas correntes de valor mais elevado, porém dissimilares. Esses resultados foram atribuídos ao fato de que o enrolamento desenergizado ou estático estava em paralelo com o medidor na ocasião do teste.

Para eliminar este efeito de paralelismo sobre o enrolamento estático, pode ser aplicado o procedimento ilustrado na Fig. 15.13.

Um modelo normal de correntes para a medição com duas fases em paralelo de um enrolamento ligado em triângulo seria duas correntes de valores similares e uma terceira corrente de valor mais elevado, e não mais baixo, como normalmente se observa nas fases individualmente.

Na suposição de que as correntes verificadas em uma fase são as mesmas que as medidas com terminais alternados, isto é, de H_1 para H_2 ou de H_2 para H_1, as correntes das fases individualmente podem ser calculadas somando-se as correntes obtidas em qualquer das duas medidas, conforme ilustra o esquema da Fig. 15.13, subtraindo-se da soma a terceira e dividindo-se o resultado por 2. Por exemplo:

$$
\begin{array}{lll}
(H_1 - H_2) \ + & & (H_1 - H_3) \\
(H_2 - H_3) \ + & (H_2 - H_3) & \quad\quad \text{Somando} \\
\hline
2\,(H_1 - H_2) \ + \ (H_2 - H_3) \ + & (H_1 - H_3) \\
(H_2 - H_3) \ + & (H_3 - H_1) & \quad\quad \text{Subtraindo} \\
\hline
2(H_1 - H_2) & &
\end{array}
$$

Dividindo $2\,(H_1 - H_2)$ por 2, o resultado será a corrente de excitação do enrolamento $H_1 - H_2$.

O teste de corrente de excitação pode detectar espiras do enrolamento em curto-circuito ou núcleo muito danificado.

Capítulo 16 — Manutenção preventiva do transformador

16.1 — PROGRAMAÇÃO DA MANUTENÇÃO PREVENTIVA DO TRANSFORMADOR

Os quatro maiores inimigos do sistema de isolação de um transformador são: água, calor excessivo, oxigênio e contaminação.

16.2 — ÁGUA:

A umidificação da isolação do transformador pode dar-se pela água gerada com a decomposição da celulose e do óleo isolante, e também por sua penetração no interior, devido à falha de vedação ou pela respiração.

A água age como catalisador, acelerando a deterioração do óleo isolante e da celulose da isolação sólida, além de enfraquecê-la mecânica e dieletricamente.

Um teor de água de 50 ppm no óleo do transformador, medido pelo método de Karl Fischer, é uma indicação de que a isolação está muito umidificada.

São considerados limites médios para operação contínua do transformador as seguintes quantidades de umidade no óleo: 35 ppm para tensões de até 69 kV, inclusive; e 25 ppm para tensões de 69 kV a 238 kV.

O teor máximo admitido de umidade do óleo de transformadores de extra alta tensão (EAT) é de 20 ppm.

16.3 — CALOR EXCESSIVO

A vida útil do óleo isolante reduz-se a aproximadamente à metade para cada 10 °C de temperatura acima de 60 °C.

São consideradas temperaturas críticas da isolação sólida, de 105 °C a 110 °C; e do óleo isolante, de 60 °C na parte superior do tanque.

A vida útil máxima do papel isolante e do óleo pode ser atingida quando a temperatura do óleo isolante, da parte superior do tanque do transformador em serviço, não for maior que 60 °C.

Segundo a ASTM, mesmo em transformadores selados e com colchão de nitrogênio há oxigênio em quantidade suficiente para causar a deterioração da isolação celulósica e do óleo com a mesma rapidez que em um transformador de respiração livre, quando a temperatura do óleo é de 70 °C.

Admite-se que as seguintes relações aproximadas de temperatura de serviço são válidas para o óleo isolante atingir o limite crítico do número de neutralização de 0,25 mg KOH/g:

Temperatura de serviço (°C)	Vida útil do óleo isolante
60	20 anos
70	10 anos
80	6 anos
90	2,5 anos
100	1,25 anos
110	7 meses

16.4 — NÚMERO DE NEUTRALIZAÇÃO (NN) E TENSÃO INTERFACIAL (TIF)

A experiência de campo, durante quinze anos, indica que os seguintes valores de NN e TIF podem ser atingidos:

Tempo de serviço (anos)	NN (máximo) (mg KOH mg)	TIF (mínima) (dina/cm)
De 1 a 5	0,05	35
De 6 a 10	0,06	30-35

Assim que o valor de NN chegar a 0,10 mg KOH/g ou a TIF cair para 30 dina/cm, é recomendável que o óleo seja submetido a tratamento.

16.5 — BATERIA DE TESTES RECOMENDÁVEIS

O intervalo de tempo recomendável entre a realização de testes do óleo do transformador depende da temperatura do óleo da parte superior do tanque do transformador em serviço contínuo.

Os testes recomendáveis do óleo são: rigidez dielétrica, número de neutralização (NN), tensão interfacial (TIF), cor, teor de água em ppm, densidade, aspecto, sedimento, e fator de potência.

Os intervalos de tempo para a realização desses testes, conforme a temperatura do óleo da parte superior do tanque, são:

	Temperatura contínua do óleo do topo do tanque (°C)			
	60 a 70	70 a 80	80 a 90	90 a 100
Intervalos	Anual	6 meses	4 meses	Mensalmente

16.6 — CRITÉRIOS DE AVALIAÇÃO DOS RESULTADOS

16.6.1 — Rigidez dielétrica

A rigidez dielétrica do óleo isolante novo, medida pelos métodos MB-330, ASTM D-877 ou ASTM D-1816, deve ser de 30 kV ou maior.

Valores mínimos admissíveis: método MB-330 ou ASTM D-877, 25 kV; e método ASTM D-1816, 20 kV.

A rigidez dielétrica diminui com a presença de partículas metálicas, fibras e água em suspensão no óleo.

16.6.2 — Número de neutralização (NN)

O número de neutralização do óleo novo e em boas condições deve ser 0,03 mg KOH/g (valor máximo). O valor máximo admissível é 0,10 mg KOH/g para o óleo em serviço. Os métodos recomendados para a determinação do NN do óleo são ABNT/IBP MB-101 e ASTM D-974.

O número de neutralização indica o grau de acidez do óleo: quanto mais baixo, menor a condução elétrica e a corrosão metálica, e mais longa a vida útil da isolação do transformador.

16.6.3 — Tensão interfacial (TIF)

Para o óleo novo, a TIF deve ser, no mínimo, 40 dina/cm. Uma TIF baixa indica a presença de borra no óleo e de contaminantes indesejáveis. Os métodos para a determinação da TIF são ABNT/IBP 320 e ASTM D-971.

16.6.4 — Cor

A cor do óleo novo corresponde a 0,5 da escala-padrão e, nas piores condições, corresponde ao número 8 da escala-padrão. Limite médio para serviço contínuo, 2,7.

Uma mudança acentuada da cor do óleo de um ano para outro indica a existência de anormalidade. Os métodos para a determinação da cor são ABNT/IBP 351 ou ASTM D-1524.

16.6.5 — Água

O teor de água do óleo novo não deve ser maior que 25 ppm para transformadores com tensão média e alta; para transformadores de EAT, deve ser menor que 20 ppm. O método para a determinação da quantidade de água no óleo é o da ASTM D-1533 (Karl Fischer).

Valores-limites máximos aceitos para serviço contínuo:

35 ppm para transformadores com tensão 69 kV e menor
25 ppm para transformadores com tensão de 69 a 288 kV
20 ppm para transformadores com tensão acima de 345 kV
abaixo de 20 ppm para transformadores com tensão EAT

A água é formada pela deterioração da celulose e do óleo, ou proveniente do exterior do transformador. Quanto mais baixo o teor de água no óleo, menores as perdas dielétricas e a corrosão metálica, e mais longa a vida útil do transformador.

16.6.6 — Densidade

O óleo novo tem uma densidade aproximada de 0,9 a 20/4 °C. A densidade varia com a presença de contaminantes.

Os métodos para a determinação da densidade do óleo isolante são ABNT/IBP MB-104 e ASTM D-1298.

16.6.7 — Aspecto

O óleo em boas condições tem um aspecto límpido e completamente transparente. O óleo com água ou contaminantes em suspensão tem um aspecto turvo. O método para a verificação do aspecto é o ASTM D-1524.

16.6.8 — Sedimento (borra)

A presença de sedimento (borra) indica a deterioração ou presença de contaminantes no óleo.

O método para a determinação da borra do óleo é o ASTM D-1698.

16.6.9 — Fator de potência

O fator de potência do óleo novo e em boas condições é de 0,05% ou menor. O valor máximo admissível do fator de potência do óleo de um transformador em serviço é de 0,7%.

Um fator de potência alto indica a presença de umidade, resina, vernizes e outros produtos da deterioração do óleo, ou, ainda, contaminantes, como óleo lubrificante de motor ou óleo combustível.

Todos esses testes podem ser realizados no local em que estiver instalado o transformador e devem obedecer à última revisão dos métodos.

16.7 — ANÁLISE CROMATOGRÁFICA (ACG) DOS GASES DISSOLVIDOS NO ÓLEO ISOLANTE

Atualmente, a análise cromatográfica dos gases dissolvidos no óleo isolante dificilmente pode ser realizada no próprio local em que o transformador estiver instalado e em serviço.

Para evitar despesas e trabalhos desnecessários, é recomendável enviar para o laboratório, para ACG, só as amostras de óleo que passarem pelo teste de triagem, que consiste na determinação da quantidade de gases combustíveis, em ppm.

Assim, um óleo com 0 a 500 ppm de gases combustíveis indica envelhecimento normal da isolação e não há necessidade de submetê-lo à ACG.

Se a concentração de gases combustíveis estiver acima de 500 ppm, e até 1000 ppm, provavelmente uma falha incipiente existe e poderá estar evoluindo ou involuindo.

Neste caso, o transformador deverá merecer uma atenção mais freqüente, e as ACGs serão realizadas com a freqüência adequada para acompanhar a tendência da falha incipiente, que poderá desaparecer ou prosseguir exigindo, nesta última hipótese, a retirada da unidade de serviço para inspeção e reparos.

Nessas condições, a determinação dos intervalos de tempo entre as ACGs torna-se crítica porque, se for muito curto, poderá não haver tempo para que a concentração dos gases combustíveis aumente e, se for muito longo, a unidade poderá falhar durante o intervalo. Uma análise da tendência da curva de concentração dos gases combustíveis, em função dos intervalos entre as análises, auxiliará a estabelecer esses intervalos adequadamente.

Uma concentração de gases combustíveis maior que 1 000 ppm indica a decomposição acentuada da isolação e, portanto, a existência de uma situação que certamente conduzirá a uma falha do transformador a qualquer momento e, por isso, ele deverá ser retirado de serviço para revisão e reparos.

Os dez primeiros (especialmente os três primeiros) anos de serviço do transformador são considerados críticos pelas empresas norte-americanas, que verificaram haver uma diminuição do número de unidades com falha após esse período.

16.7.1 — Periodicidade da realização das ACGs

Os seguintes critérios de periodicidade das ACGs são recomendados:

	Temperatura do óleo no topo do tanque (°C)			
	60 a 70	70 a 80	80 a 90	90 a 100
Periodicidade das ACGs	Anualmente	De 4 em 4 meses	Mensalmente	Semanalmente

16.8 — CORRELAÇÃO ENTRE NÚMERO DE NEUTRALIZAÇÃO, TENSÃO INTERFACIAL E FORMAÇÃO DE BORRA NO ÓLEO MINERAL ISOLANTE

A ASTM realizou um estudo, envolvendo 500 transformadores, para verificar a relação entre os valores de tensão interfacial, número de neutralização e a probabilidade de formação de borra no óleo mineral isolante. Os resultados são os seguintes:

Número de neutralização (mg KOH/g)	Unidades encontradas com borra (%)
De 0,00 a 0,10	0
De 0,11 a 0,20	38
De 0,21 a 0,60	72
Acima de 0,60	100
Tensão interfacial (dina/cm)	Unidades encontradas com borra (%)
Abaixo de 14	100
De 14 a 16	85
De 16 a 18	69
De 18 a 20	35
De 20 a 22	33
De 22 a 24	30
Acima de 24	0

É recomendável que o óleo do transformador seja submetido a tratamento quando o número de neutralização estiver acima de 0,10 mg KOH/g e a tensão interfacial, abaixo de 24 dina/cm.

16.9 — REMOÇÃO DA BORRA DO ÓLEO E DAS PARTES INTERNAS DO TRANSFORMADOR

A borra formada pela deterioração do óleo nele se dissolve até a saturação, e o excesso se deposita nos enrolamentos, núcleo, paredes do tanque e radiadores. A solubilidade da borra no óleo é elevada na temperatura de seu ponto de anilina, que, para um óleo novo, pode variar entre 63 °C e 84 °C.

O ponto de anilina é a temperatura em que o óleo dissolve uma substância aromática denominada anilina.

Os hidrocarbonetos parafínicos têm um ponto de anilina elevado e, por isso, a solubilidade da borra nos mesmos é baixa. Nos hidrocarbonetos aromáticos, o ponto de anilina é mais baixo e sua capacidade de dissolver a borra é maior. A solubilidade da borra nos óleos naftênicos está entre a dos parafínicos e a dos aromáticos.

Para que o transformador em serviço possa ter sua vida útil prolongada, é preciso que o óleo isolante esteja na faixa livre de borra, isto é, seu número de neutralização deve ser 0,15 mg KOH/g no máximo e sua tensão interfacial, 24 dina/cm no mínimo.

A borra se deposita sobre os enrolamentos do transformador na forma de camadas. A camada diretamente em contato com a isolação sólida está sempre mais aquecida que as demais que a ela sobrepõem.

A primeira camada, se não for logo retirada, endurece e sua remoção fica muito difícil (Fig. 16.1).

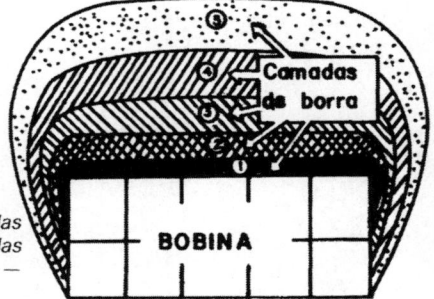

Figura 16.1 — Representação esquemática de camadas de borra, da deterioração do óleo isolante, depositadas sobre a bobina do transformador (S.D. Myers et al. — A Guide to Transformer Maintenance)

Para retirar a borra das partes internas do transformador, o veículo utilizado é o óleo naftênico aquecido à temperatura de seu ponto de anilina (de 75 °C a 85 °C), que dissolve a borra ainda não endurecida. O óleo é, então, transferido do transformador para um filtro de terra fúler, que dele retira a borra e o desacidifica.

A Fig. 16.2 representa, esquematicamente, uma instalação típica de tratamento do óleo e desborrificação das partes internas de um transformador no local em que estiver instalado.

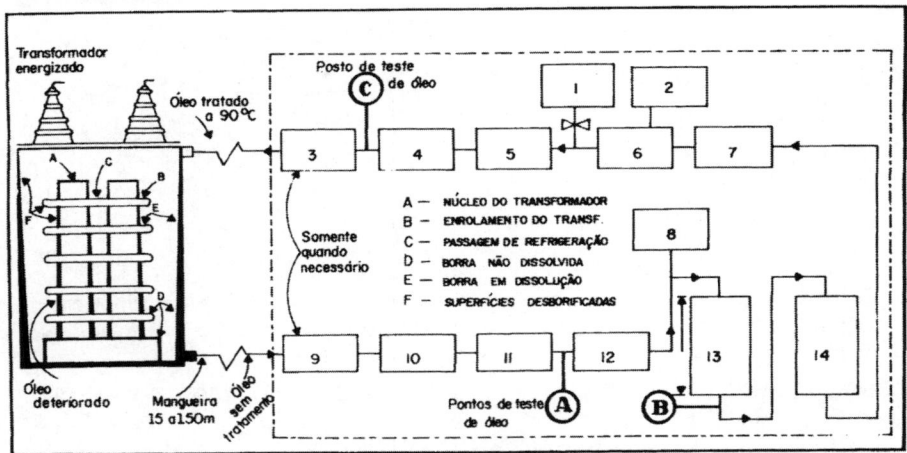

Figura 16.2 — Equipamento transportável de tratamento de óleo: 1 — adição de inibidor de oxidação; 2 — bomba de vácuo; 3 — bomba auxiliar; 4 - filtro final; 5 — bomba de engrenagens; 6 — câmara de vácuo; 7 — filtro; 8 — centro de registros de controle; 9 — bomba auxiliar; 10 — filtro; 11 — bomba de engrenagens; 12 — aquecedor de óleo; 13 — tanque número 1 de argila; 14 — tanque número 2 de argila

O óleo é retirado do transformador pela parte inferior do tanque enquanto que, simultaneamente, o mesmo volume de óleo recuperado é introduzido pela sua parte superior.

O óleo deteriorado é retirado do tanque por uma bomba de engrenagens, passando antes por um filtro. Em seguida, é aquecido a 90 °C aproximadamente, temperatura esta mais elevada que seu ponto de anilina, e passa por um centro de controle e por dois filtros de terra fúler (argila atapulgita) dispostos em série; um deles é isolado do sistema quando há necessidade de troca da carga de terra fúler enquanto o outro permanece em serviço. O óleo que sai do fundo do tanque de terra fúler em serviço é lançado na parte superior do tanque, com carga nova de terra fúler, de tal forma que o tanque com terra fúler mais limpa está sempre do lado do transformador. Cada tanque contém cerca de 450 kg de terra fúler.

Ao sair do tanque de terra fúler, o óleo é filtrado e passa para uma câmara com vácuo de 3,0 a 16,5 kPa e uma temperatura de 90 °C aproximadamente, onde é desumificado e desgaseificado.

A temperatura do óleo e o grau de vácuo devem ser muito bem controlados para evitar que seja alterada sua composição química.

Após ter passado pela câmara de vácuo, o óleo é novamente filtrado em filtro de 0,5 mícron e retorna à parte superior do transformador.

As amostras de óleo para análise são retiradas dos pontos A, B e C.

No final da operação, a temperatura do óleo na parte superior do tanque do transformador deverá ser de 90 °C.

O óleo recuperado e tratado com inibidor DBPC, na proporção de 0,3% em peso, poderá ter uma vida útil estendida para o dobro da de um óleo novo, porque grande parte dos compostos instáveis deverão ter sido eliminados.

A dissolução da borra depositada nas partes internas do transformador só terá início quando o óleo naftênico estiver na temperatura do ponto de anilina (de 70 °C a 80 °C) e sua tensão interfacial for 0,4 mN/cm, no mínimo. Nessas condições, a borra se dissolve e é retirada do óleo pela terra fúler.

Em geral, o óleo deve circular de oito a dez vezes para que seja atingida a temperatura do ponto de anilina e cerca de vinte vezes numa primeira etapa de desborrificação.

Segundo a ASTM, se o óleo chegou ao ponto de formação de borra, pode ser mais econômico refiná-lo até que sua TIF chegue a 0,3 mN/cm (30 dina/cm) e inibi-lo. O óleo nessas condições será recolocado no transformador para dissolver a borra.. Após curto período, a ser definido conforme os resultados dos testes, o óleo será novamente refinado, admitindo-se que toda a borra existente no transformador tenha sido dissolvida.

O óleo do transformador deverá ser analisado anualmente, após ter sido completada a primeira etapa de desborrificação.

Quando o NN atingir 0,15 mg KOH/g e a TIF 24 dina/cm, o óleo deverá ser submetido a novo tratamento porque não terá mais condições de manter a borra em solução e poderá, deste ponto em diante, proporcionar mais borra para o transformador.

16.10 — TRATAMENTO DO ÓLEO ISOLANTE COM O TRANSFORMADOR ENERGIZADO

O processo de tratamento para desborrificação do transformador pode ser aplicado tanto a transformador energizado como a desenergizado.

Há autoridades no assunto que são de opinião de que o número de neutralização máximo do óleo para ser desborrificado é de 0,5 mg KOH/g.

A General Electric Co. e o Electric Power Research Institute (EPRI) admitem um NN de 0,85 mg KOH/g para esse tratamento.

Outras empresas admitem um NN de 1,5 mg KOH/g para a desborrificação, quando a quantidade de sedimento não for muito grande.

No entanto, se o óleo isolante estiver muito deteriorado, isto é, se o NN for maior que 1,5 mg KOH/g e sua TIF, de 6 a 7 dina/cm, é provável que o transformador esteja no fim de sua vida útil. Neste caso, é recomendável que sejam verificadas as condições de sua isolação pelos testes elétricos (resistência de isolamento, fator de potência, relação de transformação e outros).

Não é recomendada a desborrificação do transformador energizado quando o óleo tiver aspecto turvo, sedimentos metálicos ou partículas da isolação em quantidade excessiva, e uma rigidez dielétrica menor que 24 kV medida pelo método dos eletrodos de disco.

Não há, ainda, diretrizes completamente estabelecidas para a desborrificação de transformador energizado.

S.D. Myers *et al.*, em "A Guide to Transformer Maintenance", citam que a experiência adquirida com a completa desborrificação de 3 000 transformadores energizados, durante quinze anos, confirma que o processo é econômico e seguro, desde que realizado por pessoal treinado e com equipamentos adequados, e que prolonga a vida útil do transformador.

Para recuperar só o óleo do transformador, uma única passagem pela terra fúler, em geral, é suficiente.

O número de vezes que o óleo deve passar pelo transformador e pela terra fúler depende de quatro fatores: equipamento utilizado, quantidade de terra fúler, condições do óleo e idade do transformador.

A quantidade mínima de terra fúler recomendada é de 750 kg e o óleo naftênico, que entra na parte superior do transformador, deve ter uma temperatura de 90 °C.

Para evitar que a borra dissolvida no óleo dele se separe e se deposite nas partes internas do transformador, o tratamento deverá ser feito quando o NN estiver abaixo de 0,15 mg KOH/g e a TIF acima de 24 dina/cm.

16.11 — DIRETRIZES SUGERIDAS PARA A DESBORRIFICAÇÃO DE TRANSFORMADORES

NN (mg KOH/g)	TIF (dina/cm)	Número-índice de qualidade $\left(\dfrac{TIF}{NN}\right)$	Número de passagens do óleo naftênico (vezes)
0,10	24	127	6
De 0,20 a 0,29	18	De 62 a 90	10
De 0,30 para cima	17,9	Abaixo de 60	20

S. D. Myers *et al.* — A Guide to Transformer Maintenance

O tratamento de desborrificação de transformadores pode ser feito com uma tensão de até 230 kV, desde que o equipamento seja adequadamente projetado e operado.

Conforme verificações experimentais, um transformador, cujo óleo tenha um número de neutralização maior que 0,30 mg KOH/g e uma tensão interfacial de 18 dina/cm ou menor, poderá ser submetido a tratamento de desborrificação com vinte recirculações de óleo naftênico aquecido.

As seguintes condições devem ser observadas para que a desborrificação do transformador seja completa:
• Óleo de circulação naftênico com ponto de anilina de 70 °C a 80 °C.
• Temperatura do óleo na entrada do tanque (parte superior), de 90 °C a 93 °C.
• Temperatura do óleo na saída do tanque, de 65 °C a 70 °C.
• O óleo na entrada do tanque deve ter NN 0,03 mg KOH/g e TIF 40 dina/cm.
• Espessura mínima da massa de terra fúler pela qual o óleo deve passar, 3 m.
• Peso mínimo da massa de terra fúler, 1 000 kg (500 kg por tanque).

16.12 — DEFINIÇÕES ASTM

"Aromáticos" — Classe de compostos orgânicos, cujo comportamento químico é semelhante ao do benzeno. São compostos orgânicos cíclicos não-saturados que podem manter uma corrente eletrônica induzida no anel, devido ao deslocamento de elétrons pelo mesmo.

"Óleo naftênico" — Termo aplicado ao óleo isolante mineral derivado de crus especiais, que têm um teor muito baixo de n-parafinas naturais. Esse tipo de óleo tem um baixo ponto de escoamento natural, não necessita ser decerado e não requer a aplicação de um abaixador do ponto de escoamento.

"Óleo parafínico" — Termo aplicado ao óleo mineral isolante derivado de crus

16.13 — CLASSIFICAÇÃO DOS ÓLEOS ISOLANTES

Condição do óleo	NN (mg KOH/g)	TIF (dina/cm)	TIF/NN	Cor do óleo	Situação no transformador	Tratamento recomendado
Boa	De 0,03 a 0,10	De 45 a 30	De 300 a 1500	Amarela-pálida	Desempenho eficaz	—
Estágio A	De 0,05 a 0,10	De 29 a 27	De 270 a 580	Amarela	Compostos polares em solução abaixam a TIF	—
Marginal	De 0,11 a 0,15	De 27 a 24	De 160 a 380	Amarela-viva	Enrolamentos envolvidos por camada de ácidos graxos. Borra em solução a ponto de ser liberada	Desborrificação com dez recirculações de óleo naftênico
Má	De 0,16 a 0,40	De 24 a 18	De 45 a 159	Âmbar	Borra depositada nos enrolamentos e núcleo	Seis recirculações quando NN=0,19 e TIF=24 dina/cm Dez recirculações quando NN=0,20 e 0,29 e TIF=18 dina/cm
Muito má	De 0,41 a 0,65	De 18 a 14	De 22 a 44	Castanha	A borra depositada continua a se oxidar e a endurecer. Fissuramento da isolação em progresso. Esperada provável falha prematura	Vinte (20) recirculações
Extremamente má	De 0,66 a 1,5i	De 14 a 9	De 6 a 21	Castanha-escuro	Borra depositada nos radiadores e bloqueando passagens. A temperatura de operação se eleva	Vinte (20) recirculações
Desastrosa	De 1,51 ou maior	De 9 a 6		Preta	Presença de grande quantidade de borra. O transformador deverá, provavelmente, estar no fim de sua vida útil	Tratamento diferente do normalmente utilizado para a remoção da borra

Quando o óleo tiver uma rigidez dielétrica menor que 22 kV, pelo método dos eletrodos de disco, a isolação deverá estar muito umidificada e é aconselhável fazer os testes elétricos na mesma e desumidificá-la.

com substancial quantidade de n-parafinas naturais. Este tipo de óleo precisa ser decerado e pode necessitar de aditivo para abaixar seu ponto de escoamento.

16.14 — ANÁLISE ECONÔMICA DA MANUTENÇÃO PREVENTIVA DE TRANSFORMADORES

Verificou-se experimentalmente que, quando o número de neutralização (NN) do óleo mineral isolante novo com o uso atingir um valor maior que 0,15 mg KOH/g e a tensão interfacial (TIF) menos que 18 dina/cm, é necessário desborrificá-lo completamente, do contrário sua deterioração se intensificará ainda mais, além de ter atingido um estado de saturação de borra. Não tendo mais o óleo capacidade para dissolver a borra, e como sua formação é contínua, a parte não-dissolvida vai-se depositando nos enrolamentos, núcleo e paredes internas do tanque e radiadores.

Sua temperatura de serviço ficará aumentada porque será mais difícil a dissipação do calor e, conseqüentemente, a vida útil do transformador diminuirá.

Após o primeiro tratamento para remover a borra e a acidez, o número de neutralização e a tensão interfacial do óleo deverão ser determinados anualmente.

O óleo necessitará de novo tratamento todas as vezes que seu NN for da ordem de 0,15 mg KOH/g e sua TIF chegar a 24 dina/cm.

Conforme as condições de operação do transformador, esses valores poderão ser atingidos em um a cinco anos.

Exemplo de análise econômica da manutenção preventiva de um transformador
Dados: Potência do transformador — 25 MVA Tensões — 138/23 kV
   Custo do transformador instalado — Cr$ 45 000 000,00
   Valor residual estimado — Cr$ 10 000 000,00
   Custo dos testes: Anuais, físicos e químicos do óleo — Cr$ 2 000,00
   Análise cromatográfica anual dos gases dissolvidos no óleo — Cr$ 8 000,00
   Testes elétricos qüinqüenais — Cr$ 50 000,00
   Custo do tratamento do óleo (desborrificação, desumidificação, desacidificação) — Cr$ 800 000,00 Juros — 8% ao ano

Admite-se neste exemplo que, tendo em vista as condições de operação do transformador, seja necessário a cada cinco anos submeter a isolação a tratamento e que sua vida útil é de 25 anos sem tratamento e de 50 com tratamento do óleo. Empresas de seguros consideram pouco confiáveis os transformadores com mais de 20 anos de serviço.

O que será economicamente mais vantajoso: realizar ou não o tratamento do óleo?

a) Custo anual da manutenção sem tratamento do óleo a cada cinco anos

Se os testes elétricos são realizados a cada cinco anos, qual deverá ser o valor, em moeda corrente, a ser aplicado aos juros de 8% para se ter no final de cinco anos a importância de Cr$ 50 000,00 correspondente ao seu custo?

A importância será: 50 000,00 × 0,17046 = Cr$ 8 523,00. 0,17046 é o f$_{\epsilon}$ formação de capital em cinco anos, a 8% de juros.

Custo anual da manutenção:
C.A. = (45 000 000,00 − 10 000 000,00) (0,01368) + 10 000 000,00 ×
   + 10 000,00 + 8 523,00 = **1 297 323,00**

b) Custo anual da manutenção com tratamento do óleo a cada cinco anos

Neste caso, haverá uma despesa qüinqüenal da ordem de Cr$ 850 000,00 com o tratamento do óleo e os testes elétricos.

Valor a ser aplicado no final de cada ano a 8% de juros, durante cinco anos, para se ter os Cr$ 850 000,00 no fim desse período:
850 000,00 × 0,17046 = Cr$ 145 741,00
Custo anual com tratamentos qüinqüenais do óleo:
C.A. = (45 000 000,00 − 10 000 000,00) (0,00174) + 10 000 000,00 × 0,08
   + 10 000,00 + 145 741,00 = Cr$ 1 016 641,00.

Haverá uma economia anual de (1.297.323,00 − 1.016.641,00) = 280.682,00, se for feito o tratamento do óleo. Nesta análise, não foi considerada a inflação.

Capítulo 17 — Conclusões e recomendações

17.1 — CONCLUSÕES E RECOMENDAÇÕES

A programação da manutenção preventiva dos transformadores depende de diversos fatores.

A manutenção de transformadores consiste essencialmente no seguinte: inspeção visual externa e interna; ensaios das isolações líquida e sólida; ensaios das buchas; trabalhos de manutenção, cuja espécie será determinada pelos resultados das inspeções e dos ensaios; e manutenção específica do comutador de derivações em carga.

17.1.1 — Inspeção visual externa

A inspeção visual externa visa principalmente verificar:
a existência de vazamento do óleo isolante; as condições da pintura; as condições da porcelana das buchas e isoladores; as condições dos conectores e cabos; ligação à terra do transformador; as condições dos ventiladores e sua lubrificação; as condições dos indicadores de temperatura; sistema de gás; nível do óleo no conservador e nas buchas; as condições do desidratador; as condições do sistema de refrigeração forçada; relés Buchholz e de fluxo de óleo; e o número de operações registrado no contador de operações do comutador.

17.1.2 — Testes do óleo isolante

É recomendável que sejam *anualmente* feitos os seguintes testes físicos e químicos no óleo isolante do transformador em serviço.

Limites recomendados para uso contínuo

- Cor
  2,7 da escala padrão (máximo)
- Densidade
  0,875 (aprox.)
- Aspecto
  Claro e transparente
- Rigidez dielétrica (RD)
  25 kV (eletrodo disco)
  20 kV (eletrodo VDE)
- Tensão interfacial (TIF)
  27 dina/cm (mínimo)
- Número de neutralização (NN)
  0,10 mg KOH/g (máximo)
- Água
  39 ppm — 69 kV e menores
  25 ppm — de 69 kV a 238 kV
  20 ppm — maior que 238 kV
  EAT — abaixo de 20 ppm
- Fator de potência
  0,70% máximo
- Sedimento
  Claro (invisível)

Os valores são os limites recomendados para uma boa manutenção preventiva.

Esses testes podem ser realizados no próprio local em que está instalado o transformador.

O óleo pode ter uma boa rigidez dielétrica e ter também um NN e uma TIF indicando a existência de borra em precipitação, com o conseqüente fechamento das vias de passagem do óleo e o envolvimento da isolação sólida, acarretando a diminuição da vida útil do transformador.

Os valores da tabela abaixo são considerados de referência para transformadores, conforme o tempo de serviço.

Óleo isolante

Tempo de serviço (anos)	Número de neutralização (mg KOH/g)	Tensão interfacial (dina/cm)
De 1 a 5	0,05	35
De 6 a 10	De 0,06 a 0,10	De 30 a 35
Maior de 10	Acima de 10	Abaixo de 30

É aconselhável submeter o óleo a tratamento quando o NN chegar a 0,10 mg KOH/g e a TIF for menor que 30 dina/cm.

A periodicidade recomendada para os testes físicos e químicos do óleo é a seguinte:

Periodicidade dos testes físicos e químicos do óleo isolante	Temperatura do óleo no topo do tanque (°C)			
	60 °C – 70 °C	70 °C – 80 °C	80 °C – 90 °C	90 °C – 100 °C
	Anual	De seis em seis meses	De quatro em quatro meses	Mensalmente

17.1.3 — Análise cromatográfica dos gases dissolvidos no óleo isolante (ACG)

Por motivos de ordem econômica e de rendimento de realização dos testes de óleo, é conveniente que seja feita uma triagem dos óleos antes de serem suas amostras encaminhadas para a ACG.

A triagem consiste na determinação da concentração dos gases combustíveis no óleo, encaminhando-se para a ACG as amostras de óleo cuja concentração for maior que 500 ppm.

No entanto, a periodicidade recomendada para a realização de ACGs é a seguinte:

Periodicidade da ACG	Temperatura contínua do óleo do topo do tanque (°C)			
	60 °C – 70 °C	70 °C – 80 °C	80 °C – 90 °C	90 °C – 100 °C
	Anual	De quatro em quatro meses	Mensalmente	Semanalmente

17.2 — DIRETRIZES DE INSPEÇÃO E TESTES

As seguintes diretrizes de inspeção e testes são consideradas boas para a manutenção preventiva de transformadores em serviço.

17.2.1 — Diariamente

Registrar os valores seguintes:
• Tensão, corrente, temperatura do óleo do topo do tanque e dos enrolamentos e as temperaturas do óleo ou da água de entrada e saída do sistema de refrigeração forçada.

• A pressão do gás do colchão de gás da superfície do óleo dos transformadores selados.
• Verificar a existência de ruídos anormais.
• Verificar o funcionamento do sistema de ventilação e de refrigeração forçada.
• Verificar se os aquecedores das caixas do mecanismo de acionamento motorizado ou de outro equipamento do transformador estão ativos.
• Verificar se a sinalização dos circuitos de desligamento do transformador está correta.

17.2.2 — Semanalmente
Verificar:
• A existência de vazamento de óleo.
• O nível do óleo no conservador ou tanque e nas buchas.
• Os trocadores de calor do óleo.

17.2.3 — Mensalmente
Verificar:
• E anotar o número de operações registrado nos registradores do comutador de derivações em carga.
• As condições da sílica-gel do desidratador.
• As condições do circuito de alarme de temperatura e pressão.
• O manômetro de pressão/vácuo.

17.2.4 — Trimestralmente
• Realizar testes físicos e químicos do óleo, se a temperatura média do óleo do tanque for de 80 °C a 90 °C.
• Verificar se a válvula de sobrepressão abriu.
• Determinar a concentração de gases combustíveis no óleo, se a temperatura média do óleo do topo do tanque for de 80 °C a 90 °C,

17.2.5 — Semestralmente
• Realizar testes físicos e químicos do óleo, quando a temperatura média do óleo do tanque for de 80 °C a 90 °C.
• Inspecionar buchas, isoladores e pára-raios do transformador (limpeza, rachaduras, lascas, poluição etc.).
• Verificar as ligações à terra.
• Verificar o relé de sobrepressão repentina.
• Determinar a concentração de gases combustíveis no óleo.

17.2.6 — Anualmente
• Realizar testes físicos e químicos do óleo.
• Determinar o ponto de orvalho do gás do colchão de gás dos transformadores selados e avaliar a quantidade de água da isolação sólida com o auxílio do gráfico de Piper.
• Se as buchas e os isoladores tiverem sofrido os efeitos da poluição, proceder a sua limpeza e renovar a camada de silicone, se for o caso.
• Com o auxílio do termovisor, verificar se há pontos ou áreas sobreaquecidas (conectores, comutador, buchas etc.).
• Medir a resistência de terra do sistema de aterramento do transformador.
• Determinar a concentração de gases combustíveis do óleo; se estiver acima de 500 ppm, realizar ACG.
• Verificar as condições dos circuitos de proteção e alarme (terminais, cabos etc.).
• Verificar as condições dos cabos aéreos de ligações do transformador.

17.2.7 — Bianualmente
Medir o fator de potência das buchas.
Proceder à limpeza das buchas, substituindo a camada de pasta de silicone.

17.2.8 — Trienalmente
Realizar os testes elétricos, compreendendo:
• Fator de potência da isolação
• Corrente de excitação

- Resistência de isolamento
- Resistência dos enrolamentos em CC
- Sobretensão com CC
- Aterramento do núcleo
- Resistência de aterramento
  Verificar as condições do diafragma do dispositivo de aliviar sobrepressão.
  Verificar o funcionamento do dispositivo mecânico de alívio de pressão.

17.2.9 — Qüinqüenalmente

- Realizar todos os testes elétricos, se não tiverem sido feitos no triênio. O intervalo máximo recomendado entre testes elétricos é de cinco anos.

Quando houver coincidência de épocas de manutenção, serão realizados as inspeções e testes sugeridos para as duas épocas.

17.2.10 — Comutador de derivações em carga

A manutenção preventiva de comutadores de derivação em carga de transformadores deve ser feita quando completado o número de operações ou o tempo de serviço especificado pelo fabricante, ou que ocorrer antes.

As diretrizes de manutenção preventiva sugeridas são gerais, cabendo ao engenheiro responsável pela manutenção do transformador preparar sua própria programação, conforme a orientação que achar mais conveniente, tendo em vista que o comportamento dos transformadores em serviço não é o mesmo para todos.

Capítulo 18 — Trafoscópios

18.1 — TRAFOSCÓPIOS

Trafoscópios, também chamados de protetores Buchholz, são dispositivos de proteção de transformadores para falhas internas com formação de gases.

Dois modelos de trafoscópios são utilizados: um, constituído de uma caixa metálica que tem em seu interior dois flutuadores dispostos verticalmente — um em posição mais elevada que o outro — conforme ilustra a Fig. 18.1. Cada um dos flutuadores tem preso um interruptor do tipo ampola de vidro com mercúrio. O outro modelo tem um flutuador e uma placa que é deslocada pelo fluxo de óleo (Fig. 18.2).

Figura 18.1 — Trafoscópio com dois flutuadores

18.1.1 — Tipos de trafoscópios

O trafoscópio deve ter características adequadas ao transformador em que será instalado. Assim, são fabricados trafoscópios para transformadores de 100 a 1 000 kVA; de 1 000 a 10 000 kVA; e acima de 10 000 kVA.

Se um trafoscópio para transformador de determinada potência for instalado em transformador de potência maior, sua sensibilidade ficará muito reduzida e, se o transformador for de potência menor, sua sensibilidade ficará muito grande. Em ambos os casos, sua operação será inadequada.

18.1.2 — Montagem

O trafoscópio é montado entre a tampa do tanque do transformador e o tanque de expansão ou conservador.

Ao ser instalado, a seta que existe na caixa deve apontar para a direção do fluxo de óleo do tanque do transformador para o conservador.

A extremidade do tubo que fica presa à tampa do tanque deve ser situada em sua parte mais elevada, pois os gases tendem a se dirigir para as regiões mais elevadas do tanque.

Se a tampa do tanque for plana e estiver em posição horizontal, dever-se-á colocar um calço de, no mínimo, 10 mm de altura sob as rodas do transformador e do mesmo lado da abertura que recebe o tubo do trafoscópio para incliná-la. Verificar a inclinação com um nível de bolha de ar (Fig. 18.3).

O nível do óleo do conservador deve estar a uma altura mínima de 20 mm acima do bujão de purgar do trafoscópio, quando o óleo estiver na temperatura ambiente mais baixa.

A tensão e a corrente aplicadas aos interruptores de mercúrio devem estar de acordo com as recomendações do fabricante.

A parede lateral da caixa metálica tem uma janela com vidro e uma escala, graduada em centímetro cúbico, que serve para avaliar o volume de gás acumulado em sua parte superior.

O flutuador superior, em presença de pequeno volume de gás, aciona o sistema de alarme e sinalização do transformador. O flutuador inferior acionará o interruptor do circuito de proteção do transformador quando o volume gerado de gases é grande e o óleo baixa até um nível que permita sua movimentação.

O outro modelo de trafoscópio utilizado difere do primeiro por ter uma placa articulada e móvel no lugar do flutuador inferior e que está situada na passagem do óleo entre o tanque do transformador e o tanque de expansão (Fig. 18.2).

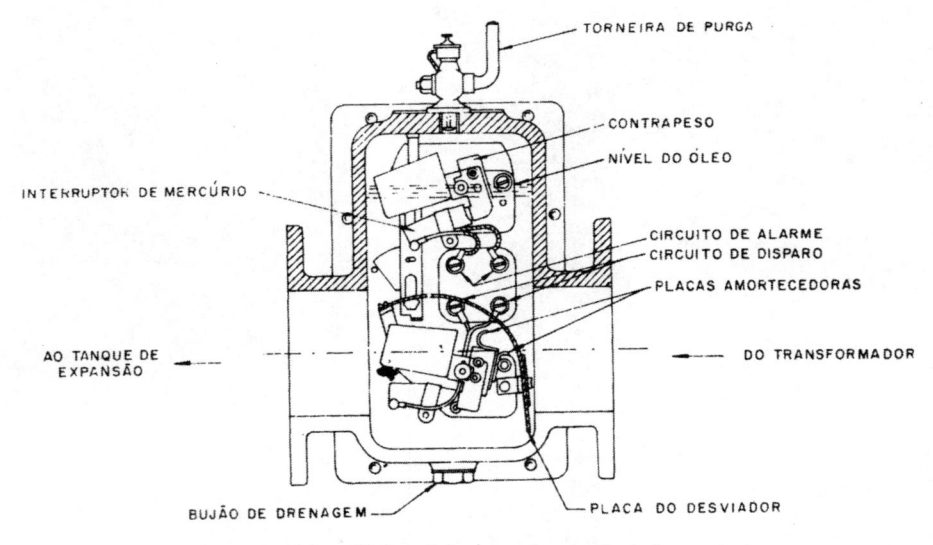

Figura 18.2 — Trafoscópio com placa articulada e móvel

Quando a geração de gases é intensa, o fluxo de óleo quente e os gases que passam pelo local da placa movimentam-na, e o interruptor de mercúrio que ela possui aciona o circuito de proteção do transformador, tirando a unidade da linha.

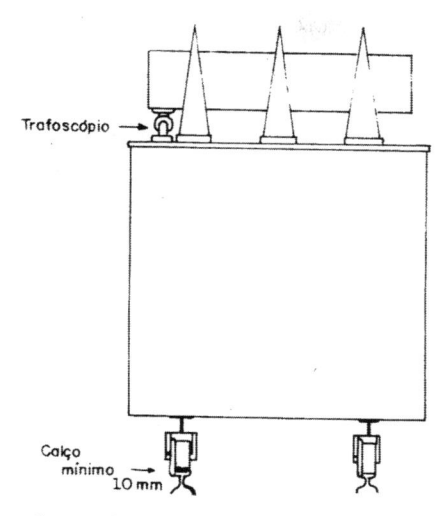

Figura 18.3 — Montagem do trafoscópio

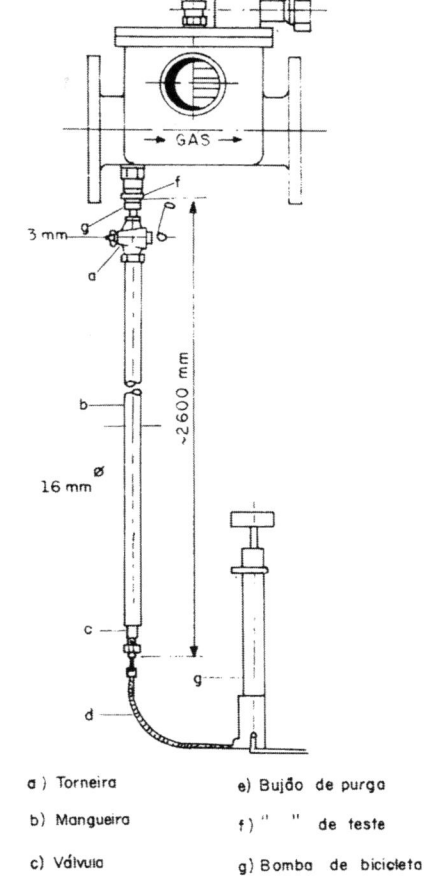

*Figura 18.4 — Esquema do teste do trafoscó-
pio: a — torneira; b — mangueira; c — válvula; d — mangueira da bomba; e — bujão de
purga; f — bujão de teste; g — bomba de bicicleta*

a) Torneira   e) Bujão de purga

b) Mangueira   f) " " de teste

c) Válvula   g) Bomba de bicicleta

d) Mangueira da bomba

18.1.3 — Teste

É aconselhável testar o trafoscópio a cada seis meses aproximadamente.

Para testar o trafoscópio pode ser utilizada uma bomba tipo de bicicleta ligada a uma mangueira que resista a 2 daN/cm² de pressão de ar, no mínimo. A extremidade da mangueira ligada à bomba deve ter uma válvula de retenção e a extremidade ligada ao trafoscópio deve ter uma torneira (Fig. 18.4).

Procedimento

1 — Teste do sistema de sinalização e alarme
Com a torneira da mangueira fechada:
• *Afrouxar a porca (f) de uma volta.*
• Abrir a torneira (a) e fazer entrar lentamente ar no trafoscópio.
• Se o circuito de sinalização e alarme estiver em boas condições, sua operação se verificará quando o volume de ar que entrar no trafoscópio tiver abaixado o nível do óleo o suficiente para liberar a bóia superior.

2 — Teste de abertura dos disjuntores que isolam o transformador do sistema
Manter a torneira (a) fechada.
Afrouxar a porca (f) de uma volta.

Comprimir ar na mangueira até uma pressão aproximada de 2 daN/cm².
Abrir rapidamente a torneira (a).
O fluxo brusco de ar para o trafoscópio deve fazer atuar o circuito de desligamento dos disjuntores.

Coleta dos gases
Os gases que aparecerem no trafoscópio devem ser coletados no máximo até 6 horas após seu aparecimento, de acordo com a norma ABNT 7070.

18.2 — TESTES DOS GASES

a) *Teste de inflamabilidade*
Antes de enviar uma amostra dos gases ao laboratório, é conveniente verificar se se trata de gases combustíveis.

Para fazer essa verificação, retirar, com uma seringa de vidro ou plástico, uma pequena quantidade dos gases acumulados no trafoscópio pelo bujão de purga.

Adaptar à seringa uma agulha do tipo de injeção ou um objeto que tenha um orifício de pequeno diâmetro, cuja ponta será aproximada de uma chama.

Pressionar lentamente o êmbolo da seringa. Se os gases forem inflamáveis, aparecerá uma chama no orifício de sua saída, que permanecerá até o completo esvaziamento da seringa.

Neste caso, coletar uma amostra dos gases, conforme a norma ABNT 7070, e encaminhá-la para o laboratório para análise cromatográfica.

b) *Teste de acetileno*
A verificação da existência de acetileno nos gases do trafoscópio pode ser feita passando-se uma corrente dos mesmos através de uma solução de nitrato de prata. O aparecimento de um precipitado branco indicará a existência do gás acetileno.

18.3 — VERIFICAÇÕES A SEREM FEITAS QUANDO O TRAFOSCÓPIO OPERAR

Em seguida à operação do trafoscópio, deve-se verificar a existência de gases.

Se houver gases, verificar se são inflamáveis e, se o forem, encaminhar uma amostra para o laboratório. Se não são inflamáveis, é provável que seja ar atmosférico retido no transformador ou penetrado por alguma abertura.

Neste último caso, é possível que ocorra nova penetração de ar com conseqüente nova operação do trafoscópio.

O ar pode, também, penetrar pelo tanque de expansão, quando o nível do óleo ficar abaixo do trafoscópio, em virtude de vazamento.

Se não houver gases no trafoscópio, verificar os circuitos de sinalização e alarme, e se houve penetração de óleo nos flutuadores. Com o transformador desenergizado, retirar os flutuadores e sacudi-los, o que permitirá constatar a existência de óleo em seu interior.

O trafoscópio pode também ser acionado quando houver um fluxo brusco de óleo através do mesmo, ocasionado por um aquecimento repentino do óleo por um surto elevado de corrente.

18.4 — RELÉ DE FLUXO DE ÓLEO E GÁS

O relé de fluxo de óleo e gás é o que fica situado entre o reservatório da chave comutadora do comutador de derivações em carga e o respectivo tanque de expansão, e tem por finalidade retirar o transformador de serviço quando da ocorrência de falha na chave comutadora.

As falhas da chave comutadora, em geral, são acompanhadas de abundante formação de gases com superaquecimento do óleo, devido ao arco de elevada potência que se forma quando há esse tipo de ocorrência.

Os gases e o óleo aquecidos tendem a se deslocar para a parte superior do tanque da chave, onde encontram passagem para o tanque de expansão, através do relé de fluxo de óleo e gases, que aciona o sistema de proteção do transformador.

Este relé é de forma semelhante ao do tipo Buchholz, porém não tem flutuado-

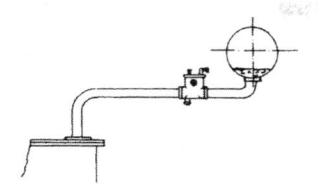

— *Errado: Tubulação horizontal. Nível de óleo muito baixo*

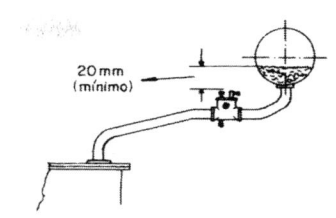

— *Certo: Relé horizontal. Tubulação inclinada no mínimo 2%. Nível do óleo cerca de 20 mm acima do bujão de purga*

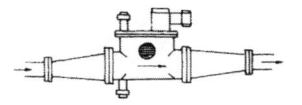

— *Errado: Cone de saída centrado*

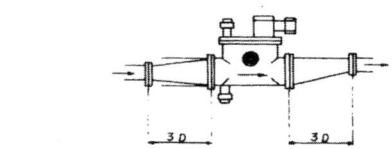

— *Certo: Cone de saída descentrado*

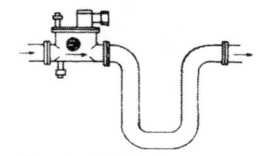

— *Errado: Tubulação de saída formando uma volta*

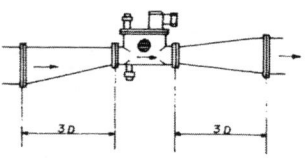

— *Certo: Para tubulação de diâmetros maiores, o cone de entrada deve ser descentrado*

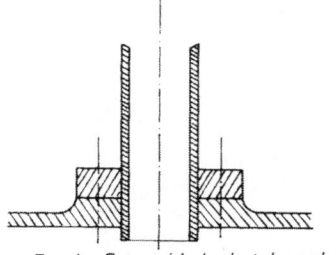

— *Errado: Extremidade do tubo sobressaindo da flange*

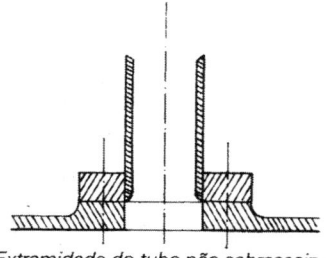

— *Certo: Extremidade do tubo não sobressaindo da flange*

Figura 18.5 — Exemplos de montagens certas e erradas do trafoscópio

res e, sim, uma placa móvel articulada e situada em posição vertical frontal à passagem do fluxo de óleo e gases (Fig. 18.6). As correntes de óleo devidas às variações de temperatura são lentas e, por isso, não movimentam a placa.

Um fluxo intenso de óleo e gases faz com que ela passe da posição vertical para uma posição inclinada e o interruptor de mercúrio é movimentado, acionando o sistema de proteção do transformador.

Para desbloquear o circuito, é necessário rearmar o relé, apertando-se um dos botões situados em sua parte superior (Fig. 18.6).

O outro botão serve para verificar as condições de funcionamento do relé.

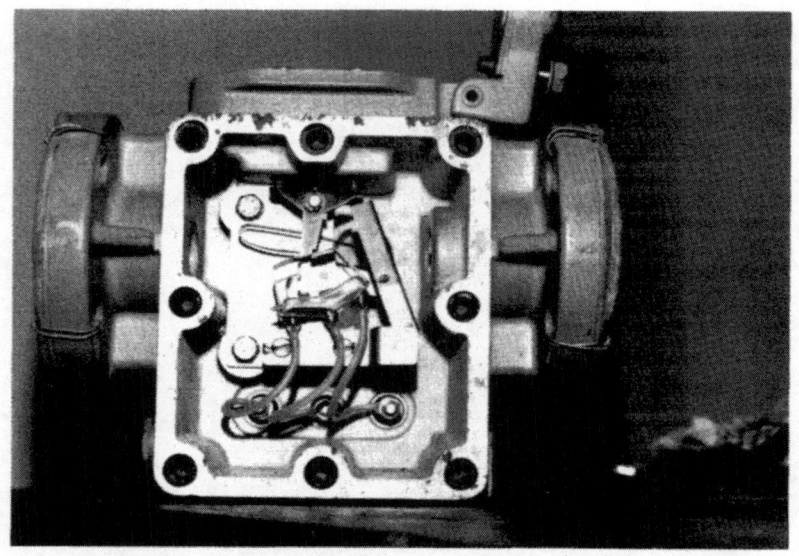

Figura 18.6 — *Relé de fluxo de óleo e gás acima — posição armado; abaixo — posição desarmado*

Figura 18.6.1 — Relé de fluxo de óleo e gás do comutador montado no transformador

18.5 — RELÉ DE PRESSÃO
18.5.1 — Definição
"Relé sensor de surto de pressão de óleo e gás no tanque do transformador."
18.5.2 — Finalidade
O relé de pressão tem por finalidade acionar o sistema de sinalização e proteção do transformador, quando houver um surto de pressão de gás e óleo de determinada intensidade no tanque.
18.5.3 — Tipos de relés de pressão
Existem basicamente dois tipos de relés de pressão: de gás e de óleo.
18.5.4 — Relé de pressão de gás
O relé de pressão de gás é acionado pelo surto de pressão de gás do colchão gasoso no transformador (Fig. 18.7).

A Fig. 18.7 ilustra, esquematicamente, o tipo de relé de pressão sensível a surtos de pressão de gás.

Quando as variações de pressão são pequenas, como as devidas às variações de temperatura do transformador, a diferença de pressão entre o gás do tanque e o da caixa do relé é logo anulada com a passagem do gás pelo orifício de equalização.

Se houver a formação de um arco elétrico no interior do transformador, haverá também uma elevação repentina da pressão do gás do colchão de gás devido à abundante formação de gases; o fole do relé se expande, acionando a microchave, e, como conseqüência, os circuitos de sinalização e proteção do transformador.

A quantidade de gases formada depende da energia do arco e é aproximadamente igual a 90 cm^3 de gás por quilowatt-segundo.
18.5.4.1 — Teste do relé de pressão em campo
Para testar o relé de pressão, seguir as instruções do fabricante.

O teste do relé de pressão consiste essencialmente no seguinte:
a) Desligar o relé da fonte de energia e dos circuitos de sinalização e proteção.

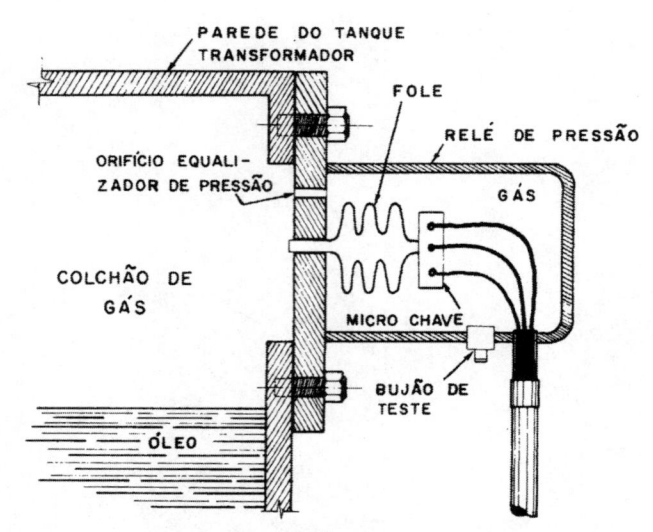

Figura 18.7 — Representação esquemática de um relé de pressão

b) Anotar a pressão do gás do colchão de gás, que deve ser maior que 5,3 Pa (0,05 daN/cm²), na ocasião do teste.

c) Conectar um testador de circuito aos terminais dos contatos normalmente fechados, do circuito de operação do relé.

d) Retirar o bujão de teste da caixa do relé. Haverá, então, uma diferença de pressão entre o gás da caixa do relé e o gás do tanque do transformador, e a microchave é acionada abrindo-se os contatos normalmente fechados, do circuito de operação do relé, o que deve ser indicado pelo testador do circuito.

e) Em seguida, fechar o orifício da caixa com o bujão de teste e medir o tempo (em segundo) entre o momento de fechamento da caixa e da abertura dos contatos normalmente abertos.

f) Comparar os valores de pressão de b e o tempo de e com os valores do gráfico fornecido pelo fabricante.

Para testar o funcionamento dos contatos da microchave, que estão ligados aos circuitos de sinalização e proteção, pode-se proceder do seguinte modo:

a) Colocar a chave de rearmar na posição fechada.

b) Ligar o relé à fonte de energia.

c) Ligar o testador aos contatos da microchave que se deseja verificar.

d) Retirar o bujão de teste. Observar o testador de circuito, que deverá indicar que o relé funcionou.

e) Recolocar o bujão de teste e aguardar até que a indicação do testador de circuito informe que houve abertura e fechamento de contatos da microchave, indicando o funcionamento correto do relé.

f) Operar a chave de rearmar e observar a indicação do testador. A verificação da operação dos contatos da microchave deve ser feita para os circuitos de proteção e sinalização.

g) Religar o relé, se sua operação for correta. Caso não seja, substituí-lo. Neste caso, a pressão do gás do colchão de gás do transformador deve ser reduzida à atmosférica para que o relé possa ser removido e substituído.

18.5.5 — Relé de pressão de óleo

O relé de pressão de óleo é acionado quando há um surto de pressão no óleo do tanque do transformador.

Ele é instalado abaixo do nível do óleo, e em transformador selado.

O relé é formado por um recipiente metálico dividido em duas câmaras (Fig. 18.8). A câmara inferior é banhada pelo óleo do tanque do transformador, além de ter um fole metálico cheio de silicone líquido, que está diretamente em contato com um pistão. A câmara superior tem uma microchave que é acionada pelo pistão que se movimenta sob a pressão do silicone.

Ao ocorrer um surto de pressão no óleo do tanque, o fole se contrai e o pistão se desloca acionando a microchave.

18.5.5.1 — Teste do relé de pressão de óleo

Para testar o relé de pressão, retira-se o plugue do cabo do circuito de proteção e verifica-se a descontinuidade dos contatos normalmente abertos da microchave.

Em seguida, provoca-se uma diferença brusca de pressão entre o óleo do tanque e o silicone do fole, que pode ser conseguida de três modos:

a) Fecha-se o registro situado entre o relé e o tanque.

Abre-se a válvula de descompressão, que será fechada após a descompressão completa.

Abre-se normalmente o registro situado entre o relé e o tanque. Os contatos normalmente abertos da microchave deverão fechar-se quando o surto de pressão satisfizer às condições anunciadas pelo fabricante.

Os contatos devem reabrir após decorrido o tempo especificado pelo fabricante.

b) O surto de pressão pode também ser provocado, ligando-se à válvula de descompressão a mangueira de uma bomba pneumática com capacidade suficiente para provocar um surto, conforme especificação do fabricante. A intensidade do surto será medida com um manômetro.

c) Outro modo de provocar surto de pressão será com o auxílio de ar comprimido de um reservatório ou garrafa.

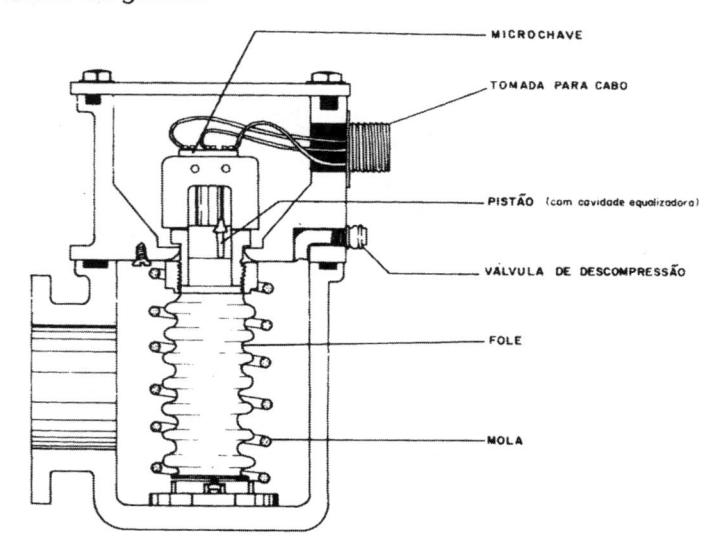

RELÉ DE PRESSÃO DE ÓLEO

Figura 18.8 — Representação esquemática de um relé de pressão de óleo (acima) e da posição do relé no transformador (página seguinte)

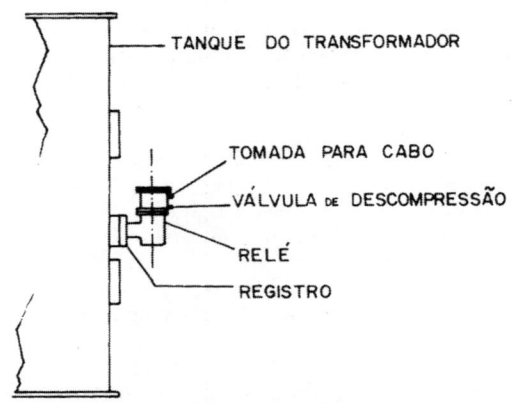

Figura 18.8.1 — Representação do relé de pressão de óleo montado no transformador

18.6 — DISPOSITIVOS DE ALIVIAR A PRESSÃO DO TANQUE DO TRANSFORMADOR

Vários dispositivos são utilizados para aliviar a pressão interna do tanque do transformador quando a formação de gases em seu interior é intensa, podendo a pressão atingir valores perigosos.

18.6.1 — Tipo tubo com diafragma

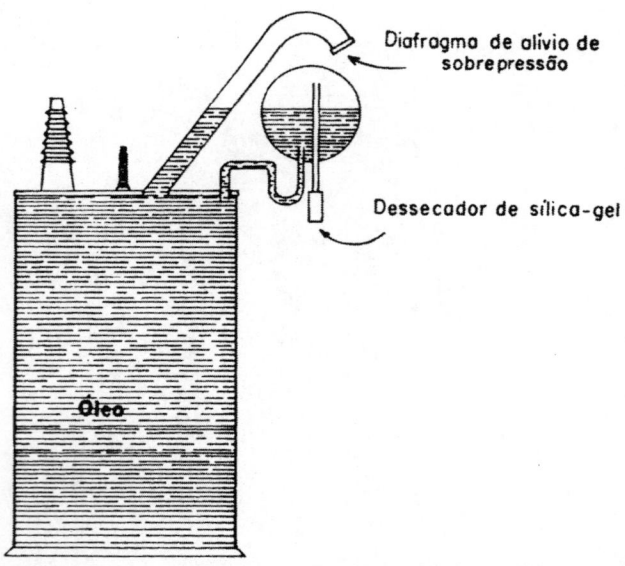

Figura 18.9 — Sistema de alívio de pressão com tubo de explosão (a membrana do diafragma é, em geral, de vidro)

18.6.2 — Tipo com mola espiral

Neste tipo, uma mola espiral pressiona um diafragma metálico, que fecha a abertura de saída dos gases. O dispositivo abre quando a força da pressão dos gases é maior que a exercida pela mola, fechando em seguida à saída dos mesmos (Fig. 18.10).

18.6.3 — Tipo com alavanca articulada

Uma alavanca articulada, ligada a uma haste vertical e pressionada por uma mola, mantém o dispositivo na posição aberta ou fechada (Figs. 18.11 e 18.12).

Este dispositivo deverá ser colocado na posição fechada depois de abrir, do con-

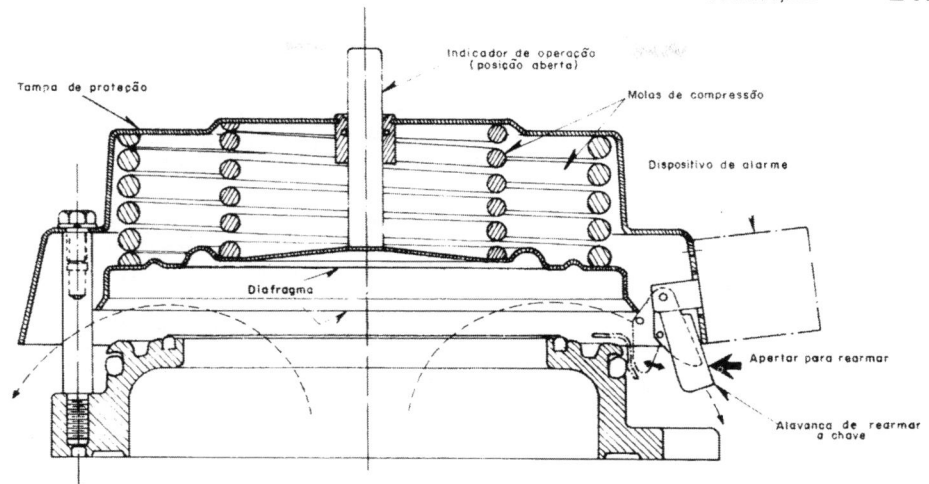

Figura 18.10 — *Dispositivo de alívio da pressão do tanque do transformador (Westinghouse Electric Corp.)*

trário permanecerá naquela posição. A manutenção desses dispositivos se resume em eventual troca de gaxeta.

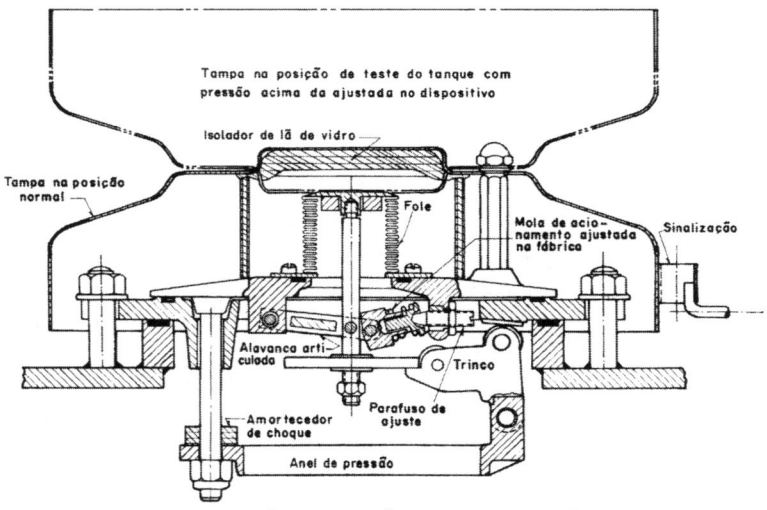

DISPOSITIVO DE ALÍVIO DE PRESSÃO DO TANQUE NA POSIÇÃO FECHADA
Westinghouse Electric Corp.

Figura 18.11 — *Dispositivo de alívio de pressão do tanque na posição fechada (Westinghouse Electric Corp.)*

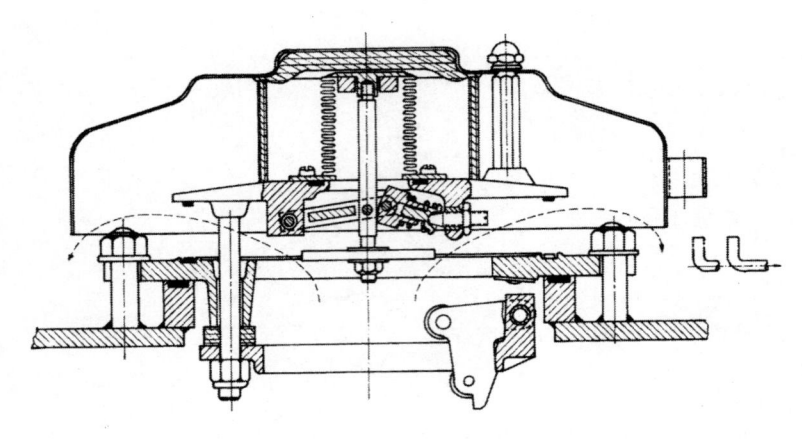

Figura 18.12 — Dispositivo de alívio de pressão do tanque na posição aberta

Capítulo 19 — Comutadores de derivações em carga

19.1 — MANUTENÇÃO DE COMUTADORES DE DERIVAÇÕES EM CARGA

A manutenção de comutadores de derivações em carga de transformadores se restringe, praticamente, à chave comutadora e ao mecanismo de acionamento motorizado. O seletor e o pré-seletor praticamente não necessitam de manutenção porque seus contatos não sofrem a ação do arco elétrico e suas partes, em geral, não se desgastam.

Esse tipo de serviço exige: pessoal bem treinado para realizá-lo; conhecimento detalhado da estrutura e do funcionamento do comutador e do correspondente mecanismo de acionamento motorizado; disponibilidade de peças de reserva e óleo mineral isolante; e ferramentas, instrumentos e equipamentos adequados.

O conhecimento detalhado da estrutura e do funcionamento do comutador e do mecanismo de acionamento motorizado poderá ser adquirido nos cursos específicos e completado no acompanhamento dos trabalhos de manutenção feitos pelas equipes responsáveis pelos mesmos.

Uma revisão do comutador pode ser realizada em, aproximadamente, 8 horas.

O cilindro da chave comutadora não deve ficar exposto ao ar por mais de 10 horas pois pode absorver umidade e ficar com a resistência de isolamento prejudicada.

Em seqüência, são reproduzidas algumas recomendações de fabricantes e que servem de orientação geral para a realização desses serviços.

19.2 — COMUTADORES MASCHINEN REINHAUSEN MR

19.2.1 — Inspeção externa

A inspeção externa tem por finalidade verificar:

• A existência de vazamento de óleo na união da tampa do cabeçote e na dos flanges do relé de fluxo de óleo.

• A vedação da caixa do mecanismo de acionamento motorizado, que evita a entrada de água.

• O sistema de aquecimento da caixa do mecanismo de acionamento motorizado. A temperatura no interior da caixa deverá estar acima da temperatura de seu exterior, para não haver condensação de água em suas partes internas.

• As condições dos contatores e demais componentes do mecanismo situados no interior da caixa.

• A lubrificação do mecanismo de acionamento motorizado.

19.2.2 — Chave comutadora

A chave comutadora deve ser revisada e seu óleo, trocado por novo, quando for completado o número de comutações recomendado pelo fabricante ou a cada cinco a seis anos, o que ocorre antes.

Os números de comutações para revisão de cada tipo de comutador MR estão alinhados na tabela.

19.2.3 — Tabela do número de comutações

Tipo do comutador	Corrente de serviço (A)	Número de comutações para revisão e troca de óleo
C III 200Y e C III 200	Até 100 Acima de 100 Acima de 150*	100 000 70 000 50 000
C I 200	Até 100 Acima de 100	100 000 70 000
C I 400	Até 400	70 000
C I 600	Até 600	50 000
D III 200	Até 100 Acima de 100	100 000 70 000
D I 400	Até 400	100 000
DIII 400	Até 400 Acima de 300*	70 000 50 000
D I 800	Até 500 Acima de 500	100 000 70 000
D I 1200	Até 1 200 Acima de 900*	50 000 35 000
M III 300	Até 300	100 000
M III 500	Até 500 Acima de 400*	70 000 50 000
M I 300	Até 300	100 000
M I 500	Até 500	100 000
M I 800	Até 800	70 000
M I 1 200	Até 1 200 Acima de 900	50 000 35 000
M I 1 500	Até 1 500 Acima de 900*	50 000 35 000

* Corrente nominal constante

19.2.4 — Revisão da chave comutadora

Em linhas gerais, a revisão da chave comutadora dos comutadores MR abrange os seguintes serviços:
• Retirada da chave comutadora.
• Retirada de todo o óleo isolante do cilindro, que abriga a chave comutadora, sua limpeza interna e inspeção.
• Revisão nos contatos fixos e móveis da chave.
• Revisão e limpeza da chave de comutação.
• Revisão nos resistores de transição e medição de suas resistências ôhmicas.
• Revisão no mecanismo de acionamento.
• Revisão em todas as demais peças móveis.
• Revisão nos condutores de ligações.
• Inspeção no cilindro isolante da chave, e sua limpeza.
• Troca do óleo isolante.

19.2.5 — Tratamento recomendado de cilindros usados de chaves comutadoras que tenham sido expostos a umidade

• Após ter a chave sido limpa e revisada, o cilindro isolante é colocado numa estufa com circulação de ar, cuja temperatura será elevada à razão de 5 °C por hora, até 90 °C, temperatura esta que será mantida por 24 horas.
• Em seguida, a temperatura é gradativamente elevada para 110 °C. Este limite não deve ser ultrapassado e deverá ser mantido por 24 horas.
• Retirar o cilindro da estufa e colocar em autoclave a 110 °C e vácuo de (1 mmHg) 0,13 kPa ou maior, por 250 horas.
• Impregnar o cilindro com óleo mineral isolante novo, com rigidez dielétrica 50 kV (método ASTM D-1816) a 60 °C na autoclave e sob vácuo, onde permanecerá pelo tempo necessário para que a temperatura diminua até atingir o valor da temperatura do ambiente.

A chave, depois de montada, será colocada em um reservatório cilíndrico de ferro com óleo isolante (R.D. 50 kV), hermeticamente fechado e pressurizado a 0,1 daN/cm^2 de nitrogênio seco para armazenamento e transporte.

19.2.6 — Tratamento recomendado de cilindros novos de chaves comutadoras que tenham sido expostos à umidade

Este tratamento é idêntico ao anterior, com exceção de que o tratamento em autoclave tem a duração de 100 horas e deve ser aplicado só a cilindros isolantes *novos* provenientes de fábrica MR.

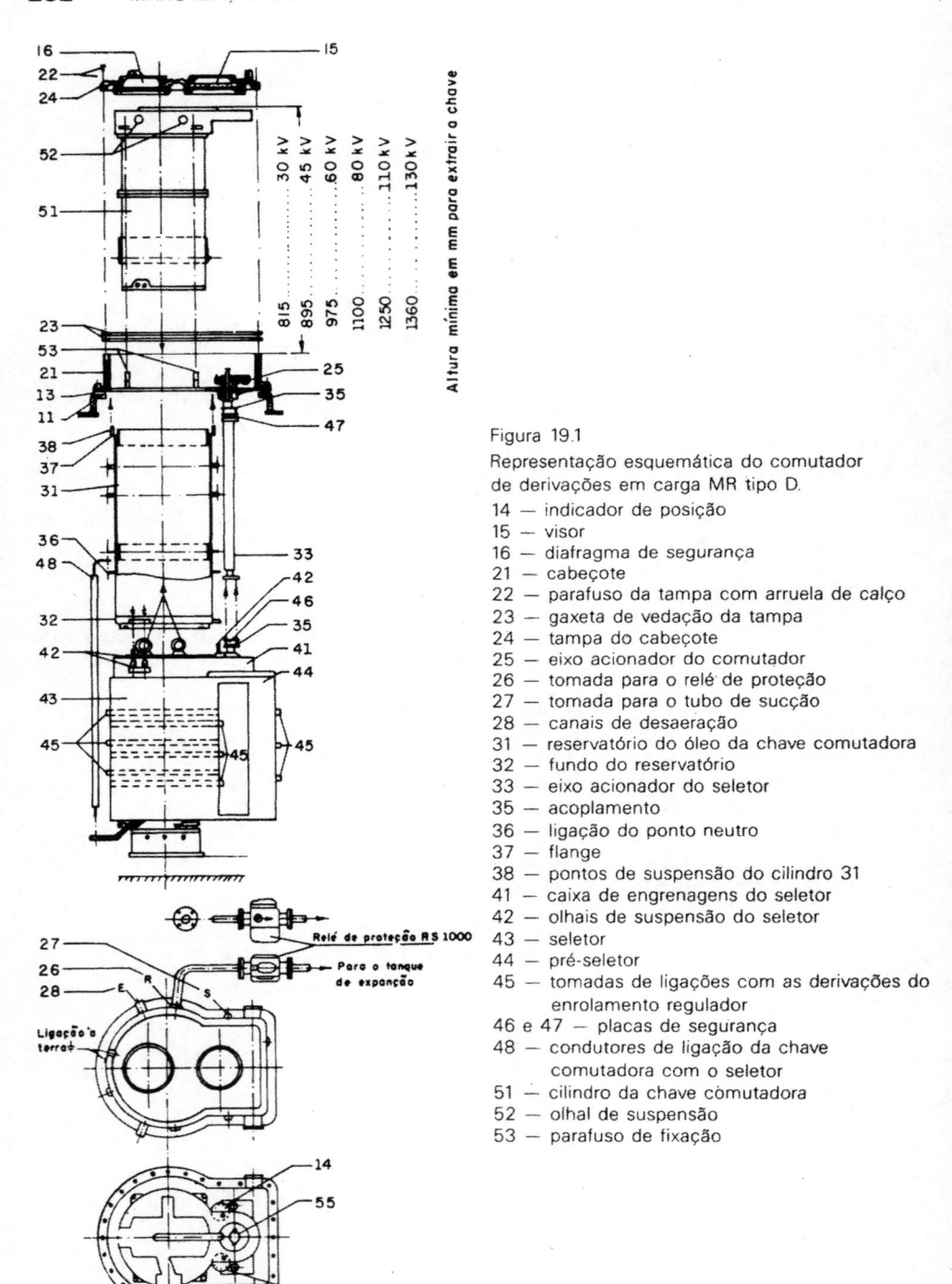

Figura 19.1
Representação esquemática do comutador
de derivações em carga MR tipo D.
14 — indicador de posição
15 — visor
16 — diafragma de segurança
21 — cabeçote
22 — parafuso da tampa com arruela de calço
23 — gaxeta de vedação da tampa
24 — tampa do cabeçote
25 — eixo acionador do comutador
26 — tomada para o relé de proteção
27 — tomada para o tubo de sucção
28 — canais de desaeração
31 — reservatório do óleo da chave comutadora
32 — fundo do reservatório
33 — eixo acionador do seletor
35 — acoplamento
36 — ligação do ponto neutro
37 — flange
38 — pontos de suspensão do cilindro 31
41 — caixa de engrenagens do seletor
42 — olhais de suspensão do seletor
43 — seletor
44 — pré-seletor
45 — tomadas de ligações com as derivações do
     enrolamento regulador
46 e 47 — placas de segurança
48 — condutores de ligação da chave
     comutadora com o seletor
51 — cilindro da chave comutadora
52 — olhal de suspensão
53 — parafuso de fixação

Figura 19.1 — Comutador de derivações em carga, tipo D (desenho de montagem)

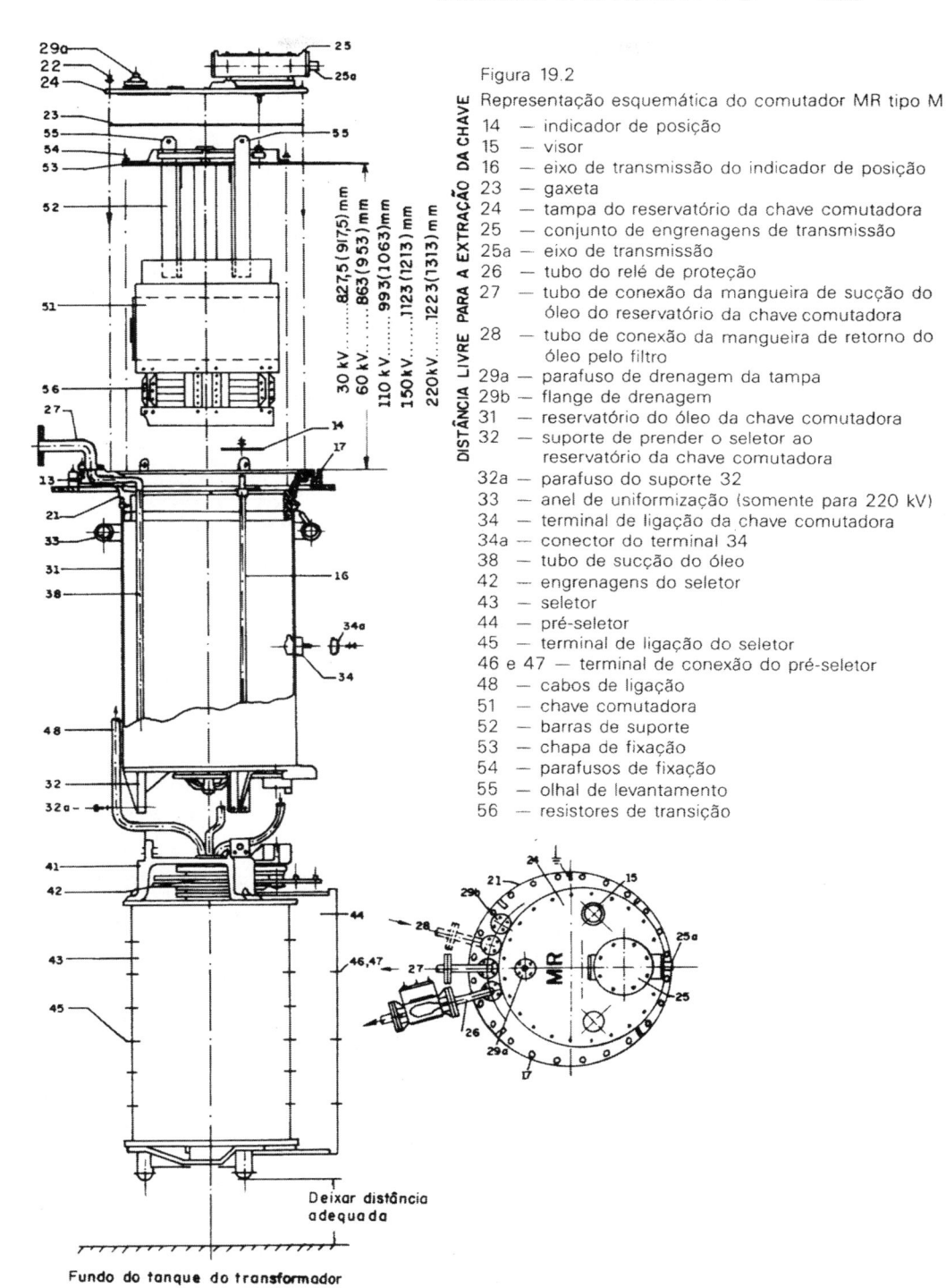

Figura 19.2

Representação esquemática do comutador MR tipo M

14 — indicador de posição
15 — visor
16 — eixo de transmissão do indicador de posição
23 — gaxeta
24 — tampa do reservatório da chave comutadora
25 — conjunto de engrenagens de transmissão
25a — eixo de transmissão
26 — tubo do relé de proteção
27 — tubo de conexão da mangueira de sucção do óleo do reservatório da chave comutadora
28 — tubo de conexão da mangueira de retorno do óleo pelo filtro
29a — parafuso de drenagem da tampa
29b — flange de drenagem
31 — reservatório do óleo da chave comutadora
32 — suporte de prender o seletor ao reservatório da chave comutadora
32a — parafuso do suporte 32
33 — anel de uniformização (somente para 220 kV)
34 — terminal de ligação da chave comutadora
34a — conector do terminal 34
38 — tubo de sucção do óleo
42 — engrenagens do seletor
43 — seletor
44 — pré-seletor
45 — terminal de ligação do seletor
46 e 47 — terminal de conexão do pré-seletor
48 — cabos de ligação
51 — chave comutadora
52 — barras de suporte
53 — chapa de fixação
54 — parafusos de fixação
55 — olhal de levantamento
56 — resistores de transição

DISTÂNCIA LIVRE PARA A EXTRAÇÃO DA CHAVE

30 kV .... 827,5 (917,5) mm
60 kV .... 863 (953) mm
110 kV .... 993 (1063) mm
150 kV .... 1123 (1213) mm
220 kV .... 1223 (1313) mm

Deixar distância adequada

Fundo do tanque do transformador

Figura 19.2 — Comutador de derivações em carga, tipo M (desenho de montagem)

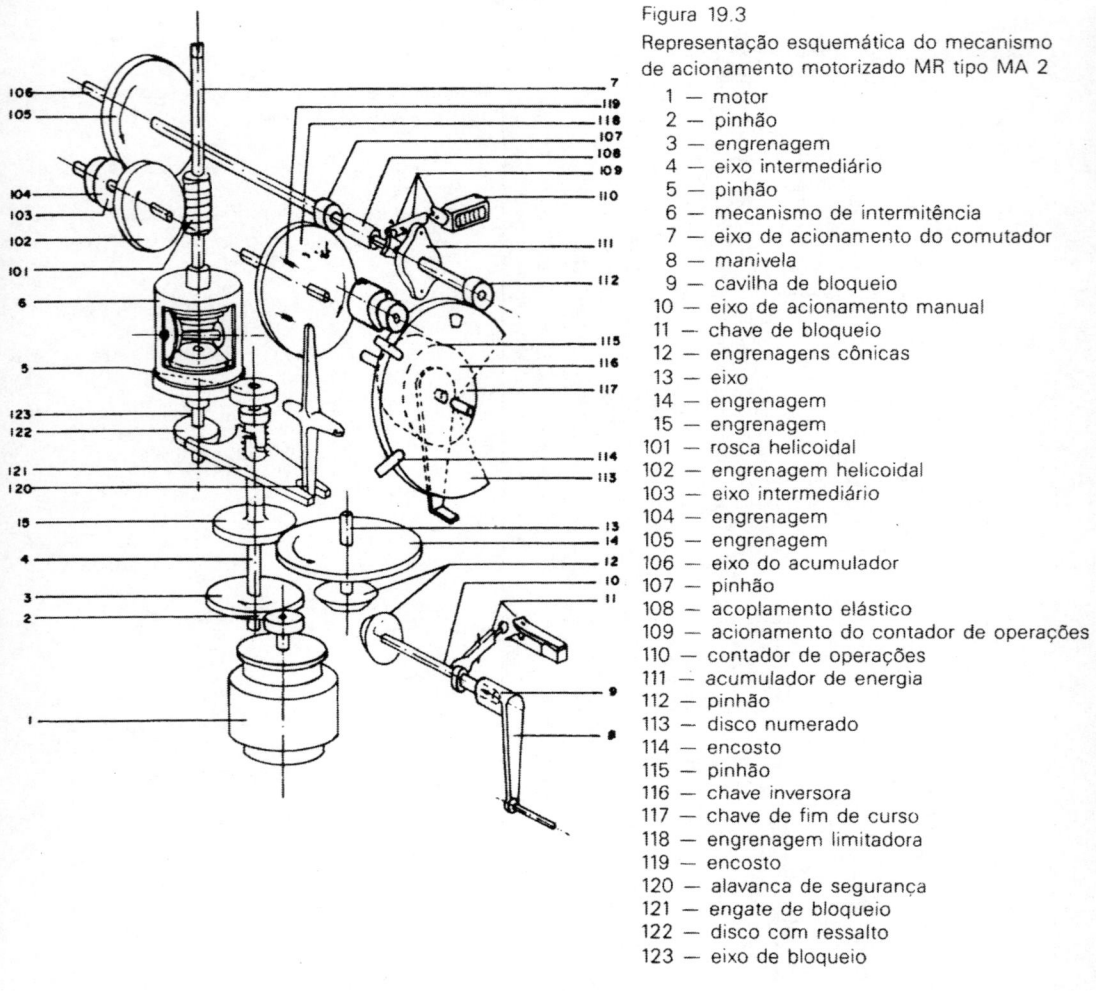

Figura 19.3

Representação esquemática do mecanismo de acionamento motorizado MR tipo MA 2

1 — motor
2 — pinhão
3 — engrenagem
4 — eixo intermediário
5 — pinhão
6 — mecanismo de intermitência
7 — eixo de acionamento do comutador
8 — manivela
9 — cavilha de bloqueio
10 — eixo de acionamento manual
11 — chave de bloqueio
12 — engrenagens cônicas
13 — eixo
14 — engrenagem
15 — engrenagem
101 — rosca helicoidal
102 — engrenagem helicoidal
103 — eixo intermediário
104 — engrenagem
105 — engrenagem
106 — eixo do acumulador
107 — pinhão
108 — acoplamento elástico
109 — acionamento do contador de operações
110 — contador de operações
111 — acumulador de energia
112 — pinhão
113 — disco numerado
114 — encosto
115 — pinhão
116 — chave inversora
117 — chave de fim de curso
118 — engrenagem limitadora
119 — encosto
120 — alavanca de segurança
121 — engate de bloqueio
122 — disco com ressalto
123 — eixo de bloqueio

Figura 19.3 — Mecanismo de acionamento MR-MA 2; acionamento motorizado — 1 — motor de acionamento; 2 — pinhão; 3 — engrenagem; 4 — eixo intermediário; 5 — pinhão; 6 — mecanismo de intermitência; 7 — eixo de propulsão do comutador. Acionamento manual: 8 — manivela; 9 — cavilha de bloqueio; 10 — eixo de propulsão manual; 11 — chave de bloqueio; 12 — engrenagens cônicas; 13 — eixo; 14 e 15 — engrenagem. Comando: 101 — placa helicoidal; 102 — engrenagem helicoidal; 103 — eixo intermediário; 104 e 105 — engrenagem; 106 — eixo do acumulador; 107 — pinhão; 108 — acoplamento rústico; 109 — acionamento do contador; 110 — contador; 111 — acumulador de energia; 112 — pinhão; 113 — disco de números; 114 — encosto; 115 — pinhão; 116 — chave reversora; 117 — chave elétrica fim de curso; 118 — engrenagem limitadora; 119 — encosto; 120 — alavanca de desligamento; 121 — engate de bloqueio; 122 — disco de ressalto; 123 — eixo de bloqueio

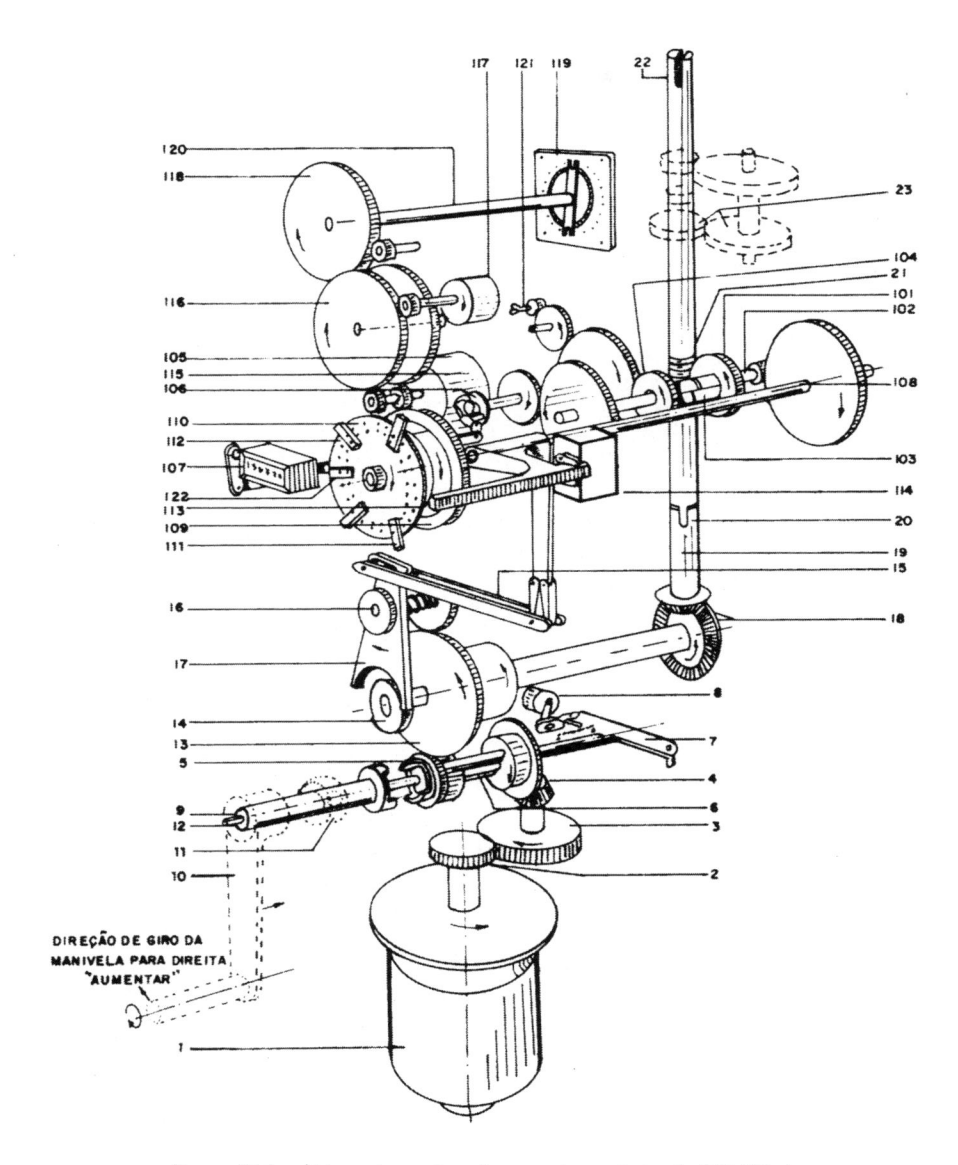

Figura 19.4 — Mecanismo de acionamento motorizado MR-MA 4

Representação esquemática do mecanismo de acionamento motorizado MR tipo MA 4 (Fig. 19.4)

 1 — motor
 2 — engrenagem
 3 — engrenagem
 4 — engrenagem cônica
 5 — engrenagem
 6 — acoplamento corrediço
 7 — alavanca de avanço
 8 — chave de bloqueio
 9 — eixo de acionamento manual
10 — manivela
11 — bloqueio a esfera
12 — pino de bloqueio
13 — mecanismo diferencial
14 — disco com ressalto
15 — sistema de alavancas
16 — eixo de fricção
17 — engate de bloqueio
18 — conjunto de engrenagens cônicas
19 — eixo acionador do comutador
20 — acoplamento de encaixe
21 — rosca helicoidal
22 — fenda de acoplamento
23 — conjunto de engrenagens intermediárias
101 — coroa de comando
102 — eixo intermediário
103 — embreagem de roda livre
104 — engrenagem de acionamento
105 — eixo do mecanismo contador de operações
106 — cabeçote acionador com ressaltos
107 — contador de operações
108 — eixo de comando
109 — engrenagem de posição
110 — disco de ajuste da faixa de posições de derivações
111 — peça de encosto
112 — peça de encosto auxiliar
113 — alavanca da chave de posição final
114 — chave de fim de curso
115 — mecanismo de impulso a 45°
116 — disco numerado
117 — chave reversora
118 — engrenagem do analisador de posição
119 — sinalizador de posição
120 — acoplamento
121 — eixo auxiliar de sinalização
122 — pino de cisalhamento

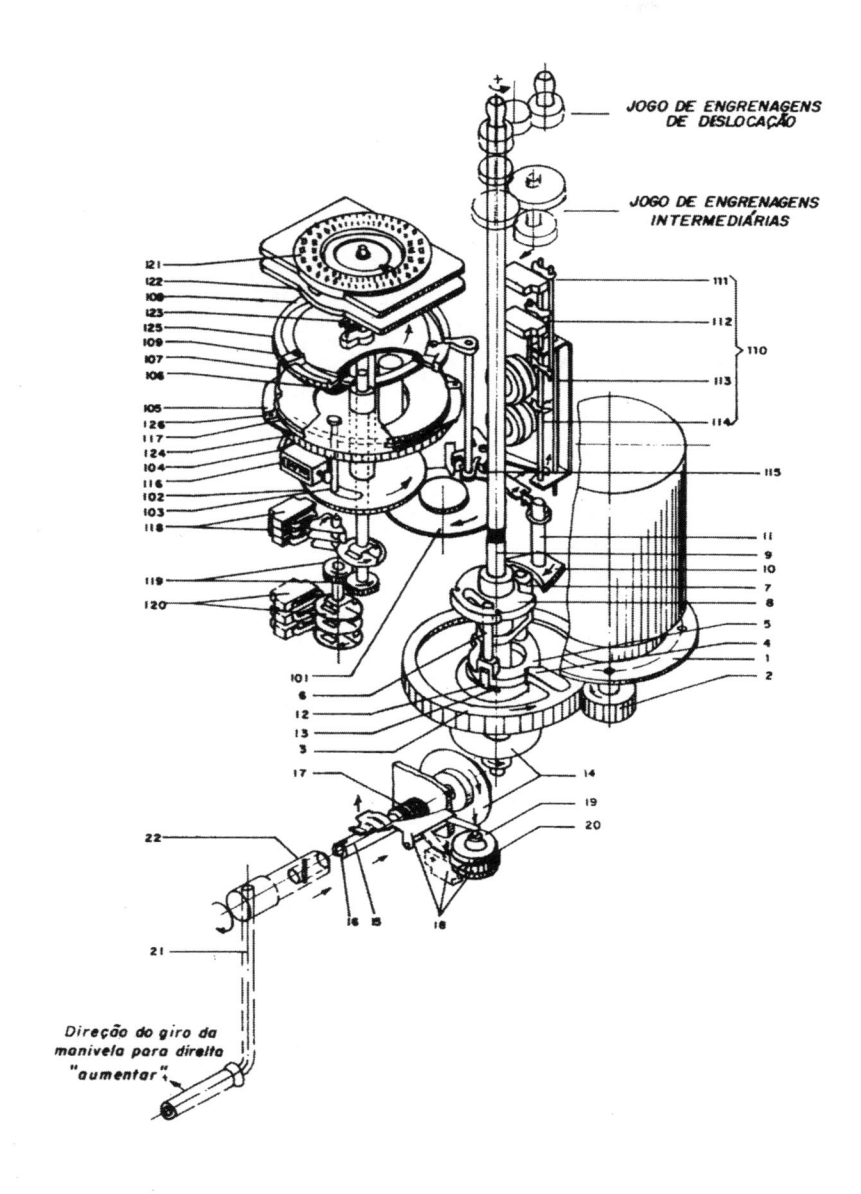

Figura 19.5 — Mecanismo de acionamento motorizado MA 7

Representação esquemática do mecanismo de acionamento motorizado MR tipo MA 7 (Fig. 19.5)

  1 — motor
  2 — pinhão
  3 — roda de came
  4 — came
  5 — disco de arraste
  6 — pino de arraste
  7 — propulsor
  8 — came de bloqueio
  9 — eixo de acionamento
 10 — engate de bloqueio
 11 — eixo de engate
 12 — anel de fricção
 13 — sapata de frenagem
 14 — mecanismo de engrenagem cônica
 15 — eixo de acionamento manual
 16 — ranhura e cursor de rejeição
 17 — mola de pressão
 18 — chave de bloqueio
 19 — chave do circuito de comando
 20 — chave do circuito do motor e de comando
 21 — manivela
 22 — chave de arraste
101 — conjunto de engrenagens intermediárias
102 — engrenagem
103 — pino de arraste
104 — roda indicadora do passo da comutação
105 — disco dentado
106 — roda planetária
107 — coroa dentada
108 — roda indicadora de posição
109 — peça de encosto
110 — chave elétrica de fim de curso
111 e 112 — contatos do circuito de comando, posições 1 e n
113 e 114 — chave do circuito do motor e de comando, posições 1 e n
115 — alavanca de posição final
116 — mecanismo contador
117 — came do mecanismo contador
118 — chave passo a passo
119 — conjunto de engrenagens
120 — comando a cames
121 — sinalizador de posição
122 — braço de contato
123 — acoplamento
124 — anel de arraste
125 — pino de arraste
126 — guia

19.3 — RECOMENDAÇÕES PARA A MANUTENÇÃO DO MECANISMO DE ACIONAMENTO MOTORIZADO MR, TIPOS MA 2, MA 4 E MA 7

Serviços a serem executados	MA 2	MA 4	MA 7
I — Testes Operacionais			
a) Operar um ciclo completo "local" e "remoto", verificando os bloqueios elétricos e mecânicos de fim-de-curso	X	X	X
b) Funcionamento da chave de bloqueio		X	X
c) Funcionamento do circuito de disparo de emergência		X	X
d) Ensaiar o comutador mecânico de operações	X	X	X
e) Ensaiar o dispositivo de indicação da posição do comutador	X	X	X
f) Funcionamento do dispositivo de aquecimento da caixa	X	X	X
g) Funcionamento do circuito de iluminação		X	X
II — Revisão e aperto			
a) Terminais de conexão	X	X	X
b) Contatores de controle	X	X	
c) Chave de comutação	X	X	
d) Inspeção e ajuste na chave de proteção do motor	X	X	X
e) Microinterruptores (fim-de-curso e auxiliares)	X	X	X
f) Chaves de cames			X
g) Acumulador de energia	X	X	
h) Dispositivo de acionamento do comutador de operações	X	X	X
i) Dispositivo de bloqueio do eixo de acionamento manual	X	X	
j) Troca de óleo na caixa de engrenagens		X	X
k) Retentores de óleo, guarnições, anéis "O"	X	X	X
l) Vedação da caixa de acionamento e membranas de proteção dos botões do comando local	X	X	X
m) Limpeza e lubrificação das engrenagens auxiliares	X	X	X

19.3.1 — Acionamento motorizado MA 2

Serviços	Número de comutações (em 1 000)				
1 — Limpar e lubrificar	De 100 a 150	De 200 a 250	De 300 a 350	De 400 a 500	500
a) Chave de comutação		X		X	
b) Indicador de posições		X		X	
c) Rolamentos das engrenagens		X		X	
d) Diferencial		X		X	
e) Eixos e engrenagens cônicas					
2 — Peças a substituir					
a) Diferencial					X
b) Engate de bloqueio (121)		X			X
c) Acumulador de energia	X	X	X	X	X
d) Microchave de movimento (117)			X		X
e) Pino (de segurança M4) de fixação do eixo de transmissão para SCS (7) ao mecanismo de intermitência (6)	X	X	X	X	X
f) Relé de mercúrio (UR) de comutação	X	X	X	X	X
g) Engrenagens de celeron	X	X	X	X	X

19.3.2 — Acionamento motorizado MA 4

Serviços	Número de operações (em 1 000)					
	De 70 a 100	De 100 a 150	De 200 a 250	De 300 a 350	De 400 a 500	500
1 — Limpar e lubrificar						
a) Chave de comutação (117) (pinhões)			X		X	
b) Indicador de posição de derivação			X		X	
c) Eixo e engrenagens cônicas		X	X	X	X	X
2 — Substituir						
a) Pino de segurança	X	X	X	X	X	X
b) Dispositivo de engate e mola do acumulador de energia (pos. 115)	X	X	X	X	X	X
c) Microinterruptores de fim de curso				X		X
d) Relé de mercúrio UR de comutação		X		X		X
e) Óleo da caixa de engrenagens			X		X	X
f) Retentor do eixo de acionamento manual	X	X	X		X	X

19.3.3 — Acionamento motorizado MA 7 (MA 8)

Serviços a realizar	Número de operações (em 1 000)					
	De 70 a 100	De 100 a 150	De 200 a 250	De 300 a 350	De 400 a 500	500
1 — Limpar e lubrificar						
a) Engrenagens e pinhões auxiliares e mecanismos móveis	X	X	X	X	X	X
2 — Substituir						
a) Óleo da caixa de engrenagem			X		X	X
b) Retentores de óleo	X	X	X	X	X	X

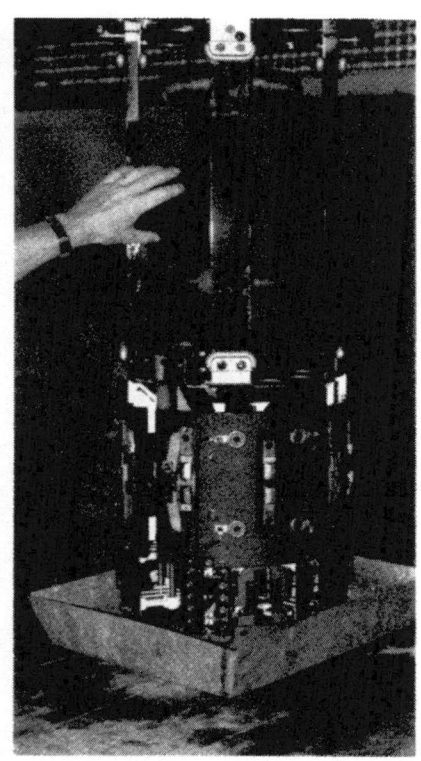

Figura 19.6 — Comutador de derivações em carga marca MR, com chave comutadora, tipo M

Figura 19.7 — Chave comutadora MR, tipo M

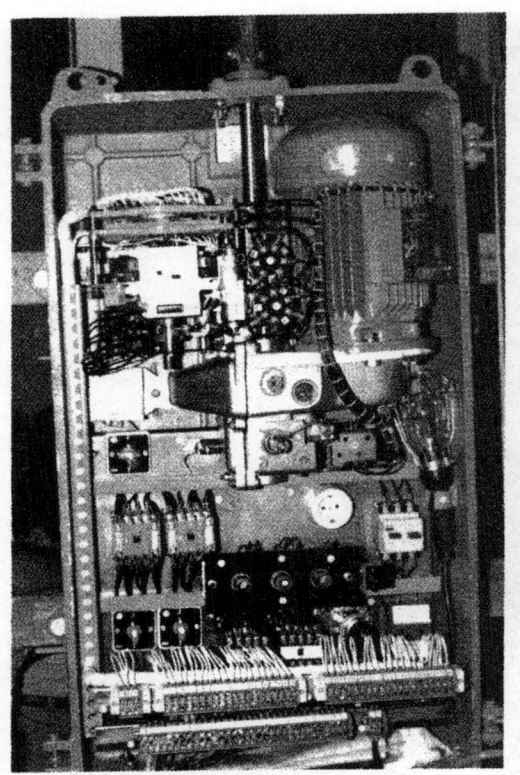

Figura 19.9 — Contatos imóveis

Figura 19.8 — Mecanismo de acio-namento motorizado, marca MR, tipo MA 7

Figura 19.10 — Contatos móveis

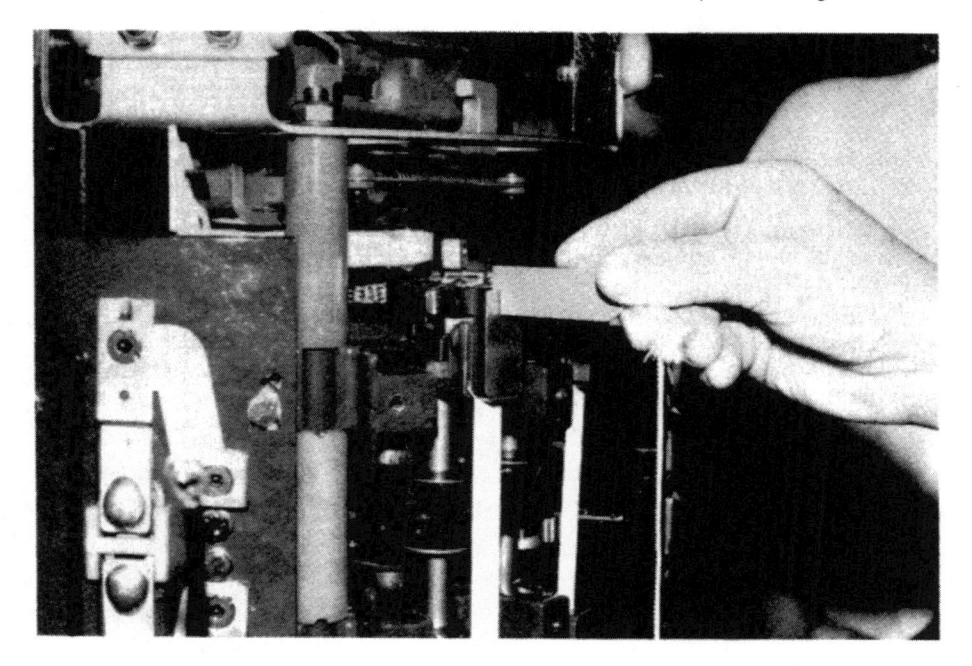

Figura 19.11 — Verificação do desgaste de contato de chave comutadora MR

As Figs. 19.9 e 19.10 mostram os contatos da chave comutadora de comutador de derivações em carga, marca MR, após 120 000 operações.

19.4 — RECOMENDAÇÕES PARA A MANUTENÇÃO DE COMUTADORES DE DERIVAÇÃO EM CARGA MARCA TRAFO UNIÃO — TUSA

19.4.1 — Verificações periódicas

O fabricante recomenda as seguintes verificações, periódicas, a cada dois anos:

• Verificar o nível do óleo isolante do conservador do comutador.
• Trocar a carga de sílica-gel do secador de ar.
• Verificar eventuais falhas da estanqueidade e áreas de corrosão no cabeçote do comutador; flange da tampa, membrana, parafuso de aeração, tubulação.
• Testar a atuação da proteção (101) e do relé de proteção (703), conforme instruções próprias. Limpar os contatos (8).
• Quando o comutador operar menos de 3 000 vezes por ano, ou ainda se ele não operar em toda a faixa de posições do seletor, deve-se fazer o comutador passar cerca de dez vezes por toda a faixa de regulação, com a finalidade de limpar os contatos do seletor. Esta operação deve ser feita com o transformador desenergizado.

19.4.2 — Mecanismo de acionamento motorizado

• Verificar o estado geral da caixa que abriga o mecanismo.
• Verificar a vedação das portas e fechos.
• Limpar o respiro de aeração da caixa.
• Verificar o sistema de aquecimento e iluminação da caixa.
• Conferir o comando passo a passo local e a distância.
• Conferir a operação dos fins de curso elétricos e mecânicos.
• Conferir os contatos do indicador de posição.
• O interior da caixa deve ser mantido limpo.

• Verificar o aperto dos parafusos de fixação da caixa, que podem afrouxar com a vibração.

19.4.3 — Sistema externo de transmissão

• Lubrificar garfos, pinos e acoplamento cardã protegidos por foles de borracha.
• Verificar a vedação dos mancais (501) ou (520) com o indicador de posição (502), retirar a tampa (503) e verificar a existência de corrosão.

• Se existir engrenagem de bloqueio, verificar a vedação, retirar a tampa (706) e verificar a existência de corrosão na parte interna e seu funcionamento.

19.4.4 — Revisões

As revisões, e respectiva manutenção dos comutadores de derivações em carga marca Trafo União TUSA, limitam-se à chave comutadora, ao mecanismo de acionamento motorizado e ao sistema externo de transmissão. O seletor e o pré-seletor não necessitam ser revisados.

As revisões devem ser feitas quando for completado o número de comutações indicado na coluna 3 da tabela abaixo, ou no intervalo de tempo indicado na coluna 4, se o número de comutações previstas não tiver sido atingido nesse intervalo.

Comutadores de derivações em carga marca TUSA. Revisões recomendadas pelo fabricante

Tipo			Corrente de Utilização (A)	Número de operações	Anos
Comutador em carga	estrela	211	≤ 200	80 000	7
	monofásico	211	≤ 200	80 000	7
	monofásico	411	≤ 400	60 000	7
	monofásico	611	≤ 600	60 000	7
	estrela	321	≤ 200	120 000	7
	estrela	321	≤ 300	100 000	7
	monofásico	321	≤ 300	100 000	7
	estrela	521	≤ 400	100 000	7
	estrela	521	≤ 500	80 000	7
	monofásico	521	≤ 500	80 000	7
	monofásico	1021	≤ 800	80 000	7
	monofásico	1021	≤ 1 000	60 000	7
	monofásico	1521	≤ 1 200	60 000	7
	monofásico	1521	≤ 1 500	50 000	7
Tipos maiores			≤ 220 kV	60 000/ 70 000	7
			> 220 kV	40 000	7

Comutadores Trafo União

19.4.5 — Vida útil mecânica dos contatos dos seletores (em milhões de operações)

Seletor Padrão I	Aproximadamente 2
Seletor Padrão II	Aproximadamente 4
Seletor Padrão III	Aproximadamente 4 (com corrente nominal de 500 A)
Seletor Padrão III	Aproximadamente 2,5 (com corrente nominal de 1 200 A)
Seletor Padrão IV	Aproximadamente 2,5 (com corrente nominal de 1 200 A)
Seletor Padrão IV	Aproximadamente 1,5 (com corrente nominal de 1 600 a)

COMUTADORES EM CARGA TUSA

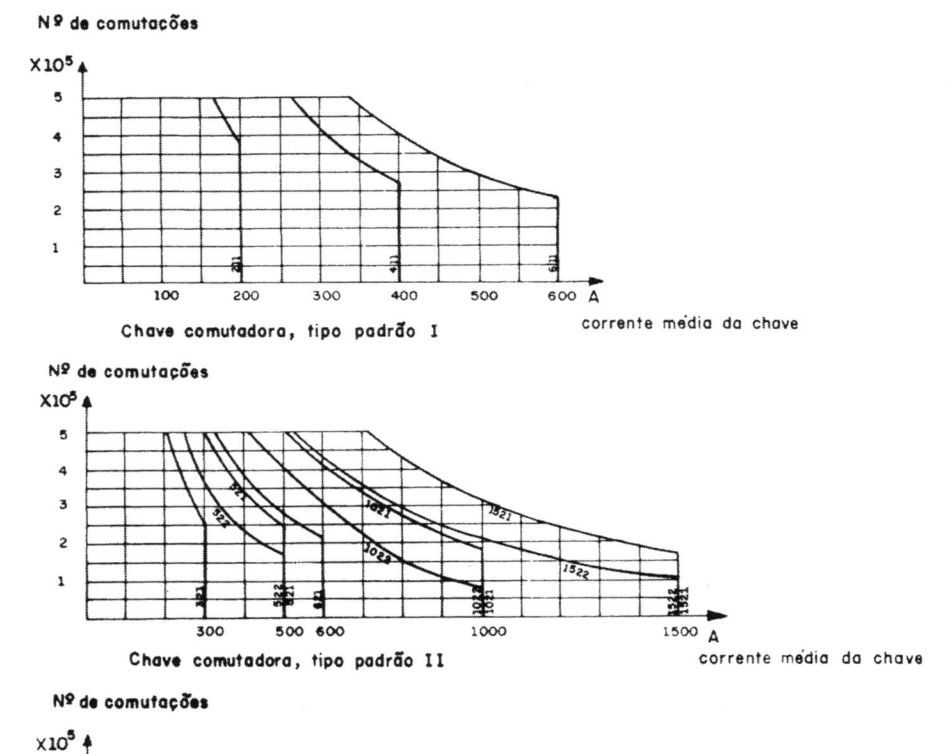

VIDA ÚTIL DOS CONTATOS EM FUNÇÃO DO TIPO E CORRENTE DA CHAVE COMUTADORA

Figura 19.12 — *Gráficos de vida útil de contatos de comutador TUSA*

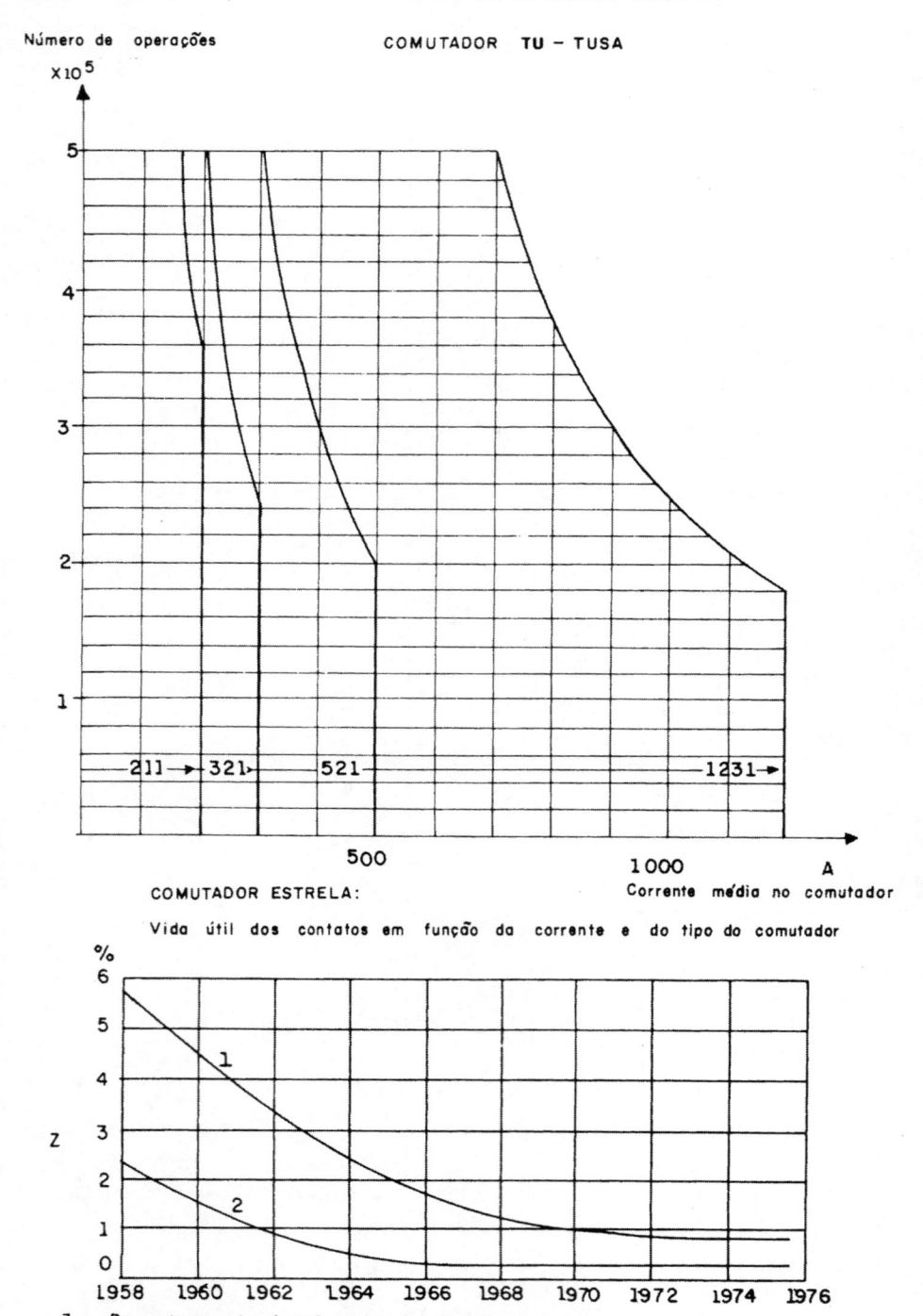

Figura 19.13 — Gráficos de vida útil de contatos e freqüência de defeitos de comutadores TUSA

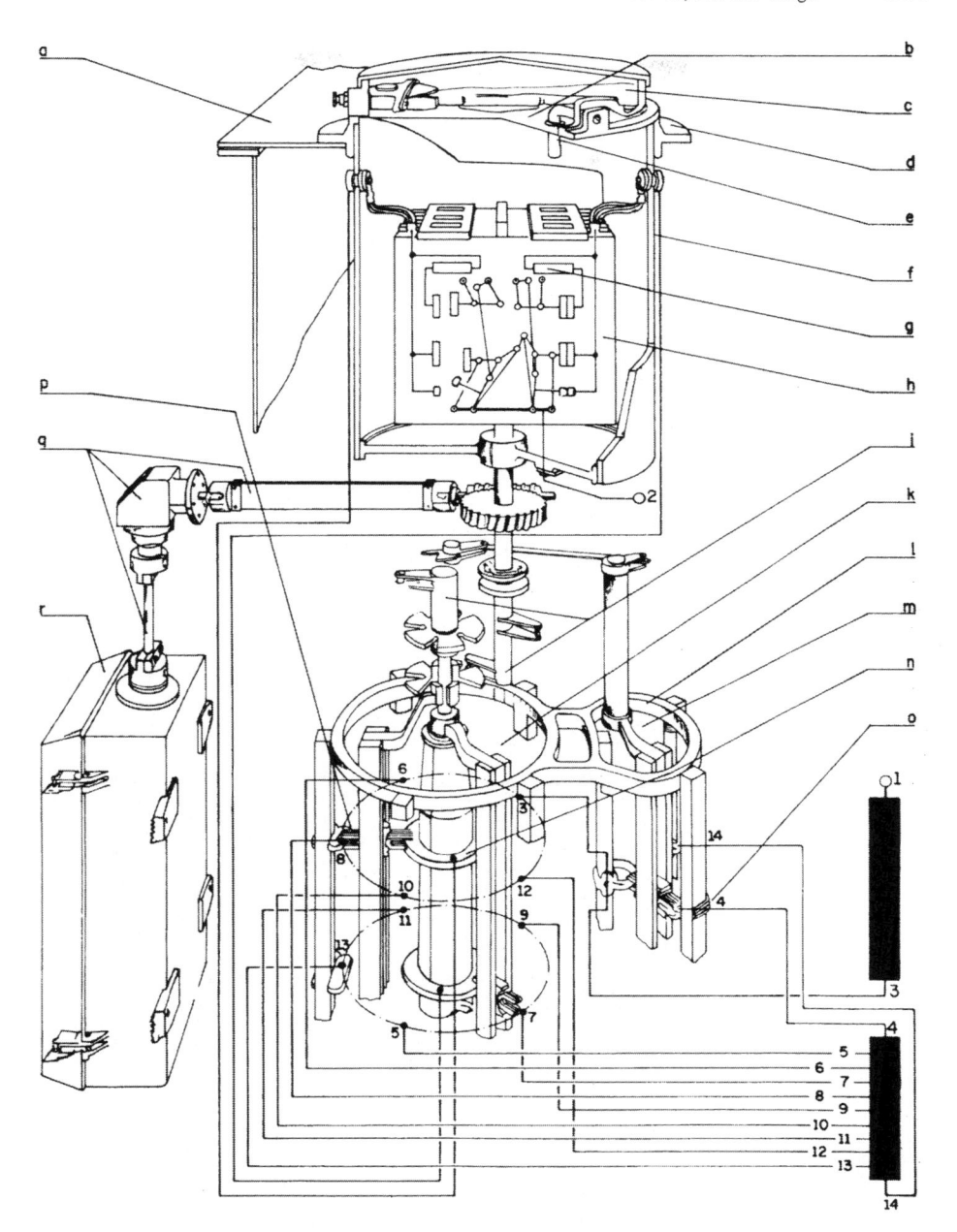

Figura 19.14 — Desenho esquemático do comutador em carga TUSA; a — tampa do transformador; b — membrana de proteção contra sobrepressão; c — conjunto de proteção contra sobrepressão; d — flange da tampa; e — tubo do óleo; f — cilindro da chave comutadora; g — resistor de transição; h — chave comutadora; i — engrenagens tipo cruz-de-malta; k — seletor; l — suporte superior dos mancais; m — pré-seletor; n — anel de contato; o — contato fixo; p — contato móvel; q — eixos e acoplamento do acionamento; r — acionamento motorizado

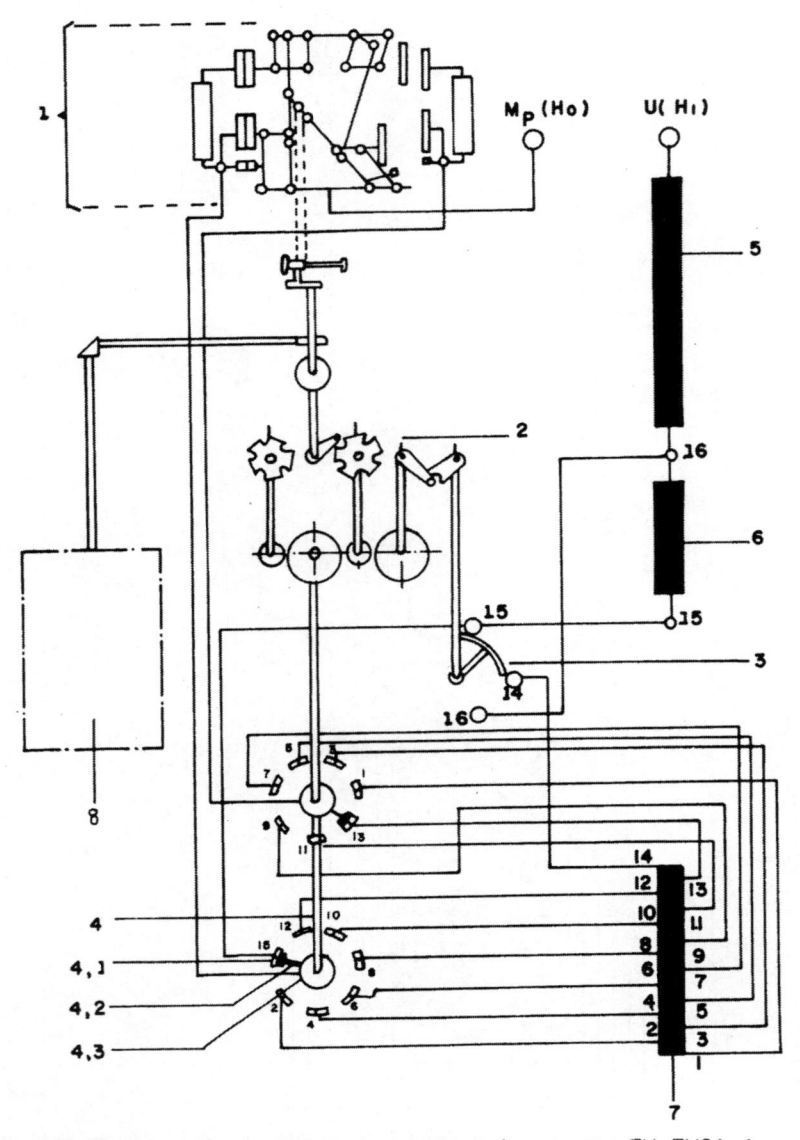

Figura 19.15 — Princípio de funcionamento de um comutador em carga TU, TUSA: 1 — chave comutadora; 2 — engrenagens de acoplamento dos seletores; 3 — pré-seletor; 4 — seletor; 4.1 — contatos fixos; 4.2 — contatos móveis; 4.3 — anel de contato móvel; 5 — enrolamento bási-co fixo; 6 — enrolamento de regulação grossa; 7 — enrolamento de regulação fina; 8 — acio-namento motorizado

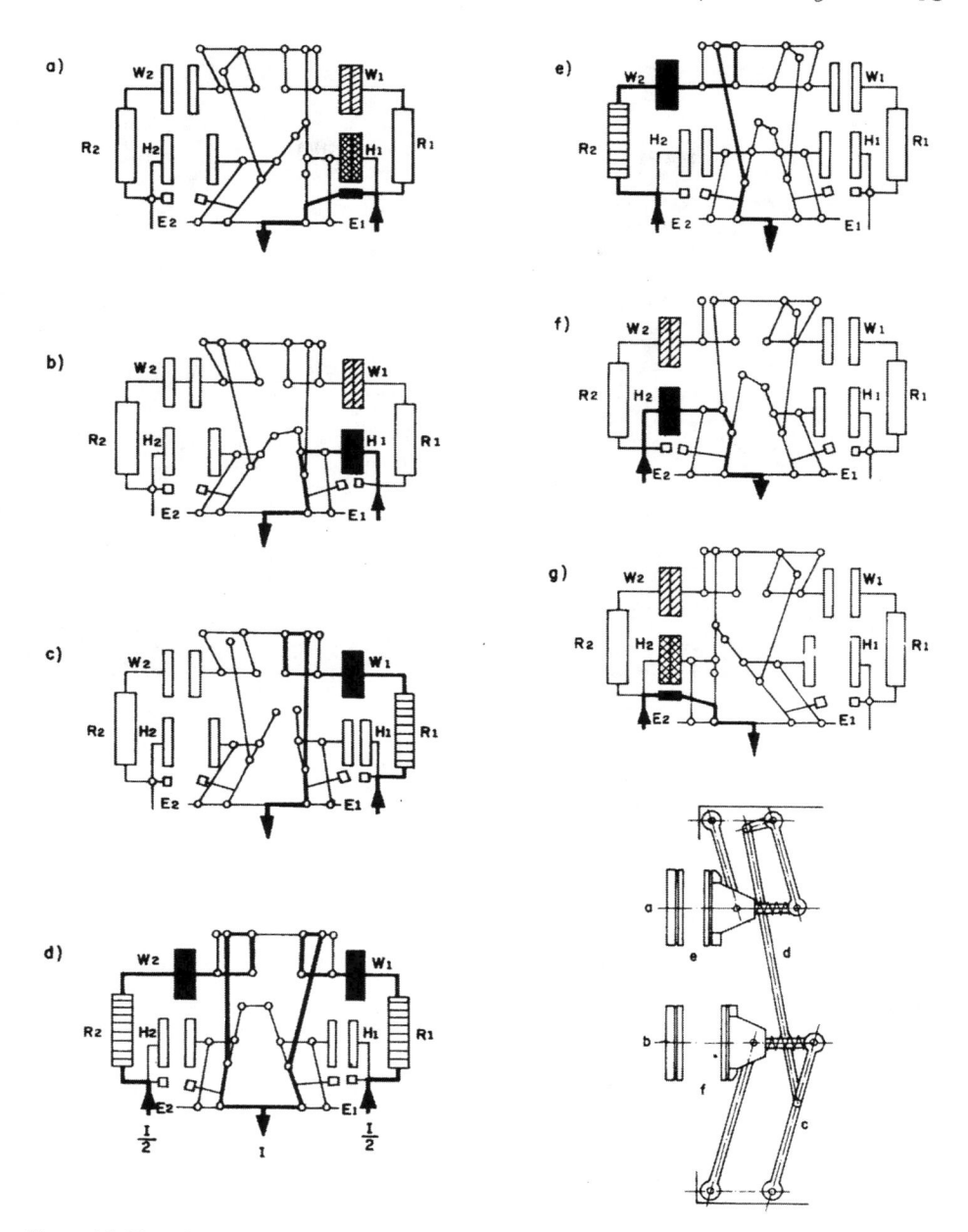

Figura 19.16 — Diagrama explicativo do funcionamento de chave comutadora TUSA

Figura 19.17 — Chave comutadora TUSA

Figura 19.18 — Chave comutadora TUSA, contatos imóveis

Figura 19.19 — Chave comutadora TUSA, contatos móveis

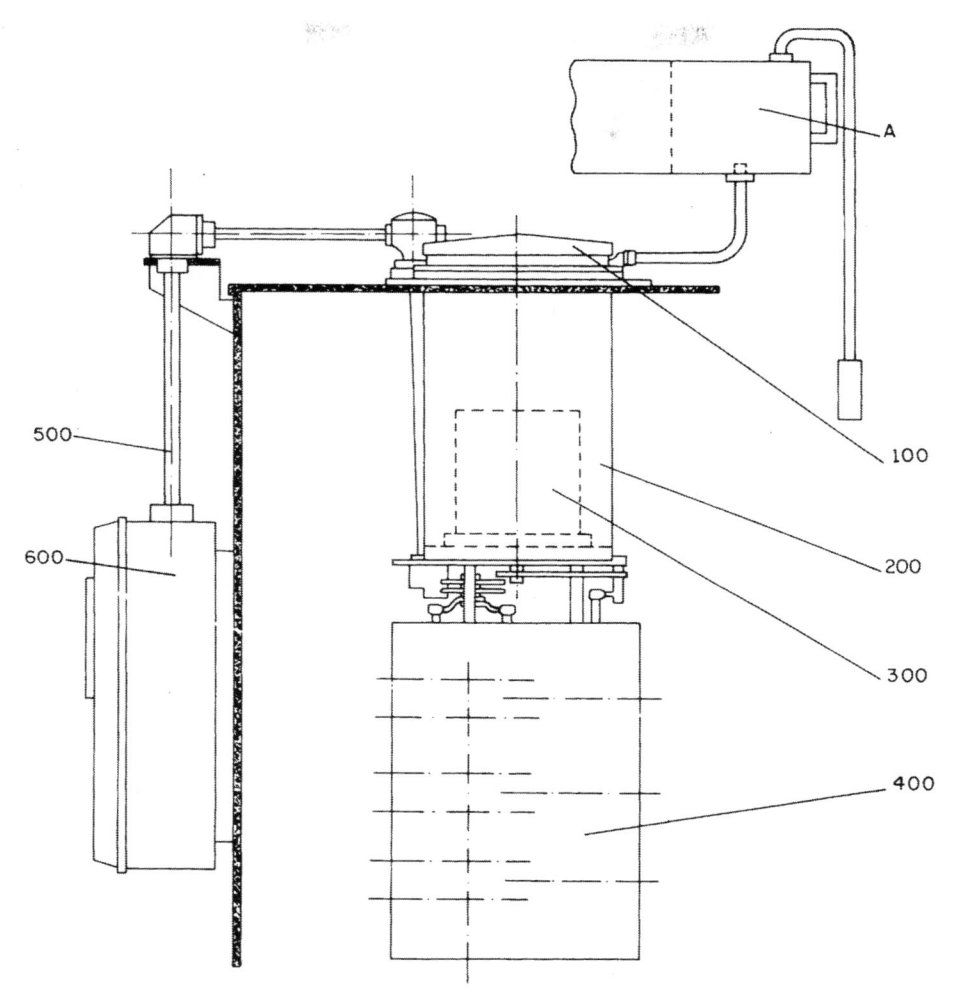

100 – CABEÇOTE

200 – RECIPIENTE VEDADO DA CHAVE DE COMUTAÇÃO

300 – CHAVE DE COMUTAÇÃO COM RESISTOR DE TRANSIÇÃO

400 – SELETOR

500 – EIXO DO ACIONAMENTO

600 – ACIONAMENTO MOTORIZADO

A – COMPARTIMENTO DO CONSERVADOR PARA O ÓLEO DO COMUTADOR

Figura 19.20 — Conjunto do comutador em carga TUSA no transformador

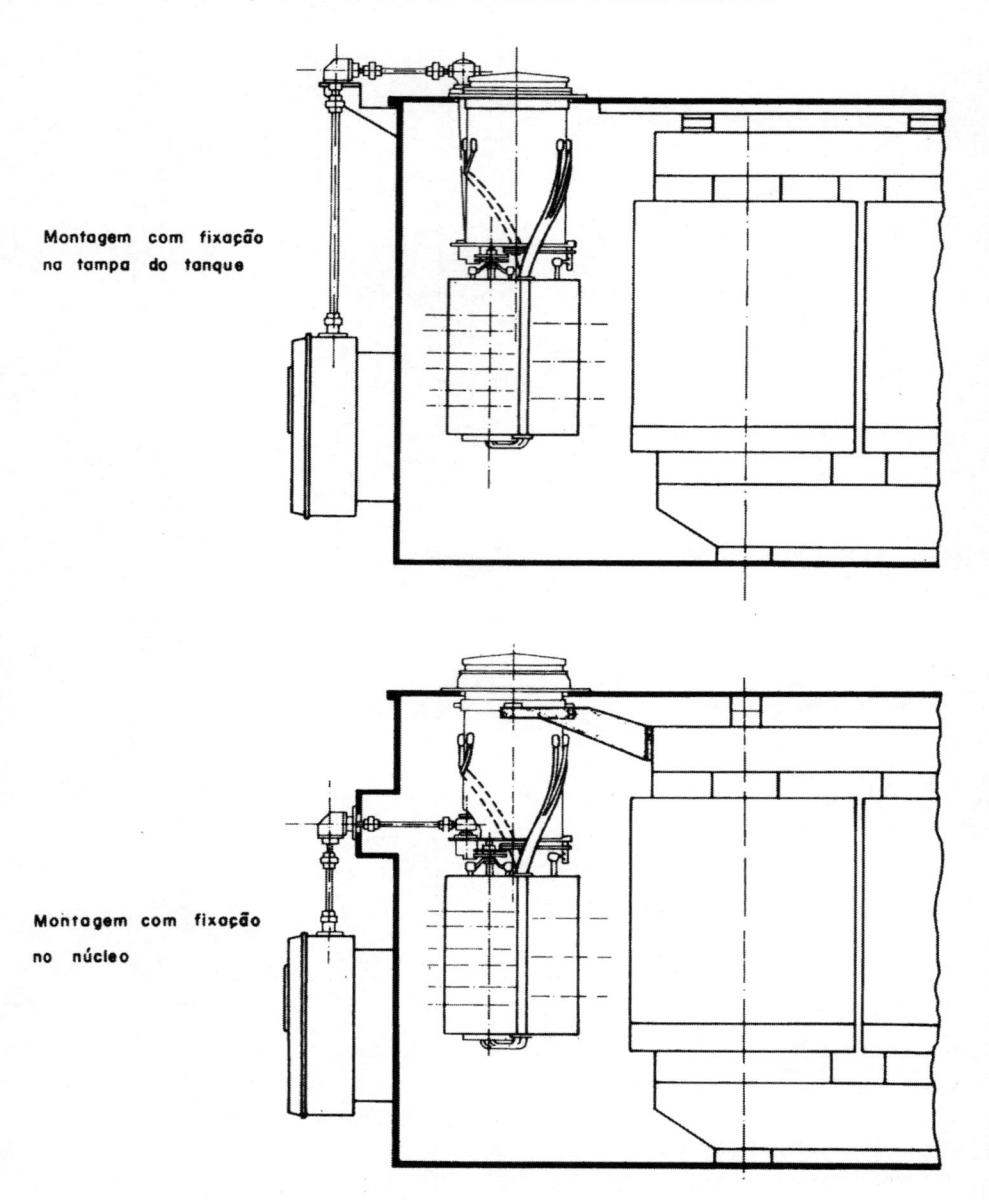

Montagem com fixação
na tampa do tanque

Montagem com fixação
no núcleo

Figura 19.21 — Comutador TUSA (sistemas de montagem)

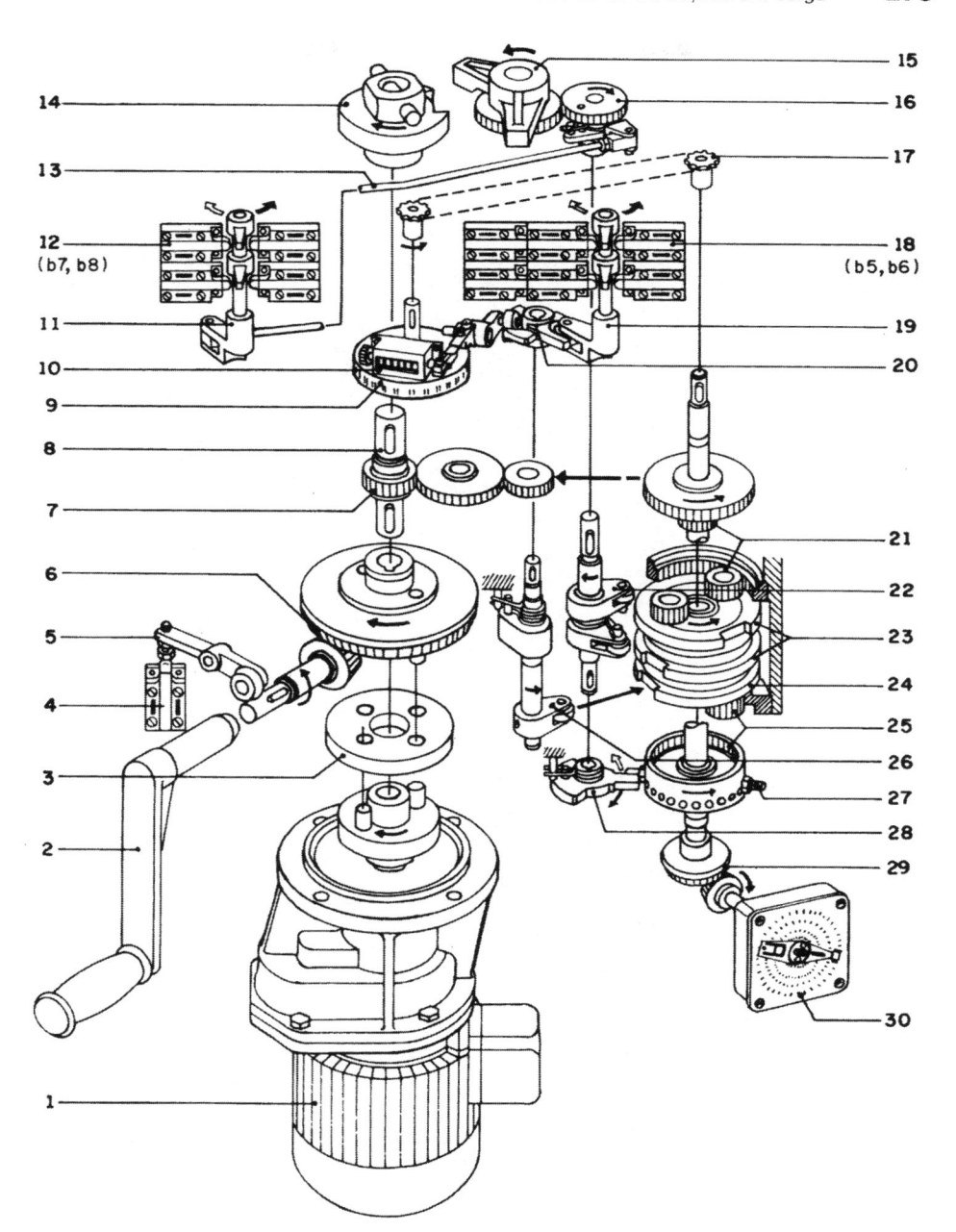

Figura 19.22 — Disposição dos componentes do mecanismo de acionamento motorizado do comutador Trafo-União-TUSA

19.5 — RECOMENDAÇÕES PARA A MANUTENÇÃO DE COMUTADORES DE DERIVAÇÕES EM CARGA MARCA ASEA

Também nos comutadores ASEA só exigem manutenção a chave comutadora e o mecanismo de acionamento motorizado. O seletor de derivações não necessita

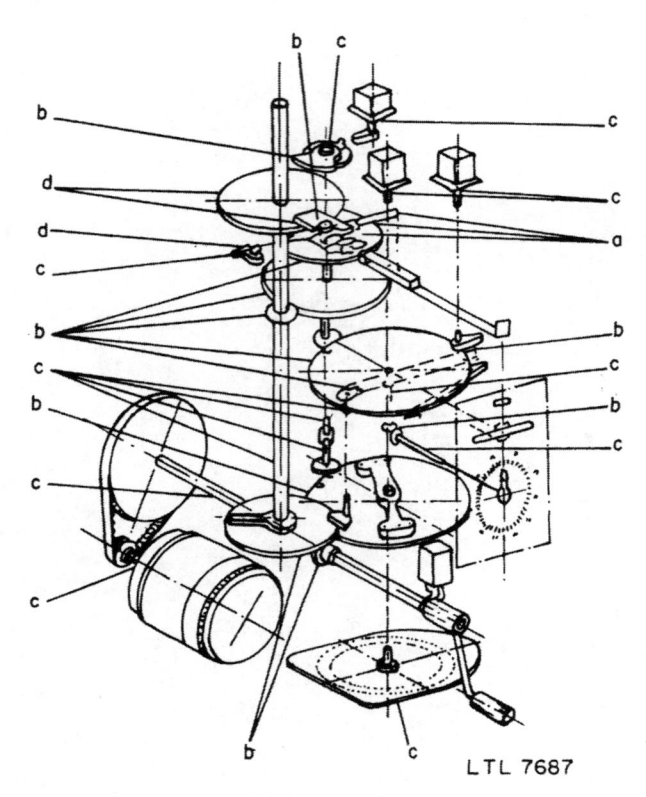

LTL 7687

Figura 19.23 — Plano de lubrificação do mecanismo de acionamento motorizado ASEA, tipo BUE: a — pontos que devem ser moderadamente lubrificados com óleo ASEA 7 1201-302 ou similar; b — pontos que devem ser moderadamente lubrificados com graxa ASEA 7 1401-501 ou similar; c — pontos que não necessitam de lubrificação. São autolubrificados; e d — partes do freio que não devem ser lubrificadas nem atingidas por lubrificante

de revisão. Recomenda, no entanto, o fabricante que seja realizada uma inspeção no seletor após aproximadamente 500 000 operações.

Recomendações da ASEA para revisão dos comutadores de sua fabricação:

19.5.1 — Periodicidade das revisões

Na placa de identificação do comutador está gravada a informação sobre a vida útil dos contatos da chave comutadora com corrente de plena carga do transformador.

As revisões devem ser realizadas em intervalos iguais a 1/5 da vida útil dos contatos, ou, no máximo, a cada cinco anos, se a primeira condição não for preenchida antes deste espaço de tempo.

19.5.2 — Revisão da chave comutadora ASEA

A revisão da chave comutadora consiste em:

• Limpeza do cilindro isolante, após a retirada do óleo, e sua lavagem com jato de óleo isolante em boas condições.

• Limpeza geral da chave. Para facilidade da limpeza do cilindro e da chave, pode ser utilizada uma escova com cerdas duras de náilon.

• Verificação das condições e do desgaste dos contatos que serão substituídos, se necessário.

• Medição da resistência dos resistores de transição.

• Verificação das cordoalhas, das molas de acionamento e dos contatos.

• Reaperto dos parafusos que estiverem soltos.

• Verificação da existência de peças rompidas ou desalinhadas.

19.5.3 — Relé de pressão

O comutador ASEA possui um relé de pressão que é ajustado na fábrica para operar com uma pressão de 0,3 kgf/cm². Por ocasião da revisão do comutador, esse valor deve ser verificado.

19.5.4 — Mecanismo de acionamento motorizado

A revisão do mecanismo de acionamento motorizado deverá ser feita quando for revisado o comutador.

Em linhas gerais, sua revisão abrange a verificação do sistema de aquecimento da caixa; da tensão mecânica da correia dentada; dos contatores; e limpeza do potenciômetro de sinalização; do registrador de operações; e de limpeza dos freios.

19.5.5 — Lubrificação

A Fig. 19.23, ilustra os pontos a serem lubrificados com os lubrificantes recomendados pelo fabricante.

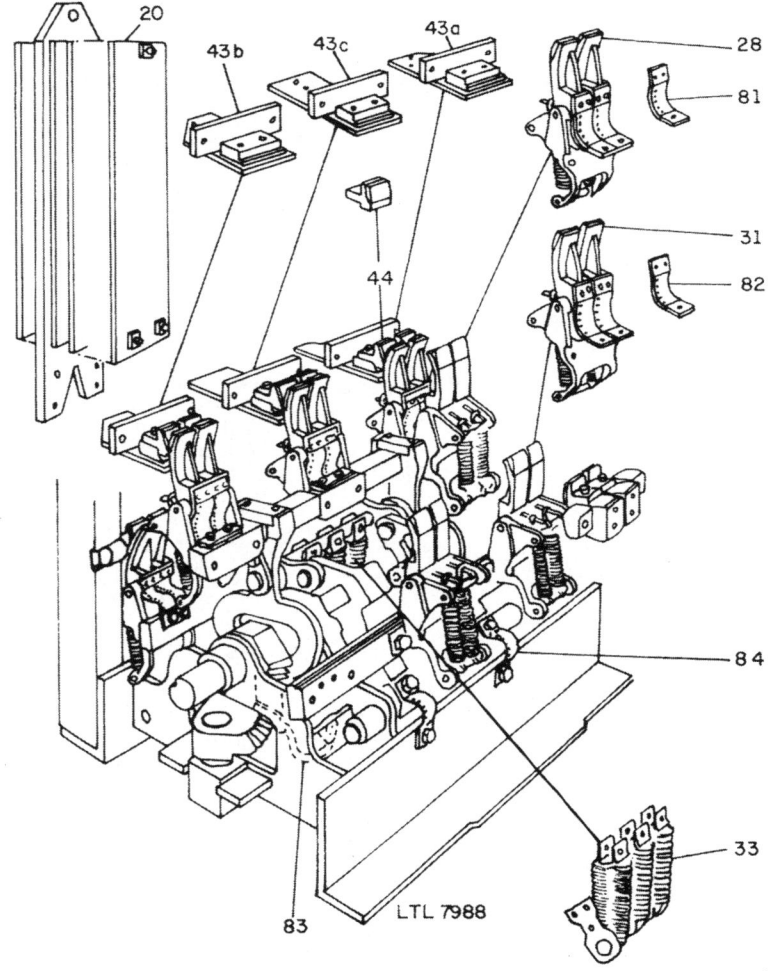

Figura 19.24 — Chave comutadora ASEA: 20 — resistor de transição; 28: contato principal móvel de interrupção; 31 — contato móvel de transição; 33 — conjunto de molas; 43 (a, b e c) — contatos principais imóveis; 44 — contato imóvel de interrupção; 81, 82, 83 e 84 — condutor flexível

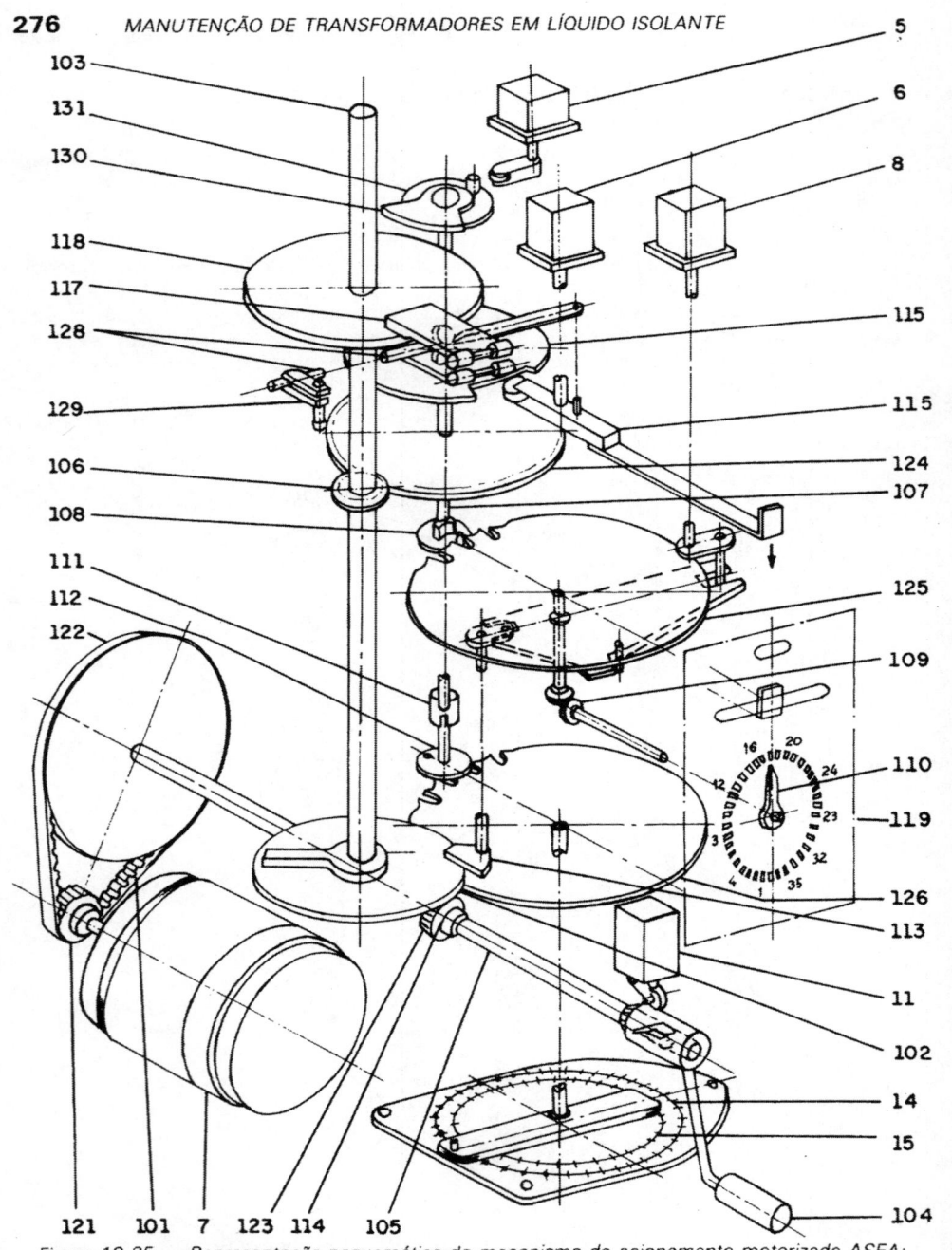

Figura 19.25 — Representação esquemática do mecanismo de acionamento motorizado ASEA: 101 — correia dentada; 102 — roda cônica dentada; 103 — eixo de acionamento; 104 — manivela; 105 — eixo de acionamento; 106 — engrenagem; 107 — eixo de uma volta; 108 — acionador geneva com eixo; 109 — roda cônica dentada; 110 — ponteiro indicador de posição; 111 — união; 112 — acionador geneva com eixo; 113 — batente, disco excêntrico; 114 — pino dê segurança; 115 — disco excêntrico; 116 — braço; 117 — freio; 118 — disco do freio; 119 — placa frontal; 120 — registrador de operações; 121 e 122 — roda cônica dentada; 124 — roda dentada cilíndrica; 125 — roda geneva; 126 — roda geneva com braço; 127 — dispositivo de contato; 128 — haste do cone; 129 — freio do contato 6; 130 — cone do contato 6; 131 — disco motriz para 130; 136 — parafuso de parada final; 14 — transmissor indicador de posição; 15 — contato; 5 — contator de partida; 6 — contator de mantenedor; 7 — motor; 8 — chave limitadora

19.6 — COMUTADORES DE DERIVAÇÃO EM CARGA MARCA HITACHI

Recomendações do fabricante para manutenção

19.6.1 — Inspeção

Verificar se há vazamento em partes soldadas, flanges e registros.

Verificar o nível do óleo do tanque de expansão. Um abaixamento do nível do óleo pode ser devido à passagem do óleo do reservatório da chave para o tanque do transformador, o que deve ser evitado.

Ler e registrar a indicação do contador do número de operações, no final dos períodos previstos. Um número excessivamente maior ou menor que os previstos constitui uma razão para investigação.

Verificar o nível do óleo na caixa de engrenagens e completá-lo com óleo SAE 5 W, se necessário.

Verificar a existência de vazamento na caixa de engrenagens. Em caso de haver vazamento, substituir os anéis (O) circulares, conforme as instruções específicas.

Se forem notados ruídos anormais, pesquisar a causa e eliminá-la.

Uma parada do comutador na zona verde da placa, assinalada pela lâmpada de sinalização e pelo dispositivo de alarme, indica comutação incompleta e sua causa deve ser investigada e eliminada.

19.6.2 — Chave comutadora

19.6.2.1 — Manutenção do óleo isolante

Medir a rigidez dielétrica do óleo e sua acidez uma vez por ano ou a cada 10 000 operações, o que ocorrer antes.

Se a rigidez dielétrica for menor que 20 kV ou a acidez maior que 0,3 mgKOH/g, o óleo deverá ser substituído por óleo novo.

19.6.2.2 — Periodicidade da inspeção das partes internas

A inspeção interna da chave comutadora de um comutador novo deve ser feita após um ano de funcionamento ou após 10 000 operações, o que ocorrer primeiro.

Posteriormente, a cada dois anos ou 30 000 operações, o que ocorrer antes.

Em comutadores equipados com purificadores de óleo, a inspeção interna da chave pode ser prolongada para cada cinco anos ou 50 000 operações, o que ocorrer antes (Fig. 19.26).

19.6.2.3 — Inspeção das partes internas da chave

Para retirar a chave do tanque:

Colocar o comutador na posição n.º 1.

Desligar o relé de fluxo de óleo do circuito de proteção.

Desligar o mecanismo de acionamento motorizado.

Retirar o óleo do tanque da chave e do conservador com o auxílio de um filtro-prensa.

Retirar a tampa do comutador.

Retirar a chave de comutação.

Inspeção

Limpar todas as partes da chave (engrenagens, cilindro isolante, contatos estacionários, sistema de contatos móveis, resistores de transição).

Retirar o carvão depositado no cilindro isolante e nos resistores de transição.

Verificar a existência de distorção, rachaduras, danos, desgaste anormal e remover qualquer partícula estranha.

As irregularidades encontradas devem ser corrigidas.

Certificar-se de que todas as porcas e parafusos estão apertados com torque (daN/cm) de acordo com as recomendações do fabricante.

As partes móveis devem poder mover-se livremente. Verificar.

Verificar o desgaste dos contatos de arco. Se só um deles apresentar desgaste muito próximo ou no limite do admissível, todos devem ser substituídos.

Medir a resistência de isolamento entre os contatos do cilindro isolante. Ela não deve ser menor que 1 500 megohms a 15 °C.

Terminada a inspeção e manutenção

Colocar gaxeta nova após limpar a superfície de contato com gasolina. Fixá-la em seu lugar com pasta resistente ao óleo.

Repor a chave no tanque e recolocar a tampa, dando o aperto às porcas e aos parafusos (em daN/cm recomendados pelo fabricante).

Encher o tanque com óleo em boas condições com auxílio do filtro-prensa.

Na parte superior do tanque da chave, fica automaticamente um colchão de ar. O óleo deve ser colocado cuidadosamente até que atinja o nível normal indicado pelo indicador de nível.

19.6.3 — Mecanismo de acionamento motorizado

Verificar se todas as partes imóveis estão firmemente presas.

Verificar se existem distorções, rachaduras e desgastes anormais, e corrigi-los, se for o caso.

A resistência de isolamento do motor para terra não deve ser menor que 1 megohm (usar Megger de 500 V) a 20 °C.

Verificar e limpar os contatos das chaves e contatores.

O óleo lubrificante do mecanismo deve estar no nível indicado na placa de identificação, do contrário completá-lo.

19.6.3.1 — Eixo de transmissão e caixa de engrenagens

Verificar se há vazamento de óleo. Substituir os anéis de borracha circulares, se necessário.

19.6.4 — Seletor de derivações

O seletor de derivações está situado no interior do tanque do transformador e seus contatos abrem e fecham sem corrente elétrica, e, por isso, seu desgaste é considerado inexistente.

O seletor não pode ser retirado do tanque com a chave comutadora e só será inspecionado nas ocasiões em que for retirado todo o óleo do tanque do transformador.

A inspeção do seletor deve verificar principalmente os seguintes aspectos: se há distorção, rachaduras, danos e desgaste anormal; se todas as partes, que devem estar presas, estão bem firmes nos respectivos lugares; se as partes móveis podem-se movimentar sem dificuldade, isto é, suavemente; a coloração das partes condutoras de corrente elétrica. Elas podem ter mudado de cor por sobreaquecimento.

Notas

1) Os condutores que forem desconectados devem ser recolocados na mesma posição da qual foram retirados. Sua posição não deve ser mudada.

2) Não utilizar lima ou lixa no interior do tanque do transformador para qualquer trabalho.

3) Tomar todas as precauções para a realização de trabalhos em transformadores.

Essas instruções são gerais. Devem ser sempre seguidas as instruções detalhadas fornecidas pelo fabricante.

Os trabalhos de manutenção de comutadores só devem ser realizados por pessoas devidamente instruídas e treinadas.

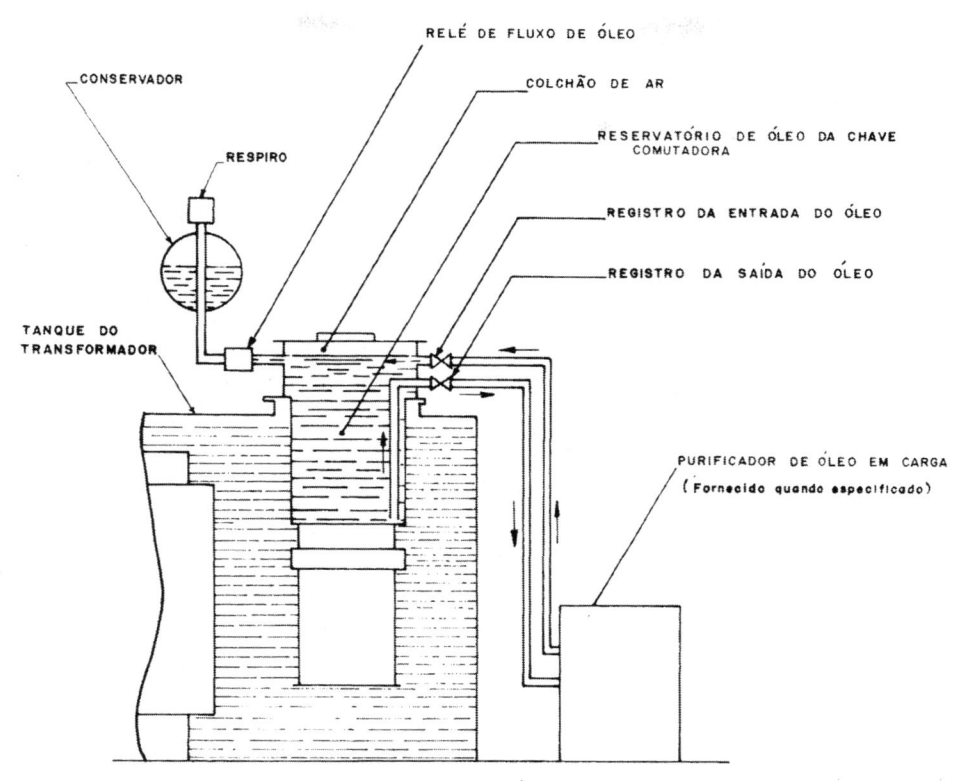

Figura 19.26 — *Esquema de instalação do purificador Hitachi de óleo da chave de comutador em carga*

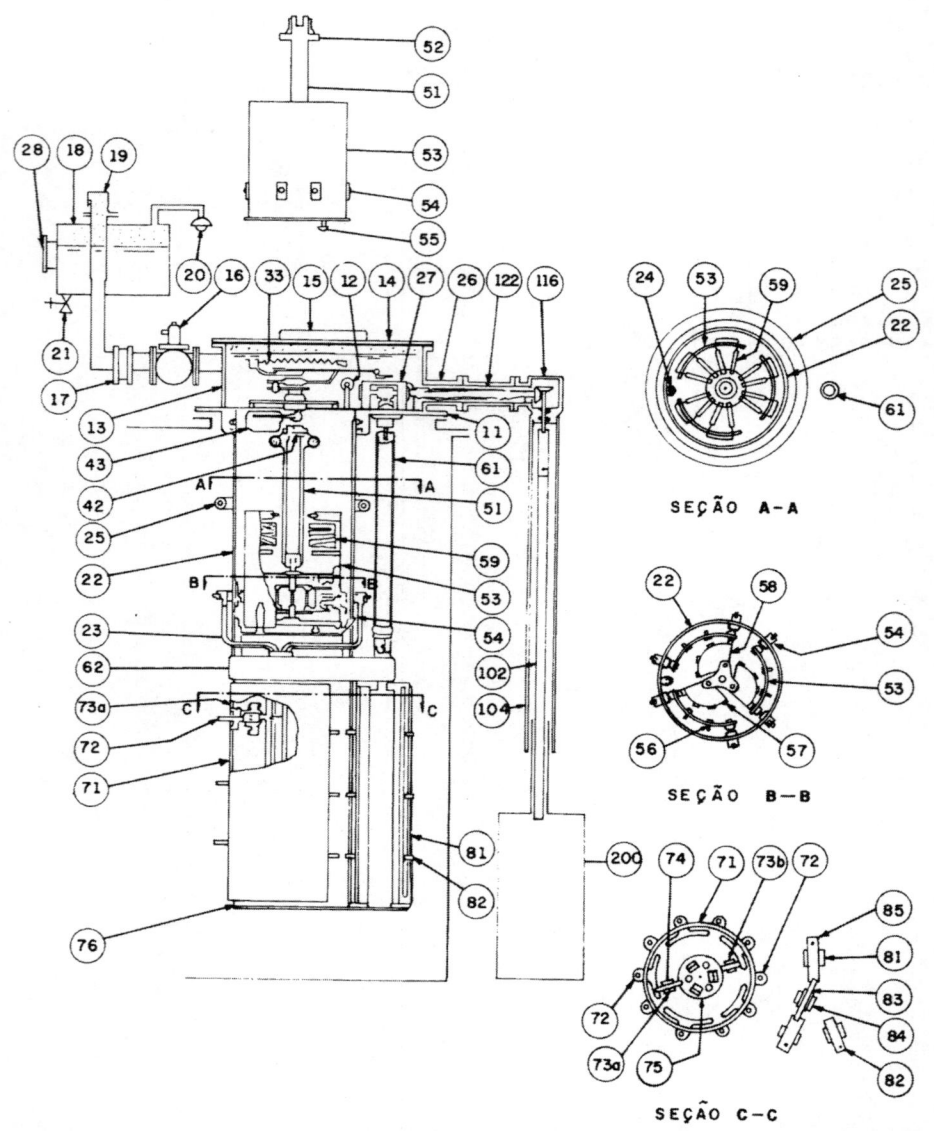

Figura 19.27 — Comutador Hitachi, tipo LR-B: 11 — flange de fixação; 12 — orifício de saída de ar; 13 — caixa do mecanismo; 14 — tampa da caixa; 15 — diafragma para aliviar pressão; 16 — relé de fluxo de óleo; 17 — registro; 18 — conservador da chave comutadora; 19 — respiro de gás; 20 — respiro de ar; 21 — registro de drenagem; 22 — cilindro isolante; 23 — fundo do tanque da chave comutadora; 24 — tubo isolado de drenagem; 25 — anel de blindagem; 26 — eixo de acionamento; 27 — conjunto de engrenagens de transmissão; 28 — indicador do nível do óleo; 51 — eixo isolado; 52 — anel de blindagem; 53 — cilindro isolado; 54 — conjunto de contatos; 55 — ligação do ponto neutro; 56 — contato imóvel; 57 — contato móvel; 58 — suporte de contatos; 59 — resistor de transição; 71 — cilindro isolado; 72 — contato imóvel; 73a — contato móvel da série ímpar de derivações; 73b — contato móvel da série par de derivações; 74 — eixo isolado; 75 — contato coletor; 76 — mancal; 81 — barra isolada; 82 — contato estacionário; 83 — contato móvel; 84 — eixo isolado; 85 — contato coletor; 102 — eixo de acionamento; 104 — tubo protetor à prova de tempo; 116 — caixa de engrenagens; 122 — eixo de funcionamento; 200 — mecanismo de acionamento motorizado

19.7 — COMUTADOR MITSUBISHI

19.7.1 — Recomendações de periodicidade de inspeções da chave comutadora recomendada pelo fabricante

Localização do comutador	Tratamento do óleo da chave com o transformador energizado?	Inspeção interna e troca de óleo	Substituição dos contatos de arco
Ao lado do ponto neutro Y	Sim	A primeira inspeção deve ser feita após as 20 000 operações iniciais ou os três primeiros anos, o que ocorrerá antes. Posteriormente a cada 100 000 operações ou a cada nove anos, o que ocorrer antes	Quando completadas 500 mil operações
	Não	Após as primeiras 20 000 operações ou os três primeiros anos, o que ocorrer antes.	
Fora do ponto neutro Δ	Sim	Posteriormente, a cada 50 000 operações	
	Não	Após as primeiras 20 000 operações ou os dois primeiros anos, o que ocorrer antes. Posteriormente, a cada 30 000 operações ou a cada três anos, o que ocorrer antes	

A manutenção da chave comutadora Mitsubishi será feita conforme as instruções do fabricante.

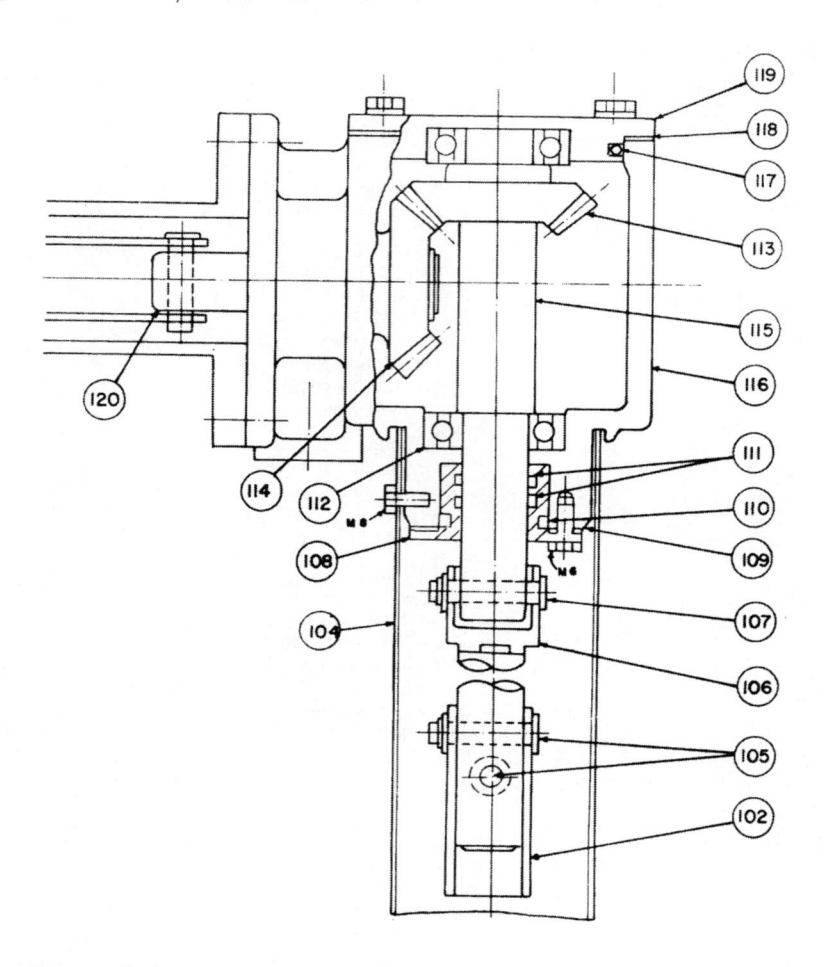

Figura 19.28 — Comutador Hitachi, engrenagens e eixos de transmissão: 102 — eixo; 104 — tubo resistente à corrosão; 105 — pino; 106 — eixo; 107 — pino; 108 — suporte de anel O; 109 — gaxeta; 110 e 111 — anel O; 112 — mancal de rolamento; 113 e 114 — engrenage cônica; 115 — eixo; 116 — caixa de engrenagens; 117 — anel O, 118 — gaxeta; 119 — tampa; 120 — eixo

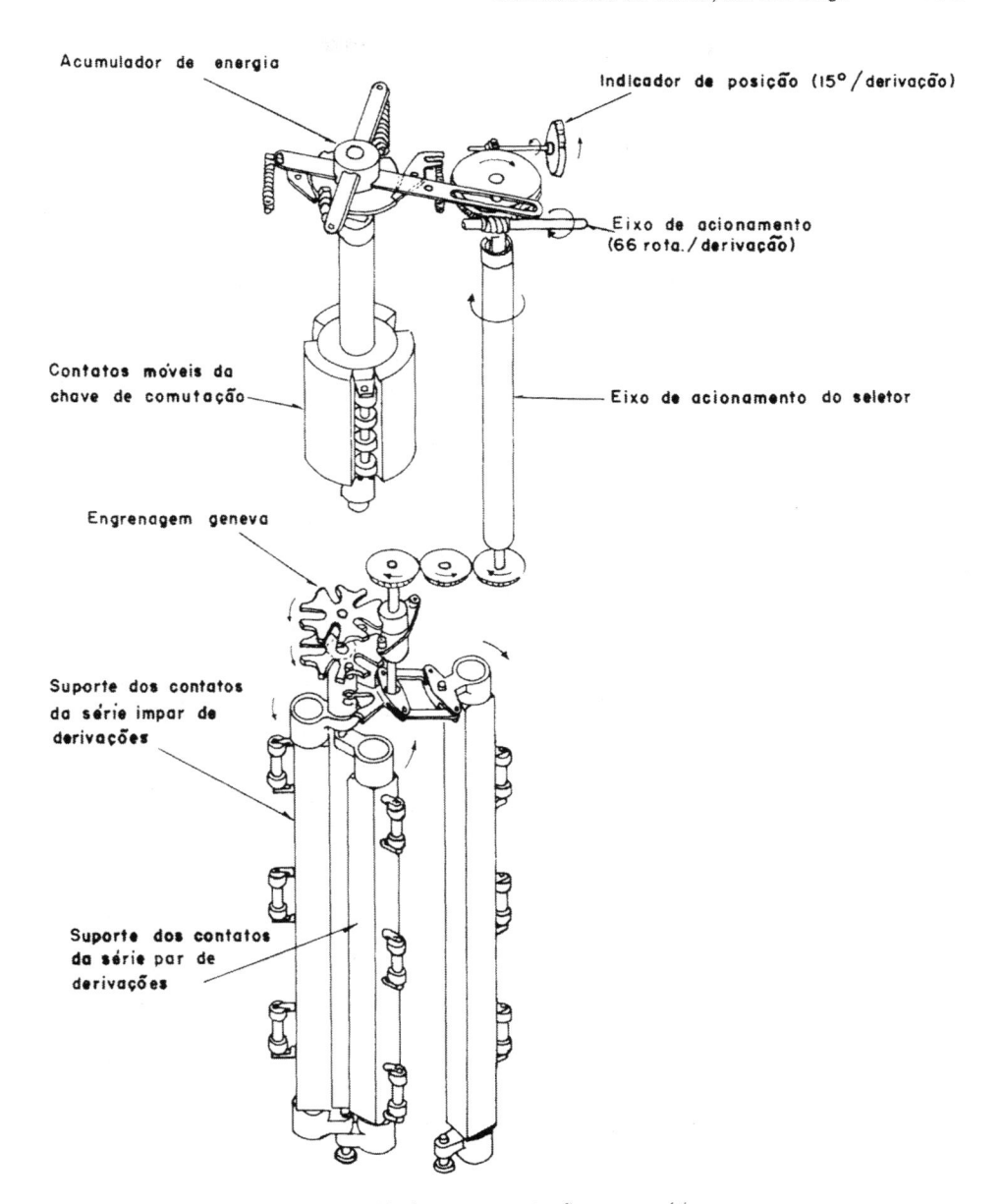

Acumulador de energia

Indicador de posição (15°/derivação)

Eixo de acionamento
(66 rota./derivação)

Contatos móveis da
chave de comutação

Eixo de acionamento do seletor

Engrenagem geneva

Suporte dos contatos
da série impar de
derivações

Suporte dos contatos
da série par de
derivações

Figura 19.29 — Comutador Mitsubishi — representação esquemática

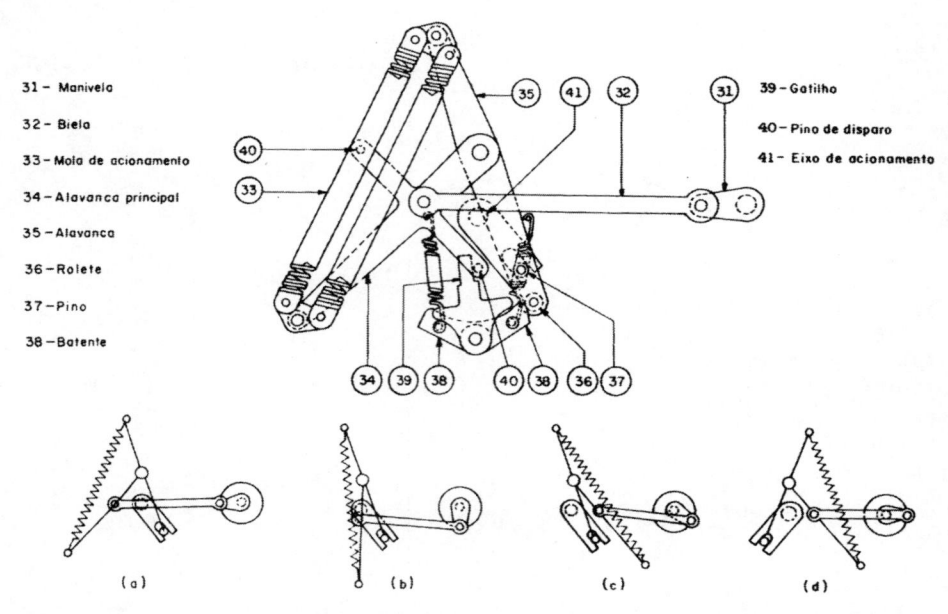

31 – Manivela

32 – Biela

33 – Mola de acionamento

34 – Alavanca principal

35 – Alavanca

36 – Rolete

37 – Pino

38 – Batente

39 – Gatilho

40 – Pino de disparo

41 – Eixo de acionamento

(a)   (b)   (c)   (d)

Figura 19.30 — Princípio de funcionamento do mecanismo de acionamento do comutador de derivações em carga Hitachi, tipo LR-B

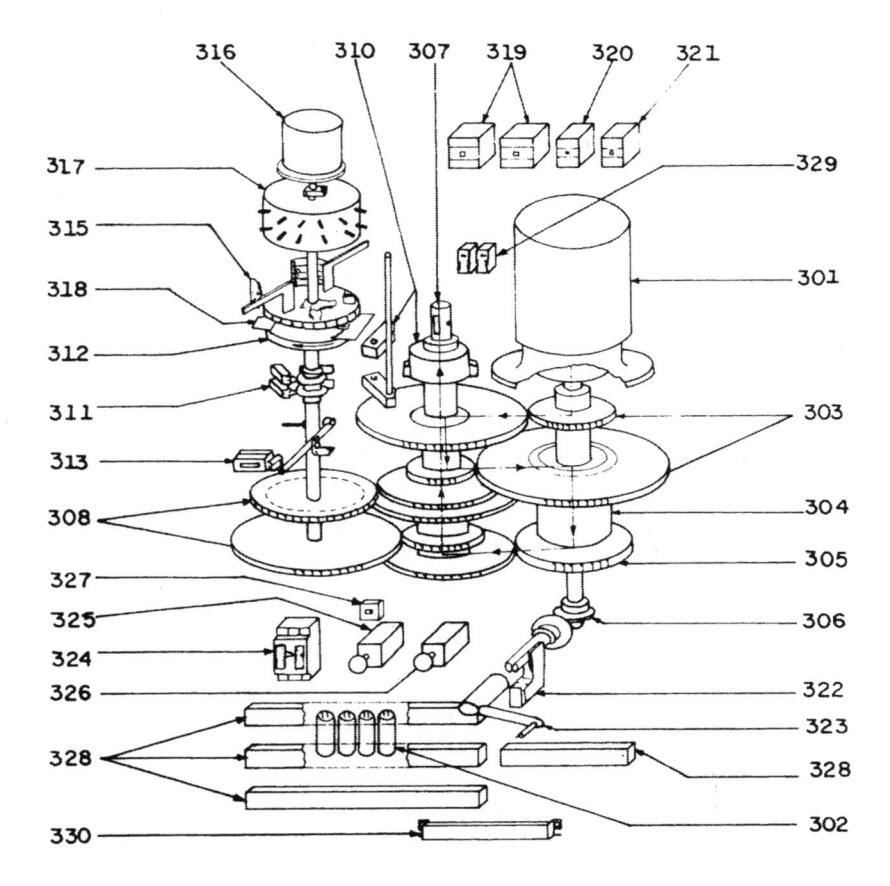

Figura 19.31 — Mecanismo de acionamento motorizado do comutador Hitachi, 301 — motor 302 — capacitor; 303 — engrenagem de redução; 304 — embreagem de sobretoque; 305 — engrenagem de redução; 306 — engrenagem cônica; 307 — eixo de acionamento; 308 — engrenagem de redução; 310 — trava mecânica; 311 — chave piloto; 312 — placa com marca verde; 313 — registrador do número de operações; 315 — chave limitadora; 316 — transmissor de posição de derivação; 317 — chave do mostrador; 318 — indicador de posição de derivação; 319 — contator de chave magnética; 320 — contator do freio; 321 — relé passo-a-passo; 322 — chave de intertravamento; 323 — manivela para acionamento manual; 324 — freio; 325 — chave de controle (elevar/abaixar); 326 — chave de operação remota ou local; 327 — chave do aquecedor; 328 — bloco de terminais; 329 — fusível de 316; 330 — aquecedor

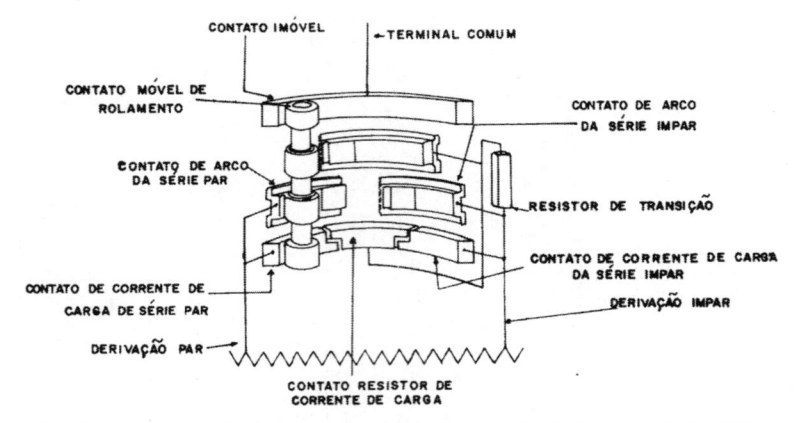

Figura 19.32 — Conjunto de contatos da chave de comutação do comutador Mitsubishi

Figura 19.33 — Chave comutadora do comutador Mitsubishi — mecanismo de acionamento

Figura 19.34 — Chave comutadora do comutador Mitsubishi — conjunto de contatos fixos e resistores de transição

Figura 19.35 — Chave comutadora do comutador Mitsubishi — conjunto de contatos móveis

Capítulo 20 — Instrumentos e métodos de testes de transformadores

20.1 — TESTE DE ISOLAÇÃO ELÉTRICA PELO MÉTODO DO FATOR DE POTÊNCIA COM O AUXÍLIO DO INSTRUMENTO DA DOBLE ENGINEERING, TIPO MEU 2 500 V

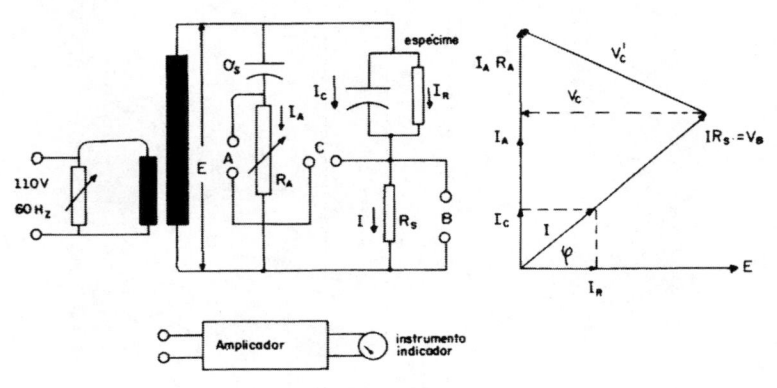

Figura 20.1 — Circuito de medição do Doble, MEU 2 500 V

Do diagrama fasorial apresentado, tiramos as seguintes relações:

$$\frac{V_C}{V_B} = \cos\varphi \qquad V_B = IR_s \qquad I_r = I\cos\varphi$$

$$V_C = V_B\cos\varphi = IR_s\cos\varphi = I_rR_s$$

$$\cos\varphi = \frac{R_sI_r}{IR_s} = \frac{I_r}{I} = \frac{mW}{mVA}$$

Estando o instrumento indicador colocado na posição C, a resistência de R_A é variada até que ele indique um valor mínimo correspondente ao fasor V_C do diagrama. A leitura será então em miliwatts (mW) na escala correspondente.

Se o instrumento for colocado na posição B, ler-se-á o valor de V_B correspondente a milivoltampères (mVA).

O valor da capacitância do capacitor C_s é muito maior que o da resistência do resistor R_A, o mesmo acontecendo com o capacitor C_c e o resistor R_s. Por essa razão, as correntes I_A e I_c estão praticamente adiantadas de 90° e a corrente I_r em fase com a tensão E, que é a tensão aplicada ao espécime em teste.

20.1.1 — Medidas de segurança para a utilização de aparelhos de teste de fator de potência da marca Doble

A área na qual serão realizados os testes deve ser bem demarcada e bem sinalizada.

O aparelho de teste deve estar perfeitamente aterrado. Sempre que possível, o terminal de aterramento do aparelho deve ser ligado à rede de terra da instalação.

O equipamento a ser testado deve estar desligado de qualquer fonte energizada e descarregado eletrostaticamente, salvo quando o procedimento do teste indicar o contrário. Comprovar por inspeção visual das chaves secionadoras e por dispositivo próprio de verificação de tensão.

Desligar os terminais do secundário dos transformadores de potencial dos respectivos circuitos.

Sempre que possível, o aparelho a ser testado deve estar no campo visual do operador do instrumento de teste. O auxiliar do operador deve ter consigo o interruptor de segurança e também ficar no campo visual do operador.

Não permitir que qualquer pessoa fique nas proximidades das partes do aparelho em teste que serão energizadas.

O operador do instrumento de teste e seu auxiliar devem utilizar-se de meio de comunicação que não deixe dúvida.

20.1.2 — Componentes do instrumento MEU, 2 500 V

A Fig. 20.2 representa o painel do instrumento MEU, 2 500 V.

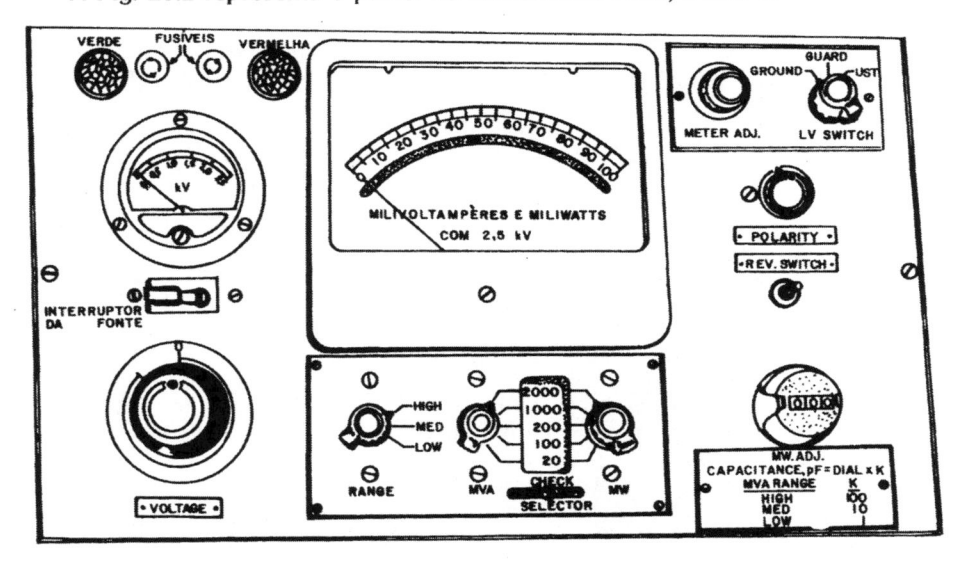

Figura 20.2 — Painel do MEU 2 500 V

Os elementos do circuito de medição estão alojados numa caixa metálica de 30.5 × 53 × 25,5 cm e o conjunto tem um peso aproximado de 23 kg.

Os botões e as chaves do painel do instrumento MEU, 2 500 V permitem:

Voltage

Ajustar a tensão de ensaio, que pode ser variada de zero a 2,5 kV.

Disjuntor geral

Ligar o instrumento à fonte de alimentação de 110 V, 60 Hz.

Range

Variar os valores das constantes de multiplicação de mVA e mW. Os valores das constantes são os seguintes:

Posição HIGH — 2 000,	1 000,	200,	100,	20
Posição MED — 200,	100,	20,	10,	2
Posição LOW — 20,	10,	2,	1,	0,2

Selector

Ajustar:

Quando na posição CHECK, a indicação do instrumento mW e mVA no valor 100 com o auxílio do controle METER ADJ.

Quando na posição mW, ler valores que, multiplicados pela constante escolhida, resultem em quantidades de mW medidos.

Quando na posição mVA, obter valores de milivoltampères nas mesmas condições dos valores de miliwatts.

Meter adj

Ajustar o ponteiro do indicador de mW ou mVA na posição 100, estando a chave SELECTOR na posição CHECK.

LV switch

Realizar ensaios de tipos correspondentes às posições GROUND, GUARD e UST.

Polarity

Determinar o sinal positivo ou negativo das leituras de mW e mVA.

Rev switch

Fazer leituras com a chave em uma ou em outra posição, tomando-se o valor médio aritmético das mesmas.

MW adj

Ajustar o ponteiro indicador de mW na posição do valor mínimo. O botão tem um mostrador ciclométrico indicando valores que, multiplicados pela constante K, dá como resultado a capacitância do espécime sob teste em picofarads (pF).

20.1.3 — Acessórios

O instrumento MEU, 2 500 V, tem os seguintes acessórios: cabo para a ligação à fonte de alimentação de 110 V, 60 Hz; cabo para ligação à terra; cabo com interruptor de segurança; cabo de alta tensão com conectores para ligação ao instrumento e ao espécime em teste (HV); capacitor para aterramento; colares metálicos ou de borracha condutora; e célula para testes de isolantes líquidos (óleo, escarel).

O cabo de alta tensão pode ter um comprimento de 9 m ou 18 m. Possui duas camadas de blindagem metálica ao redor do condutor central. Suas extremidades possuem terminais para os circuitos de medição, guarda e aterramento.

O condutor da parte central do cabo é para o circuito de medição propriamente dito e um de seus terminais tem a forma de gancho. O condutor interno de blindagem é para o circuito de guarda e é conectado ao anel terminal do cabo. O condutor externo de blindagem está conectado à base de alumínio do terminal do cabo.

As conexões do condutor central e dos condutores de blindagem com os elementos da caixa do instrumento são feitas automaticamente ao se colocar o plugue no receptáculo correspondente.

20.1.4 — Conexões

1) Aterrar o instrumento por intermédio do terminal de aterramento situado na parte externa da caixa.

2) Colocar o plugue do cabo de ligação à fonte de alimentação com 110 V, 60 Hz, no receptáculo, situado na parte externa da caixa.

3) Colocar o plugue do cabo de extensão do interruptor de segurança no receptáculo correspondente, do lado esquerdo da parte externa da caixa.

4) Colocar o plugue do cabo de alta tensão (HV) no receptáculo, do lado direito da caixa, e o gancho no terminal do espécime a ser testado.

5) Aterrar a outra parte do espécime.

20.1.5 — Procedimento da medição

a) Colocar o botão VOLTAGE de controle da tensão na posição zero, girando-o, totalmente, no sentido anti-horário.

b) Ligar o cabo de alimentação à fonte de 110 V, 60 Hz.

c) Colocar o interruptor geral na posição fechada (ON). A lâmpada de cor verde deve acender.
d) Colocar a chave seletora (SELECTOR) na posição CHECK.
e) Colocar a chave RANGE na posição HIGH.
f) Colocar a chave seletora da constante de mVA na posição 2 000 (a mais alta).
g) Colocar a chave seletora da constante de mW na posição 2 000 (a mais alta).
h) Colocar a chave LV SWITCH na posição GROUND, ou GUARD, ou UST, conforme o tipo de ensaio a ser realizado.
i) Colocar a chave de reversão REV SWITCH na posição à direita ou à esquerda. A posição central OFF é desligada.
j) Apertar o botão interruptor de segurança. O relé deve-se fechar e a lâmpada verde, apagar-se. Se não for ouvido o ruído de operação do relé e a lâmpada verde não apagar, conectar o capacitor de terra ao circuito de alimentação da seguinte forma: desconectar o cabo de alimentação da fonte; ligar à terra o condutor de aterramento do capacitor; e colocar o plugue do cabo de alimentação no receptáculo do capacitor e o plugue deste no receptáculo da fonte.
k) Apertar novamente o botão do interruptor de segurança. A lâmpada verde deverá apagar-se e a vermelha, acender, ao mesmo tempo que se ouvirá o ruído de fechamento do relé. Girar o botão VOLTAGE, de ajustar a tensão, até obter a tensão desejada. A tensão lida no voltímetro é a tensão aplicada ao espécime em teste. O instrumento não se presta para testes com tensão abaixo de 1,25 kV. Se o interruptor geral abrir com uma tensão inferior a esse valor, o teste não poderá ser realizado. Se o interruptor abrir com uma tensão entre 1,25 e 2,5 kV, o teste poderá ser realizado conforme as instruções específicas para esses casos (ver testes com tensões menores que 2,5 kV).
l) Com a chave SELECTOR na posição CHECK, e a tensão ajustada para o valor desejado (2,5 kV, por exemplo), girar o botão METER ADJ até que o ponteiro indicador (de mW ou mVA) ocupe a posição 100.
m) Mudar a posição da chave SELECTOR para a posição mVA. A chave RANGE deverá ser colocada numa posição tal que permita o desvio máximo do ponteiro. Por exemplo, se a chave RANGE estiver na posição HIGH e a leitura for menor que dez divisões, mudá-la para a posição LOW. A chave das constantes de medição deve ser colocada numa posição tal que permita ao ponteiro um desvio para além da metade da escala e o mais próximo possível do fim da mesma. Anotar o valor indicado.
n) Mudar a chave REV SWITCH de posição e fazer nova leitura. Os valores lidos nas duas posições da chave REV SWITCH serão anotados na ficha de registro de ensaios, assim como a média algébrica, que é o valor final a ser considerado. Toma-se a média das leituras porque o instrumento pode ficar exposto a campos eletrostáticos que influem no resultado da medição. Ao se mudar a chave REV SWITCH de posição, há a inversão do sentido da corrente na bolinha móvel do instrumento indicador. Tomar o valor médio algébrico das duas leituras como resultado final da medição. A chave seletora das constantes de medição deve permanecer na mesma posição durante as leituras.
o) Colocar a chave SELECTOR na posição mW. Girar o botão MW ADJ até que o ponteiro indique o menor valor, que deve ser anotado. Com a chave RANGE na mesma posição, colocar a chave das constantes de multiplicação em posições correspondentes a valores menores, para se obter o menor valor indicado. Cada vez que a chave das constantes de multiplicação é mudada de posição, o botão MW ADJ deve ser girado para se obter a deflexão mínima. A leitura deve abranger meia divisão da escala.
p) Mudar a posição da REV SWITCH e a nova leitura deve ser feita. Anotar na folha de registro de ensaios os valores lidos nas duas posições da chave REV SWITCH, assim como seu valor médio algébrico.
q) Ler o valor indicado no mostrador ciclométrico do botão do potenciômetro MW ADJ. Este valor multiplicado pela constante correspondente à posição da chave RANGE dá o valor da capacitância do espécime. Esta leitura é feita logo após as leituras de mW.

NOTA

É possível que uma das leituras tenha valor negativo. Para se saber se tal fato ocorreu, procede-se da seguinte forma: quando a medição é de mW, girar lentamente o botão POLARITY até que o ponteiro comece a se movimentar. Se o ponteiro iniciar seu movimento em direção ao valor zero da escala, o valor da leitura é positivo. Se, pelo contrário, seu movimento inicial é em direção ao valor 100 da escala, o valor lido é negativo. Para o cálculo, somar os valores de sinal positivo e subtraí-los quando um deles for negativo, dividindo o resultado por 2.

Terminada a medição, desativar o instrumento da seguinte maneira:

Colocar a chave SELECTOR na posição CHECK.

Reduzir a tensão a zero, girando o botão VOLTAGE, totalmente, no sentido anti-horário.

Desapertar os botões dos interruptores de segurança.

Colocar as chaves MVA, MW e RANGE na posição correspondente ao valor máximo.

Colocar o interruptor geral na posição desligada e retirar o plugue do receptáculo de 110 V.

Só então poderão ser recolhidos os cabos de conexões.

20.1.6 — Testes com tensões menores que 2,5 kV

O aparelho MEU 2 500 V permite a realização de ensaios com tensão de 1 kV e algumas vezes até de 600 V. A tensão aplicada ao espécime deve permitir o ajuste do ponteiro no valor 100 da escala, com o auxílio do botão METER ADJ, estando a chave SELECTOR na posição CHECK.

O procedimento é o seguinte:

Ajustar a tensão no valor desejado.

Ajustar o ponteiro do instrumento na posição 100 da escala.

20.1.7 — Exemplo de ensaio de um transformador de dois enrolamentos (AT/BT)

Chave	Posição	Valores			Capacitância
		mVA lido	mVA calculado	Médio	
Range	Med			7 075	Lida: 301
LV switch	Ground				Calculada: 3 010 pico-farads
Rev switch	À esquerda	71	7 100		
	À direita	70,5	7 050		Fator de potência
MVA	100				
Range	Med	mW lido	mW calculado		$\dfrac{33,5}{7\ 075} \times 100 =$
LV switch	Ground				
Rev switch	À direita	17	34	33,5	= 0,473%
	À esquerda	16,5	33		
MW	2				
Range	Med	mVA lido	mVA calculado		Capacitância
LV switch	Guard				
Rev switch	À esquerda	34,5	3 450	3 425	Lida: 146
	À direita	34,0	3 400		Calculada: 1 460 pico-farads
MW	100				
Range	Med	mW lido	mV calculado		Fator de potência
LV switch	Guard				$\dfrac{20,5}{3\ 425} \times 100 =$
Rev Switch	À esquerda	10,5	21		
	À direita	10	20		20,5
MW	2				= 0,598 %

Prosseguir com o teste como já se expôs.

Os valores de mW e mVA são calculados do seguinte modo:
mW = 0,16 × valor lido de mW × constante × (kV teste)^2
mVA = 0,16 × valor lido de mVA × constante × (kV teste)^2

20.1.8 — Chave LV switch

Esta chave tem três posições: GROUND, GUARD e UST. O condutor LV pode ser conectado através desta chave a qualquer desses pontos, conforme o tipo de ensaio a ser realizado, o que torna as operações do ensaio muito facilitadas. O desenho seguinte ilustra o emprego da chave (Fig. 20.3).

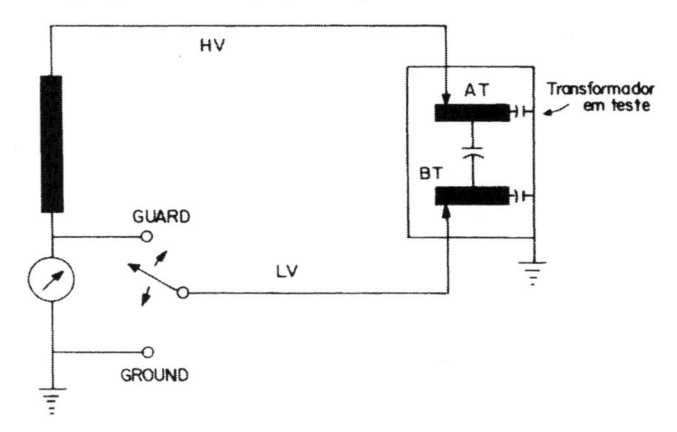

Figura 20.3 — Circuito de chave LV SWITCH

Chave na posição Ground: mede-se a isolação AT/BT + AT/TERRA.
Chave na posição Guard: mede-se a isolação AT/TERRA.

Os testes com a chave na posição UST (*Ungrounded Specimen Test*) serão descritos especificamente para cada tipo de aparelho.

20.1.9 — Fator de potência e temperatura da isolação

O fator de potência de uma isolação varia com a temperatura e por isso a temperatura do espécime também deve ser medida quando se procede à medição do fator de potência.

Para ser possível comparar resultados, é necessário que o valor do fator de potência seja corrigido para um correspondente a um valor básico de temperatura, em geral 20 °C. Os fatores de multiplicação para essa correção são encontrados em tabelas que fazem parte dos capítulos que tratam da manutenção dos equipamentos.

20.1.10 — Verificação do instrumento Doble MEU 2 500 V

1 — Cabos

1a — Continuidade — A resistência de cada cabo, medida com ohmímetro de baixa tensão, deve ser menor que 1 ohm.

1b — Resistência de isolamento — A resistência de isolamento entre os circuitos do cabo separado do instrumento deve ser no mínimo igual a 100 ohms, medida com megger de 500 V.

2 — Cabo LV

2a — Resistência de isolamento — A resistência de isolamento entre o condutor central e o de blindagem deve ser de 100 megohms no mínimo, medida com megger de 500 V estando o cabo desligado do instrumento.

3 — Amplificador

3a — Instrumento indicador de milivoltampères e miliwatts — Ao ser o instrumento ligado à fonte de 110 V, 60 Hz, o ponteiro deve deslocar-se, num salto, do zero em direção aos maiores valores da escala, flutuando em seguida antes de retornar a zero.

3b — Ganho — Desligar o cabo HV do instrumento. Girar o botão METER ADJ, completamente, no sentido horário e colocar a chave SELECTOR na posição CHECK. A partir de zero, aumentar a tensão de teste até o ponteiro do instrumento indicador alcançar o fim da escala. A tensão deverá ser de 500 V ou menor. Se a tensão for bem maior que 500 V, testar as válvulas eletrônicas do amplificador. Se as válvulas estiverem em boas condições, testar os capacitores de passagem paralela (by-pass) do cátodo (50 ou 100 mFd).

3c — Tensões — Verificar as tensões de alimentação de filamento e placa do seguinte modo: — retirar a válvula 12 AU7 do chassi. A tensão entre os pontos 4 e 9 (sentido anti-horário) da base é a tensão do filamento, que deve ser de 30 a 40 V, quando medida com um voltímetro de 20 000 ohms por volt. A tensão entre o ponto 1 da base e o chassi é a tensão de placa, que deve ser de 250 a 260 V.

4 — Retificador do instrumento indicador

Estando a chave SELECTOR na posição CHECK, o deslocamento do ponteiro na escala deve ser linear, quando a tensão é variada. A não-linearidade pode ser devida ao mau estado do retificador.

Para testar proceder como se segue:

Colocar a chave SELECTOR na posição CHECK.

Deslocar o ponteiro para a posição 100 da escala, aumentando a tensão para 2,5 kV. Reduzir a tensão para 2,0; 1,5; 1,0; e 0,5 kV, respectivamente; o ponteiro deve deslocar-se para as posições 80; 60; 40; e 20. Uma diferença de mais de uma divisão da escala é indicativo de que o retificador não está em bom estado.

5 — Faixas (ranges) e multiplicadores de mVA e mW

Se houver alguma dúvida quanto à medição com a chave RANGE e a chave de multiplicadores em uma de suas posições, passar para outra posição. Para testar os resistores das chaves RANGE e dos multiplicadores, fazer medições entre o cabo LV e terra. Os valores corretos são os seguintes:

	Chave LV switch	Chave Range	Resistência (OHMS)
Posição	Guard	High	2,5
	Guard ou UST	Med	25,0
	Guard ou UST	Low	250,0

Se os valores medidos não coincidirem com os valores acima, verificar se não houve escorregamento do disco da chave RANGE sobre o eixo.

Outro método mais simples, e preferível, de verificar é o seguinte:

1. Com o instrumento pronto para uso, porém sem o cabo LV, colocar a chave SELECTOR na posição CHECK e girar o botão METER ADJ até o ponteiro alcançar a posição 100.

2. Girar o botão MW* ADJ, completamente, no sentido anti-horário; colocar a chave RANGE na posição LOW, a chave SELECTOR em posição MW* e a chave de multiplicadores na posição 0,2.

3. Com o auxílio do botão MW* ADJ, deslocar o ponteiro do instrumento indicador para a posição 100 (plena escala).

4. Colocar a chave de multiplicadores MW* na posição 1; o ponteiro deve deslocar-se para a posição 20 da escala.

5. Repetindo-se os procedimentos 3 e 4 para valores maiores de multiplicadores, devem ser obtidos os seguintes resultados:

Posição do botão MW* ADJ para o ponteiro em 100	Chave MW* multiplicador	Leitura do instrumento indicador
0,2	1	20
1,0	2	50
2,0	10	20
10,0	20	50

* MW, no original Doble, significa *miliwatt*. O símbolo de *mili* é *m*, portanto o correto é um mW e não MW, que é *megawatt*. A Doble usa M (mega) significando m (mili)

As diferenças entre as leituras e os valores assinalados devem ser menores que uma divisão da escala.

6. Transformador de alta tensão

6a — Resistência de isolamento — A resistência de isolamento entre os enrolamentos primário e secundário deve ser de 100 megohms no mínimo, quando medida com megger de 500 V.

6b — Continuidade — Verificar a continuidade dos enrolamentos com um ohmímetro.

6c — Resistência ôhmica dos enrolamentos

Número da placa presa ao núcleo	Enrolamento AT (ohm)	Enrolamento BT (ohm)
7 798	2 000	1,5
4 065	3 500	3,0
4 065A	3 500	3,0

7 — Aferição do instrumento Doble MEU 2 500 V

7a — Acessórios necessários — Uma célula de teste de óleo isolante, um resistor de 0,5 e outro de 1,0 megohms, aproximadamente, mas cujos valores exatos devam ser conhecidos.

7b — Procedimento:

Medir mVA e mW de uma célula de testar óleo perfeitamente limpa sob 2,5 kV.

Conectar o resistor de 0,5 megohm (0,5 W ou mais) entre o cabo LV e a célula. Medir mVA e mW sob 2,5 kV.

Encher a célula com óleo de boa qualidade. Medir mVA e mW sem intercalar o resistor.

Colocar o resistor de 0,5 megohm entre a célula e o cabo, e medir novamente mVA e mW.

As diferenças entre os valores medidos de mW e sem resistor em série deve ser da ordem de

$$\frac{(mVA)^2}{6\ 250} \times R$$

sendo o *R* o valor exato da resistência do resistor série, em megohm, e mVA o valor medido com o resistor em série.

20.2 — TESTE DE ISOLAÇÃO ELÉTRICA COM O INSTRUMENTO DA DOBLE ENGINEERING, TIPO MH 10 000 V

Com este instrumento, medem-se a perda em watt e a corrente de fuga em miliampère de uma isolação para a determinação de seu fator de potência.

20.2.1 — Princípio da medição

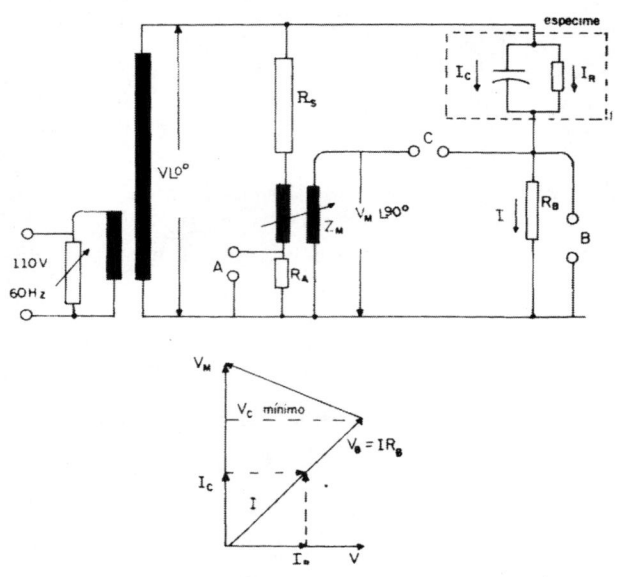

Figura 20.4 — Circuito de medição do Doble MH 10 000 V

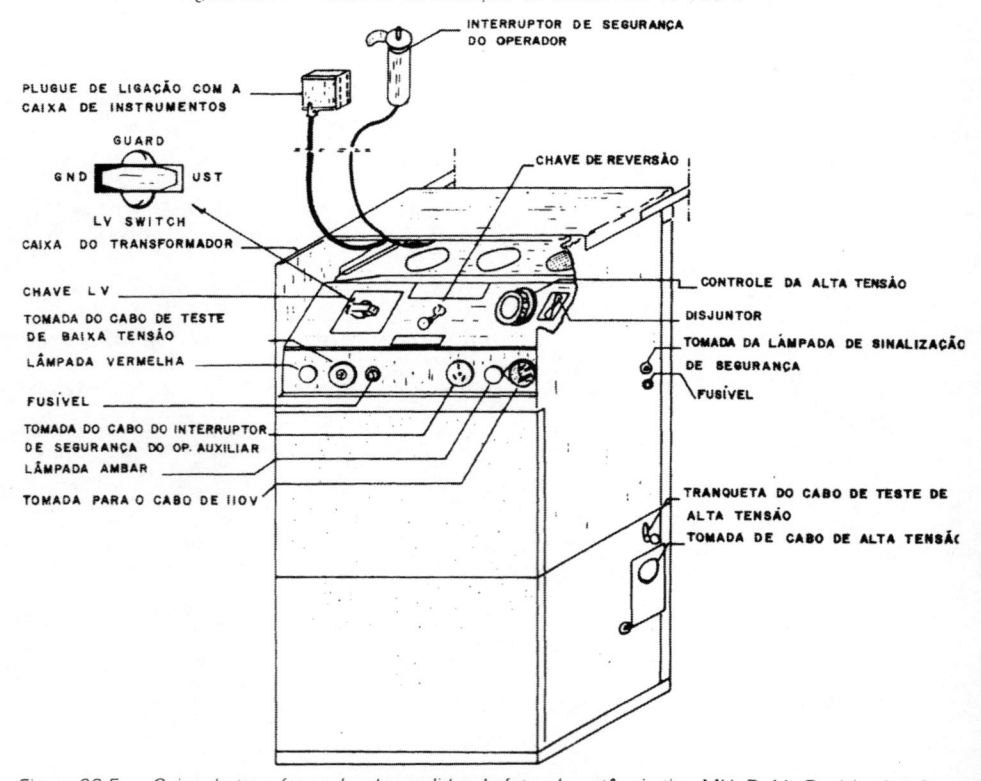

Figura 20.5 — Caixa do transformador do medidor de fator de potência tipo MH, Doble Engineering Co.

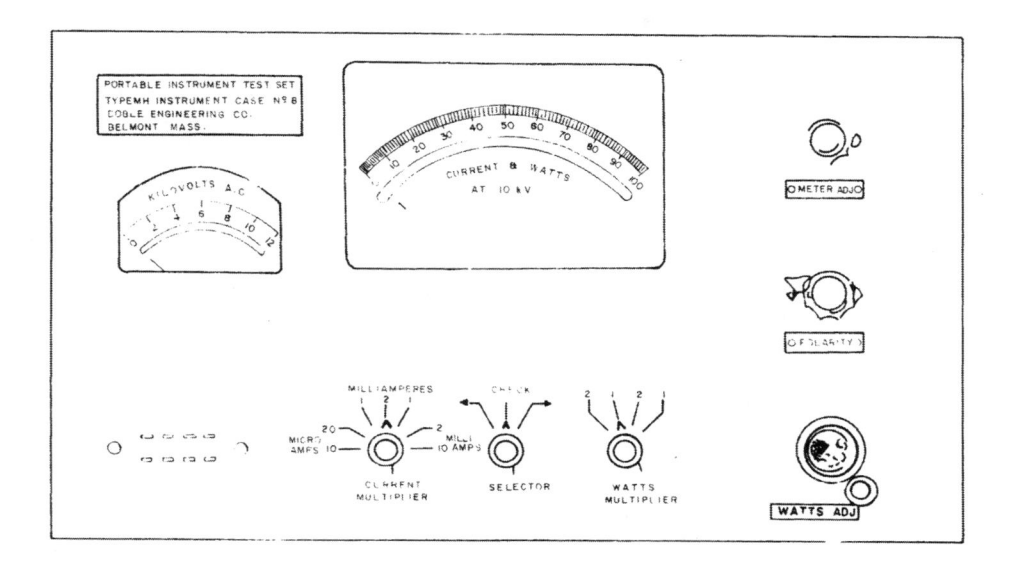

Figura 20.6 — Painel do MH 10 000 V

20.2.2 — Diagrama simplificado do circuito de medição (Fig. 20.4)

O amplificador é ligado na posição *A*, para ajustar o ponteiro ao final da escala, por meio de um dispositivo de controle, com a finalidade de checá-lo.

Na posição *B*, a indicação do instrumento indicador dependerá da queda de tensão no resistor R_B, que é igual ao produto de sua resistência pela corrente *I* do espécime em teste.

Em *C*, o instrumento indicará a diferença entre as tensões de V_B e V_M. Variando-se Z_M, varia a tensão V_M e consegue-se para V_C um valor mínimo. Esse valor, multiplicado pelo fator de multiplicação correspondente, é igual às perdas em watt do espécime que está sendo testado.

20.2.3 — Componentes do conjunto de teste Doble, tipo (MH) 10 000 V

O conjunto testador tipo MH da Doble Engineering Co. é formado por:

Uma caixa de 33 × 40 × 76 cm, pesando 68 kg, que contém as unidades transformadoras: a unidade de controle da tensão, o capacitor-padrão, o disjuntor, a chave reversora, protetores contra surtos, fonte de alimentação do amplificador, fusíveis e partes complementares. A caixa pode ser desmembrada em duas partes, pois os circuitos são interligados por meio de plugues. (Fig. 20.5).

Uma caixa com o instrumento de medição e o respectivo circuito. Ela contém: um voltímetro, um medidor de ampères e watts, o amplificador eletrônico e acessórios.

Uma caixa com: cabo e chave de extensão, cabo de teste de espécime não-aterrado, condutores de aterramento, colares metálicos, terminais em forma de gancho, protetor de surto da célula de óleo e peças sobressalentes.

Cabo de teste de alta tensão com cerca de 18 m de comprimento.

Uma célula para testes de óleo isolante e ascaréis.

20.2.4 — Botões e chaves dos painéis das caixas do testador MH 10 kV

Os botões e as chaves dos painéis da caixa dos instrumentos indicadores e do transformador de teste da aparelhagem Doble MH 10 kV têm as seguintes funções:

a) Caixa dos instrumentos indicadores (Fig. 20.6)

CURRENT MULTIPLIER — Chave dos fatores de multiplicação de miliampères e microampères.

SELECTOR — Chave com três posições:

• Posição CHECK, para testar a aparelhagem de medição. Com a chave nesta posição e com o auxílio do botão METER ADJ, o ponteiro do instrumento CURRENT & WATTS pode ser desviado para o final da escala sob uma tensão de teste de 10 kV.

• Posição da seta CURRENT MULTIPLIER, para a medição da corrente do espécime em teste.

• Posição da seta WATTS MULTIPLIER, para a medição das perdas em watt do espécime em teste.

WATTS MULTIPLIER — Chave para a escolha do fator de multiplicação da medida das perdas em watt.

CURRENT MULTIPLIER — Chave para a escolha do fator de multiplicação da me-ɾ ão da corrente de teste.

METER ADJ — Controle para ajustar a posição do ponteiro do instrumento CUR-ɼENT & WATTS, no final da escala, estando a chave SELECTOR na posição CHECK; ou para ajustar sua posição na medição das perdas em watt (WATTS ADJ) com a chave SELECTOR na posição WATTS MULTIPLIER.

POLARITY — Chave para a determinação do sinal positivo ou negativo das leituras de watt.

WATTS ADJ — Botão para ajustar watts ao menor valor.

20.2.5 — Instrumentos do painel

Voltímetro com escala de zero a 12 kV, para medir a tensão de teste.

Currrent & Watts com escala para a medição de corrente e a perda em watt do espécime em teste.

b) Caixa do transformador de teste:

Um botão para o controle da tensão de teste indicada pelo voltímetro.

Um disjuntor do circuito de energização do transformador de teste.

Uma chave reversora do circuito do transformador de teste.

Uma chave LV SWITCH com posições, IN, MID e OUT, correspondendo, respectivamente, às funções GROUND, GUARD e UST.

Um plugue para a conexão com a fonte de 110 V, 60 Hz.

Um receptáculo do plugue do cabo de extensão da chave de segurança.

Um receptáculo do cabo de baixa tensão da chave LV SWITCH.

Um receptáculo do cabo da lâmpada de sinalização de segurança.

Uma lâmpada de cor âmbar que, quando acesa, indica que a conexão da caixa do transformador de teste com a fonte de 110 V, 60 Hz, foi completada.

Uma lâmpada de cor vermelha que, quando acesa, indica que o relé de terra operou.

Do lado direito da caixa do transformador de teste, há um receptáculo do plugue do cabo de teste de alta tensão. A caixa possui também um terminal de aterramento. um cabo multicondutor, com terminal próprio para a interconexão com o plugue da caixa dos instrumentos indicadores e uma chave-botão de segurança a ser utilizada pelo operador.

20.2.6 — Preparação para o teste

Colocar a caixa do transformador de alta tensão nas proximidades do aparelho a ser testado, numa posição em que seu terminal fique ao alcance do cabo de alta tensão e aterrá-la.

Encaixar, totalmente, o terminal do cabo de alta tensão em forma de plugue na tomada do lado direito da caixa do transformador de teste. O terminal deve ficar preso pela tranqueta que evita sua desconexão casual e aterra o circuito de teste através da blindagem externa do cabo.

A caixa do instrumento de teste pode ser colocada sobre a caixa do transformador ou a seu lado. A interligação entre as duas caixas é feita com o auxílio do cabo multicondutor existente na caixa do transformador.

Colocar o disjuntor geral na posição OFF (desligada) e conectar o conjunto a uma fonte de CA, de 110 a 120 V, 60 Hz. A lâmpada âmbar do painel da caixa do transformador de teste deve acender indicando a conexão com a fonte.

Colocar o terminal do cabo longo com a chave de segurança no receptáculo próprio da caixa do transformador. Esta chave fica em posse do auxiliar que conecta o cabo de alta tensão ao terminal do aparelho em teste. Uma segunda chave de segurança, tipo de botão com cabo curto existente na caixa do transformador, fica com o operador da aparelhagem de medição. O aparelho em teste será energizado só quando as duas chaves forem fechadas, isto é, os botões das duas chaves forem pressionados.

Colocar o plugue do cabo da lâmpada, sinal de segurança, no receptáculo próprio do lado direito, parte superior, da caixa do transformador de teste. Esta lâmpada deverá estar acesa quando o relé principal abrir o circuito de energização do transformador de alta tensão, indicando que o cabo de alta tensão está desenergizado e pode ser manuseado sem perigo. Se houver uma falha neste sistema de sinalização, a lâmpada pode estar apagada, indicando que o cabo de alta tensão está energizado. Para reparar a falha, desconectar o conjunto de teste da fonte de 110 V.

A aparelhagem de teste deve estar aterrada em dois pontos para poder operar. Um dos aterramentos é feito através da caixa pelo cabo de ligação com a fonte de alimentação. O outro é o do circuito de teste e pode ser feito com o condutor n.º 6 fornecido, normalmente, com o testador, ou de preferência através do sistema de aterramento da instalação da subestação. O terminal de aterramento do circuito de teste é exposto e ligado à blindagem exterior do cabo de teste de alta tensão.

Colocar o terminal, em forma de gancho, do cabo de alta tensão no terminal do aparelho a ser testado; a outra parte de sua isolação deve estar aterrada.

Colocar o botão de controle da tensão, do painel da caixa do transformador de teste, na posição zero, girando-o completamente no sentido anti-horário.

Colocar a chave SELECTOR na posição CHECK.

Colocar o interruptor, do painel da caixa do transformador de teste, na posição ON (fechada).

Colocar a chave de reversão, do painel da caixa do transformador de teste, em qualquer das posições à direita ou à esquerda.

Aguardar 3 min, no mínimo, para o aquecimento do amplificador.

20.2.7 — Procedimento de teste

Medição da corrente de teste:

O botão da chave de segurança será pressionado pelo operador e o relé de terra deverá operar.

O auxiliar pressionará o botão da chave de segurança de extensão e o relé deverá fechar-se. A lâmpada de cor vermelha, do painel da caixa do transformador, deverá acender e a lâmpada de sinal de segurança apagar-se.

Observar o voltímetro e, ao mesmo tempo, girar o botão do dispositivo de controle da tensão do painel no sentido horário, até obter a tensão desejada — aquela aplicada ao aparelho que está sendo testado. A tensão de teste deverá ser 10 kV, quando o aparelho em teste oferecer condições para ser testado com essa tensão. Se o disjuntor abrir com uma tensão inferior a 2 kV, o teste não poderá ser realizado com este tipo de instrumento. Se o disjuntor abrir com uma tensão entre 2 e 10 kV, o teste poderá ser realizado (ver instruções próprias).

Manter a tensão de 10 kV aplicada e, com a chave SELECTOR na posição CHECK, girar o botão METER ADJ até o ponteiro atingir o final da escala do instrumento indicador CURRENT & WATTS. Esta condição poderá ser verificada a qualquer momento posterior, com a chave SELECTOR na posição CHECK, estando a aparelhagem sob a tensão de teste.

Girar a chave SELECTOR, no sentido anti-horário, até a posição correspondente à seta que aponta para a chave CURRENT MULTIPLIER.

Colocar a chave CURRENT MULTIPLIER na posição correspondente ao maior fator de multiplicação e a partir dessa posição procurar aquela em que a deflexão do ponteiro é máxima. Ler o valor indicado.

Trocar a chave de reversão de posição e fazer nova leitura.

Anotar o valor médio das duas leituras, do fator de multiplicação de corrente e as unidades da corrente (miliampère ou microampère).

A corrente de teste será igual ao produto do valor lido pelo fator de multiplicação.

20.2.8 — Medição das perdas em watts

Conservar a chave CURRENT MULTIPLIER na mesma posição do teste anterior.

Girar a chave SELECTOR, no sentido horário, até a posição correspondente à seta que aponta para a chave WATTS MULTIPLIER.

Colocar a chave WATTS MULTIPLIER na posição correspondente ao maior fator de multiplicação, girando o botão completamente no sentido anti-horário.

Girar o botão WATTS ADJ, no sentido horário, até que o ponteiro do instrumento CURRENT & WATTS indique o menor valor. Movimentar o botão em um e em outro sentido, até encontrar a posição do menor valor.

Girar a chave WATTS MULTIPLIER, no sentido horário, até obter o menor multiplicador com possibilidade de leitura na escala.

Para cada posição da chave WATTS MULTIPLIER verificar a menor leitura com o auxílio do controle WATTS ADJ. Em seguida, fazer a leitura.

Mudar de posição a chave de reversão.

Por intermédio do controle WATTS ADJ, verificar novamente o valor da leitura mínima. Fazer nova leitura.

Anotar a média das duas leituras e o multiplicador correspondente à posição da chave WATTS MULTIPLIER.

A perda em watt do espécime em teste é igual ao produto da média das duas leituras mínimas pelo fator de multiplicação.

Quando o espécime em teste tiver características muito resistivas, como peças de madeira e pára-raios, o ponteiro do instrumento indicador fica numa posição muito próxima do início da escala.

O valor percentual do fator de potência do espécime, para 10 kV de tensão de teste, é dado pela relação:

$$FDP\ (\%) = \frac{W \times 10}{mA} = \frac{W \times 10\ 000}{\mu A}$$

Terminada a medição, proceder como se segue:

Colocar a chave SELECTOR na posição CHECK.

Girar o botão WATTS ADJ, completamente, no sentido anti-horário.

Girar o botão da chave CURRENT MULTIPLIER, completamente, no sentido horário.

Girar o botão da chave WATTS MULTIPLIER, completamente, no sentido anti-horário.

Girar o botão de controle de tensão, do painel da caixa do transformador de teste, completamente, no sentido anti-horário, para reduzir a zero a tensão aplicada ao espécime em teste.

Deixar de pressionar os botões das chaves de segurança para abri-las.

Verificar se a lâmpada de sinalização de segurança está acesa.

20.2.9 — Testes de espécimes similares

Deixar as chaves CURRENT MULTIPLIER, WATTS MULTIPLIER e o controle WATTS ADJ nas posições em que se encontravam quando foi feita a leitura do instrumento indicador.

O teste se resumirá na operação da chave SELECTOR, chave de reversão e em pequenos ajustes do controle WATTS ADJ para se obter o valor mínimo de leitura de cada espécime.

É recomendável que a chave SELECTOR seja colocada na posição CHECK, antes do teste de cada espécime, para verificar a leitura de plena escala.

20.2.10 — Testes com tensões inferiores a 10 kV

Quando as características do equipamento ou aparelho, que está sendo testado, não permitirem a aplicação de uma tensão de 10 kV, o teste poderá ser realizado a uma tensão menor, mas não inferior a 2 kV. Mas a tensão não poderá ser tão baixa que não permita ajustar o ponteiro do instrumento indicador no final da escala com o controle METER ADJ, estando a chave SELECTOR na posição CHECK. Quando os testes são feitos com tensão inferior a 10 kV, por exemplo, 5 ou 7,5 kV, a corrente e os watts são lidos normalmente, e o fator de potência também é normalmente calculado.

20.2.11 — Exemplos

Resultados de um teste com tensão de 5 kV.

corrente lida   20   fator de multiplicação de corrente 1mA
watts lidos   10   fator de multiplicação de watts   0,2

valores equivalentes a 10 kV

$20 \times 1 = 20$ mA
$10 \times 0,2 = 2$ watts (porque a escala é graduada em valores correspondentes a 10 kV.

$$\text{FDP (\%)} = \frac{W \times 10}{mA} = \frac{2 \times 10}{20} = 1$$

Se se desejar calcular o fator de potência com os valores correspondentes à tensão de teste 5 kV, neste caso é necessário corrigir os valores obtidos da seguinte forma:

corrente = $0,1 \times$ (corrente obtida) $\times$ (kV de teste)
watts   = $0,001 \times$ (watts obtidos) $\times$ (kV de teste)^2

Aplicando ao caso acima temos:

corrente sob kV de teste = $0,1 \times 20 \times 5 = 10$ mA
watts sob tensão de teste = $0,01 \times 2 \times 5^2 = 0,5$ watt

$$\text{FDP (\%)} = \frac{\text{Watt} \times 100}{\text{(kV de teste)} \times mA} = \frac{0,5 \times 100}{5 \times 10} = 1$$

20.2.12 — Interferência eletrostática

Campos eletrostáticos muito intensos, oriundos de condutores de alta tensão próximos da aparelhagem de teste, podem tornar negativos os valores de watts lidos.

Para verificar o sinal da leitura, quando o instrumento estiver indicando watts, girar lentamente o botão POLARITY, no sentido horário, observando ao mesmo tempo o movimento do ponteiro do instrumento indicador CURRENT & WATTS.

Se o ponteiro *inicia* seu movimento no *sentido anti-horário*, isto é, desloca-se para o lado do valor zero da escala, o sinal da leitura é positivo. Se, pelo contrário, o ponteiro *inicia* seu movimento no *sentido horário*, isto é, para o lado do valor 100 da escala, a leitura tem o sinal negativo. Só é válido o movimento inicial do ponteiro. O valor a ser considerado é igual à soma algébrica de duas leituras dividida por 2.

20.2.13 — Irregularidades que podem ocorrer na aparelhagem Doble MH 10 kV e suas causas

1) O relé de terra não opera quando a ligação com a fonte é completada e a chave de segurança do operador é fechada.

Causas prováveis: o conjunto de teste não foi aterrado; polaridade do plugue de 110 V trocada; e falta de aterramento em um dos terminais da fonte de 110 V, 60 Hz. Neste caso, o aterramento pode ser feito com a utilização do capacitor de aterramento fornecido com o conjunto de teste; chave de segurança do operador defeituosa, e por isso não há o fechamento do circuito quando seu botão é pressionado; e bobina do relé de terra aberta.

2) O relé de terra opera intermitentemente.

Causas prováveis: ligação entre o terminal de aterramento do conjunto de teste e o sistema de terra da instalação em más condições; e nenhum dos terminais da fonte de 110 V está aterrado.

3) A tensão não pode ser aumentada com o auxílio do controle de tensão, mas a lâmpada piloto permanece acesa.

Causas prováveis: mau contato no plugue do cabo de interligação da caixa do transformador de teste com a caixa dos instrumentos indicadores; circuito de teste aberto; e chave de reversão na posição neutra.

4) O disjuntor geral abre repetidas vezes.

Causas prováveis:

Ruptura do espécime em teste.

Capacitância do espécime em teste muito grande para a capacidade do conjunto de teste (ver instruções para a realização de testes com tensões inferiores a 10 kV).

Descarga externa entre as partes com alta tensão e GUARD ou terra.

A causa pode ser umidade no conjunto de teste, que deve ser encaminhado para o laboratório de reparos de instrumentos para ser secado; e falha do cabo de alta tensão entre o terminal de alta tensão e o GUARD. A verificação pode ser feita testando-se sem conexão com o cabo e o espécime em teste.

5) Oscilações do ponteiro do instrumento indicador.

Causas prováveis:

Corrosão do controle METER ADJ que pode ser devida a muito tempo sem uso. Girar o botão de controle várias vezes.

Mau contato entre o gancho do cabo de alta tensão e o espécime.

Interferência de freqüência externa.

Perdas do espécime variando.

20.2.14 — Irregularidades do amplificador

Ao se ligar o amplificador à fonte de alimentação de 110 V, 60 Hz, o ponteiro do instrumento de medição ficará instável enquanto as válvulas eletrônicas se aquecem e os capacitores são carregados.

Este comportamento, uma vez memorizado, facilitará a indicação da existência de irregularidades no amplificador, quando se apresentar de modo diferente.

O amplificador deverá estar defeituoso, quando o ponteiro do instrumento CURRENT & WATTS não puder ser desviado para a posição 100 da escala, estando a chave SELECTOR na posição CHECK, e a tensão indicada pelo voltímetro for normal.

20.2.15 — Leituras anormais de corrente

Fazer as seguintes verificações

Medir as resistências dos resistores das faixas de corrente, entre os terminais GUARD e GROUND;

Colocar a chave SELECTOR na posição CURRENT MULTIPLIER;

Colocar o plugue do cabo de teste de alta tensão no respectivo receptáculo e

medir a resistência dos resistores da chave CURRENT MULTIPLIER. O acesso aos circuitos GUARD e GROUND pode ser feito na parte externa do terminal plugue do cabo de teste, colocado no respectivo receptáculo.
Os valores normais são os seguintes:

Posição da chave Current multiplier	Resistência (ohm)
10 mA	0,5
2 mA	2,5
1 mA	5,0
0,2 mA	25,0
0,1 mA	50,0
20,0 μA	250,0
10,0 μA	500,0

20.2.16 — Verificações diversas do Doble MH 10 kV

Para os testes descritos a seguir, os condutores devem estar separados das caixas da aparelhagem de teste.

CABOS

Continuidade — A resistência de cada cabo deve ser menor que 1 ohm, quando medida com ohmímetro de baixa tensão.

Resistência de isolamento — A resistência de isolamento entre os circuitos dos cabos, medida com corrente contínua, e com um instrumento de no máximo 500 V, deve ser, no mínimo, 100 megohms.

Cabo LV — O cabo LV que acompanha o conjunto testador MH é formado por um condutor flexível, singelo, blindado e com um conector tipo garra numa das extremidades e um plugue de dois circuitos na outra.

A resistência de isolamento do cabo LV, quando medida com um ohmímetro de tensão baixa entre o condutor central e o condutor de blindagem, não deve ser menor que 100 megohms. Em caso de resistência baixa, verificar as condições da isolação entre o condutor central e o de blindagem, junto do terminal tipo garra.

AMPLIFICADOR

Além do movimento do ponteiro do instrumento CURRENT & WATTS, no momento em que o amplificador é conectado à fonte de 110 V, 60 Hz, como já se mencionou, as seguintes verificações devem ser feitas:

a) *Ganho*

Girar o botão de controle da tensão, totalmente, no sentido anti-horário.
Girar o botão do controle METER ADJ, completamente, no sentido horário.
Colocar a chave SELECTOR na posição CHECK.
Aumentar, lentamente, a tensão até que o ponteiro do instrumento CURRENT & WATTS atinja o final da escala.
A tensão indicada pelo voltímetro deve ser, no máximo, igual a 1 500 V.
Caso a tensão seja maior que 1 500 V, testar as válvulas eletrônicas. Se estiverem em boas condições, testar os capacitores de *by-pass* do cátodo (50 mFd, 6 V).
A verificação do estado dos retificadores, em caso de suspeita, pode ser feita trocando de posição, entre si, os retificadores de voltímetro e do instrumento CURRENT & WATTS, que devem ser repostos em seus respectivos lugares após o teste.

b) *Tensões das válvulas eletrônicas*

As tensões de filamento e placa podem ser medidas na parte posterior do receptáculo de oito condutores do painel da caixa dos instrumentos indicadores. O plugue deve ser colocado no receptáculo. As medições devem ser feitas com voltímetro de 20 000 ohms por volt de sensibilidade. Os valores normais são os seguintes:

Filamento — terminais C_8 e C_2 — 18 V
Placa — terminais C_7 e C_2 — 270 V

A numeração corresponde à parte inferior do receptáculo.

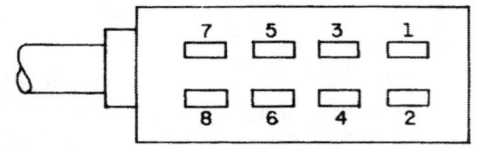 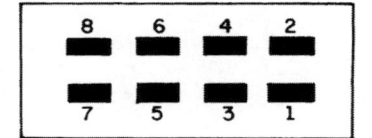

Vista da parte inferior do receptáculo da caixa do transformador de teste

Vista da parte superior do plugue da caixa dos instrumentos indicadores

Figura 20.7 — Numeração do plugue e receptáculo do cabo da caixa do transformador do MH 10 000 V

RETIFICADORES

Com a chave SELECTOR na posição CHECK, ajustar o ponteiro do instrumento CURRENT & WATTS no final da escala sob uma tensão de 10 kV. Reduzindo a tensão para 8, 6, 4, e 2 kV, o ponteiro do instrumento CURRENT & WATTS deve deslocar-se para as posições correspondentes às divisões 80, 60, 40 e 20, respectivamente. Um desvio maior que uma divisão é indicativo de retificador deteriorado.

20.2.17 — Caixa dos instrumentos indicadores

Faixas de correntes

A medição da resistência dos sete resistores da chave CURRENT MULTIPLIER pode ser feita pelo receptáculo de oito condutores, da caixa dos instrumentos indicadores, separada do conjunto ou dos terminais GUARD e terra do cabo de alta tensão do conjunto montado. Neste último caso, deve ser levada em consideração a resistência dos dois condutores do cabo. Os terminais GUARD e GROUND do multiplugue da caixa dos instrumentos indicadores são C_1 e C_5, isto é, os pinos 1 e 5 da fila inferior a contar da direita.

Os resistores devem ter as seguintes resistências:

Posição da chave		Resistência (ohm)
Selector	Current multiplier	
Check	—	0
Current	10 mA,	0,5
Current	2 mA	2,5
Current	1 mA	5,0
Current	0,2 mA	25,0
Current	0,1 mA	50,0
Current	20 μA	250,0
Current	10 μA	500,0

20.2.18 — Atenuador de watts

No caso de leituras erráticas ou duvidosas de perdas em watt atribuídas à aparelhagem de teste, a causa pode ser o resistor atenuador ou o deslizamento da engrenagem sobre o eixo da chave CURRENT MULTIPLIER. Neste último caso, a relação entre os valores sucessivos dos multiplicadores de watts resultará desordenada para qualquer posição da chave CURRENT MULTIPLIER.

Para verificar, proceder da seguinte maneira:

1) Com o conjunto montado, porém sem o cabo de alta tensão e com o auxílio do

controle METER ADJ, ajustar o ponteiro do instrumento CURRENT & WATTS no final da escala.

2) Colocar a chave CURRENT MULTIPLIER na posição 10 μA e a chave SELECTOR na posição para o lado de WATTS MULTIPLIER, e esta última na posição 0,002.

3) Ajustar a posição do ponteiro do instrumento CURRENT & WATTS no final da escala com o auxílio do controle METER ADJ.

4) Colocar a chave WATTS MULTIPLIER na posição 0,01. O ponteiro deve deslocar-se para a divisão 20 da escala.

5) Com a chave WATTS MULTIPLIER na posição 0,01, ajustar o ponteiro no final da escala por intermédio do controle METER ADJ. Passar a chave WATTS MULTIPLIER para a posição 0,2. A nova posição do ponteiro deverá ser na divisão 50 da escala.

6) Com a chave WATTS MULTIPLIER na posição 0,2, ajustar novamente o ponteiro no final da escala. Passar essa chave para a posição 0,1. O ponteiro deverá deslocar-se para a divisão 20 da escala. A diferença entre os valores lidos e os prefixados deve ser menor que uma divisão da escala.

20.2.19 — Caixa do transformador de teste

Isolação entre Guard e Terra

Para medi-la, desconectar a caixa do transformador da caixa dos instrumentos indicadores. Colocar o plugue do cabo da alta tensão no receptáculo da caixa do transformador de teste. Para a medição, utilizar os terminais dos circuitos GROUND e GUARD da parte externa do terminal do cabo de alta tensão. A resistência de isolamento não deve ser menor que 100 megohms. Se a resistência for menor que 100 megohms, separar as duas partes da caixa e medir cada uma delas separadamente. Os terminais dos circuitos GUARD e GROUND da parte superior da caixa são: a parte externa da caixa e a blindagem do banco resistor de alta tensão. Na parte inferior da caixa, os terminais para a medição são os do protetor de surto.

Se o valor da resistência de isolamento for baixo, retirar o protetor de surto, que pode estar defeituoso, e repetir a medição sem ele.

20.2.20 — Transformador de alta tensão

A resistência, medida com corrente contínua, do enrolamento de alta tensão do transformador de potencial deve ser igual a 1 700 ou 3 200 ohms, dependendo do tipo de transformador. A resistência do enrolamento de baixa tensão não deve ser menor que 0,5 ohm.

A resistência de isolamento, medida com corrente contínua, entre os dois enrolamentos deve ser igual a, no mínimo, 100 megohms.

20.2.21 — Protetores contra surtos

As tensões de descarga dos protetores contra surtos da caixa do transformador de teste devem ser os seguintes:

Tipo de protetor de surto	Tensão de descarga (V)
SUNDT cat. n.º 5130	125-150
SUNDT cat. n.º 5132	125-150
BRACH tipo 27	125-180

20.2.22 — Calibração

Um meio de checar o conjunto MH, indicado por experiência, é com o auxílio da célula de teste de óleo fornecida com o conjunto e um ou dois resistores suplementares com resistências da ordem de 0,5 a 1,0 megohms.

O procedimento é o seguinte:

Medir a corrente e as perdas em watt, sob uma tensão de 5 kV, de uma célula de teste de óleo fornecida com a aparelhagem de teste, limpa, seca e sem óleo.

Intercalar um resistor de 0,5 megohm de resistência entre o terminal do cabo de alta tensão e a célula, e medir a corrente e as perdas em watt sob 5 kV.

Encher a célula de óleo isolante novo e seco, e medir a corrente e watts sob uma tensão de 10 kV, sem o resistor no circuito;

Intercalar o resistor de 0,5 megohm entre o terminal de alta tensão e a célula de óleo, e medir novamente a corrente e as perdas em watt sob 10 kV de tensão.

O valor das correntes após a intercalação do resistor no circuito não deve ser muito diferente dos valores de corrente e obtidos sem o resistor. As perdas em watt devem aumentar de um valor aproximadamente igual ao produto do quadrado da corrente pelo valor ôhmico do resistor intercalado.

Os seguintes valores são típicos de medições.

A resistência do resistor utilizado era igual a 0,499 megohm.

Resistor	kV	μA	W
sem	5	455	0,003
com	5	450	0,102
		Diferença	0,099

$$(450 \times 10^{-6})^2 \times 499\,000 = 0,101 \text{ watt}$$

Resistor	kV	μA	W
sem	10	956	0,006
com	10	960	0,453
		Diferença	0,447

$$(960 \times 10^{-6})^2 \times 499\,000 = 0,459 \text{ watt}$$

$$\text{Erro aparente em fator de potência} = \frac{(0,459 - 0,447)10}{0,960} = 0,12\%$$

Estes testes permitem verificações de calibração para fatores de potência próximos de zero, 2,5% e 5%.

A resistência do resistor intercalado deve ser medida com boa exatidão. No caso de aparelhagem nova, não há necessidade de grande exatidão na medição da resistência do resistor. O fabricante recomenda medir esses valores no recebimento da aparelhagem de teste, para comparação com valores de testes futuros, utilizando sempre o mesmo resistor para intercalar no circuito.

20.2.23 — Dispositivo de cancelamento de interferência

O acoplamento capacitivo entre o conjunto de teste e os barramentos de alta tensão de subestações permite que correntes externas interfiram nas medições.

Nas subestações de tensões mais baixas, o efeito de interferência pode ser contornado com a utilização da chave de reversão.

Nas subestações com tensões elevadas, o método da chave de reversão não proporciona uma exatidão satisfatória.

Para evitar este inconveniente, é usado o Dispositivo de Cancelamento de Interferência (DCI).

Procedimento para a utilização do DCI.

Conectar a aparelhagem à fonte de 110 V, 60 Hz.

Colocar a chave geral do DCI na posição desligada (OFF).

Colocar o plugue do cabo de ligação do DCI no receptáculo próprio da aparelhagem de teste.

Determinar, num ensaio preliminar, a posição mais adequada da chave CURRENT MULTIPLIER e ajustar aproximadamente o balanço de watts para o espécime em teste.

Reduzir a tensão a zero sem desligar a aparelhagem de teste do espécime.

Colocar a chave geral do DCI na posição ligada (ON). Ajustar os dois controles do DCI para obter a leitura do mais baixo valor. Procurar um fator de multiplicação mais sensitivo para obter também uma leitura mais sensitiva.

Se a posição inicial do ponteiro for fora da escala, não sendo, portanto, possível uma leitura mínima, voltar atrás com o botão METER ADJ até o ponteiro entrar na escala. Ajustar os dois controles do DCI até a obtenção de um valor mínimo. Em seguida, o controle METER ADJ deve ser acionado no sentido de aumentar e o DCI reajustado, procurando-se o fator de multiplicação de WATTS MULTIPLIER, que proporcione o balanço mais sensitivo.

Repetir o teste normalmente, com o DCI conectado. Fazer as leituras de modo normal com ambas as polaridades da tensão de teste.

Se em qualquer momento da medição for decidido mudar a chave CURRENT MULTIPLIER, a chave geral do DCI deverá ser colocada na posição desligada (OFF), e o procedimento para a medição de watts repetido.

Se o DCI não for utilizado, poderá ficar ligado à aparelhagem de teste só com a chave geral colocada na posição desligada (OFF).

FOLHA DE TESTE
TRANSFORMADORES DE POTÊNCIA DE DOIS ENROLAMENTOS

MODELO DO EQUIPAMENTO TESTADO
FABRICANTE
LOCAL

FATOR DE POTÊNCIA (DOBLE)

TESTE N.°	CONEXÕES			TENSÃO DE TESTE	LEITURAS EQUIVALENTES A ☐ 2,5 kV ☐ 10 kV						FAT. DE POTÊNCIA		ISOLA-MENTO MEDIDO	TEMPERATURA			UMID. RELAT.
	ENROLAMENTO				☐ mVA		☐ mA	☐ mW		☐ W	%			ÓLEO	ENROL.	AMBIEN.	
	ENER.	ATERR	GUARD	kV	LEITURA	MULTIPLIC.	PRODUTO	LEITURA	MULTIPLIC.	PRODUTO	MEDIDO	A 20 °C		°C	°C	°C	%
1	Alta	Baixa									▨▨▨		$C_H + C_{HL}$				
2	Alta		Baixa										C_H				
3	Baixa	Alta									▨▨▨		$C_L + C_{HL}$				
4	Baixa		Alta										C_L				
VALORES CALCULADOS					▨▨▨			▨▨▨					C_{HL}		(Teste 1 menos teste 2)*		
											▨▨▨		C_{HL}		(Teste 3 menos teste 4)*		

* CONFIRA O TESTE COMPARANDO OS VALORES DE mVA (mA) E mW (W) DE CHL - (Teste 1 menos teste 2) E (Teste 3 menos teste 4).

INSTRUMENTO UTILIZADO:

OBSERVAÇÕES

→
CONTINUE NO VERSO

Recomenda-se nova manutenção tipo .... em ..../........./........ para ....
Justificativa. ....

TIPO DE MANUTENÇÃO EXECUTADA	HOMENS/HORAS TRABALHADAS	EXECUTADA POR	APROVADA POR	CÓDIGO DO EQUIPAMENTO	N.° DA FOLHA DE TESTE
☐ Rotineira	N.° de Horas Normais.....................	DATA ____/____/____ ASSINATURA	DATA ____/____/____ ASSINATURA	TF	
☐ Preventiva	N.° de Horas Extras.....................				
☐ Corretiva	N.° Total de Horas.....................				

GCOI-SCM

FOLHA DE TESTE
TRANSFORMADORES DE POTÊNCIA DE TRÊS ENROLAMENTOS

| MODELO DO EQUIPAMENTO TESTADO |
| FABRICANTE |
| LOCAL |

FATOR DE POTÊNCIA (DOBLE)

TESTE N°	CONEXÕES			TENSÃO DE TESTE	LEITURAS EQUIVALENTES A ☐ 2,5 kV ☐ 10 kV						FAT. DE POTÊNCIA		ISOLA-MENTO MEDIDO	TEMPERATURA			UMID. RELAT.
	ENROLAMENTO				☐ mVA	☐ mA		☐ mW	☐ W		%			ÓLEO	ENROL.	AMBIEN.	
	ENER.	ATERR.	GUARD	kV	LEITURA	MULTIPLIC.	PRODUTO	LEITURA	MULTIPLIC.	PRODUTO	MEDIDO	A 20 °C		°C	°C	°C	%
1	Alta	Baixa	Terciar.										$C_{HL} + C_H$				
2	Alta		B + Terc.										C_H				
3	Baixa	Terciar.	Alta										$C_{LT} + C_L$				
4	Baixa		A + Terc.										C_L				
5	Terciar.	Alta	Baixa										$C_{HT} + C_T$				
6	Terciar.		A + B										C_T				
7	Todos												$C_H + C_L + C_T$ *				
VALORES CALCULADOS													C_{HL}	(Teste 1 menos teste 2)			
													C_{LT}	(Teste 3 menos teste 4)			
													C_{HT}	(Teste 5 menos teste 6)			

* CONFIRA O TESTE COMPARANDO OS VALORES DE mVA (mA) e mW (W) OBTIDOS NO TESTE 7 COM A SOMA DAQUELES OBTIDOS NOS TESTES 2, 4, E 6.

INSTRUMENTO UTILIZADO:

OBSERVAÇÕES

→ CONTINUE NO VERSO

Recomenda-se nova manutenção tipo .... em ..../........./......... para ....

Justificativa...

TIPO DE MANUTENÇÃO EXECUTADA	HOMENS/HORAS TRABALHADAS	EXECUTADA POR	APROVADA POR	CÓDIGO DO EQUIPAMENTO	N° DA FOLHA DE TESTE
☐ Rotineira	N° de Horas Normais......	DATA ___/___/___	DATA ___/___/___	TF	
☐ Preventiva	N° de Horas Extras........	ASSINATURA	ASSINATURA		
☐ Corretiva	N° Total de Horas				

GCOI-SCM

20.3 — DETERMINAÇÃO DO FATOR DE POTÊNCIA DE ÓLEOS ISOLANTES PROVENIENTES DO PETRÓLEO COM O Doble MEU 2 500 OU Doble MH 10 000 V

A determinação do fator de potência de óleos isolantes originados do petróleo pode ser realizada com o auxílio dos instrumentos Doble MEU 2 500 e Doble MH 10 000.

O teste é realizado utilizando-se uma célula, acessório dos instrumentos, de forma cilíndrica e colocada numa caixa igualmente cilíndrica para o transporte. No interior da célula existem duas placas metálicas afastadas, entre si, de aproximadamente 4,8 mm. Sua capacidade é de 950 ml.

Procedimento para o teste com o Doble MEU 2 500.

1 — Amostra de óleo

Retirar a amostra de óleo como recomenda a norma ABNT NBR-7070.

2 — Limpeza da célula

Para a limpeza da célula é recomendado o uso dos solventes triclorotrifluoretano, éter de petróleo ou pentano.

Quando se deseja testar um certo número de amostras consecutivamente, a mesma célula pode ser usada sem limpá-la cada vez, desde que o fator de potência da amostra previamente testada seja menor que o valor especificado.

Se o fator de potência da última amostra testada for maior que o valor especificado, a célula de teste deverá ser limpa antes de ser usada para novos testes.

A célula deve sempre ser lavada com óleo da amostra a ser testada antes de ser cheia.

3 — (a) Colocar óleo na célula, que deve estar limpa e seca, até seu nível ficar a 2 cm, aproximadamente, do bordo superior da mesma.

(b) Fechar a célula com a tampa e colocá-la sobre uma superfície nivelada. Aguardar alguns minutos até que se dê a saída total de bolhas de ar e haja a sedimentação de partículas que estejam em suspensão no óleo.

(c) Conectar o cabo de alta tensão do instrumento de teste como indica a Fig. 20.8.

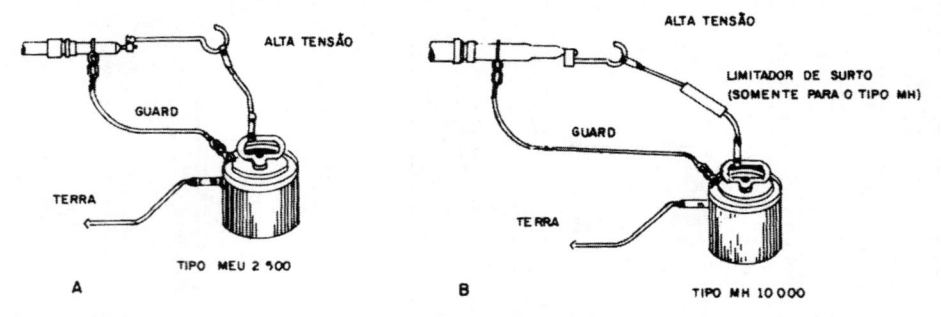

Figura 20.8 — Células de testes de óleo isolante com Doble MEU 2 500 V e MH 10 000 V

A separação entre o terminal em forma de gancho e o anel de guarda da célula deve ser a maior possível e nunca menor que 25 mm.

(d) Realizar o teste, colocando a chave LV SWITCH na posição GROUND, aumentando em seguida a tensão até 2 500 V.

(e) Realizar o teste conforme procedimento normalmente utilizado, com a chave LV SWITCH na posição GROUND.

(f) Após as leituras, desenergizar a célula e medir a temperatura do óleo.

(g) Calcular o fator de potência e corrigir seu valor para a temperatura de 20 °C, utilizando os fatores de multiplicação da tabela a seguir:

20.3.1 — Tabela de fatores de conversão para 20 °C.
Os valores medidos de FDP do óleo isolante

Temperatura do óleo em teste (°C)	Fator de multiplicação	Temperatura do óleo em teste (°C)	Fator de multiplicação
0	1,56	34	0,53
1	1,54	35	0,51
2	1,52	36	0,49
3	1,50	37	0,47
4	1,48	38	0,45
5	1,46	39	0,44
6	1,45	40	0,42
7	1,44	41	0,40
8	1,43	42	0,38
9	1,41	43	0,37
10	1,38	44	0,36
11	1,35	45	0,34
12	1,31	46	0,33
13	1,27	47	0,31
14	1,24	48	0,30
15	1,20	49	0,29
16	1,16	50	0,28
17	1,12	52	0,26
18	1,08	54	0,23
19	1,04	56	0,21
20	1,00	58	0,19
21	0,96	60	0,17
22	0,91	62	0,16
23	0,87	64	0,15
24	0,83	66	0,14
25	0,79	68	0,13
26	0,76	70	0,12
27	0,73	72	0,12
28	0,70	74	0,11
29	0,67	76	0,10
30	0,63	78	0,09
31	0,60	80	0,09
32	0,58		
33	0,56		

Procedimento para o teste com o instrumento Doble MH 10 000
O procedimento é o mesmo que para o Doble MEU 2 500, com exceção de que deve ser colocado, entre o terminal de cabo de alta tensão e a célula, o limitador de surto que acompanha a célula, como ilustra a Fig. 20.8B.
Exemplo
Fator de potência medido, 0,50%
Temperatura do óleo, 30 °C
Fator de potência corrigido para 20 °C
$$0,50\% \times 0,63 = 0,315\%$$

20.3.2 — Interpretação dos resultados
O fator de potência do óleo novo e em boas condições é de 0,05% ou menor, a 20 °C. Para um óleo usado, um fator de potência de até 0,50% a 20 °C é considerado admissível.

FOLHA DE TESTE
ÓLEO ISOLANTE

MODELO DO EQUIPAMENTO TESTADO

FABRICANTE

LOCAL

FATOR DE POTÊNCIA (DOBLE)

AMOSTRA	TENSÃO DE TESTE	LEITURAS EQUIVALENTES A ☐ 2,5 kV ☐ 10 kV						FAT. DE POTÊNCIA		CONDIÇÕES		
		☐ mVA	☐ mA	☐ µA	☐ mW	☐ W		%		T. AMB.	T. ÓLEO	U. REL.
	kV	LEITURA	MULTIPLIC.	PRODUTO	LEITURA	MULTIPLIC.	PRODUTO	MEDIDO	A 20 ºC	ºC	ºC	%
1												
2												
3												

INSTRUMENTO UTILIZADO:

RIGIDEZ DIELÉTRICA (EM KV)

AMOSTRA	TEMPO EM MINUTOS					MÉDIA (kV)	CONDIÇÕES		
	5	1	1	1	1		T. AMB. ºC	T. ÓLEO ºC	U. REL. %
1									
2									
3									
MÉDIA TOTAL									

INSTRUMENTO UTILIZADO:

ACIDEZ: Índice de neutralização mg KOH/grama de óleo...

Recomenda-se nova manutenção tipo .... em ..../........./........ para ....
Justificativa...

TIPO DE MANUTENÇÃO EXECUTADA	HOMENS/HORAS TRABALHADAS	EXECUTADA POR	APROVADA POR	CÓDIGO DO EQUIPAMENTO	Nº DA FOLHA DE TESTE
☐ Rotineira	Nº de Horas Normais...........	DATA ___/___/___	DATA ___/___/___		
☐ Preventiva	Nº de Horas Extras...........	ASSINATURA	ASSINATURA		
☐ Corretiva	Nº Total de Horas...........				

OBSERVAÇÕES

....
....
....
....
....
....
....
....
....
....
....
....
....
....
....
....
....
....
....
....

CONTINUE NO VERSO

GCOI-SCM

Um óleo com fator de potência entre 0,50% e 2,0% a 20 °C deve ser objeto de análise detalhada para ser determinada a causa de sua elevação.

Se o fator de potência do óleo for maior que 2,0% a 20 °C é recomendável sua substituição.

Número de testes

É suficiente determinar o fator de potência de uma amostra de óleo isolante.

Relatório

No relatório, deve constar:

Tipo e marca da célula utilizada.

Método de medição.

Número de série do instrumento de medição.

Gradiente médio de tensão, em volt por milímetro, ao qual foi submetida a amostra durante o teste.

Freqüência da tensão aplicada.

Temperatura da amostra em teste.

Temperatura e umidade relativa do ambiente em que foi realizado o teste.

Fator de potência medido da amostra.

20.4 — DETERMINAÇÃO DA RIGIDEZ DIELÉTRICA DE ÓLEO MINERAL ISOLANTE PELO MÉTODO DOS ELETRODOS DE DISCO — ABNT/IBP-330 CORRESPONDENTE AO MÉTODO ASTM (D-877)80, CONFORME PUBLICADO NO 1981 ANNUAL BOOK OF ASTM STANDARDS, PART 40.

20.4.1 — Aparelhagem de teste

20.4.1.1 — Transformador

O transformador deve permitir que a tensão seja progressivamente aumentada de zero a 50 kV e que, com o espécime em teste no circuito, o fator de crista da tensão de teste com 60 Hz não apresente uma diferença maior que ±5% de uma onda senoidal acima da metade superior da faixa de tensão de ensaio.

O fator de crista pode ser verificado com o auxílio de um osciloscópio, um centelhador de esferas ou um voltímetro de tensão de pico, juntamente com um voltímetro de tensão eficaz.

Se a forma da onda não puder ser verificada convenientemente, um transformador com capacidade mínima de 0,5 kVA na tensão comum de ruptura poderá ser usado.

Transformador com potência maior (kVA) pode ser utilizado desde que a corrente de curto-circuito no circuito do espécime em teste não esteja, em nenhum caso, fora da faixa de 1 a 10 mA/kV da tensão aplicada. A limitação da corrente pode ser feita com um resistor externo ou uma reatância adequada do transformador.

20.4.1.2 — Dispositivo de interrupção do circuito

O circuito primário do transformador de teste deve ter um dispositivo que interrompa a corrente de ruptura do espécime em teste, em 3 ciclos ou menos. Pode ser usado um dispositivo que interrompa a corrente em até 5 ciclos, com a condição de que a mesma não exceda 0,2 A.

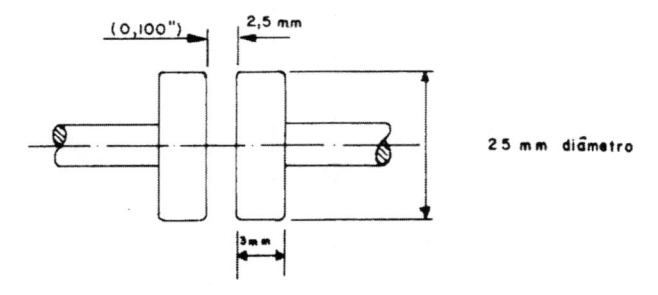

Figura 20.9 — Eletrodos de disco (ASTM D-877 e ABNT MB-330)

O dispositivo de interrupção deve abrir o circuito quando a corrente no circuito de teste e no espécime seja de 2 a 20 mA.

Uma corrente com uma duração prolongada carbonizará o óleo e produzirá pequenos pontos de corrosão nos eletrodos, além de aquecê-los, inconvenientes que influirão no tempo de duração dos testes e na manutenção dos eletrodos.

20.4.1.3 — Equipamento de controle da tensão

A taxa de aumento da tensão deve ser de 3 kV/s ± 20% e ser calculada de medidas do tempo necessário para variar a tensão entre dois valores previamente escolhidos.

É preferível que o controle da tensão seja feito por intermédio de equipamento motorizado em vez de manual.

20.4.1.4 — Voltímetro

A medição da tensão de teste deve ser feita:

Com um voltímetro ligado ao secundário de um transformador de potencial separado.

Com um voltímetro ligado a uma bobina terciária adequada do transformador de teste.

Com um voltímetro ligado ao enrolamento de baixa tensão do transformador de teste.

O erro da medição não deve ser maior que 5%, compreendendo o voltímetro e o circuito divisor de tensão sob uma variação de tensão de 3 kV/s ± 20%.

20.4.1.5 — Célula de teste

A célula de teste deve ser feita de material de alta resistência dielétrica, resistente ao ataque dos líquidos testados ou de limpeza. Não deve absorver umidade, ou o líquido em teste ou de limpeza

Os eletrodos devem ser de latão polido em forma de discos com 25 mm de diâmetro e 3 mm de espessura. Sua posição na cuba deve ser com as faces paralelas e os eixos horizontais coincidentes (Fig. 20.9).

A distância entre qualquer ponto das paredes da célula e qualquer ponto dos eletrodos não deve ser menor que 13 mm.

A corrente de fuga ou de carga da célula deve ser menor que 200 mA sob 20 kV, 60 Hz, estando cheia de óleo de boa qualidade.

A parte superior da célula deve estar cerca de 32 mm acima da parte superior dos eletrodos.

Os eletrodos devem ser facilmente removíveis para limpeza e polimento, além de permitir que a distância que os separa seja facilmente ajustada.

20.4.1.6 — Ajuste dos eletrodos

A distância entre eletrodos para o teste deve ser de 2,5 mm e será ajustada com o auxílio de um calibre em forma de haste cilíndrica de 2,5 ± 0,01 mm de diâmetro ou duas barras chatas de ferro de 2,49 e 2,51 mm de espessura, respectivamente, pelo método "passa-não passa".

A distância deve ser verificada sempre que os eletrodos forem limpos, polidos ou mexidos, e no início de cada dia de teste.

20.4.1.7 — Limpeza da célula e dos eletrodos

Para a limpeza das células e eletrodos, usar papel de seda seco e livre de fiapos ou camurça seca.

Não tocar nos eletrodos, no calibre e nas partes internas da célula com os dedos ou com a parte do papel de seda ou camurça de limpeza que tenha estado em contato com as mãos.

Lavar a célula internamente com querosene seco ou outro solvente hidrocarboneto adequado e seco, após ter sido ajustada a distância entre os eletrodos. O solvente para a limpeza não deve ser facilmente evaporável pois sua evaporação causará o abaixamento da temperatura da célula, podendo, então, haver a condensação de água em suas paredes e nos eletrodos.

Neste caso, aquecer a célula numa estufa para eliminar a água condensada.

Lavar, em seguida, internamente a cuba com um líquido da mesma espécie daquele a ser testado, desde que seja novo, seco e filtrado. Se for óleo, deverá ser desgaseificado.

20.4.1.8 — Teste da célula

Testar a célula, realizando um teste de rigidez dielétrica com o líquido novo utilizado para lavar a célula.

Se o teste acusar uma tensão de ruptura abaixo do valor característico do líquido novo e em boas condições, a célula deverá sofrer nova limpeza, após o que outro teste com o líquido novo será feito.

A célula será considerada em boas condições para a realização de testes em amostras de líquidos isolantes quando a tensão de teste da célula estiver dentro dos limites característicos do líquido novo e em boas condições.

20.4.1.9 — Armazenamento da célula

Quando houver necessidade de armazenar a célula por algum tempo, enchê-la de líquido novo, seco, filtrado, do tipo a ser testado, protegendo-a contra umidade, poeira, luz ou qualquer outro tipo de poluente.

20.4.1.10 — Uso diário

Diariamente, antes de usar a célula verificar: se os eletrodos estão limpos e isentos de corrosão severa; e se a distância entre os eletrodos é a correta.

Regularizar as condições da célula, se for o caso, e testá-la como se descreve no item 20.4.1.8.

20.4.2 — Amostragem do líquido isolante

A amostragem do líquido isolante para o teste de rigidez dielétrica deve ser feita de acordo com as normas de amostragem indicadas pela ABNT NBR-7070.

Antes de realizar o teste, examinar visualmente a amostra para verificar a existência de água livre, borra, partículas metálicas ou quaisquer outros tipos e substâncias estranhas. Se houver água livre na amostra, o teste não deverá ser feito e a amostra, dada como não-satisfatória.

É conveniente que o volume da amostra seja de 2 litros para testes de arbitramento e 1 litro para testes de rotina.

O frasco com a amostra deve ser lentamente invertido e suavemente agitado por diversas vezes antes de encher a célula de teste, para que as partículas que possam existir no líquido fiquem em suspensão e se obtenha uma amostra representativa do espécime em teste.

A movimentação do frasco deve ser lenta e cuidadosa para evitar a introdução excessiva de ar no líquido.

Imediatamente após a agitação, lavar a célula com uma pequena quantidade do líquido a testar.

Em seguida, encher cuidadosamente a célula de teste, evitando o aprisionamento de ar.

A superfície do líquido deve ficar a, no mínimo, 20 mm acima da parte superior dos eletrodos.

Deixar o líquido em repouso por, no mínimo, 2 min e, no máximo, 3 min, antes de iniciar o teste, para que possíveis bolhas de ar possam ser expelidas.

20.4.3 — Temperatura de teste

A temperatura da amostra em teste deve ser a do ambiente, desde que não inferior a 20 °C.

A temperatura da amostra nunca deve ser inferior a 20 °C porque os resultados podem ser variáveis e não-satisfatórios.

20.4.4 — Procedimento

20.4.4.1 — Teste de arbitramento

O teste de arbitramento consiste em determinar a rigidez dielétrica de líquidos isolantes novos com a finalidade de arbítrio.

Neste caso, a célula é cheia, sucessivamente, por cinco vezes, com amostras do espécime a ser testado, determinando-se em cada vez um único valor da tensão de ruptura.

Os resultados dos testes devem satisfazer ao critério de consistência estatística, como se expôs no respectivo item.

Se esse critério for satisfeito, o valor da rigidez dielétrica do espécime será a média dos valores obtidos nas medições.

Se o critério de consistência estatística não for satisfeito, determinar uma vez, em cinco novas amostras, a tensão de ruptura do dielétrico.

A rigidez dielétrica do espécime será a média dos dez valores encontrados nas duas séries de testes. Nenhum valor deve ser desprezado.

20.4.4.2 — Teste de rotina

Neste teste, enche-se a célula com uma amostra do espécime e determina-se por cinco vezes a tensão de ruptura do dielétrico da mesma amostra, guardando-se um intervalo de 1 min entre cada determinação.

Se os valores encontrados não satisfizerem ao critério de consistência estatística, desprezar-se-á o líquido da célula que será cheia com nova amostra, tomando-se o cuidado de inverter, *lentamente*, o frasco que contém o líquido a ser testado, por diversas vezes, para que as impurezas que possam existir fiquem em suspensão.

Medir por cinco vezes a tensão de ruptura do dielétrico observando 1 min de intervalo entre cada medição.

O valor médio dos dez valores encontrados, sem desprezar nenhum deles, é o valor da rigidez dielétrica do espécime.

20.4.5 — Critério de consistência estatística

O critério de consistência estatística é dado pela relação entre o desvio-padrão e a média dos cinco valores individuais. Se essa relação for maior que 0,1, é provável que o desvio padrão dos cinco valores encontrados seja excessivo.

O valor médio dos cinco valores individuais e o do desvio-padrão podem ser obtidos com o emprego das fórmulas seguintes:

$$\overline{X} = \frac{1}{5} \sum_{i=1}^{5} X_i \quad e \quad s = \sqrt{\frac{1}{4} \left[\sum_{i=1}^{5} X_i^2 - 5\overline{X}^2 \right]}$$

$\overline{X}$ = média dos cinco valores individuais
X_i = tensão de ruptura de ordem *i*
s = desvio-padrão

Critério alternativo

Subtrair o valor mínimo encontrado da tensão de ruptura do valor máximo e multiplicar o resultado por 3. Se o produto for maior que o valor mais próximo do menor valor de tensão de ruptura, é provável que o desvio-padrão dos cinco valores seja excessivo e, portanto, o erro provável da média também o seja.

20.4.6 — Relatório

Do relatório deve constar:

A denominação do método utilizado (última revisão).

A especificação do tipo de teste, se de arbitramento ou de rotina.

A viscosidade aproximada do líquido testado.

As temperaturas do líquido e do ambiente.

Os valores individuais da tensão de ruptura e seu valor médio em qualquer dos seguintes casos:

• Cinco valores de tensão de ruptura que preencham o critério de consistência estatística, obtidos um de cada vez nas cinco vezes em que a célula foi cheia.

• Dez valores de tensão de ruptura obtidos um em cada uma das dez vezes que a célula foi cheia, se os primeiros cinco valores não satisfizerem ao critério de consistência estatística.

• Nos testes de rotina, os cinco valores de tensão de ruptura obtidos com um mesmo volume de líquido que encheu cuba e que satisfazem ao critério de consistência estatística.

• Ou, no caso de teste de rotina, os cinco valores encontrados em cada uma das duas vezes em que foi colocado o líquido na célula, quando os valores da primeira quantidade de líquido colocado na célula não preencherem o critério de consistência estatística.

• Se foi notada a existência de água livre na amostra ou outros contaminantes, no relatório deve ser mencionada sua presença com a observação de que o teste não foi realizado.

20.5 — DETERMINAÇÃO DA RIGIDEZ DIELÉTRICA DO ÓLEO MINERAL ISOLANTE PELO MÉTODO ASTM (D-1816)79 UTILIZANDO ELETRODOS VDE CONFORME O 1981 ANNUAL BOOK OF ASTM STANDARDS, PART 40

20.5.1 — Aparelhagem

20.5.1.1 — Transformador

A tensão de teste pode ser obtida por meio de um transformador elevador energizado por uma fonte de freqüência industrial e de baixa tensão. Para reduzir a probabilidade de descarga externa e minimizar a distorção do campo entre os eletrodos, é recomendado um transformador de duas buchas com uma derivação central aterrada.

O transformador e o elemento de controle devem ter um projeto e uma forma tais que, com o espécime em teste no circuito, o fator de crista (relação entre os valores máximo e eficaz) da tensão de teste, 60 Hz, não difira por mais de ±5 % daquela de uma onda senoidal acima da metade superior da faixa de tensão de teste.

O fator de crista pode ser checado com um osciloscópio, um centelhador de esferas ou um voltímetro de tensão do pico juntamente com um voltímetro de tensão eficaz.

Se a forma da onda não puder convenientemente determinada, pode ser usado um transformador de 0,5 kVA de potência nominal, ou maior, na tensão comum de ruptura. Transformadores de potência maior (kVA) podem ser usados, porém em nenhum caso a corrente de curto-circuito do circuito do espécime pode ficar fora dos limites da faixa de 1 a 10 mA/kV da tensão aplicada.

A limitação da corrente pode ser obtida com um resistor externo adequado ou com um transformador cuja reatância seja suficiente.

20.5.1.2 — Dispositivo de interrupção do circuito

O circuito primário do transformador de teste deve ser protegido por um disjuntor capaz de abrir em 3 ciclos, ou menos, com a corrente de ruptura do espécime em teste, ou em até 5 ciclos desde que a corrente de curto-circuito do espécime não exceda 200 mA.

O elemento sensor de corrente, que aciona o disjuntor deve operar quando a corrente do espécime estiver na faixa de 2 a 20 mA. Uma corrente mais prolongada, no momento da ruptura, causa a carbonização do líquido, a microfissuração e o aquecimento dos eletrodos, ficando dessa forma aumentada a manutenção da célula e dos eletrodos além do tempo de duração do teste.

20.5.1.3 — Equipamento de controle da tensão

A taxa de elevação da tensão deve ser de 0,5 kV/s ± 20%. A taxa de elevação deve ser calculada de medidas do tempo necessário para aumentar a tensão entre dois valores previamente escolhidos.

O controle da tensão deve ser assegurado por um autotransformador variável acionado por motor. Deve ser dada preferência para o equipamento que tenha uma curva aproximadamente reta de tensão-tempo dentro da faixa desejada de tensão.

O acionamento a motor é preferível ao manual, pelo fato de ser mais difícil a manutenção de uma taxa de variação uniforme da tensão com este último método.

Quando for usado o acionamento a motor, o controle da velocidade do reostato deverá ser calibrado em termos da taxa de elevação para o transformador de teste em uso.

20.5.1.4 — Voltímetro

A tensão deve ser medida por um método que preencha os requisitos do IEEE Standard n.º 4, Measurement of Voltage en Dielectric Tests, e que dê valores eficazes, de preferência por meio de: voltímetro ligado ao secundário de um transformador de potencial separado, ou voltímetro ligado a uma bobina terciária adequadamente projetada do transformador de teste, ou voltímetro ligado ao lado de baixa tensão do transformador de teste, desde que o erro de medição fique dentro do limite especificado no item "Exatidão".

20.5.1.5 — Exatidão

A exatidão combinada do voltímetro e do divisor de tensão deve ser tal que o erro da medição não exceda 5% a taxa de elevação de tensão de 0,5 kV/s ± 20%, como especificado sob o título "Equipamento de controle da tensão".

20.5.1.6 — Eletrodos

Os eletrodos devem ser de latão polido em forma de calota esférica do tipo VDE (Verband Deutscher Elektrotechniker, especificação 0370), com as dimensões indicadas nas Figs. 20.10 e 20.11.

Os eletrodos devem ser montados com seus eixos em posição horizontal e coincidentes.

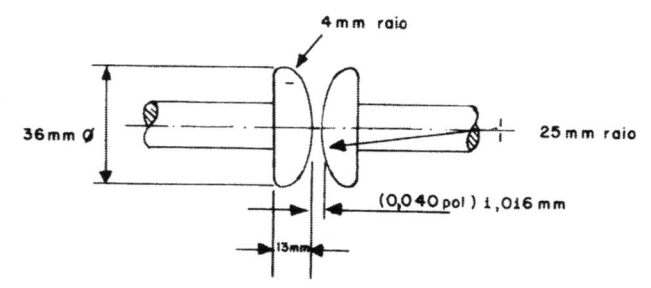

Figura 20.10 — Eletrodos VDE (ASTM D-1816/79)

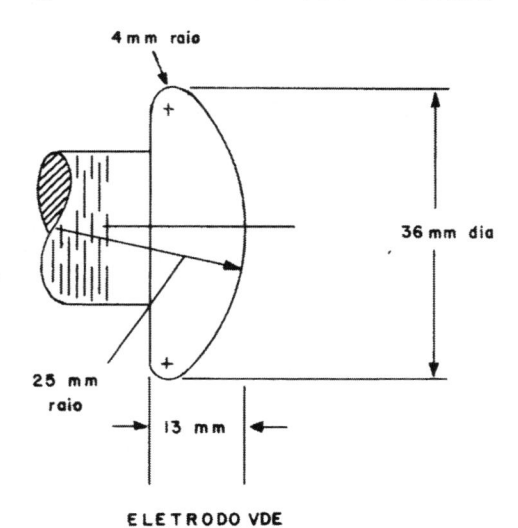

ELETRODO VDE

Figura 20.11 — Detalhes do eletrodo VDE

20.5.1.7 — Célula de teste

A célula de teste deve ter uma forma aproximadamente cúbica.

Uma célula com uma capacidade de cerca de 0,95 litro é considerada satisfatória para um espaçamento de 2 mm entre eletrodos e uma célula com uma capacidade aproximada de 0,5 litro é satisfatória para um espaçamento de 1 mm entre eletrodos.

Os eletrodos devem ser rigidamente montados em ambos os lados da célula e ter o espaçamento o mais centrado possível. O espaçamento entre qualquer ponto dos eletrodos e qualquer ponto da célula, inclusive o propulsor de óleo, deve ser, no mínimo, de 13 mm.

A célula de teste deve estar equipada com propulsor de duas pás medindo aproximadamente 35 mm entre suas extremidades e um passo de cerca de 40 mm (ângulo aproximado da pá 20°), e que opere com uma velocidade entre 200 e 300 rpm. O propulsor, localizado abaixo dos eletrodos, deve girar numa direção tal que o fluxo do líquido se dirija para baixo, isto é, em direção ao fundo da célula.

A célula de teste deve ser feita de material de alta resistência dielétrica, insolúvel e inatacável pelos líquidos em teste e de limpeza. Para que a ruptura possa ser observada é desejável que a célula seja de material transparente, o que não é essencial.

A fim de impedir que o ar seja agitado com o espécime em teste, a célula deve ter uma tampa ou anteparo que evite o ar efetivamente entrar em contato com o líquido circulante.

20.5.1.8 — Ajuste e cuidados dos eletrodos e da célula de teste

O espaçamento entre eletrodos deve ser checado com os mesmos firmemente em posição, devendo ser de 2 mm, quando for disponível uma fonte de tensão de faixa adequada, ou 1 mm quando a tensão máxima do transformador de teste for de cerca de 50 kV.

Gabaritos de barra chata de ferro com a espessura do valor especificado ±0,03 mm devem ser usados pelo método "passa-não passa". Se for necessário reajustar a distância entre os eletrodos, checar novamente o espaçamento.

20.5.1.9 — Limpeza

Os eletrodos e a célula devem ser friccionados com papel de seda ou camurça limpos e secos.

Nunca tocar os eletrodos ou os gabaritos com os dedos nem com as partes do papel de seda ou da camurça que tenham estado em contato com os dedos.

Depois que o espaçamento entre os eletrodos estiver ajustado, enxaguar a célula com querosene ou solvente Especificação D-484.

Não usar solvente com baixo ponto de ebulição, pois sua evaporação rápida pode resfriar a célula e haver condensação de umidade. Se isso acontecer, a célula deverá ser, antes do uso, aquecida cuidadosamente para que a água se evapore.

Tomar cuidado para não tocar com a mão nos eletrodos e no interior da célula após a limpeza.

Depois de perfeitamente limpa, enxaguar a célula com o óleo novo, seco, filtrado e, de preferência, desgaseificado do mesmo tipo do óleo a ser testado.

Realizar um teste de ruptura em uma amostra deste óleo, como se especificou neste método de teste.

A célula será considerada em boas condições para testar outras amostras de óleo se, neste primeiro teste, a tensão de ruptura estiver dentro da faixa admissível deste tipo de óleo.

Um valor mais baixo de tensão de ruptura nesse primeiro teste indicará célula contaminada, devendo a mesma ser cuidadosamente limpa. Em seguida, repetir o teste com óleo seco e limpo.

20.5.2 — Temperatura de teste

A temperatura da amostra que está sendo testada deve ser a mesma do ambiente, a qual, em nenhum caso, deve ser menor que 20 °C. Testes com temperaturas ambientes menores que 20 °C podem conduzir a resultados variáveis e não satisfatórios.

20.5.3 — Preparação da amostra

A amostragem do óleo deverá ser feita conforme métodos e utensílios padronizados (ASTM D-923, ABNT NBR-7070, dezembro de 1981).

A amostra deve ser recolhida em um frasco limpo e seco, que será hermeticamente fechado e colocado ao abrigo da luz até a ocasião do teste.

A tensão de ruptura pode ser muito diminuída pela migração de impurezas através do líquido. A fim de que possa ser obtida uma amostra representativa para teste contendo impurezas, o frasco com a amostra deve ser suavemente invertido e lentamente agitado por diversas vezes antes de encher a célula. A agitação não deve ser rápida para que não haja introdução de uma quantidade excessiva de ar no líquido.

Em seguida à agitação, enxaguar a célula com pequena quantidade do líquido a testar, que é desprezado, e enchê-la cuidadosa e lentamente com uma quantidade suficiente do restante da amostra. Aguardar no mínimo 3 min após o enchimento para aplicar a tensão de teste pela primeira vez, e 1 min de intervalo entre as aplicações subseqüentes.

Enquanto estiver sendo aplicada a tensão de teste e nos intervalos entre aplicações, o óleo deverá estar sendo circulado pela hélice propulsora.

20.5.4 — Procedimento

20.5.4.1 — Taxa de elevação da tensão

Aplicar a tensão partindo de zero e elevá-la a uma taxa de 0,5 kV/s até ocorrer a ruptura, que é indicada pela operação do dispositivo de interrupção do circuito; registrar o valor indicado pelo voltímetro.

Descargas ocasionais e momentâneas podem ocorrer, mas, se não houver a interrupção do circuito de teste, não deverão ser consideradas.

Para determinar a tensão de ruptura dielétrica de um óleo, obter o valor de cinco ensaios da amostra existente na célula.

Verificar se os resultados preenchem o critério de consistência estatística. Caso preencham, o valor médio dos resultados dos cinco ensaios será tomado como o valor da tensão de ruptura dielétrica do óleo ensaiado.

Se o critério de consistência estatística não for satisfeito, realizar mais cinco testes com a amostra que está na célula e tomar a média dos dez valores como valor final da tensão dielétrica de ruptura da amostra.

20.5.5 — Critério de consistência estatística

Calcular a média e o desvio-padrão dos cinco valores achados com o auxílio das fórmulas:

$$\bar{X} = \frac{1}{5}\sum_{i=1}^{5} X_i \qquad s = \sqrt{\frac{1}{4}\left[\sum_{i=1}^{5} X_i^2 - 5\bar{X}^2\right]}$$

sendo

$\bar{X}$ = média dos cinco valores individuais
X_i = número de ordem i da tensão de ruptura
s = desvio-padrão

Se a relação $s/\bar{X}$ for maior que 0,1, é provável que o desvio-padrão dos cinco valores de tensão de ruptura seja excessivo e, portanto, o erro provável de sua média também seja excessivo.

20.5.6 — Critério alternativo

Calcular a diferença entre os valores máximo e mínimo da tensão de ruptura e multiplicar o resultado por 3. Se o valor assim obtido for maior que o mais próximo do menor valor, o desvio-padrão dos cinco valores de tensão de ruptura e o erro provável de sua média serão excessivos.

Quando se deseja saber se a rigidez dielétrica do óleo está acima ou abaixo de um valor especificado, serão necessários só cinco ensaios de tensão de ruptura, contanto que os cinco valores obtidos estejam acima ou abaixo do valor especificado. Do contrário, proceder como se descreveu no item "Taxa de elevação da tensão".

20.5.7 — Relatório

Deverão constar o relatório os seguintes itens:

Método utilizado no teste.

Se o número de ensaios for conforme o descrito no item "Taxa de elevação da tensão", o valor da tensão eficaz de ruptura deverá ter uma aproximação de 1 kV.

Se o teste for feito para determinar valores acima ou abaixo de um valor especificado, o relatório será feito de acordo com uma das seguintes maneiras: "APROVADO", quando todos os cinco valores da tensão de ruptura estiverem acima do valor especificado e "REPROVADO", quando todos os cinco valores da tensão de ruptura estiverem abaixo do valor especificado.

"Não menor que o mínimo das cinco tensões de ruptura", se todos estiverem acima de um valor previamente estabelecido.

"Não maior que o máximo das cinco tensões de ruptura, se todos estiverem abaixo do valor previamente estabelecido.

A temperatura aproximada do óleo na ocasião do teste.

O espaçamento entre os eletrodos.

20.5.8 — Outros fatores que afetam a tensão dielétrica de ruptura de líquidos isolantes na freqüência industrial de sistemas de potência (ASTM)

"A tensão dielétrica de ruptura de um líquido isolante na freqüência de sistemas elétricos de potência é também afetada pela uniformidade do campo elétrico; pela área dos eletrodos ou pelo volume do líquido sob tensão máxima; pelo intervalo de tempo em que o líquido está sob tensão; pela temperatura do líquido (especialmente se afetar a relativa saturação do nível de umidade em solução); pela tendência de gaseificação do líquido sob a influência de tensão elétrica; pela concentração dos gases dissolvidos (especialmente se os níveis de saturação forem excedidos como resultado do repentino resfriamento ou diminuição de pressão, que podem causar o aparecimento de bolhas de gás); pela incompatibilidade com materiais de construção; e pela velocidade de fluxo.

Um decréscimo da rigidez dielétrica do líquido pode ter um efeito acentuado na resistência elétrica à deformação de materiais isolantes sólidos imersos em óleo isolante."

20.6 — MEDIÇÃO DA TEMPERATURA DE UM ENROLAMENTO DE COBRE PELO MÉTODO DA VARIAÇÃO DE SUA RESISTÊNCIA

A temperatura média, em grau centígrado, de um enrolamento de cobre eletrolítico padrão, isto é, com condutividade 100% é dada pela fórmula:

$$T = \frac{R_T}{R_t} (234,5 + t) - 234,5 \ (^{\circ}C)$$

T = temperatura média do enrolamento quente ($^{\circ}C$)
t = temperatura média do enrolamento frio ($^{\circ}C$)
R_T = resistência em ohm na temperatura T
R_t = resistência em ohm do enrolamento na temperatura t

Para o cobre eletrolítico comercial de condutividade 98,27% a fórmula é:

$$T = \frac{R_T}{R_t} (243,4 + t) - 243,4 \ (^{\circ}C)$$

20.6.1 — Procedimento para medir a resistência do enrolamento quente

Desenergizar o transformador e desligar a ventilação e a bomba de óleo ou de água.

Tomar as leituras da medição durante os primeiros 4 min após o desligamento.

Anotar o tempo entre o momento do desligamento e o da leitura.

Ao transferir os condutores de medição de um enrolamento para o outro, manter a polaridade relativa dos terminais.

Como o abaixamento da temperatura do transformador se realiza de modo mais ou menos rápido, é necessário que a mudança dos condutores de medição de um enrolamento para o outro seja feita com rapidez.

É recomendável que os condutores de medição sejam manipulados por intermédio de varas de manobra e colocados um em cada terminal. A resistência de contato dos conectores com os terminais das buchas deve ser desprezível. A medição poderá ser feita pelo método da queda de tensão. Também poderá ser feita com uma ponte Wheatstone ou Kelvin quando a corrente nominal do enrolamento não for maior que 1A. As leituras serão feitas quando a corrente de medição se estabilizar. No caso de não ser possível realizar a primeira leitura nos primeiros 4 min após o desligamento do transformador, deve-se reaquecê-lo até que seja atingido o nível de aquecimento cuja temperatura do enrolamento se deseja conhecer, para fazer a medição.

20.6.2 — Correção da elevação de temperatura observada relativamente ao tempo de desligamento

A temperatura obtida pela medição do valor da resistência num certo tempo, após o desligamento do transformador, deve ser corrigida para se obter o valor real no instante do desligamento.

20.6.2.1 — Correção pelo método da curva de resfriamento

Fazem-se, no mínimo, três leituras durante os primeiros 4 min, após o desligamento, da medição da resistência da primeira fase do enrolamento, a intervalos aproximadamente iguais. Com os valores obtidos, traça-se uma curva de resistência em função do tempo. Por extrapolação obtém-se o valor da resistência no momento do desligamento do transformador (Fig. 20.12).

A mesma curva serve para se obter a resistência corrigida das outras fases do mesmo enrolamento, desde que a medição de sua resistência tenha sido nos primeiros 4 min imediatamente após o desligamento.

A temperatura ambiente deve ser medida com os termômetros colocados em recipientes com óleo de transformador, dispostos a seu redor e a meia altura do solo.

20.6.3 — Instrumentos necessários

Bateria de acumuladores de 125 V, 60 Ah em 4 horas.

Resistor variável de 0 a 10 ohms e 20 A de capacidade.

Milivoltímetro CC 30 mV, 150 divisões, classe de exatidão 0,2.

Shunt não-indutivo, 7,5; 15,0; 30,0 A — 30 mV, classe de exatidão 0,05.

Voltímetro de corrente contínua, escalas 3, 7, 5, 30, 75, 150 V, 150 divisões, classe de exatidão 0,2.

Quatro termômetros escala de 0 °C a 100 °C; divisões 0,2.

Termômetro termopar classe 1: −100 °C a + 50 °C, 0 °C, 150 °C e 45 °C.

Voltímetro CA 110 V classe de exatidão 0,2.

Amperímetro CA a 5 A, classe 0,2.

20.6.4 — Exemplo Fig. 20.12

20.7 — INSTRUMENTO TTR PARA A MEDIÇÃO DA RELAÇÃO DE ESPIRAS DO TRANSFORMADOR

O TTR é um instrumento para medir a relação de espiras de enrolamentos de transformadores quando seu valor é menor que 130. Com a utilização de equipamento auxiliar, as medições podem ser realizadas em transformadores cuja relação de espiras seja de até 330.

20.7.1 — Descrição

A Fig. 20.14 mostra suas partes principais:

• Gerador de imã permanente, corrente alternada, tensão 8 V, 60 Hz aproximadamente e operação manual.

• Transformador de referência com derivações. O número de espiras entre derivações é exato e a corrente de magnetização é de valor desprezível quando excitado com 8 V.

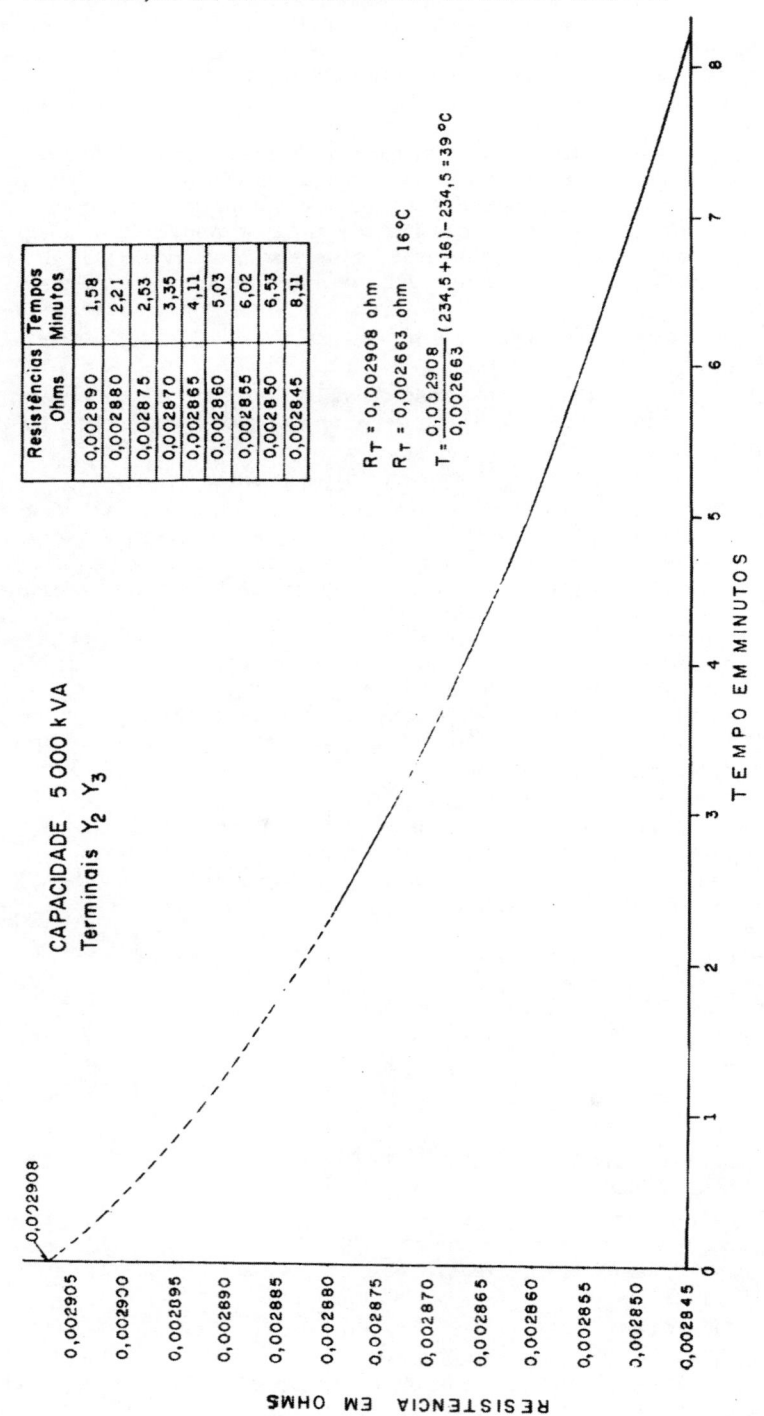

Figura 20.12 — Exemplo de determinação da temperatura de enrolamento de transformador pelo método de sua resistência ôhmica

• Três chaves seletoras de derivações do transformador de referência. A primeira chave, S_1, a partir da esquerda, permite variar a relação do transformador de referência de dez em dez degraus. O mostrador tem doze divisões e, portanto, a relação de espiras do transformador de referência pode ser variada de 0 a 120.

A segunda chave, S_2, permite uma variação de um em um degrau.

O mostrador é graduado de 0 a 10 e, portanto, a relação é variável de 0 a 10.

A terceira chave, S_3, permite uma variação por degraus de 0,1. O mostrador é graduado de 0 a 1.

Todas elas giram no sentido horário a partir de zero.

• O quarto botão é de um potenciômetro, cujo mostrador é graduado de 0 a 100. Ele permite uma variação da relação do transformador de referência continuamente de 0 a 0,1. A marca OPEN existente no mostrador corresponde a uma parte aberta do potenciômetro e serve para abrir o circuito secundário para fins de teste.

• Ponto decimal — O ponto decimal é representado por um rebite colocado entre o segundo e o terceiro mostradores e facilita a leitura do resultado. Por exemplo:

Indicação do primeiro mostrador	11
Indicação do segundo mostrador	7
Indicação do terceiro mostrador	3
Indicação do quarto mostrador	42 e 1/2

A leitura será 117,3425.

20.7.2 — Cabos de conexões

Cabo X_1 de excitação, cor preta, é formado de dois condutores, sendo um deles de diâmetro maior que o do outro. O primeiro serve para conectar o terminal do transformador em teste ao primário do transformador de referência do TTR. O segundo conduz a corrente de excitação para os enrolamentos dos transformadores de referência e em teste. O condutor de maior diâmetro possui um terminal em forma de C, ao qual está também conectado o condutor de menor diâmetro. O condutor de maior diâmetro é ligado a uma parte do terminal isolada da parte que possui o parafuso.

Cabo X_2 de excitação, cor vermelha, é igual ao cabo X_1, porém de cor vermelha.

Cabo secundário H_1, cor preta, é um condutor singelo, flexível, com terminal em forma de garra e serve para conectar o secundário do transformador de referência do TTR ao transformador em teste.

Cabo secundário H_2, cor vermelha, igual ao cabo H_1, porém de cor vermelha.

Voltímetro tipo de ferro móvel, escala com traço central de 8 V e um traço de cada lado. Indica a tensão de saída do gerador.

Amperímetro tipo de ferro móvel indica a corrente de saída do gerador. A escala tem dez divisões iguais arbitrárias, isto é, a graduação não é em ampère.

Terminal de aterramento situado na parte externa da caixa do instrumento para seu aterramento.

DETECTOR DE ZERO microamperímetro de zero central. Indica a magnitude e a polaridade da corrente que percorre o secundário do transformador de referência do TTR. O ponteiro se desvia para a esquerda quando a relação do transformador em teste é maior que a indicada no TTR. A posição zero deste instrumento só deve ser ajustada como indica o "Verificação da indicação zero do detector de zero".

20.7.3 — Verificações preliminares

• Verificação da indicação zero do detector de zero

1) Colocar as chaves seletoras na posição zero (0.000).

2) Conectar entre si os terminais H_1 e H_2.

3) Os parafusos dos terminais em forma de C de teste não devem tocar a parte isolada e sem parafuso dos mesmos. Verificar.

4) Os terminais em forma de C não se devem tocar.

5) Verificar se os ponteiros dos instrumentos indicadores estão na posição zero.

6) Girar a manivela do gerador até que o ponteiro do voltímetro indique 8 V (posição central). O amperímetro deve indicar zero.

7) O ponteiro do indicador de zero não deve ter-se afastado mais que 1,5 mm da posição zero (central). Do contrário, encaminhar o TTR para o laboratório de manutenção de aparelhos de medição.

• Verificação da relação zero

1) Apertar o parafuso do terminal em forma de C contra a parte isolada e sem parafuso. O contato deve ser bom e, caso não seja, colocar uma lâmina de cobre entre o parafuso e a outra parte do terminal. Os terminais devem ficar afastados entre si e de qualquer objeto que possa estabelecer contato elétrico entre eles.

2) Conectar entre si os terminais dos condutores secundários H_1 e H_2.

3) Colocar os mostradores na posição zero.

4) Girar a manivela do gerador até que o voltímetro indique 8 V, observando o indicador de zero (galvanômetro). Se sua indicação não for zero, ajustar o ponteiro nessa posição com o auxílio do quarto botão (potenciômetro), mantendo porém a tensão em 8 V. A indicação do mostrador do potenciômetro não deve ser a de um afastamento maior que meia divisão a partir de zero. O erro indicado abrange as indicações desse mostrador. Se o erro não for admissível, enviar o TTR para o laboratório de reparos de instrumentos.

• Verificação da relação unitária

1) Apertar os parafusos dos terminais em forma de C contra a parte sem parafuso. O contato entre eles deve ser bom.

2) Os terminais C não devem ser curto-circuitados durante o teste.

3) Conectar o condutor secundário preto H_1 ao condutor de excitação preto X_1.

4) Conectar o condutor secundário vermelho H_2 ao condutor de excitação vermelho X_2.

5) Colocar os mostradores das chaves seletoras na posição 1.0000.

6) Girar a manivela do gerador até que o voltímetro indique 8 V e mantê-lo nesse valor.

7) Observar o detector de zero; o poneiro deve estar na posição central (zero). Se não estiver, ajustá-lo nessa posição com o auxílio do quarto botão. Se a leitura do mostrador do quarto botão for abaixo de zero, colocar os mostradores das chaves seletoras na posição 0.999 e ajustar o ponteiro novamente na posição zero com o quarto botão; a leitura do TTR deve ser a unidade numa faixa de meia divisão do quarto mostrador. Se o erro não for aceitável, enviar o TTR para o laboratório de reparos de instrumentos.

20.7.4 — Procedimento de teste de relação

Verificar se o transformador a ser testado está completamente desenergizado.

Desconectar os terminais das buchas do transformador de barramentos, linhas etc. Eles devem ficar livres de quaisquer conexões.

Se o transformador estiver próximo do equipamento de alta tensão energizado, aterrar um dos terminais de cada enrolamento e o TTR pelo borne existente no lado externo da caixa.

Conectar os condutores de excitação X_1 e X_2 com os terminais do enrolamento de baixa tensão do transformador.

Conectar o condutor secundário H_1 ao terminal do enrolamento de alta tensão do transformador correspondente ao terminal de baixa tensão ao qual está conectado o condutor de excitação X_1.

Conectar o condutor secundário H_2 ao outro terminal de alta tensão do transformador.

Se um dos terminais dos enrolamentos do transformador estiver aterrado, conectar H_1 e X_1 com eles.

A excitação deve abranger todo o enrolamento de baixa tensão.

Diagramas de ligações para os casos de transformadores com mais de dois enrolamentos serão dados mais adiante.

Colocar os mostradores em zero e girar a manivela de um quarto de volta. Se o ponteiro do galvanômetro detector de zero se desviar para a esquerda, a polaridade dos enrolamentos é subtrativa e as conexões dos condutores do TTR, corretas. Se ele se desviar para a direita, a polaridade dos enrolamentos do transformador é aditiva e os terminais H_1 e H_2 devem ser invertidos (trocados) de posição.

Colocar, em seguida, os mostradores na posição 1.0000 e girar lentamente a manivela, observando o galvanômetro cujo ponteiro deve desviar-se para a esquerda. Observar ao mesmo tempo o voltímetro e o amperímetro. Se o ponteiro do amperímetro se deslocar para o final da escala e o do voltímetro não se movimentar, isso significará que a corrente de excitação é muito elevada. Se a manivela for muito pesada para movimentar, é provável a existência de curto-circuito nos terminais de excitação ou envolvendo parte do enrolamento de baixa tensão do transformador. Normalmente, o ponteiro do amperímetro se desloca no sentido positivo e o do voltímetro se desloca ligeiramente nas verificações preliminares.

Só continuar com o teste se os terminais do transformador estiverem livres do contato com qualquer pessoa, pois, uma tensão de 1 000 V existirá nos terminais do secundário do transformador de referência com 8 V no primário.

Satisfeitas as condições anteriormente estabelecidas, colocar o mostrador da extrema esquerda na posição 1, girando o botão no sentido horário.

Girar a manivela de um quarto de volta observando o ponteiro do galvanômetro detector de zero. Se ele ainda se desviar para a esquerda, colocar o mostrador na posição 2, e assim sucessivamente até que o ponteiro do galvanômetro se desvie para a direita. Voltar, então, o mostrador de uma divisão girando o botão no sentido anti-horário. O ponteiro deve-se deslocar para a esquerda enquanto a manivela é girada.

Proceder da mesma forma, e sucessivamente, com o segundo e o terceiro mostradores, a partir da esquerda, até que o desvio do ponteiro do galvanômetro seja o menor possível enquanto a manivela é girada lentamente. Em seguida, aumentar a velocidade da manivela até que o voltímetro indique 8 V, mantendo-o nesse valor e com o auxílio do quarto botão ajustar o ponteiro do galvanômetro na posição zero.

Copiar as indicações dos dois primeiros mostradores colocado um em seguida do outro, colocar a vírgula, e em seguida colocar a indicação do terceiro e quarto mostradores. Os valores do quarto mostrador abaixo de 10 devem ser antecedidos de zero. Por exemplo, se a leitura for 5, deve-se escrever 05.

20.7.5 — Condições anormais

Quando não se consegue obter equilíbrio seguindo as instruções anteriores, duas situações podem existir:

a) Se o projeto do transformador é o mesmo que o de outro anteriormente medido e não se consegue equilíbrio, é possível que exista um curto-circuito ou circuito aberto nos enrolamentos envolvidos. Uma corrente de excitação elevada e uma tensão baixa do gerador indicam curto-circuito em um dos enrolamentos. Se o bobinado for feito em seções, testar duas por vez, do primário e do secundário, até encontrar, por eliminação, a seção defeituosa.

Quando a corrente e a tensão de excitação são normais, mas não há desvio do ponteiro do galvanômetro detector de zero, o circuito de um dos enrolamentos do transformador deve estar aberto. Para testar o enrolamento de baixa tensão com o TTR, desconectam-se os condutores H_1 e H_2, coloca-se uma lâmina de isolante entre o terminal do enrolamento e a parte do conector C oposta ao parafuso. Acionar a manivela e observar o amperímetro. A ausência de corrente significa que o enrolamento está aberto.

Se a corrente for normal, o enrolamento não está interrompido.

b) Se a corrente de excitação do enrolamento de baixa tensão é de valor elevado ou se sua tensão nominal é de baixo valor, pode não ser possível obter o equilíbrio com sua energização. Nestes casos, energizar o enrolamento de alta tensão para a medição e, então, a relação encontrada em condições de equilíbrio é menor que 1 e por isso é chamada de relação inversa, pois, de acordo com ABNT TB-45-15.05.370, a relação do número de espiras de um transformador é a relação entre o número de espiras do enrolamento de tensão superior e o de tensão inferior, cujo valor é maior que a unidade. O valor da relação de espiras do transformador testado será, pois, igual ao inverso do valor encontrado.

20.7.6 — Espiras em curto-circuito

Quando há espiras em curto-circuito num enrolamento, muitas vezes não se consegue alcançar o equilíbrio, devendo-se então proceder como indica o item 20.7.5 ("Condições anormais"). Quando só uma espira está em curto-circuito e sua resistência é de valor elevado, sua localização é possível, conhecendo-se o valor da corrente de excitação de um transformador do mesmo projeto, para comparação. A diferença entre as correntes i_s do transformador com espiras em curto-circuito e i_n *do transformador normal é dada pela equação:*

$$i_s - i_n = \frac{8N_s^2}{R_s N_T^2}$$

sendo N_s = número de espiras em curto-circuito

N_T = número total de espiras do enrolamento com espiras em curto-circuito

R_s = resistência do curto-circuito

20.7.7 — Relação maior que 130

Método recomendado: conectar o enrolamento primário de um transformador auxiliar, igual ao transformador de referência de TTR, em paralelo com o enrolamento primário que será excitado, do transformador em teste. O secundário do transformador auxiliar conectar em série com o enrolamento secundário de alta tensão do transformador em teste. Se a relação do transformador auxiliar for 200, a relação medida será igual a 200 somado com a leitura dos mostradores do TTR. Portanto, com o auxílio do transformador auxiliar, podem ser medidas relações de espiras de valor até 330.

Caso não se disponha de um transformador auxiliar, o transformador de referência de outro TTR pode ser utilizado. O procedimento é o seguinte:

Conectar os terminais de excitação X_1 e X_2 de um dos TTR ao enrolamento de baixa tensão do transformador em teste. Este TTR é denominado TTR principal.

Conectar os terminais de excitação X_1 e X_2 do TTR auxiliar juntamente com os terminais de mesma denominação e cor do TTR principal aos terminais do enrolamento de baixa tensão do transformador em teste.

Colocar uma peça isolante de fibra ou baquelite entre a ponta do parafuso do conector C do TTR auxiliar e sua parte oposta, para isolar o gerador do TTR auxiliar.

Conectar um dos terminais H dos condutores secundários do TTR principal a um dos terminais dos condutores secundários de cor oposta e, portanto, polaridade oposta do TTR auxiliar.

Conectar os dois outros terminais secundários, um de cada TTR, aos terminais do enrolamento de alta tensão do transformador em teste de mesma polaridade dos terminais do enrolamento de baixa tensão.

Colocar os mostradores do TTR auxiliar na posição 120 e o mostrador do potenciômetro na posição zero.

Proceder normalmente até conseguir o equilíbrio. Só os mostradores do TTR principal devem sofrer variação.

A soma das indicações dos dois TTR é o valor da relação medida do transformador em teste.

20.7.8 — Medições em transformadores polifásicos

a) Ligação trifásica triângulo-triângulo

Abrir o enrolamento de alta tensão em triângulo para evitar a circulação de corrente.

O enrolamento de baixa tensão pode permanecer fechado. Fazer as conexões para medição como indica a Fig. 20.16B. As conexões serão mudadas tanto da alta como da baixa tensão para cada fase a ser medida.

b) Ligação trifásica estrela-estrela

Para a determinação da relação de espiras, os neutros devem ser acessíveis. As conexões estão indicadas na Fig. 20.16C. Neutros aterrados são considerados acessíveis. A conexão dos cabos de medição com o neutro deve ser a mais próxima possível dos enrolamentos, para evitar erro de medição devido à resistência da conexão com o neutro, que deve ser a menor possível. A medição da relação de todas as fases é feita de modo igual.

c) Ligação trifásica triângulo-estrela

Se o neutro for acessível, as conexões para medição serão feitas conforme a Fig. 20.16D, e que correspondem a uma fase. As demais fases erão medidas da mesma forma. Para esse tipo de ligação dos enrolamentos, convém lembrar que a relação de espiras não é a relação das tensões.

d) Ligação trifásica estrela-triângulo.

Neste caso, é necessário abrir o triângulo para evitar a circulação de corrente. As conexões para medição serão feitas conforme ilustra a Fig. 20.16E. Todas as fases são medidas da mesma forma.

e) Ligação trifásica, triângulo-estrela, neutro inacessível.

Para este caso, fazer as ligações de medição conforme o esquema da Fig. 20.16F. A bobina da fase *C* do enrolamento de baixa tensão é curto-circuitada, o fluxo correspondente é nulo, e por isso não há indução de tensão na bobina de alta tensão da mesma fase que serve para a ligação de H_1. O erro devido à resistência da bobina de alta tensão intercalada no circuito $H_1 - H_2$ é desprezível porque seu valor é muito pequeno.

f) Transformadores de seis e doze fases.

A transformação de trifásico para hexafásico e de trifásico para doze (duodefásico) fases é obtida com um transformador com primário trifásico e um certo número de bobinas em cada perna do núcleo que são interconectadas de diversos modos. O circuito mais simples de secundário com doze fases é o que tem duas bobinas por perna do núcleo, sendo um conjunto ligado em estrela ou triângulo e o outro com a polaridade invertida ligado do mesmo modo. O diagrama de ligações para a medição está ilustrado na Fig. 20.16G e H e o procedimento de medição é o mesmo das unidades trifásicas. Observar que, à semelhança da Fig., o retorno para um dos terminais *H* é através de uma bobina, cuja correspondente primária foi curto-circuitada. Considera-se o neutro não-acessível e cada par de bobinas é internamente conectado entre si e com o neutro.

g) Ligação duplo ziguezague

Para ser possível a realização da medição em um transformador com este tipo de ligação, é necessário que os terminais de cada bobina do secundário sejam acessíveis ou diretamente ou através de uma bobina de outra perna do núcleo que possa ser curto-circuitada, geralmente do primário. O fluxo magnético dessa bobina curto-circuitada fica anulado. A Fig. 20.16H ilustra as ligações para a determinação da relação de bobinas de uma mesma perna do núcleo. Quando os terminais das bobinas do enrolamento de baixa tensão em ziguezague não forem acessíveis, a alternativa de medição é energizar o primário e medir a relação inversa.

20.7.9 — Contagem do número de espiras

É possível também fazer a contagem do número de espiras de um enrolamento com o TTR, além de medir a relação de transformação. Para fazer a contagem proceder da seguinte forma:

Enrolar um certo número de espiras na perna do núcleo adjacente à bobina, cujo número de espiras se deseja conhecer, ou na parte superior do núcleo dessa bobina auxiliar.

Conectar a bobina auxiliar em série com a bobina secundária dos testes com o TTR e medir a relação de espiras N_a entre os dois enrolamentos do transformador.

Retirar as espiras da bobina auxiliar e medir novamente a relação de espiras.

Subtrair o maior valor encontrado do menor. Para se obter o número de espiras do enrolamento energizado (primário), divide-se o número n de espiras da bobina auxiliar pela diferença $N_b - N_a$ entre as duas leituras, ou seja:

$$n_1 = \frac{n}{N_b - N_a}$$

Para se obter um valor razoável, isto é, reduzir o erro, recomenda-se que o número de espiras da bobina auxiliar seja de, no mínimo, 5% do número de espiras do enrolamento secundário ao qual foi conectada, pois a determinação de n_1 depende da diferença entre duas leituras.

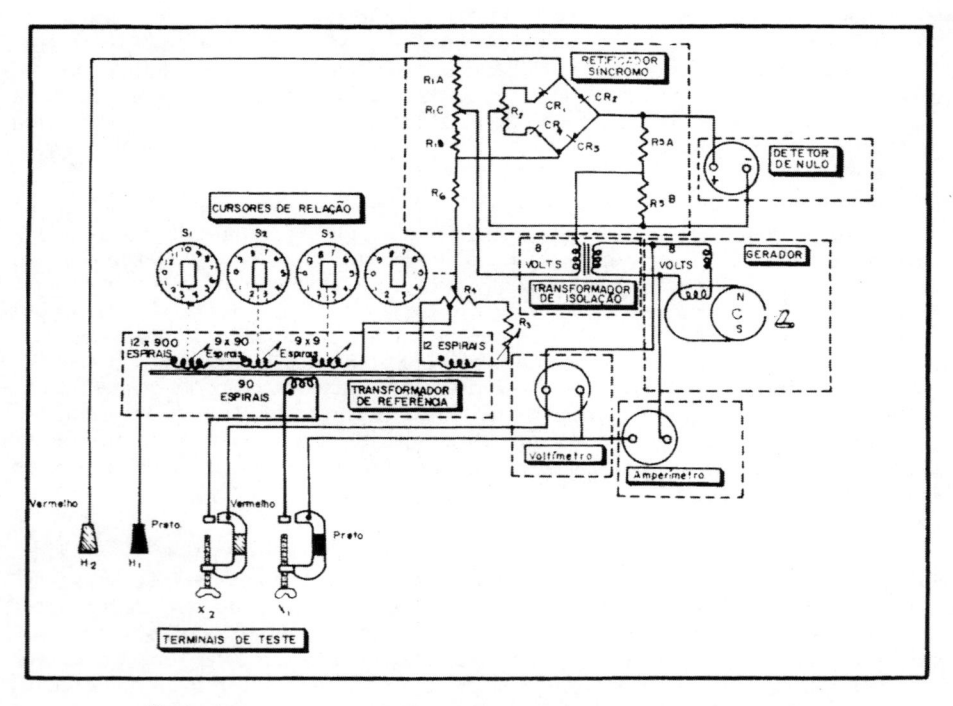

Figura 20.14 — Representação esquemática dos componentes da TTR

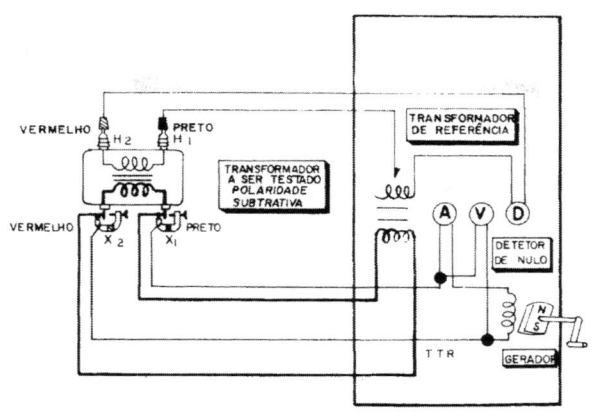

Figura 20.15 — Diagrama esquemático simplificado do circuito do TTR

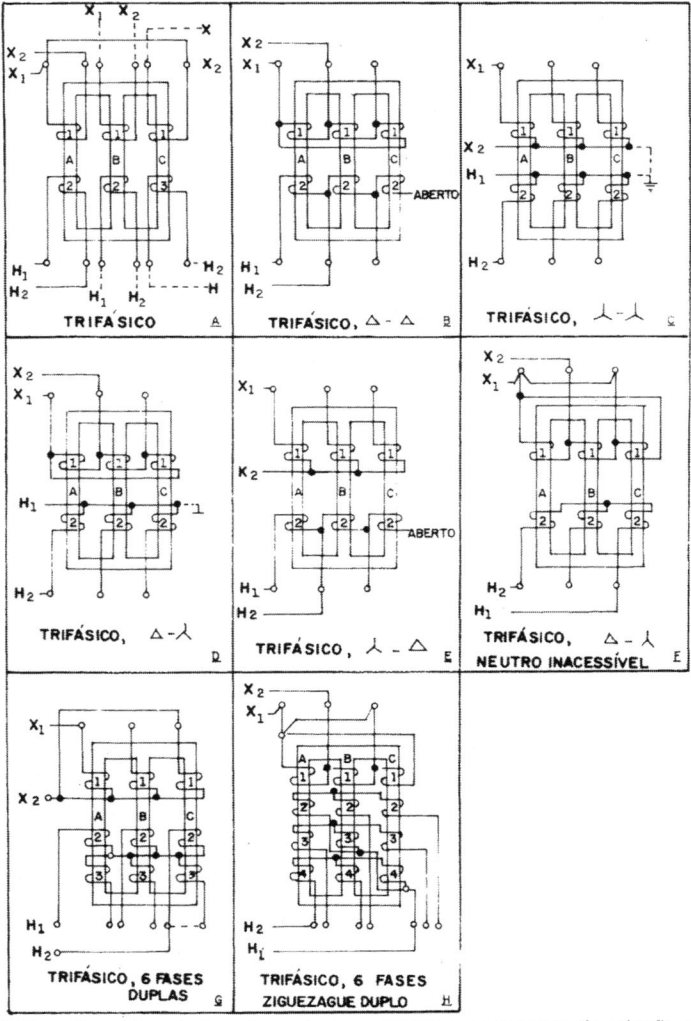

Figura 20.16 — Conexões de transformadores polifásicos para testes de relação com TTR

20.7.10

FOLHA DE TESTE
TRANSFORMADORES DE POTÊNCIA

MODELO DO EQUIPAMENTO TESTADO

FABRICANTE

LOCAL

RELAÇÃO DE TRANSFORMAÇÃO — TTR

TESTE Nº	POSIÇÃO DO COMUTADOR		TENSÃO DE PLACA			RELAÇÃO NOMINAL	RELAÇÃO MEDIDA	RELAÇÃO MÉDIA	ERRO %
	S/CARGA	C/CARGA	M.T. ☐ ou A.T. ☐	M.T. ☐ ou B.T. ☐					

INSTRUMENTO UTILIZADO:

Recomenda-se nova manutenção tipo .... em .... / .... / .... para ....
Justificativa. ....

TIPO DE MANUTENÇÃO EXECUTADA	HOMENS/HORAS TRABALHADAS	EXECUTADA POR	APROVADA POR	CÓDIGO DO EQUIPAMENTO	Nº DA FOLHA DE TESTE
☐ Rotineira	Nº de Horas Normais	DATA ____ / ____ / ____	DATA ____ / ____ / ____	TF	
☐ Preventiva	Nº de Horas Extras	ASSINATURA	ASSINATURA		
☐ Corretiva	Nº Total de Horas				

GCOI-SCM

20.8 — MEDIÇÃO DE RESISTÊNCIA DE BAIXO VALOR

O aparelho de marca registrada Ducter é largamente utilizado pelas empresas brasileiras de energia elétrica para a medição de resistências de baixo valor, como, por exemplo, resistência de contatos de disjuntores, comutadores, chaves secciona-doras e de enrolamentos de transformadores.

20.8.1 — Princípio da medição do Ducter

O instrumento indicador do Ducter é do tipo de bobinas cruzadas. A bobina de controle é percorrida por uma corrente proporcional à corrente do espécime em teste. Pela bobina de deflexão flui uma corrente proporcional à queda de tensão na resistência sob medição.

O conjunto móvel de bobinas é colocado no campo magnético de um ímã permanente. O ponteiro preso ao conjunto móvel se desloca por uma escala que pode ser graduada em ohm ou microhm, conforme o tipo de Ducter.

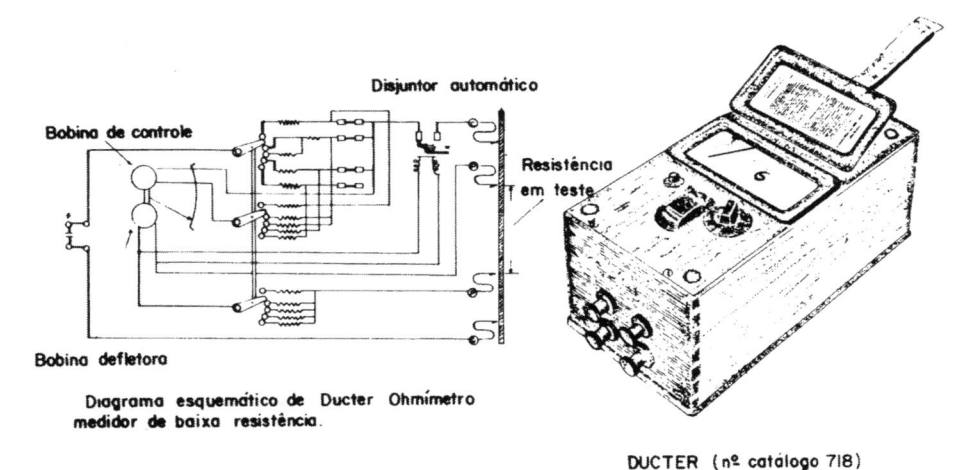

Disjuntor automático

Bobina de controle

Resistência em teste

Bobina defletora

Diagrama esquemático de Ducter Ohmímetro medidor de baixa resistência.

DUCTER (nº catálogo 718)
escalas 5×10^{2} a 5×10^{6} microohms

Figura 20.17 — Diagrama esquemático de Ducter ohmímetro medidor de baixa resistência (Cat. 713)

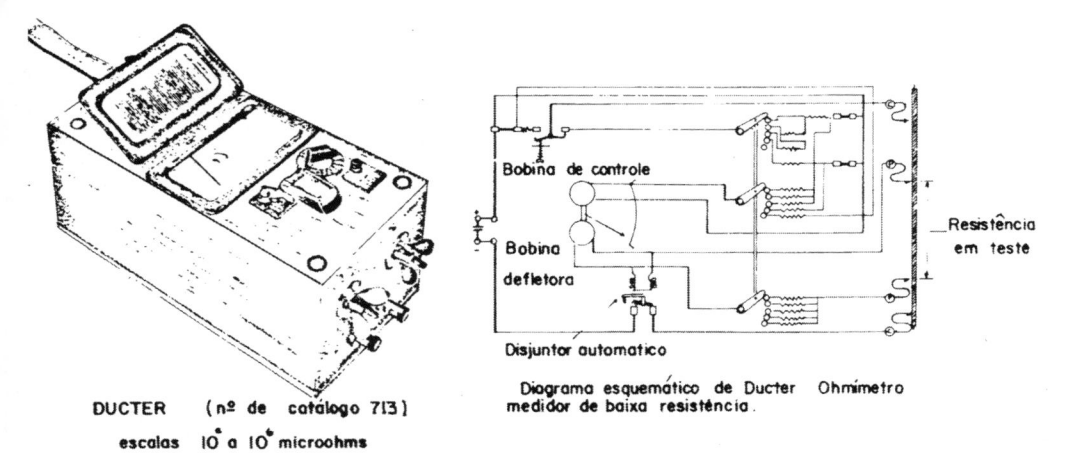

DUCTER (nº de catálogo 713)
escalas 10^{3} a 10^{6} microohms

Bobina de controle

Bobina defletora

Resistência em teste

Disjuntor automático

Diagrama esquemático de Ducter Ohmímetro medidor de baixa resistência.

Figura 20.18 — Diagrama esquemático de Ducter ohmímetro medidor de baixa resistência (Cat. 718)

20.8.2 — Descrição

O Ducter é formado de partes, montadas em caixa de madeira. São as seguintes: um instrumento indicador de bobinas cruzadas; uma chave seletora de faixa de medição; um interruptor de sobrecorrente para a faixa de menor fator de medição; e um sinalizador do interruptor de sobrecorrente.

20.8.3 — Acessórios

Bateria

É do tipo alcalina de 1,2 V, no máximo. Conforme o tipo de Ducter pode ser: um elemento de 220 Ah de capacidade, podendo fornecer uma corrente de até 100 A; três elementos com capacidade de 10 Ah cada um, ligados em paralelo; e quatro elementos e capacidade de 40 Ah.

A manutenção das baterias deve ser feita conforme as instruções próprias para baterias alcalinas.

Retificador

O retificador do Ducter, formado por um transformador e um circuito de retificação, proporciona a tensão de 1 V para a medição. A tensão de alimentação pode ser de 200 a 250 V ou de 100 a 120 V, 60 ou 50 Hz, conforme tenha sido especificado pelo comprador.

Cravadores

Acompanham o Ducter dois pares de cravadores duplos grupados numa mesma peça isolante, da qual partem os condutores de ligação com o instrumento. O cravador com a marca P é o de potencial e o seu vizinho é o de corrente. Os condutores têm um comprimento aproximado de 3,40 m. Acompanham também o Ducter, condutores com cravadores separados, sendo dois para corrente e dois para potencial, e ambos com cerca de 1,80 m de comprimento. Os cravadores duplos não devem ser utilizados nos casos de correntes de grande intensidade correspondentes ao fator de multiplicação 1 da chave seletora da faixa de medição.

Os condutores para correntes de alta intensidade devem ter baixa resistência elétrica. Na tabela estão alinhados os valores máximos das correntes para cada tipo de Ducter e cada posição da chave de seleção de faixa.

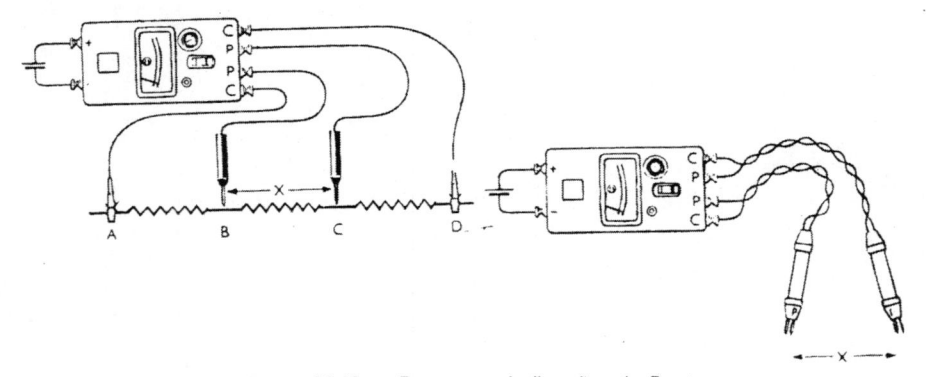

Figura 20.19 — Esquemas de ligações do Ducter

Para o instrumento 37002, a resistência total dos dois cabos não deve ser maior que 0,0028 ohm, sendo só importante o valor da resistência e não seu comprimento, que pode não ser necessariamente igual. Eles deverão ser conectados ao espécime em teste por conectores em forma de garra. Para o restante das faixas deste instrumento e para os demais instrumentos, a resistência total dos cabos pode ser da ordem de 0,04 ohm.

Os condutores do circuito de potencial, que são de cor vermelha, devem ter exatamente 0,02 ohm de resistência por condutor, isto é, 0,04 ohm por par. Se, por circunstâncias especiais, forem necessários condutores mais compridos e, portanto, com resistência maior que 0,04 ohm por par, o valor da resistência lida, isto é, medida com o instrumento, deverá ser multiplicado pelos fatores de correção da tabela abaixo.

20.8.4 — Tipos

(Número DUCTER do catálogo	Posição da chave seletora de faixa (multiplicar por)	Valores máximos lidos na escala (microhm)	(Ohm)	Intensidade aproximada da corrente de teste (A)
37002 5 faixas	10 000 1 000 100 10 1	1 000 000 100 000 10 000 1 000 100	1,00 0,10 0,01 0,001 0,0001	1 1 1 10 100
37005 5 faixas	1 000 100 10 1 (escala interna)	5 000 000 500 000 50 000 5 000 500	5,0 0,5 0,05 0,005 0,0005	0,2 1,0 1,0 2,0 15,0
37101 2 faixas	100 1	1 000 000 10 000	1,00 0,01	2 15
37102 2 faixas	100 1	1 000 000 10 000	1,00 0,01	2,3 18

Ducter (n.º do catálogo)	Faixa de medição (microhm)	(ohm)	Ohm por par de condutores 0,06	0,08 (fatores de correção)	0,10	0,012
37002	1 000 000 100 000 10 000 1 000 100	1,0 0,1 0,01 0,001 0,0001	1,0004 1,004 1,04 1,04 1,04	1,0008 1,008 1,08 1,08 1,08	1,0012 1,012 1,12 1,12 1,12	1,0016 1,016 1,16 1,16 1,16
37005	5 000 000 500 000 50 000 5 000 500	5,0 0,5 0,05 0,005 0,0005	1,0008 1,0008 1,008 1,04 1,04	1,0016 1,0016 1,016 1,08 1,08	1,0024 1,0024 1,024 1,12 1,12	1,0032 1,0032 1,032 1,16 1,16
37101 37102 37103	1 000 000 10 000	1,0 0,1	— 1,0023	— 1,0045	— 1,0068	— 1,009

20.8.5 — Procedimentos para as medições

1) Nunca realizar medições em aparelhos energizados.

2) Colocar o Ducter sobre uma superfície plana, nivelada e afastada de grandes massas de ferro e de campos magnéticos intensos.

3) Conectar os terminais positivo e negativo da bateria aos terminais positivo e negativo do instrumento.

4) Com a finalidade de melhorar as condições dos contatos da chave seletora de faixa, após um desuso prolongado, operá-la algumas vezes.

5) Colocar a chave seletora de faixa na posição correspondente ao maior fator de multiplicação, ou escala interna, se o valor aproximado da resistência a medir não for conhecido.

6) Conectar os condutores de medição de cor preta dos cravadores duplos aos terminais CC do instrumento e os condutores vermelhos aos terminais PP. Nos instrumentos de duas faixas, os condutores estão definitivamente conectados aos mesmos.

7) Os cravadores de potencial dos terminais duplos estão marcados com a letra P. Os condutores com terminais duplos são utilizados com os instrumentos de cinco faixas de medição. Os instrumentos de duas faixas utilizam condutores de potencial, com punhos vermelhos.

8) Aplicar os cravadores dos condutores de medição no espécime cuja resistência se deseja medir, como se vê na Fig. 20.19.

Deve ser assegurado bom contato entre os cravadores e o espécime cuja resistência está sendo medida. Condutores com terminais de cravadores duplos não devem ser utilizados quando a chave seletora tiver que ser colocada na posição 1, porque a corrente é muito elevada e sua capacidade não é adequada para conduzi-la.

9) Quando a chave seletora tiver que ser colocada na posição 1 é obrigatório o uso de condutores com terminais simples e capacidade para 100 A. Sua resistência não deve ser maior que 0,0014 ohm por condutor.

10) Quando são utilizados condutores com terminais simples, conectam-se ao espécime em primeiro lugar os condutores de corrente. O ponteiro do instrumento indicador deverá deslocar-se para a posição zero. Ao serem aplicados os cravadores de potencial, o ponteiro poderá deslocar-se em sentido contrário, se a polaridade não tiver sido corretamente obedecida. Será, então, necessário inverter sua posição.

11) Após a realização da medição, colocar a chave seletora na posição OFF (desligada).

12) O instrumento de cinco faixas possui um interruptor automático que abre o circuito de corrente quando ela é muito elevada e não for adequada à posição da chave seletora. A posição do interruptor é indicada por uma sinalização. Neste caso, a chave seletora deve ser mudada para uma posição correspondente a um valor maior e recolocar o interruptor na posição fechada.

13) Nas medições de circuitos muito indutivos, é necessário aguardar algum tempo até que a corrente se estabilize e, então, realizar a leitura. Após a leitura, retirar, em primeiro lugar, os cravadores de potencial para depois abrir o circuito de corrente, evitando-se dessa forma que o instrumento venha a ser danificado por uma tensão induzida muito elevada.

20.8.6 — Determinação da temperatura de um condutor de cobre pela medida de sua resistência

A temperatura de um condutor de cobre eletrolítico padrão pode ser calculada com o auxílio da seguinte fórmula:

$$T = \frac{R_T}{R_t} (234,5 + t) - 234,5 \text{ °C}$$

T = temperatura final do condutor em grau centígrado
t = temperatura inicial do condutor em grau centígrado
R_T = resistência final em ohm do condutor
R_t = resistência inicial em ohm do condutor

Para o cobre eletrolítico comercial com condutividade 98,27%, a fórmula é:

$$T = \frac{R_T}{R_t} (243,4 + t) - 243,4 \text{ °C}$$

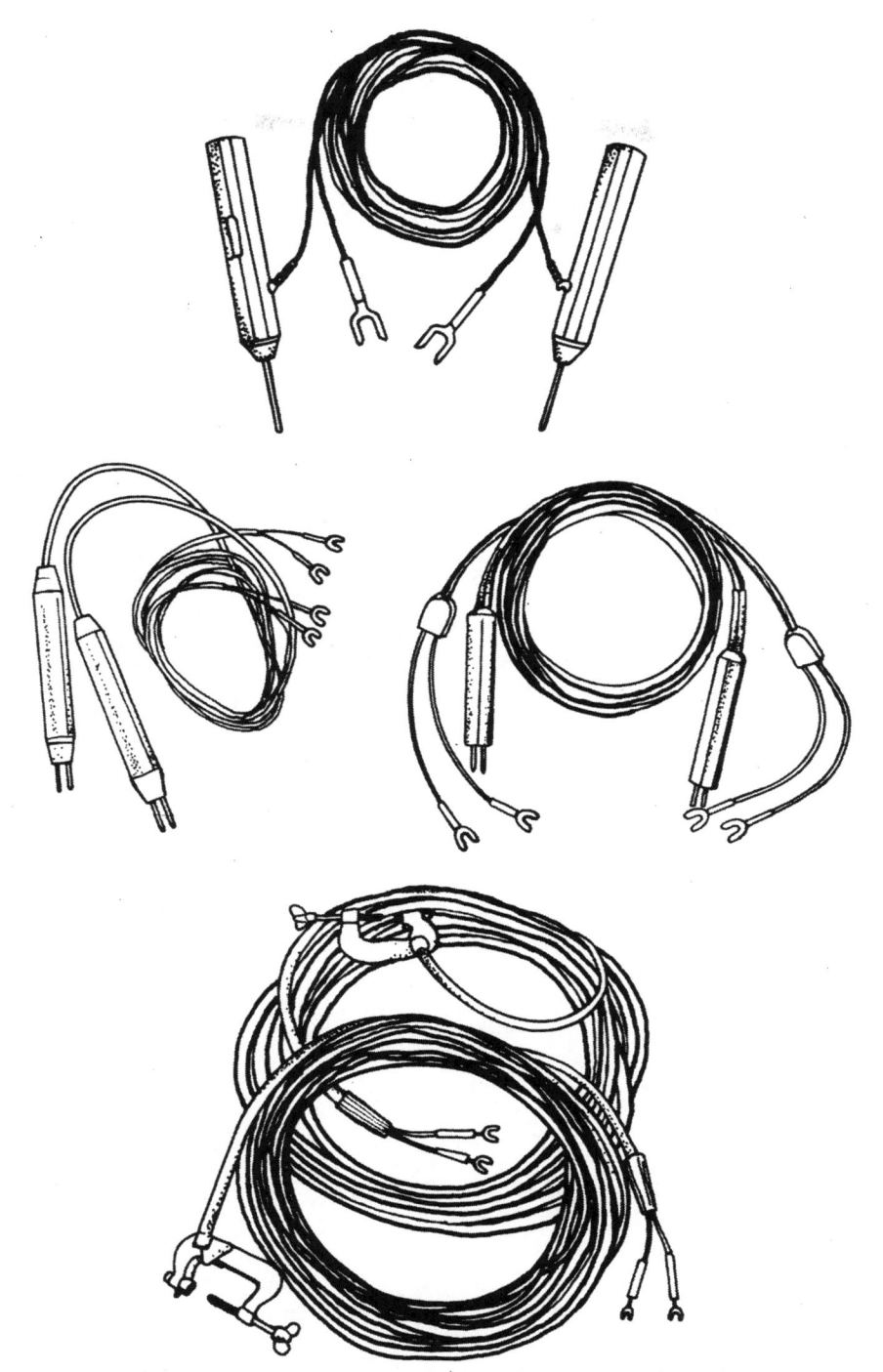

Figura 20.20 — Condutores acessórios para o Ducter: cabos com cravadores simples de potencial (acima); cabos com gravadores duplos de potencial e de corrente (no meio); e cabos com grampos duplos (embaixo)

20.9 — MÉTODOS DE MEDIÇÃO DA RESISTÊNCIA DE ATERRAMENTO

Os métodos de medição da resistência de aterramento obedecem essencialmente aos mesmos princípios dos utilizados para a medição de outros tipos de resistências.
Os mais utilizados são:

Método dos três pontos

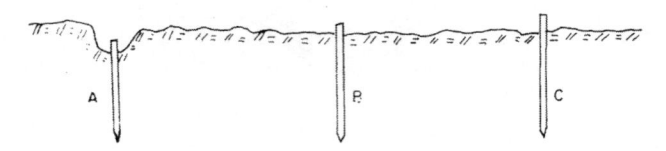

Figura 20.21 — Método dos três pontos — eletrodos em linha reta

Para medir a resistência de aterramento do eletrodo *A*, por este método, cravam-se no solo os eletrodos *B* e *C* bem espaçados entre si e do eletrodo em teste (Fig. 20.21).
Medem-se as resistências:

entre *A* e *B* — $R_x = R_A + R_B$
entre *B* e *C* — $R_y = R_B + R_C$
entre *C* e *D* — $R_z = R_C + R_A$

donde
$$R_A = \frac{R_x + R_z - R_y}{2}$$

Este método é adequado para a medição da resistência de aterramento de um eletrodo isolado ou pequenas instalações de aterramento. Os resultados que ele oferece são bons quando os valores das três resistências medidas são, aproximadamente, da mesma grandeza. Se R_B e R_C forem muito maiores que R_A, consideráveis erros poderão ser introduzidos.

As medições podem ser feitas com o emprego de voltímetro e amperímetro. Os resultados não têm significado quando a resistência dos eletrodos auxiliares for maior que dez vezes a resistência do eletrodo em teste.

Método da queda de tensão

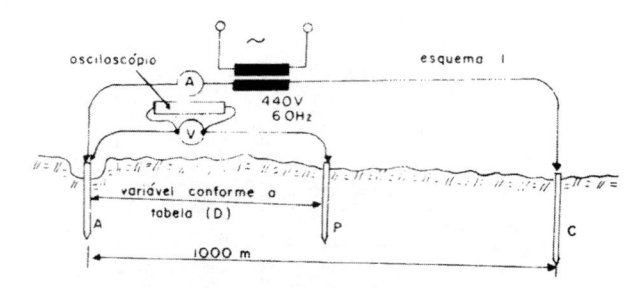

Figura 20.22 — Método da queda de tensão — esquema 1

O método consiste em fazer passar uma corrente elétrica alternada pela região do solo, situada entre o eletrodo *A*, cuja resistência de aterramento se deseja medir, e o eletrodo auxiliar de corrente *C*, e medir a queda de tensão entre o eletrodo auxiliar de potencial *P* e o eletrodo em teste *A*. A resistência de aterramento R_A é dada pela relação *V/I* entre a tensão e a corrente medidas (Fig. 20.22).

Registro dos dados — Esquema 1

Distância D (m)	Leituras sentido eletrodo C				$R_A = \dfrac{V}{I}$ ohm
	Voltímetro (V)	Amperímetro (A)I	Osciloscópio (V)	Tensão corrigida (V)	
0,5					
1					
2					
3					
5					
10					
20					
30					
50					
100					
200					
300					
400					
500					
550					
580					
590					
600					
610					
620					
630					
650					
700					
800					
900					
1 000					

Registro de dados — Esquema 2

Distância D (m)	Leituras no sentido oposto a C				$R_A = \dfrac{V}{I}$ ohm
	Voltímetro (V)	Amperímetro (A)	Osciloscópio (V)	Tensão corrigida (V)	
0,5					
1					
2					
3					
5					
10					
20					
30					
100					
200					
300					
400					
500					
600					
700					
800					
900					
1 000					

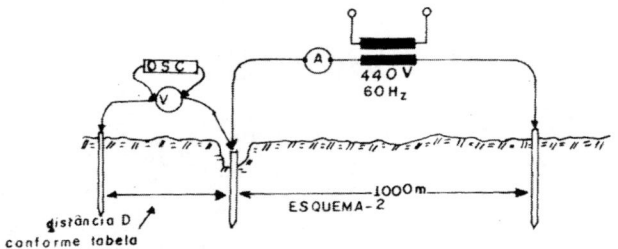

distância D / conforme tabela

Figura 20.23 — Método da queda de tensão — esquema 2

Antes da medição da tensão entre o eletrodo *A* em teste e o ponto de colocação do eletrodo de potencial *P*, verificar, com o auxílio do eletroscópio, a existência de tensões de interferência devidas a correntes errantes no solo, para corrigir os valores lidos no voltímetro (Fig. 20.23).

Com os dados das medições, é traçada a curva das variações da resistência de aterramento, em função da distância do eletrodo em teste (Fig. 20.24).

O valor da resistência de aterramento é o encontrado para a distância igual a 61,8% da distância entre o eletrodo em teste e o eletrodo auxiliar de corrente *C*, no sentido deste último.

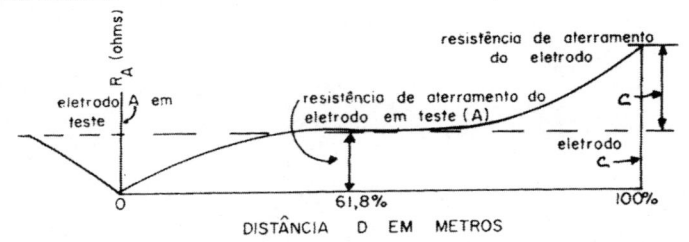

Figura 20.24 — Curva típica de medição de resistência de aterramento

Por vezes, não há condições de os eletrodos serem dispostos como se indica. Uma outra maneira, de acordo com estudos teóricos, é a seguinte (Fig. 20.25).

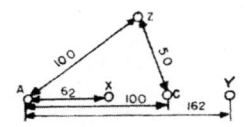

Figura 20.25 — Método dos três pontos — eletrodos em triângulo

O eletrodo de potencial *P* pode ser colocado em qualquer uma das posições *X*, *Y* ou *Z*, para se ter uma medição correta, desde que a resistividade do solo seja uniforme, do contrário pode haver erro.

20.9.1 — Medição da resistência de aterramento com o megger de terra

O Megger de medir resistência de aterramento, ou simplesmente Megger de terra, é constituído das seguintes partes principais (Fig. 20.26): um gerador de corrente contínua de acionamento manual; um inversor mecânico de corrente; um instrumento indicador de bobinas cruzadas com escala em ohm; um retificador mecânico; e uma chave seletora de faixa de medição.

O eletrodo de corrente *C* deve ser colocado a 1 000 m do eletrodo *A* em teste. Os eletrodos devem ser colocados em linha reta. A medição de *V* deverá ser feita em diversos pontos, a distâncias conforme "Registro de dados — Esquema 1". Realizar também medições em sentido oposto, porém sempre na mesma direção.

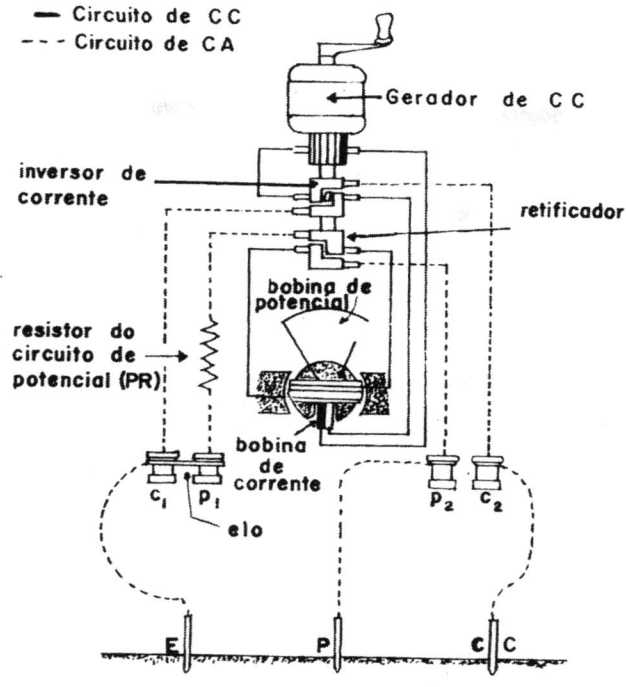

Figura 20.26 — Megger de terra — diagrama elétrico

O conjunto é montado numa caixa de madeira, que traz em sua parte externa: um botão da chave seletora S de faixa de medição; um botão PR de ajustar a resistência do circuito de potencial; bornes P_1 e P_2 de potencial; bornes C_1 e C_2 de corrente; e manivela escamoteável de acionamento do gerador.

20.9.2 — Procedimento de medição

Peças necessárias:

Um Megger de terra.

Dois eletrodos de aço de 20 a 25 mm de diâmetro e 60 a 100 cm de comprimento.

Três condutores 6 mm², flexíveis e isolados com 120, 80 e 3 m de comprimento, respectivamente. Os condutores devem ter um dos terminais adequado para sua conexão com o borne do Megger e o outro, de preferência, em forma de conector com parafuso para a conexão com o eletrodo de terra e auxiliares.

Procedimento para medir a resistência de aterramento de um eletrodo de terra.

Colocar o Megger numa superfície plana, horizontal, firme e o mais próximo possível do eletrodo de terra a testar.

Cravar no solo, a cerca de 30 m do eletrodo de terra a testar e a uma profundidade de 30 cm, um eletrodo auxiliar de corrente conectando-o ao borne C_2 do Megger.

Cravar no solo um eletrodo auxiliar de potencial a, aproximadamente, d_1 = 19 m do eletrodo a testar e em linha reta com os dois outros eletrodos. Para se obter um valor correto da resistência de aterramento do eletrodo em teste, o eletrodo auxiliar de potencial P_2 deve ser colocado a uma distância deste último igual a 61,8% da distância que separa do eletrodo de corrente C_2.

Colocar a chave seletora na posição ADJUST PR.

Girar a manivela a, aproximadamente, 135 rpm e, ao mesmo tempo, com auxílio do botão PR, ajustar o ponteiro sobre o traço vermelho da escala.

Colocar a chave seletora na posição a mais adequada para a medição.

Girar a manivela a 135 rpm. A leitura da escala, multiplicada pelo fator de multiplicação correspondente à posição da chave seletora, é o valor medido.

Correntes contínuas errantes no solo podem movimentar o ponteiro quando o gerador não estiver sendo acionado. No entanto, o efeito sobre a medição é desprezível quando o gerador estiver sendo acionado plenamente.

Correntes alternadas errantes no solo podem ocasionar oscilações no ponteiro a certas velocidades do gerador. Nesses casos, aumentar a velocidade do gerador até que o ponteiro se estabilize.

Realizar mais duas medições, colocando o eletrodo de potencial a 3 m do eletrodo em teste e do eletrodo de corrente, respectivamente.

Se houver concordância entre os resultados dessas três medições, o valor encontrado é o da resistência de aterramento do eletrodo testado.

20.9.3 — Procedimento para medir a resistência de aterramento de um conjunto de eletrodos

Neste caso, o fabricante do Megger sugere que sejam observadas as distâncias da tabela entre os eletrodos auxiliares e o em teste, para se obter uma exatidão de ±2%.

Tabela de distâncias para a medição da resistência de aterramento de um grupo de eletrodos

Dimensão máxima (m)	Distância d_1 (m)	Distância d_2 (m)
0,61	12,80	21,30
1,22	18,30	30,20
1,83	22,55	36,90
2,44	25,60	42,06
3,05	28,04	46,63
3,66	32,30	51,20
4,26	35,05	55,16
4,87	37,50	58,80
5,48	40,23	62,80
6,09	42,67	66,44
12,20	62,04	95,70
18,30	73,15	116,73
24,40	84,73	135,02
30,48	95,70	150,26
36,60	105,16	165,20
42,67	113,70	179,22
48,80	121,31	192,02
54,86	127,71	204,52
61,00	132,90	215,18

A coluna "Dimensão máxima" corresponde à maior dimensão de uma área com um conjunto de eletrodos de terra interligados, por exemplo, a diagonal de uma área limitada por uma cerca aterrada.

20.9.4 — Medição da resistividade do solo

Existem diversos métodos para a determinação da resistividade do solo, dos quais dois serão a seguir descritos.

20.9.4.1 — Método dos quatro eletrodos

Este método foi descrito pelo Dr. F. Wenner, do United States Bureau of Standards, no boletim n.º 258.

Ele consiste no seguinte:

Cravam-se no solo quatro eletrodos em linha reta, separados por uma mesma distância a e a uma profundidade $a/20$.

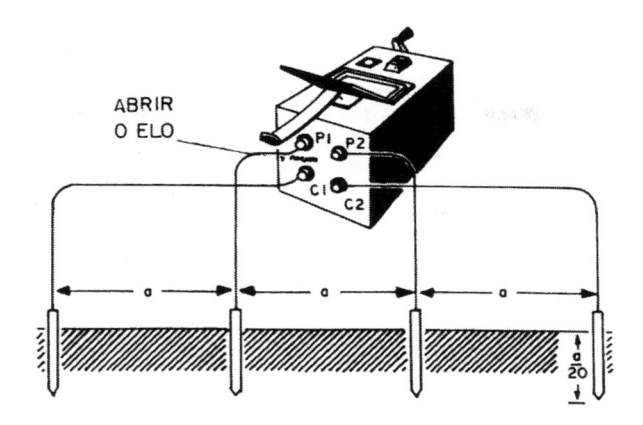

Figura 20.27 — Megger de terra — esquema de ligações para medição

As conexões são feitas conforme Fig. 20.27, isto é, os eletrodos de fora são ligados aos bornes C_1 e C_2, e os da parte central aos bornes P_1 e P_2. A conexão P_1C_1 é aberta. A medição é feita do mesmo modo que para a medição da resistência de aterramento.

O valor da resistividade de um solo homogêneo é obtido com o auxílio da fórmula:

$\varrho = 2\pi Ra$

ϱ = resistividade do solo, em ohm/cm^3

R = valor medido da resistência, em ohm

a = separação dos eletrodos, em cm

É aconselhável a realização de diversas medições, variando-se a distância "a". Por exemplo, com "a" igual a 6, 12, 18, 24 e 30 m e em diversos locais da área em estudo. O valor encontrado é o da resistividade do solo na profundidade a que foram cravados os eletrodos.

A medição da resistividade deve ser feita durante um período que abranja todas estações climáticas, pois ela varia com a temperatura e a umidade do solo.

20.9.4.2. Método do eletrodo cravado a diversas profundidades

Um eletrodo é introduzido no solo a profundidades crescentes, medindo-se cada vez a resistência de aterramento, a qual pode ser calculada pela fórmula:

$$R = \frac{\varrho}{2\pi L} \left[\log_e \frac{4L}{a} - 1 \right]$$

L = comprimento da parte enterrada do eletrodo, em cm

a = raio do eletrodo, em cm

R = resistência de aterramento, em ohm (eletrodo-haste cilíndrica)

ϱ = resistividade do solo em ohm/cm^3

A condutância do solo é $G = \dfrac{1}{R}$ ou

$$G = \frac{2\pi L}{\varrho} \left[\frac{1}{\log_e \left[\dfrac{4L}{a} \right] - 1} \right]$$

Para $a = 1,3$ cm e variando-se L entre 60 e 600 cm, $\dfrac{1}{\log_e\left[\dfrac{4L}{a}\right] - 1}$ sofrerá

uma variação de 4,2 a 6,5. Tomando o valor 5 para a expressão, vem:

$G = \dfrac{2\pi L}{5\varrho}$ ou $G = 1,256 L\sigma$, sendo $\sigma = \dfrac{1}{\varrho}$ a condutividade do solo.

Derivando a expressão $G = \dfrac{2\pi L}{5\varrho}$, temos $\dfrac{dG}{dL} = 1,256\sigma$ e $\sigma = 0,796\dfrac{dG}{dL}$.

Com os valores de R a diversas profundidades, calculam-se os correspondentes de $G = \dfrac{1}{R}$ e traça-se um gráfico.

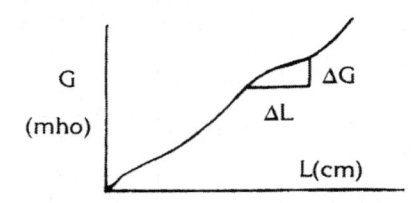

Desejando-se saber qual o valor da resistividade em determinada faixa de profundidade do solo, verifica-se o valor de $\dfrac{\Delta G}{\Delta L}$ nessa faixa e, com ele, determina-se σ e em seguida ϱ, a resistividade.

20.10 — MEDIÇÃO DA RESISTÊNCIA DE ISOLAMENTO

A medição da resistência de isolamento de equipamentos elétricos é de grande valor para detectar, diagnosticar e prevenir falhas de sua isolação.

A medição é feita aplicando-se à isolação uma tensão contínua e medindo-se a corrente elétrica que se escoa através ou por sua superfície. É um teste não-destrutivo e por isso não é uma medição da rigidez dielétrica da isolação.

Os instrumentos utilizados neste tipo de medição são conhecidos pela denominação de megohmímetros, pois a resistência de isolamento costuma ser dada em megohm.

Um dos fabricantes desses aparelhos registrou a marca Megger, muito difundida no país. O Megger para medir resistência de isolamento é chamado de Megger de Isolamento e não deve ser confundido com o Megger de Terra, utilizado para medir a resistência ou a resistividade de terra.

2.10.1 — Princípio de funcionamento do megohmímetro de isolamento

O medidor de resistência de isolamento é constituído das seguintes partes principais: um gerador de corrente contínua e um instrumento indicador de bobinas cruzadas.

A Fig. 20.28 ilustra o diagrama elétrico do megohmímetro de isolamento.

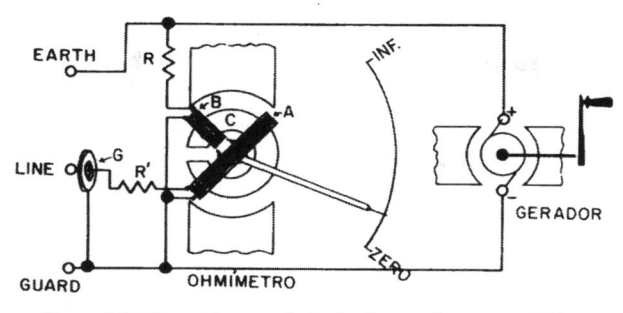

Figura 20.28 — Megger de isolação — diagrama elétrico

Tipos de megohmímetros
Os megohmímetros de isolamento podem ser:
• De acionamento manual (Fig. 20.29)

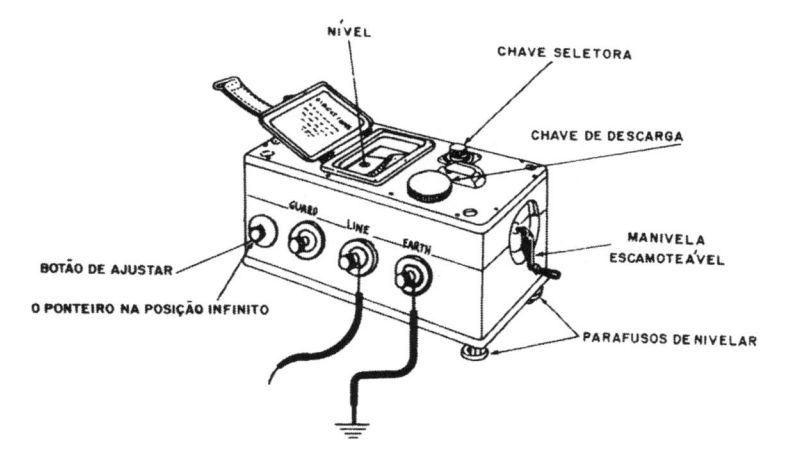

Figura 20.29 — Megger de isolação — acionamento manual

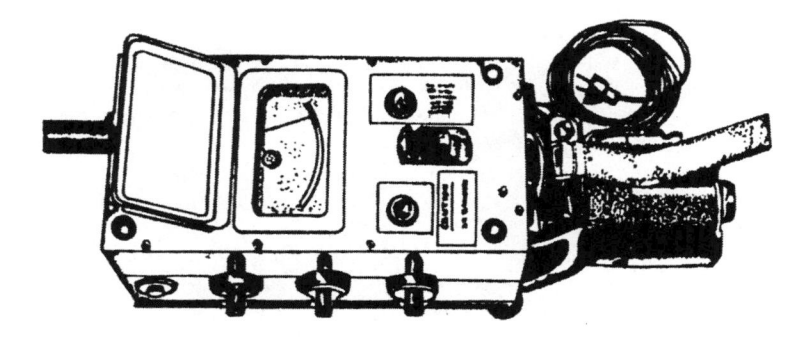

Figura 20.30 — Megger de isolação — acionamento motorizado

- De acionamento por motor elétrico ou motorizados (Fig. 20.30)
- Com retificador (Fig. 20.31)

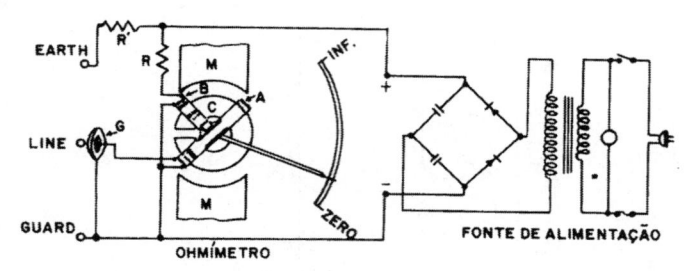

Figura 20.31 — Megger de isolação com retificador — diagrama elétrico

- Com retificador e manual (Fig. 20.31)

Há megohmímetros nos quais a tensão do gerador pode ser selecionada entre 500, 1 000 e 2 500 V através de uma chave seletora. Outros tipos têm uma tensão única de 400, 500, 2 500 e 5 000 V, cujo uso deve ser adequado ao tipo de isolação, cuja resistência se irá medir.

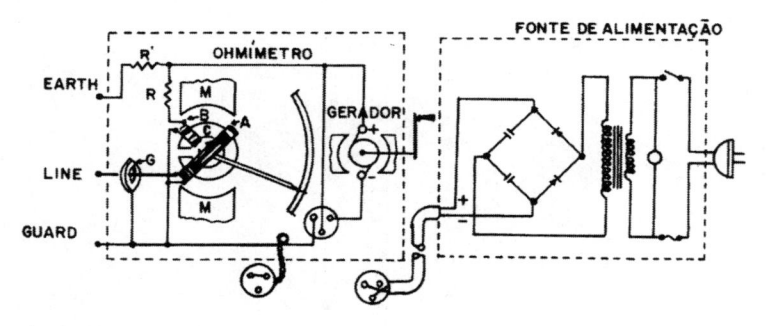

20.10.2 — Cuidados na medição

O transporte do instrumento deve ser feito com cuidado, evitando-se que sofra choques ou pancadas. Para o transporte em veículos, o aparelho deve ser acondicionado em caixa forrada com espuma de plástico ou outro meio que evite que ele sofra choques e pancadas bruscas.

O megohmímetro deverá ficar fora da influência de campos magnéticos muito intensos, para que a medição não fique prejudicada.

O aparelho cuja resistência de isolamento vai ser medida deve estar completamente desenergizado, aterrado e isolado de outros equipamentos.

Tomar todas as medidas de segurança do trabalho antes da medição.

20.10.3 — Uso do megohmímetro

O megohmímetro deverá ser colocado sobre uma superfície horizontal firme.

Nivelar o instrumento com o auxílio dos parafusos de sua base e do seu nível de bolha.

Deixar os terminais do instrumento desligados de qualquer condutor e girar a manivela com cerca de 120 rpm. O ponteiro deve-se deslocar para a posição INFINITO. Caso permaneça fora dessa posição, girar o botão de ajuste para um ou outro lado, até que o ponteiro se estabilize na posição INFINITO.

Colocar os terminais LINE e EARTH em curto-circuito. Girar suavemente a manivela. O ponteiro deverá ir para a posição ZERO. Evitar girar bruscamente a manivela para não avariar o ponteiro.

20.10.4 — Testes dos cabos de conexão

1) Ligar um dos cabos no borne LINE e o outro no borne EARTH.

2) Com as extremidades livres separadas e fora de contato com qualquer objeto, girar a manivela a 120 rpm. O ponteiro deverá indicar INFINITO, se os cabos estiverem em boas condições, isto é, não houver fuga de corrente. Em caso de o cabo ter blindagem, ela deve ser ligada ao terminal GUARD.

A verificação da continuidade dos cabos é feita unindo as extremidades livres e girando suavemente a manivela. O ponteiro deverá indicar ZERO se nenhum deles estiver interrompido.

Se houver vazamento superficial de corrente, o valor lido no megohmímetro será maior com o condutor GUARD ligado do que com ele desligado.

20.10.5 — Eliminação dos efeitos da dispersão adjacente

Quando se deseja saber o valor da resistência de isolamento de um condutor em relação à terra, sem que seja influenciada pela dispersão de corrente para um condutor paralelo adjacente, deve-se proceder conforme a Fig. 20.32.

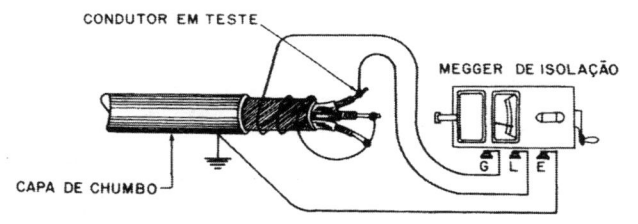

CONDUTOR EM TESTE

MEGGER DE ISOLAÇÃO

CAPA DE CHUMBO

Figura 20.32 — Megger de isolação — acionamento manual com retificador

20.10.6 — Caso de o Megger servir como fonte de corrente contínua

O Megger pode ser utilizado como fonte de corrente contínua pelos bornes GUARD e EARTH. Quando for utilizado com essa finalidade, deve-se colocar no circuito um miliamperímetro com escala de 50 mA para o controle da corrente, que não deve exceder de:

- 12 mA, quando a tensão do instrumento for de 2 500 V.
- 20 mA, quando a tensão do instrumento for de 1 000 V.
- 30 mA, quando a tensão do instrumento for de   500 V.

Para evitar que o instrumento seja danificado em caso de curto-circuito, deve-se colocar em série, com o miliamperímetro, um resistor de 100 000 ohms de resistência.

20.10.7 — Uso do terminal Guard

O terminal GUARD pode ser utilizado para: conduzir a corrente superficial da isolação; eliminar os efeitos de dispersão adjacente; medir a verdadeira resistência de uma isolação; e caso de o Megger servir como fonte de corrente contínua.

20.10.8 — Condução da corrente superficial da isolação

Para conduzir a corrente superficial da isolação, coloca-se uma cinta de *condutor nu flexível* na superfície da isolação, numa posição entre os pontos em que foram conectados os bornes LINE e EARTH, e conectá-la com o borne GUARD (Fig. 20.33).

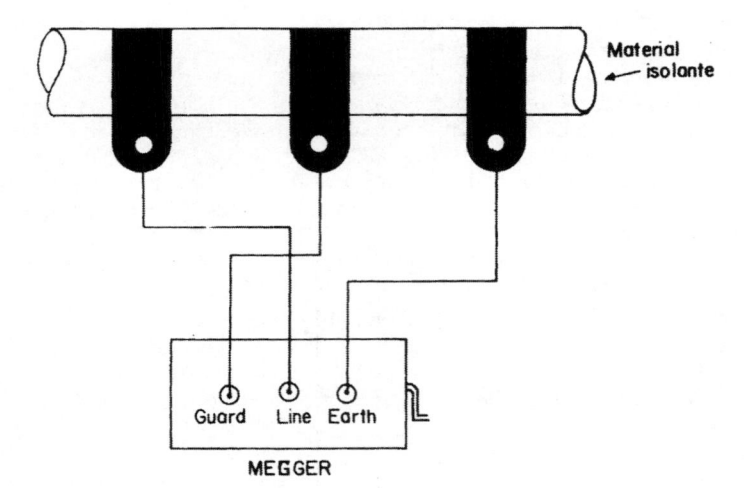

Figura 20.33 — Megger de isolamento — uso do terminal G para eliminar o efeito da dispersão adjacente

O condutor GUARD não deve tocar em qualquer outro objeto. A corrente superficial da isolação será, dessa forma, desviada da bobina de corrente do megohmímetro, que deverá então ser percorrida só pela corrente que passar através da massa isolante, ficando, assim, medida a verdadeira resistência de isolamento.

20.10.9 — Procedimentos de medição

Terminadas as verificações do instrumento e dos cabos, fazer as conexões com o aparelho, cuja resistência de isolamento se deseja medir.

Os esquemas de medição serão indicados nos capítulos que tratam da manutenção dos aparelhos.

Colocar a chave seletora de tensão na posição correspondente à tensão adequada à espécie de isolação a ser testada. Em caso de dúvida, a chave deverá ser colocada na posição de tensão mais baixa.

A medição pode, então, ser realizada de acordo com os seguintes métodos:

20.10.10 — Método tempo-resistência

Girar a manivela até que seja atingida a rotação normal indicada no instrumento (geralmente, 120 rpm). As leituras serão feitas 30 e 60 s, respectivamente, após ter sido alcançada a rotação normal do gerador.

Se o instrumento for motorizado, as leituras devem ser feitas após 1 min e 10 min, respectivamente, de o motor estar com sua rotação normalizada.

Para o Megger do tipo com retificador, fazer também as leituras após 1 min e 10 min da aplicação da tensão.

20.10.11 — Interpretação dos resultados

Um aumento apreciável do valor da resistência do isolamento durante o tempo de aplicação contínua da tensão é uma indicação de que suas condições são boas.

Relação de absorção dielétrica é a relação entre duas leituras de resistência de isolamento feitas em diferentes intervalos de tempo durante a medição. A relação correspondente aos tempos de 10 min e 1 min é o índice de polarização.

Os seguintes valores de relação de absorção dielétrica foram sugeridos por James G. Biddle Co. como orientação para a avaliação das condições de uma isolação elétrica:

Condição da isolação	Relação	
	60/30 s	10/1 min
Perigosa	—	Menor que 1
Pobre	Menor que 1,1	Menor que 1,5
Questionável	De 1,1 a 1,25	De 1,5 a 2,0
Duvidosa	De 1,25 a 1,4	De 2,0 a 3,0
Boa	De 1,4 a 1,6	De 3,0 a 4,0
Excelente	Acima e 1,6	Acima de 4,0

Valores de relações 60/30 s e 10/1 min menores que a unidade não são admissíveis, pois podem ocorrer quando existem passagens carbonizadas na isolação ou quando ela contém excessiva umidade.

Os índices de polarização do quadro podem também ser utilizados como guia nos testes de equipamentos com líquido isolante, como, por exemplo, transformadores. Nesses casos, ficam incluídas na medição as resistências das isolações sólida e líquida. Os valores do quadro são baseados na suposição de que o líquido está seco e relativamente livre de ácidos orgânicos e borra.

20.10.12 — Método das duas tensões

Neste método, a isolação é testada com uma tensão mais baixa, por exemplo, 500 V, e em seguida com uma tensão mais elevada, por exemplo, 2 500 V. Um valor de resistência de isolamento mais baixo com a tensão mais elevada é indicação da existência de umidade na mesma. As tensões devem ser aplicadas, observando-se uma relação de 1 para 4, no mínimo. A tensão mais elevada não deve pôr em risco a isolação.

20.10.13 — Medições periódicas

A resistência de isolamento dos aparelhos elétricos deve ser medida periodicamente. A periodicidade depende dos resultados das medições, sendo recomendável que ela seja feita pelo menos uma vez por ano.

Os resultados das medições são registrados em formulários, cujos modelos são sugeridos nos capítulos que tratam da manutenção dos aparelhos.

20.10.14 — Valores mínimos

Os valores mínimos da resistência de isolamento são estabelecidos por normas que serão abordadas junto com os métodos de manutenção dos aparelhos.

20.10.15 — Correção da temperatura

A resistência de isolamento diminui quando sua temperatura aumenta. Os valores encontrados em diferentes temperaturas são convertidos para um valor correspondente a uma temperatura básica.

A NB-108 recomenda 75 °C como temperatura de referência. As tabelas e os gráficos para a correção da temperatura encontram-se nos capítulos que tratam da manutenção dos aparelhos.

20.10.16 — Análise dos resultados

A análise dos resultados de uma série de medições pode contribuir para uma decisão quanto às providências a serem tomadas com a finalidade de evitar a ocorrência de uma falha da isolação do aparelho, cuja possibilidade tenha sido por ela evidenciada.

A isolação é afetada pela umidade, pela sujeira e pelo calor. Este último influi na vida útil da mesma.

Se os resultados das medições periódicas forem valores sempre decrescentes, mesmo que estejam acima dos valores mínimos admissíveis, a conclusão é que a isolação está enfraquecendo e caminhando para uma possível falha. A tendência da curva de isolação dará informações mais significativas que os valores, isoladamente.

MEGGER

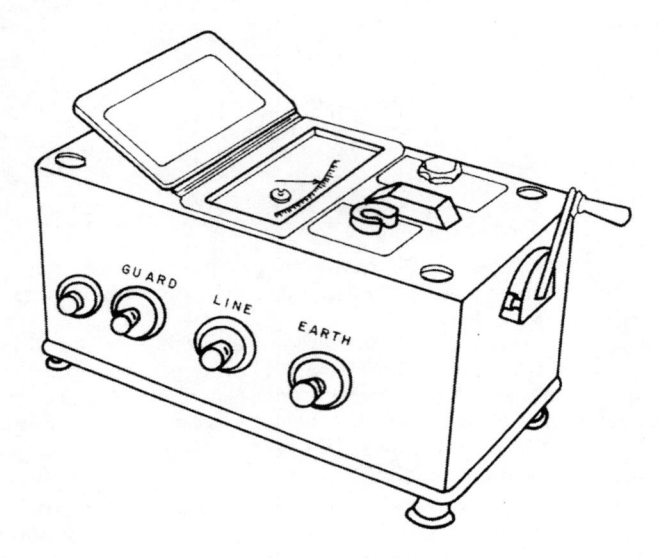

Figura 20.34 — Megger de isolamento

ESCALAS DO OHMÍMETRO DO MEGGER
DE 500 VOLTS E 3 TENSÕES

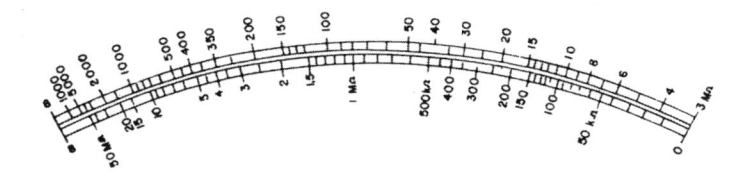

ESCALAS DO OHMÍMETRO DO MEGGER
DE 2500 VOLTS

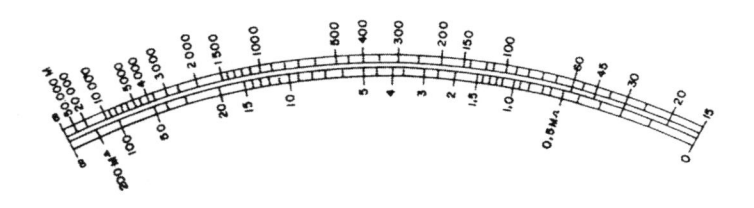

CHAVE SELETORA DE ESCALA DO MEGGER DE 3 TENSÕES

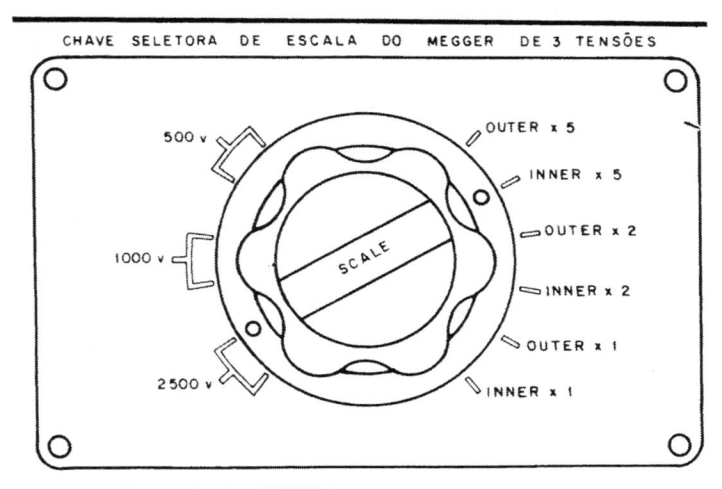

OUTER - ESCALA EXTERNA
INNER - ESCALA INTERNA

Figura 20.35 — Escalas da chave seletora e do instrumento indicadas do Megger de isolamento

BIBLIOGRAFIA

A.B. CHANCE CO. — Centralia, Mo., Insulator Maintenance Equipment.

ABNT — Ascarel em Transformadores e Capacitores. Projeto 3:10.2-001, setembro de 1981.

ABNT — Guia para Amostragem de Gases e Óleo em Transformadores e para a Análise dos Gases Livres Dissolvidos. ABNT NBR-7070, dezembro de 1981.

ABNT — Interpretação da Análise dos Gases de Transformadores em Serviço. Projeto 3:10.1-002, 1980.

AIEE TRANSFORMER SUB COMMITTEE — Insulation Strenght of Transformers. AIEE Trans., vol. 56, 1937.

AIEE N.º 506 — Power Factor Testing of Distribution Transformers. Outubro de 1955.

AIEE N.º 505 — Power Factor Testing of Power Transformers. Janeiro de 1955.

AIEE N.º 64 — Guide for Maintenance of Insulating Oil. Abril de 1962.

ALSTON — High Voltage Technology. Oxford University Press, 1968.

ANNUAL BOOK OF ASTM STANDARDS, Part 40, 1981.

APPELT, Dietmar — Óleos Isolantes para Transformadores.

ASTM-AMERICAN SOCIETY FOR TESTING MATERIALS — ASTM Special Technical Publication N.º 152, Symposium on Insulating Oils Fifth Series.

BEAN, Richard L., CHACKAN, Nicolas, MOORE, Harold R. e WENTZ, Edward C. — Transformers, for the Electric Power Industry. McGraw-Hill Book Company Inc., Nova York.

BEAN, Richard L. e COLE, H.L. — Sudden Gas Pressure Relay for Transformer Protection. AIEE Trans., paper 53-134, pp. 480-483, junho de 1953.

BURNS, C.P. — New Approaches to Testing Insulating Oils. Foster Transformers Ltd., Londres, SW 193 BN, Inglaterra.

CEPEL-CENTRO DE PESQUISAS DE ENERGIA ELÉTRICA — Óleos Minerais Isolantes Vieira, eng César L.C.S.

CEPEL-CENTRO DE PESQUISAS DE ENERGIA ELÉTRICA — Diagnóstico de Falhas em Transformadores por Análise Cromatográfica de Gases Combustíveis Dissolvidos, Dois Anos de Operação da Técnica no Brasil.

CLARK, F.M. — Water Solution in High Voltage Dielectric Liquids. AIEE Trans., vol. 59, paper 40-77, agosto de 1940.

CLARK, F.M. — Factor Affecting the Mechanical Deterioration of Celulose Insulation. AIEE Trans., vol. 61, paper 42-98, outubro de 1942.

CLARK, F.M. — Dielectric Strength of Noninflammable Synthetic Insulating Oils. AIEE Trans., vol. 56, 1937.

COBEI-COMITÊ BRASILEIRO DE ELETRICIDADE — Uso de Óleo Isolante Parafínico, Vieira (Cepel), Eng. César L.C.S. e CARVALHO (Eletrobrás), Eng. Carlos F.J.L. de, outubro de 1981.

CESP — 3.º Congresso Íbero-Americano de Manutenção. Processos de secagem de transformadores. Rio de Janeiro, dezembro de 1983.

COBEI — Curso de Isolantes Líquidos para Fins Elétricos, dezembro de 1982.

DEGNAN, W.J., DOUCETTE JR., G.G. e RINGLEE, R.J. — An Improved Method of Oil Preservation and Its Effect on Gas Evolution. AIEE Trans., paper 58-159, outubro de 1958.

DOBLE ENGINEERING COMPANY — Field Tests on Insulating Oils.

DOBLE ENGINEERING COMPANY — Power Factor Test-Data Reference Book.

DOBLE ENGINEERING COMPANY — Instruction Book — Type MH Test Set a Manual for the Testing of Electrical Insulating by the Dieletric Loss and Power Factor Method. Belmont, Massachusetts, EUA.

DOBLE ENGINEERING COMPANY — Instruction Book — Type MEU 2 500 Volt Test Set a Manual for the Testing of Electrical Insulation by the Dielectric Loss and Power Factor Method. Belmont, Massachusetts, EUA.

DÖRNENBURG, Eberhard e GERBER, Othmar E. (Revue Brown Boveri) — La Surveillance de l'Huile des Transformateurs en Exploitation par l'Analyse des Gaz Dissous dans l'Huile et des Gas Libérés. Tome 54 N.º 213, pp. 104-111.

EATON, J. Robert — Electric Power Transmission Systems. Prentice-Hall, Inc., Englewood Clifs, Nova Jérsei, 1972.

EBERT, Heinz — Elektrochemie. Vogel Verlag 2 Auflage, Würzburg, República Federal da Alemanha. 1979.

ELETRICIDADE MODERNA (revista) — A Substituição do Oleo Isolante Naftênico pelo Parafínico, pp. 17-21, junho de 1982.

ELETROSUL-CENTRAIS ELÉTRICAS DO SUL DO BRASIL S.A. — Curso de Comutadores de Derivações em Carga, 1981.

EVANS, Ulick R. — The Corrosion and Oxidation of Metals. Edward Arnold (Publishers) Ltd., Londres, 1967.

EVERSHED & VIGNOLES LIMITED — Instruction Book for Use with Ducter — Low Resistance Test Sets. Publication 269, Edition 4, Megger Instrument Division, Inglaterra.

EVERSHED & VIGNOLES LIMITED — Instructions for Use of Megger Insulation Testers, (Series I). Londres, Inglaterra.

EVERSHED & VIGNOLES LIMITED — A Handbook on Earth Testing. Publication N.º 247/8, Londres, Inglaterra.

FURNAS CENTRAIS ELÉTRICAS S.A. — Manual Técnico de Campo.

FURNAS CENTRAIS ELÉTRICAS S.A. — I Seminário Brasileiro com a Doble Engineering Company. Outubro de 1976.

GCOI-SUBCOMITÊ DE MANUTENÇÃO — Tratamento de Óleo Isolante e Secagem de Transformadores; Recomendação para a Utilização da Análise Cromatográfica na Recepção e Manutenção de Equipamentos, SCM-047; Procedimentos, Técnicas e Critérios de Recepção e Manutenção Preventiva de Transformadores para Transmissão, SCM-019.

GENERAL ELECTRIC — High Voltage Bushings Types A, B, L and OF, Instructions GEH-440P.

GENERAL ELECTRIC — Instructions GEI 9187 H, Repairing High Voltage Bushings Type OF and OF 1.

GCOI-SUBCOMITÊ DE MANUTENÇÃO — Tratamento de Óleo Isolante e Secagem de Transformadores, vols. I e II.

GROSE, C.W. — Hotline Insulator Washing Power Authority of the State of New York.

GRUPO DE TRABALHO DE MANUTENÇÃO DE SUBESTAÇÕES-GTMS — Trabalho CIER, Tema Geral A-1, Experiência em Manutenção Corretiva de Transformadores para Transmissão e Instrumentos, setembro de 1977.

IEEE — Guide for Acceptance and Maintenance of Insulating Oil in Equipment. IEEE Std 64-1969, ANSI C 59.131-1971.

IEEE — Guide for Acceptance and Maintenance of Insulating Oil in Equipment. IEEE Std 64-1977.

JAMES G. BIDDLE CO. — Manual for Use with the TTR Transformer Turn Ratio Test Set. 7th edition, Plymouth Meeting, Pensilvânia, EUA, 1976.

JAMES G. BIDDLE CO. — Instruction Manual for the Use of Megger Insulation Testers. Filadélfia 7, EUA.

JAMES G. BIDDLE CO. — Instructions for Megger Universal Earth Resistance Tester. Londres, Inglaterra.

JAMES G. BIDDLE CO. — Story of Insulation Resistance. Filadélfia 7, EUA.

JELZ, J.L., STUART, A.P. e ROSS, E.S. — The Effect of Composition on the Oxidation Stability of Electrical Oils. AIEE Trans., outubro de 1958.

J & P TRANSFORMER BOOK, Carlton, Londres SE 7.

JOHNSON, R.W. — Interpretation and Significance of Tests Indicating the Concentration of Polar Compounds in Transformer Oil. AIEE Trans., paper 55-279, agosto de 1955.

KIND, Dieter — An Introdution to High Voltage Experimental Technique. Braunschweig Vieweg, República Federal da Alemanha, 1978.

KLINGENSMITH, J.A. — Controlled Temperaturé and Insulation Protection in the Operation of Power Transformer. AIEE Trans., vol. 75, Part III, paper 56-89, 1956.

KUFFEL, E. e ABDULLAH, M. — High Voltage Engineering, Pergamon Press Ltd., Inglaterra, 1970.

LAMPE, Wolfgang, SPICAR, Erich e CARRENDER, Kjell — Análise de Gás como Meio de Monitoração de Transformadores de Força, ASEA Reg. 0767.11713.469.

LUKE, L.E. — Gas Detection — A Key to Transformer Health. Transmission and Distributior, janeiro de 1980.

MASLOV, V. — Moisture and Water Resistance of Electrical Insulation. Mir Publishers, Moscou, 1979.

McCRAE, G. G. — Transformer Insulation Drying Methods. British Columbia Hydro and Power Autority. Doble Client Conference Minutes, 1983.

MESSIAS, José Roberto — Detecção de Falhas Incipientes em Transformadores pela Análise do Óleo Isolante. V Seminário Nacional de Produção e Transmissão de Energia Elétrica, Recife, 1979.

MONTSINGER, V.M. e WETHERILL, L. — Effect of Color of Tank on the Temperature of Self-Cooled Transformers Under Conditions. Apresentado ao Pacific Coast Convention of the AIEE, setembro de 1929.

MORGAN, James E., Ph.D. — A Guide to the Interpretation of Transformer Fault Gas Data Bulletin MS-25 Morgan, Schaffer Corporation, Canadá.

MORGAN, James E., Ph.D. — A Portable Fault Gas Detector. Morgan, Schaffer Corporation, Canadá.

MYERS, S.D., KELLY, J.J. e PARRISH, R.H. — A Guide to Transformer Maintenance. Transformer Maintenance Institute, Division, S.D. Myers, Inc., Akron, Ohio, EUA.

NEMA — Guide for Instruction for the Care and Maintenance of Oil Immersed Transformers. Pub.NO. TR. 5-1956, novembro de 1956.

PIPER, John D. — Moisture Equilibrium Between Gas Space and Fibrous Materials in Enclosed Electric Equipment. AIEE Trans., vol.65, paper 46-160, dezembro de 1946.

RICKLEY, A.L. e CLARK, R.E. Doble Engineering Company — Application and Significance of Ungrounded Specimen Tests.

RICKLEY, A.L. e CLARK, R.E. Doble Engineering Company — Tap-Insulation Tests on Bushings.

RICKLEY, A.L. e CLARK, R.E. Doble Engineering Company — Transformer Exciting Current Measured with Doble Equipment.

SMOKE, Clinton H. — Field Drying and Rehabilitation of Large Distribution Transformers AIEE Trans., paper 56-565, outubro de 1958.

TEAGUE, W.L. e McWHIRTER, J.H. — Dielectric Measurements on New Power Transformer Insulation. AIEE Trans., outubro de 1952.

TIPTON, E.W. — Field Tests on Power Transformers Equiped with Thermosiphon Oil Filters. AIEE Trans., vol. 71, Part III, paper 52-87, 1952.

TRANSMISSION AND DISTRIBUTION-ON SITE DEW POINT TESTING FOR OIL FILLED TRANSFORMERS, p. 106, setembro de 1981.

VOGEL, F.J., PETERSEN, C.C. e MATSCH, L.W. — Deterioration of Transformer Oil and Paper Insulation by Temperature. AIEE Trans., vol. 70, paper 51-4, 1951.

WEBER, W. e WOLFF, K. — Measures to Preserve the Quality of Oil in Distribution Transformers, The Brown Boveri Revue, vol. 52, n.º 11/12, pp. 916-921.

WESTINGHOUSE ELECTRIC CORPORATION — Technical Data 33-360, Outdoor Bushings 15 to 765 kV, abril de 1969.

WAGNER, H. H. Five Years Experience with Transformer Total Combustible Gas Detector Tests. AIEE, paper 31, TP 65-94, agosto de 1965.

WESTINGHOUSE ELECTRIC CORPORATION — Instructions for Type "O" 115 kV and above Outdoor Condenser Bushings — I.L. 33-354-1C.

WESTINGHOUSE ELECTRIC CORPORATION — ASA Standard Outdoor Condenser Bushings Types "S" and "OS", I.L. 48-061-4, fevereiro de 1965.

WESTINGHOUSE ELECTRIC CORPORATION — Instructions: I.L. 47-699-7B — Shipment of Transformers in Dry Nitrogen; I.L. 48-069-1B — Gaskets for Liquid Filled Transformers, Tap Changers and Regulators; I.L. 48-069-15A; I.L. 48-069-13; I.L. 48-069-20D; I.L. 48-063-32A; I.L. 48-063-13B; I.L. 48-064-4; I.L. 46-711-6A; I.L. 48-065-4D; 46-716-2.

WHITEHAIR, John K. — A.B. Chance Company. IEEE Conference, Guatemala, outubro de 1980.

WOLFF, K. — Protection of Transformer Oils Against Ageing. The Brown Boveri Revue, pp. 897-902, novembro/dezembro de 1965.